湖北省 水文站网管理 实用手册

主　编◎张幼成
副主编◎柯　航　潘晓斌　等

河海大學出版社
HOHAI UNIVERSITY PRESS
·南京·

图书在版编目(CIP)数据

湖北省水文站网管理实用手册 / 张幼成主编 ；柯航等副主编. -- 南京 ：河海大学出版社，2025. 3.

ISBN 978-7-5630-9726-5

Ⅰ. P336-62

中国国家版本馆 CIP 数据核字第 2025VA4888 号

书　　名	湖北省水文站网管理实用手册 HUBEI SHENG SHUIWEN ZHANWANG GUANLI SHIYONG SHOUCE
书　　号	ISBN 978-7-5630-9726-5
责任编辑	陈丽茹
特约校对	罗　玮
装帧设计	徐娟娟
出版发行	河海大学出版社
地　　址	南京市西康路 1 号(邮编:210098)
电　　话	(025)83737852(总编室)　(025)83722833(营销部) (025)83787104(编辑室)
经　　销	江苏省新华发行集团有限公司
排　　版	南京布克文化发展有限公司
印　　刷	南京新世纪联盟印务有限公司
开　　本	889 毫米×1230 毫米　1/16
印　　张	17.5
字　　数	558 千字
版　　次	2025 年 3 月第 1 版
印　　次	2025 年 3 月第 1 次印刷
定　　价	198.00 元

水文测站掠影

黄石市沣源口水文站

荆门市烟墩集水文站

神农架林区松柏水文站

襄阳市开峰峪水文站

孝感市应城水文站

荆州市新堤水文站

黄冈市蕲春水文站

武汉市长轩岭水文站

宜昌市河溶水文站

咸宁市温泉水文站

《湖北省水文站网管理实用手册》编委会

编写组

前言

水文工作是国民经济和社会发展的先行性、基础性、公益性事业。水文站网是水文工作的战略布局，是开展水文工作的重要基础。湖北水文经过多年长足的发展，基本形成了布局科学、结构合理、项目齐全、功能完善的水文站网体系，在水旱灾害防御、水资源管理、水生态修复、水环境保护、水工程建设管理等各项涉水事务和经济社会发展中发挥了重要作用。

为促进水文站网的科学化、规范化管理，湖北省组织开展了水文站网的分类分级工作，将水文站网按照国家基本水文测站、重要专用水文测站、一般专用水文测站划分三类，按照站网功能及作用分为省、市州两级管理，形成了各类水文站网名录，明确了不同类别的水文站网的技术要求和管理责任。为强化水文站网的基础信息管理，促进信息整合和共享，我们收集整理了各类水文站网基础信息，形成了各类水文站网基础信息表，表中列有所有站网的主要基础信息，以方便查阅和检索。信息表尤其对国家基本水文站的基础信息收集整理更加详细，包括测站编码、集水面积、设站时间、流域水系、经纬度、基面高程等。本手册还收集整理了国家基本水文站的特征值、技术参数，以及常用的水文政策法规文件。

水文测站业务的标准化、专业化、程序化、系统化建设，是新时代水文发展的根本要求。本手册对水文监测、水文资料整编及水文站网管理等业务工作提出了具体详细的技术要求，以此进一步促进基层职工熟练开展监测工作，提升基层水文测站业务能力和管理水平，推进水文工作高质量发展。

本手册共分 7 章。第 1 章主要介绍编制目的、编制依据、河流水系、水文站网发展历程；第 2 章主要介绍分类分级规定、分类结果；第 3 章主要介绍国家基本水文站、国家基本水位站、国家基本降水量站、国家地下水站、国家水质站、国家水生态站的有关信息；第 4 章主要介绍专用水文测站的基本情况；第 5 章主要介绍水文监测工作，主要包括监测目的及意义、监测任务及内容、监测项目及要求，以及水文监测管理工作和专项工作；第 6 章主要介绍水文资料整编工作，主要包括资料整编主要任务、资料整编内容及方法；第 7 章主要介绍水文测站管理工作，主要包括管理制度、操作规程、环境管理、运行维护、技术与行政审批、安全生产。

本手册作为湖北省水文站网管理的工具书，体系完整、内容丰富、实用性强，能起到规范水文站网管理、高效开展水文监测、促进信息共享、服务经济社会等作用，可供从事水文、水利工作者阅读和使用，也可供其他涉水部门的科研管理人员和社会公众查阅参考。

由于作者水平有限，书中难免有不当之处，敬请读者批评指正。

2024 年 10 月

编写说明

（1）为加强水文站网管理，规范湖北省水文站网规划建设、监测和管理活动，从管理角度考虑将湖北省水文测站分为一类水文测站、二类水文测站和三类水文测站。此分类有别于按观测精度将水文测站分为一类精度水文站、二类精度水文站、三类精度水文站。

（2）本手册中的水文站点只包含湖北省水文系统管辖的水文站点，统计时间截至2023年底；本手册中的特征值为建站以来至2023年底的统计值；水文站断面发生迁移的，其水位级按迁移后的断面水位资料划分。

（3）本手册中的水位均指冻结基面高程。

（4）本手册中国家基本水文站、水位站介绍中，“采用×××基准”是指该站采用的绝对基面名称，“高程为×××”是指该站常用基本水准点绝对基面的高程。其中，“85基准”是指“1985国家高程基准”，“黄海基准”是指“1956黄海高程系”。

（5）本手册中各类水文站网均按站类统计，国家基本降水量站各行政区降水量极值统计时按降水量项目进行统计，统计时采用了国家基本水文站、国家基本水位站的降水量观测资料。

（6）本手册中河流长度、集水面积均指湖北省境内河流长度、集水面积。

（7）湖北省水文系统泥沙测验中，只测悬移质泥沙。

目录

第1章 概 述

1.1 编制目的

水文站网是水文工作的战略布局，是水文测站在地理上的分布网，是在一定区域或流域内，按照一定原则，用适当数量的各类水文测站构成的水文资料收集系统，是开展水文工作的重要基础。

科学布设水文站网，利用一定数量的水文测站，把握湖北省主要江河湖库水文基本特征和水文情势变化，为湖北省水旱灾害防御、水资源管理、水环境保护、水生态修复、水利工程建设管理等各项涉水事务以及经济社会发展提供水文技术支撑，为确保"一泓清水永续北上""一江清水持续东流"、为湖北省加快构建新发展格局先行区提供更加坚实的水文支撑。

为进一步加强湖北省国家基本水文站网、专用水文站网基础信息管理，促进信息整合，规范监测工作，提升水文站网管理水平，服务经济社会发展，湖北省水文水资源中心组织编制了《湖北省水文站网管理实用手册》(以下简称《手册》)。

《手册》涵盖了湖北省水文水资源中心管辖的水文站网信息，为水文站网分类分级管理提供基础支撑，为进一步规范测站管理、促进信息共享、高效服务经济社会提供了技术支持。《手册》将93处国家基本水文站、42处国家基本水位站、543处国家基本降水量站、195处国家地下水站、215处国家水质站、34处国家水生态站，以及198处专用水文站、270处专用水位站、749处专用降水量站、61处专用墒情站、20处专用地下水站、160处专用水质站、144处专用水生态站，共2 724处水文测站纳入其中。

1.2 编制依据

1.2.1 法律法规及规范性文件

(1)《中华人民共和国水法》(1988年发布，2002年、2009年、2016年修订)。

(2)《中华人民共和国水文条例》(2007年公布，2013年、2016年、2017年修订)。

(3)《水文站网管理办法》(2011年公布)。

(4)《水文监测环境和设施保护办法》(2011年公布，2015年修正)。

(5)《水文监测监督检查办法(试行)》(2020年印发)。

(6)《水文监测资料汇交管理办法》(2020年公布)。

(7)《现代化水文站评价方法(试行)》(2024年印发)。

(8)《湖北省水文管理办法》(2010年公布，2014年修订)。

(9)《湖北省人民政府关于进一步加强水文工作的意见》(2012年印发)。

1.2.2 技术规范

(1)《河流流量测验规范》(GB 50179)。

(2)《水文基本术语和符号标准》(GB/T 50095)。
(3)《水位观测标准》(GB/T 50138)。
(4)《地下水监测工程技术标准》(GB/T 51040)。
(5)《水文情报预报规范》(GB/T 22482)。
(6)《降水量观测规范》(SL 21)。
(7)《水文测量规范》(SL 58)。
(8)《水文调查规范》(SL 196)。
(9)《水环境监测规范》(SL 219)。
(10)《土壤墒情监测规范》(SL 364)。
(11)《水工建筑物与堰槽测流规范》(SL 537)。
(12)《水面蒸发观测规范》(SL 630)。
(13)《水文测站考证技术规范》(SL 742)。
(14)《水文站网规划技术导则》(SL/T 34)。
(15)《水文资料整编规范》(SL/T 247)。
(16)《声学多普勒流量测验规范》(T/CHES 61)。
(17)《水文自动测报站运行维护技术规范》(DB42/T 2046)。

1.2.3 其他参考资料

(1)《国家重要水文站名录》(水利部水文司编著,中国水利水电出版社,2018 年)。
(2)《国家基本水文站名录》(水利部水文司编著,中国水利水电出版社,2018 年)。
(3)《水文测验手册 第一册 野外工作》(水利电力部水利司主编,水利电力出版社,1975 年)。
(4)《水文测验实用手册》(朱晓原、张留柱、姚永熙编著,中国水利水电出版社,2013 年)。
(5)《水文测验》(全国水文勘测技能培训系列教材)(中国水利水电出版社,2017 年)。
(6)《水文测量》(全国水文勘测技能培训系列教材)(中国水利水电出版社,2016 年)。
(7)《湖北河流图集》(湖北省水利厅内部资料)。
(8)《湖北省水文志》(湖北省水文水资源局编,武汉大学出版社,2017 年)。
(9)《水文测站简易读本》(湖北省水文水资源局内部资料)。

1.3 河流水系

湖北省位于长江中游,洞庭湖以北,境内河流众多、河网密布。长江自西向东横贯全省,汉江自西北入境后向东南流,流至武汉汇入长江。其他中小河流顺地势汇入长江、汉江,形成以长江、汉江为轴心的向心水系。湖北省 5 km 以上的河流共计 4 228 条(不包括长江、汉江干流),其中属长江流域 4 190 条,属淮河流域 38 条。

按照地理区位划分,西北地区以丹江口库区及汉江上游水系为主,支流呈羽状排列,有金钱河、天河、堵河、丹江、北河、南河、唐白河、蛮河等;西南地区以清江水系为主,支流众多,干支流呈对称羽状分布,较大支流有刷把溪、忠建河、马水河、野三河、龙王河、泗渡河、丹水、渔洋河等,恩施西南还有郁江、酉水等少部分长江上游水系;中部地区有汉江中下游、府澴河、沮漳河、汉北河、内荆河、荆南四河等,荆州四湖流域内水网众多,河流水系相通相连,还建有四湖总干渠与洪湖、长湖等湖泊连通;东部地区以鄂东五河水系为主,分别为倒水、举水、巴水、浠水、蕲水,进入鄂东沿江平原;南部地区以陆水、富水为主,陆水源出鄂湘赣三省交界的幕阜山西端东北麓,富水发源于幕阜山北麓,均属半山区河流。

湖北省境内包含长江干流的部分上游河段和绝大部分中游河段,以及汉江干流的部分上游河段和全部中下游河段。除长江、汉江以外,河流按长度排名前 10 位的依次为:清江(428 km)、府澴河(348 km)、沮漳河(344 km)、南河(253 km)、堵河(245 km)、汉北河(238 km)、通顺河(195 km)、富水(194 km)、四湖总干渠(191 km)、陆水(187 km)。集水面积排名前10位的河流依次为:清江(16 714 km^2)、府澴河(14 287 km^2)、堵河(10 932 km^2)、沮漳河(7 305 km^2)、南河(6 481 km^2)、汉北河(6 256 km^2)、富水(4 775 km^2)、举水(3 993 km^2)、陆水(3 867 km^2)、巴水(3 694 km^2)。

1.4 水文站网发展历程

湖北省自清代同治四年(1865年)开始设立汉口水位站,到民国时期,水文测站有了初步发展。民国二十六年(1937年)已有各类水文测站109处。此后,由于日本入侵,沦陷区水文测站大部分停测。抗日战争胜利后,水文测站略有恢复,到中华人民共和国成立前,湖北省尚有各类水文测站26处。民国时期站点少,资料残缺不全,还没有形成全面系统的水文站网。中华人民共和国成立后,湖北省水文站网迅速发展,大体经历了四个发展阶段:

(1) 1949—1961年是湖北省水文站网初步形成阶段。这一时期,经过1949—1955年的发展,1956年第一次基本水文站网规划开始实施,“大跃进”期间水文站网迅速发展,到1961年湖北省建成各类水文测站619处,其中水文站135处,初步形成了全省水文站网。

(2) 1962—1978年是湖北省水文站网整顿调整阶段。由于“大跃进”期间站网发展过快、建站质量不高等原因,1962年开始进行整顿调整,到1968年底各类水文测站减少到558处。1961年水文站从135处减少到81处,是1958—2010年间水文站最少的年份。1970年以后,全省完善了平原水网区和受水利工程影响地区的水文站网,增设了部分小河站,改善了降水量站、蒸发站和水文站的合理配置,水文站网趋于稳定。

(3) 1978—2010年是湖北省水文站网充实发展阶段。此阶段经过两次站网规划的实施,调整和完善了满足防汛和长江三峡等西部水电建设需要的水文测站。根据水资源管理、生态环境保护及供水安全的要求,较大幅度地增设了水质站、墒情站、地下水站,完善了泥沙站、蒸发站。到2010年底,湖北省各类水文测站发展到959处,站网结构和布局日趋合理,站网功能进一步提升,全面系统的水文站网体系基本建成。

(4) 2010—2023年是湖北省水文站网优化完善高速发展阶段。经过“十二五”“十三五”“十四五”三个阶段发展,通过中小河流水文监测系统建设、山洪灾害预警系统建设、国家地下水监测能力建设等项目有序实施,水文站网建设进入全新高速发展期。截至2023年底,湖北省水文系统共管辖各类水文测站2 724处,其中水文站291处、水位站312处、降水量站1 292处、墒情站61处、地下水站215处、水质站375处、水生态站178处。另有由其他部门建设、水文部门运行维护的站点3 869处,其中,山洪灾害监测站1 658处、取水口水量监控站2 211处。

第2章　水文站网分类分级

2.1　分类分级规定

为加强水文站网管理，充分发挥水文站网的功能和作用，全面提升监测能力和服务水平，使水文站网更好地适应国民经济建设和社会发展的需求，规范湖北省水文站网规划建设、监测和管理活动，根据《中华人民共和国水文条例》和《湖北省水文管理办法》，结合具体实际，将现有水文站网按照国家基本水文测站、重要专用水文测站、一般专用水文测站划分为一类水文测站、二类水文测站和三类水文测站，根据站网功能及作用分为省、市州两级管理。

2.1.1　站网分类

1. 一类水文测站、二类水文测站和三类水文测站的具体划分

(1) 一类水文测站：将国家基本水文站、水位站、降水量站，国家地下水站，国家水质站，国家水生态站等列为一类水文测站。

(2) 二类水文测站：将重要专用水文站、水位站、降水量站，专用墒情站，专用地下水站，专用水质站，专用水生态站等列为二类水文测站。

(3) 三类水文测站：将一般专用水文站、水位站、降水量站等列为三类水文测站。

2. 省、市州两级管理具体职责

(1) 省级管理（由省水文水资源中心管理）：负责一类水文测站和二类水文测站的设立、撤销、迁移，观测项目的增加和减少等相关工作，审批权限按照相关法规执行；负责一类水文测站和二类水文测站测验任务书的下达，测报整方案审批，水文资料的复审、汇编、存储，相关规范规定要求的其他工作。

(2) 市州管理（由市州水文水资源勘测局管理）：负责一类水文测站和二类水文测站的运行维护；负责一类水文测站和二类水文测站的水文资料整编、审查、汇交；负责三类水文测站的设立、撤销、迁移，观测项目的增加和减少等相关工作，报省水文水资源中心批准后执行；负责三类水文测站的运行维护、测验方案的制定、测验任务书的下达，水文资料的整编、审查、复审、汇编、存储，相关规范规定要求的其他工作。

三类水文测站测验任务书应报省水文水资源中心备案。

3. 考核和质量评定

(1) 一类水文测站按现行规范、规定要求由省水文水资源中心组织考核和质量评定。

(2) 二类水文测站由省水文水资源中心另行制定考核和质量评定办法并组织实施。

(3) 三类水文测站由各市州水文水资源勘测局制定考核和质量评定办法并组织实施。

2.1.2 水文测验要求

此处水文测验要求仅指水文站、水位站、降水量站的测验要求，其他站由相关部门提出具体要求。

1. 一类水文测站

湖北省水文水资源中心每年年初下发测验任务书，各市州水文水资源勘测局严格按照测验任务书、相关规范执行。

2. 二类水文测站

（1）水文测量

① 水文站、水位站基本水准点应与1985国家高程基准接测。

② 每年汛前应对水准点、水尺零点高程、大断面进行测量，河床冲淤变化较大时应适当增加大断面施测次数。

（2）水位

① 新设自记水位计应进行比测，比测次数不少于30次，比测结果应符合置信水平为95%的随机不确定度不超过±0.05 m，系统误差不超过±0.01 m，时间误差每月不超过±4 min，比测合格后方可使用。

② 不具备比测条件的无人值守站可只进行校测。

③ 自记水位每季度校测1次。

（3）流量

① 流量测验方案经省水文水资源中心批准后方能执行。

② 水情变化急剧情况下，流速仪法测流可适当缩短测点测速历时，但不得少于30 s；采用走航式ADCP测流，不得少于1个测回(特殊情况可只测半个测回，并作说明)。

③ 水位流量关系稳定的河道站，每年流量测次不少于5次，并按照水位级均匀布设测次；堰闸站各流态和抽水站每年流量测次不少于3次。水位流量关系不稳定的站，每年流量测次不少于5次，并加强流量测验且逐步开展水位流量单值化分析研究。

④ 采用比降面积法测流，无实测糙率的测站可移用有资料相似河流的糙率值，也可采用《水工建筑物与堰槽测流规范》(SL 537)中的“河槽糙率系数选用参考表”推荐的糙率计算流量。

⑤ 流量在线监测可采用流速仪法、走航式ADCP进行率定。进行流量率定次数不应少于15次，对计算模型检验的不应少于5次，并考虑高、中水分布测次。

⑥ 流量测验其他监测要求应按《河流流量测验规范》(GB 50179)、《水工建筑物与堰槽测流规范》(SL 537)等有关规定执行。

（4）降水量

降水量站采用自记设备观测时，每年应进行一次注水试验，测量误差应不大于±4%。

3. 三类水文测站

水文测验要求由各市州水文水资源勘测局制定。

2.1.3 资料整编要求

此处资料整编要求仅指水文站、水位站、降水量站的资料整编要求，其他站由相关部门提出具体要求。

1. 一类水文测站

按照测验任务书及相关规范、规定执行。

2. 二类水文测站

（1）一般要求

① 每月 20 日前完成上月资料整编。

② 水文站有 10 次以上的实测流量成果水位流量关系曲线，系统误差不超过±3%、置信水平为 95%的随机不确定度不超过 20%，可定为单一线。

③ 采用水工建筑物或堰槽测流，可使用工程单位设计曲线或者借用同类型建筑物和同流态的流量系数与水力因素率定曲线推流，借用关系曲线时应通过不少于 3 个测次的比测校验。

④ 水位、流量等原始数据应进行合理性检查和相应压缩处理。

⑤ 绘制水位流量关系曲线，编制水位流量关系表。

（2）整编成果要求

① 按市州局编制水文资料整编综合说明书。

② 分别编制水文站、水位站和降水量站一览表。

③ 水文测站应按有关规定编制各类考证表。

④ 按照整编规范要求编制逐日平均水位表、洪水水位摘录表、实测流量成果表、实测大断面成果表、逐日平均流量表、洪水水文要素摘录表等各类整编成果表。

⑤ 编制逐日降水量表、降水量摘录表、各时段最大降水量表(1)、表(2)。

3. 三类水文测站

资料整编要求由各市州水文水资源勘测局制定。

2.1.4 运行维护要求

此处运行维护要求仅指水文站、水位站、降水量站的运行维护要求，其他站由相关部门提出具体要求。

1. 一类水文测站

按照测验任务书及相关规范、规定执行。

2. 二类水文测站

（1）每天不少于 1 次通过网络监控平台监视水雨情数据及设备运行状况，并做好相应记录。设备出现故障时，应在 48 h 内排除故障，特殊情况不得超过 72 h。

（2）水文站检查维护每年应不少于 2 次，汛前应进行 1 次常规保养；水文站的水位设施设备参照水位站要求执行。

（3）水位站每年应在汛前进行 1 次全面检查维护；大洪水过后，应对水位站进行 1 次全面的检查维护。

（4）降水量站检查维护每年应不少于 2 次，汛前应完成 1 次检查维护。

3. 三类水文测站

运行维护要求由各市州水文水资源勘测局制定。

2.2 分类结果

截至 2023 年底，湖北省水文系统共管辖各类水文测站 2 724 处。按站类分类：水文站 291 处、水位站 312 处、降水量站 1 292 处、墒情站 61 处、地下水站 215 处、水质站 375 处、水生态站 178 处。按观测项目分类：流量 333 处、水位(地表)651 处、降水量 1 791 处、蒸发 42 处、泥沙 15 处、水温 20 处、墒情 61 处、地下水 215 处、水质 375 处、水生态 178 处。

结合水文测站的设站目的、功能作用、服务对象、监测能力等因素，将湖北省水文系统 2 724 处水文测站分为一类水文测站、二类水文测站和三类水文测站。分类情况详见表 2-1、表 2-2、表 2-3。

表 2-1　一类水文测站具体数量统计表

行政区	水文站	水位站	降水量站	地下水站	水质站	水生态站
武汉	3	5	23	10	32	0
黄石	3	6	12	0	12	0
襄阳	9	2	59	15	18	0
荆州	6	3	20	56	17	0
宜昌	11	1	60	5	23	18
十堰	8	0	60	0	7	6
孝感	11	5	23	22	15	0
黄冈	9	8	80	11	25	0
咸宁	6	2	39	4	9	0
恩施	9	0	78	0	13	10
荆门	1	3	33	12	10	0
随州	7	6	32	3	14	0
鄂州	1	1	2	2	4	0
天门	6	0	3	24	4	0
潜江	2	0	3	13	7	0
仙桃	0	0	4	18	4	0
神农架	1	0	12	0	1	0
合计	93	42	543	195	215	34

表 2-2　二类水文测站具体数量统计表

行政区	水文站	水位站	降水量站	墒情站	地下水站	水质站	水生态站
武汉	0	8	15	4	0	22	20
黄石	7	6	12	2	1	6	11
襄阳	9	5	41	9	3	14	11
荆州	5	9	38	4	4	16	16
宜昌	15	7	67	4	2	5	2
十堰	11	2	62	6	0	19	4
孝感	5	4	21	7	4	8	9
黄冈	4	12	57	6	0	14	9
咸宁	5	0	18	3	2	16	15
恩施	9	8	34	3	0	18	8
荆门	3	5	22	3	1	10	5
随州	3	0	12	4	0	4	7
鄂州	3	1	9	1	1	5	7
天门	1	2	8	2	1	2	1
潜江	3	0	5	1	1	0	1

续表

行政区	水文站	水位站	降水量站	墒情站	地下水站	水质站	水生态站
仙桃	2	2	9	1	0	1	5
神农架	3	0	12	1	0	0	13
合计	88	71	442	61	20	160	144

表 2-3　三类水文测站具体数量统计表

行政区	水文站	水位站	降水量站
武汉	0	28	15
黄石	0	2	1
襄阳	7	31	36
荆州	7	29	41
宜昌	18	14	14
十堰	7	9	67
孝感	9	6	21
黄冈	9	18	0
咸宁	7	13	16
恩施	20	17	29
荆门	9	15	33
随州	4	4	12
鄂州	2	5	0
天门	3	1	7
潜江	3	3	5
仙桃	4	3	7
神农架	1	1	3
合计	110	199	307

第3章　一类水文测站

3.1　一类水文测站概况

一类水文测站包括国家基本水文站、国家基本水位站、国家基本降水量站、国家地下水站、国家水质站、国家水生态站。

截至2023年底，湖北省水文系统共有国家基本水文站93处、国家基本水位站42处、国家基本降水量站543处、国家地下水站195处、国家水质站215处、国家水生态站34处。

3.2　国家基本水文站

截至2023年底，湖北省水文系统共有国家基本水文站93处，按照行政区划分布为：武汉市3处、黄石市3处、襄阳市9处、荆州市6处、宜昌市11处、十堰市8处、孝感市11处、黄冈市9处、咸宁市6处、恩施州9处、荆门市1处、随州市7处、鄂州市1处、天门市6处、潜江市2处、神农架林区1处。其中，国家重要水文站29处。

3.2.1　武汉市

武汉市现有国家基本水文站3处。

1. 柳子港水文站(测站编码61612400)

柳子港水文站位于湖北省武汉市新洲区凤凰镇庙岗山村，于1953年2月设立，属于长江流域中游下段北岸水系，系举水干流控制站兼区域代表站、国家重要水文站，集水面积2 997 km^2，属二类精度水文站。采用85基准，测站高程为33.120 m。

(1) 主要监测项目

水位、流量、泥沙、降水、水温、水质、墒情。

(2) 测站位置特点

测站位于举水，上游约850 m处有一座18跨简支梁桥，约300 m靠右岸处设有泄洪闸、抽水泵站各一座；下游约12 km处是新洲橡胶坝。左岸堤防控制，堤顶高程为35.58 m，右岸30.00 m左右开始漫滩。基下约500 m处有条汊河，当水位达27.00 m以上时，汊河才有水流。

(3) 测验河段特征

测验河段顺直，左岸是堤、右岸是山，能控制历年最高水位，最大河宽约为360 m，细沙河床，河床受冲淤影响。

(4) 水位级划分

低水25.50 m以下，中水25.50～28.00 m，高水28.00 m以上。

(5) 流量测验

主要采用流速仪法、走航式 ADCP;渡河方式为水文缆道、测桥。

(6) 主要测验设施

直立式水尺 1 组、水位自记观测平台 1 座、水文缆道 1 座、降水观测场 1 处。

(7) 主要水文特征值

多年平均年径流量 14.35 亿 m^3,多年平均降水量 1 254.0 mm;最大年径流量 35.34 亿 m^3(出现于 1991 年),最小年径流量 3.900 亿 m^3(出现于 1978 年);最大流量 5 620 m^3/s(出现于 2016 年 7 月 1 日),最小流量 0 m^3/s(出现于 1959 年 8 月 15 日);最高水位 33.58 m(出现于 2016 年 7 月 1 日),最低水位为河干(出现于 1978 年 8 月 2 日)。

2. 长轩岭(二)水文站(测站编码 61609100)

长轩岭(二)水文站位于湖北省武汉市黄陂区长轩岭街道董家河湾,于 1955 年 3 月设立,属于长江流域中游下段北岸水系,系滠水流域区域代表站,集水面积 1 297 km^2,属二类精度水文站。采用黄海基准,测站高程为 41.448 m。

(1) 主要监测项目

水位、流量、泥沙、降水、蒸发、水质、墒情。

(2) 测站位置特点

测站位于滠水中游,上游约 60 m 有一座五孔公路桥,桥下有一座拦水坝;下游约 20 km 处是王家河水电站。

(3) 测验河段特征

测验河段顺直,右岸为陡坡,左岸为滩地,中泓偏右岸,水位在 35.00 m 以上时左岸漫滩约 150 m。

(4) 水位级划分

低水 28.00 m 以下,中水 28.00～30.00 m,高水 30.00 m 以上。

(5) 流量测验

主要采用流速仪法、走航式 ADCP;渡河方式为水文缆道、测桥。

(6) 主要测验设施

直立式水尺 1 组、水位自记井 1 座、水文缆道 1 座、降蒸观测场 1 处。

(7) 主要水文特征值

多年平均年径流量 5.570 亿 m^3,多年平均降水量 1 233.8 mm,多年平均蒸发量 810.9 mm;最大年径流量 12.35 亿 m^3(出现于 2016 年),最小年径流量 1.170 亿 m^3(出现于 1978 年);最大流量 3 840 m^3/s(出现于 2016 年 7 月 1 日),最小流量 0 m^3/s(出现于 1959 年 8 月 17 日);最大年蒸发量 982.9 mm(出现于 2022 年),最小年蒸发量 652.9 mm(出现于 1996 年);最高水位 34.35 m(出现于 2016 年 7 月 1 日),最低水位 23.97 m(出现于 2019 年 5 月 14 日)。

3. 金口水文站(测站编码 61716000)

金口水文站位于湖北省武汉市江夏区金口街道金水闸,于 1937 年 11 月设立,属于长江流域金水水系,系金水下游控制站,集水面积 2 673 km^2,属二类精度水文站。采用 85 基准,测站高程为 23.231 m。

(1) 主要监测项目

水位、流量、降水、水质、墒情。

(2) 测站位置特点

测站位于金水下游,上游有西凉湖、斧头湖、鲁湖,约 800 m 处有一个急弯;下游约 450 m 处是金水闸及金口电排站,约 8.8 km 处汇入长江。

(3) 测验河段特征

测验河段顺直,长约 900 m,单式河槽,河床由黏土组成,较稳定。

(4) 水位级划分

低水 15.60 m 以下,中水 15.60～19.20 m,高水 19.20 m 以上。

(5) 流量测验

主要采用流速仪法、走航式 ADCP;渡河方式为水文缆道。

(6) 主要测验设施

直立式水尺 2 组(闸上、闸下)、水位自记观测平台 1 座、水文缆道 1 座、降水观测场 1 处。

(7) 主要水文特征值

多年平均年径流量 14.43 亿 m^3,多年平均降水量 1 281.4 mm;最大年径流量 27.40 亿 m^3(出现于 1969 年),最小年径流量 5.758 亿 m^3(出现于 2005 年);最大流量 379 m^3/s(出现于 1954 年 11 月 19 日),最小流量 0 m^3/s(出现于 1952 年 5 月 6 日);最高水位 31.13 m(出现于 1954 年 8 月 14 日),最低水位为河干(出现于 1966 年 2 月 14 日)。

3.2.2 黄石市

黄石市现有国家基本水文站 3 处。

1. 富水水文站(测站编码 61606600)

富水水文站位于湖北省阳新县龙港镇富水,于 1951 年 1 月设立,属于长江中下游南岸水系,系富水水库出库控制站、国家重要水文站,集水面积 2 433 km^2,属一类精度水文站。采用 85 基准,测站高程为 46.675 m。

(1) 主要监测项目

水位、流量、降水、蒸发、水温。

(2) 测站位置特点

测站是水库站,基本水尺设立在库内,流量设施设于大坝下游约 2 200 m 处。下游距富水水文站约 33 km 处有三溪河支流汇入,约 76 km 处流经富池大闸和泵站后汇入长江。

(3) 测验河段特征

测验河段较为顺直,左岸是山,右岸是滩地、旱地、水田、坡地,河床由卵石、粗砂、泥土组成,左岸主槽为卵石,较为稳定。断面在高水时漫滩,呈 W 形,水面宽约 470 m;在断面起点距离 40～60 m 处,水草丛生,影响测验。

(4) 流量测验

主要采用流速仪法、走航式 ADCP;渡河方式为水文缆道、测桥。

(5) 主要测验设施

直立式水尺 3 组、水位自记井 1 座、水文缆道 1 座、降蒸观测场 1 处。

(6) 主要水文特征值

多年平均年径流量 19.96 亿 m^3,多年平均降水量 1 452.0 mm,多年平均蒸发量 885.3 mm;最大年径流量 29.58 亿 m^3(出现于 1995 年),最小年径流量 8.415 亿 m^3(出现于 2001 年);最大流量 1 500 m^3/s(出现于 1991 年 5 月 23 日),最小流量 0 m^3/s(出现于 1976 年 1 月 1 日);最大年蒸发量 1 141.3 mm(出现于 1959 年),最小年蒸发量 634.0 mm(出现于 2020 年);最高水位 59.20 m(出现于 1969 年 7 月 12 日),最低水位 46.02 m(出现于 1968 年 2 月 1 日)。

2. 沣源口水文站(测站编码 61605600)

沣源口水文站位于湖北省黄石市西塞山区河口镇,于 1953 年 4 月设立,属于长江中下游南岸水系,系大冶湖出口控制站，集水面积 1 106 km^2，属二类精度水文站。采用 85 基准，测站高程为 27.457 m。

(1) 主要监测项目

水位、流量、降水、蒸发。

(2) 测站位置特点

测站位于大冶湖出口处，上游约 40 m 处有一座公路桥，约 180 m 处是大闸及抽水站出流汇合处，约 450 m 处有一座大闸；下游约 80 m 处有一座公路桥，约 280 m 处有四顾闸出流汇入，约 3.6 km 处汇入长江。

(3) 测验河段特征

测验河段顺直，河床系人工开挖，断面呈梯形，河槽由混凝土组成，左、右岸为块石护坡。

(4) 流量测验

主要采用流速仪法、走航式 ADCP；渡河方式为水文缆道、测桥。

(5) 主要测验设施

直立式水尺 3 组、水位自记井 3 座、水文缆道 1 座、降蒸观测场 1 处。

(6) 主要水文特征值

多年平均年径流量 7.451 亿 m^3，多年平均降水量 1 294.5 mm，多年平均蒸发量 755.4 mm；最大年径流量 14.60 亿 m^3(出现于 2016 年)，最小年径流量 1.829 亿 m^3(出现于 2013 年)；最大流量 299 m^3/s(出现于 2007 年 10 月 3 日)，最小流量－80.8 m^3/s(出现于 1976 年 8 月 10 日)；最大年蒸发量 1 152.2 mm(出现于 1978 年)，最小年蒸发量 490.7 mm(出现于 2008 年)；闸上最高水位 25.14 m(出现于 1954 年 7 月 25 日)，最低水位为河干(出现于 1992 年 12 月 3 日)；闸下最高水位 25.53 m(出现于 1998 年 8 月 1 日)，最低水位为河干(出现于 1965 年 2 月 16 日)。

3. 龙港(二)水文站(测站编码 61608000)

龙港(二)水文站位于湖北省阳新县龙港镇龙港村，于 1958 年 5 月设立，属于长江中下游南岸水系富水支流，集水面积 574 km^2，属二类精度水文站。采用 85 基准，测站高程为 32.131 m。

(1) 主要监测项目

水位、流量、降水。

(2) 测站位置特点

测站位于龙港河，下游约 5.4 km 处汇入富水。

(3) 测验河段特征

测验河段顺直，两岸靠山，能控制特大洪水。河床由粗砂、卵石、黏土组成，较稳定，河槽经人工整治成梯形。左岸滩地为沙土，浆砌块石护坡，右岸为混凝土挡土墙。

(4) 水位级划分

低水 22.60 m 以下，中水 22.60～25.20 m，高水 25.20 m 以上。

(5) 流量测验

主要采用流速仪法、走航式 ADCP；渡河方式为水文缆道。

(6) 主要测验设施

直立式水尺 3 组、水位自记井 1 座、水文缆道 1 座、降水观测场 1 处。

(7) 主要水文特征

多年平均年径流量 4.636 亿 m^3，多年平均降水量 1 488.9 mm；最大年径流量 8.690 亿 m^3(出现于 1998 年)，最小年径流量 1.983 亿 m^3(出现于 2018 年)；最高水位 30.83 m(出现于 1964 年 6 月 25 日)，最低水位 21.76 m(出现于 2022 年 8 月 24 日)；最大流量 1 050 m^3/s(出现于 1964 年 6 月 25 日)，最小流量 0 m^3/s(出现于 1959 年 9 月 15 日)。

3.2.3 襄阳市

襄阳市现有国家基本水文站9处。

1. 开峰峪水文站(测站编码61910100)

开峰峪水文站位于湖北省襄阳市保康县过渡湾镇过渡湾村,于1959年4月设立,属于汉江中游水系,系南河控制站、国家重要水文站,集水面积5 253 km^2,属一类精度水文站。采用85基准,测站高程为214.237 m。

(1) 主要监测项目

水位、流量、降水、水温、水质。

(2) 测站位置特点

测站位于南河,上游约1.1 km处是过渡湾水电站,下游约24 km处是白水峪水电站。

(3) 测验河段特征

测验河段顺直,长约300 m,右岸为高山陡坡,岸边有乱石块;左岸为卵石壤土、陡坡,岸坡上种有农作物。河床由砂卵石组成,冲淤变化不明显。

(4) 水位级划分

低水198.80 m以下,中水198.80~204.50 m,高水204.50 m以上。

(5) 流量测验

主要采用流速仪法、走航式ADCP、电波流速仪法;渡河方式为水文缆道、测桥。

(6) 主要测验设施

直立式水尺1组、水位自记观测平台1座、水文缆道1座、降水观测场1处。

(7) 主要水文特征值

多年平均年径流量18.57亿m^3,多年平均降水量896.3 mm;最大年径流量36.47亿m^3(出现于1964年),最小年径流量6.680亿m^3(出现于2013年);最大流量8 280 m^3/s(出现于1975年8月9日),最小流量0 m^3/s(出现于1998年7月29日);最高水位211.79 m(出现于1975年8月9日),最低水位194.50 m(出现于2018年1月28日)。

2. 三道河水文站(测站编码61918000)

三道河水文站位于湖北省襄阳市南漳县城关镇三道河水库,于1960年1月设立,属于汉江中游水系,系蛮河上游控制站、区域代表站、国家重要水文站,集水面积780 km^2,属二类精度水文站。采用85基准,测站高程为135.476 m。

(1) 主要监测项目

水位、流量、降水、蒸发、水质。

(2) 测站位置特点

测站位于蛮河,其三道河水库灌溉主要从电管和北干渠两处出流。三道河(电管)设在大电站下游80 m过河桥处尾水渠内;三道河(溢洪道)断面左岸上游250 m有电站尾水加入,下游80 m处右岸有导流洞和石达沟来水的加入;三道河(北渠)设在北渠倒虹吸管出口下游50 m测流桥处;三道河(导流洞)在导流洞发电机房下游约120 m处。

(3) 测验河段特征

该站出流断面分为6处,发电洞出流分支为电管、补充闸、溢流堰、北渠四个控制断面,导流洞、溢洪道为2个独立的出流控制断面。水库大坝台阶旁设有基本水尺断面,补充闸和北渠各设1组辅助水尺,倒虹吸管出口50 m设有北渠水文测桥,大电站下80 m设有电管渠水文测桥。

(4) 流量测验

主要采用流速仪法、走航式ADCP;渡河方式为测桥。

(5) 主要测验设施

直立式水尺3组、水位自记观测平台3座、水位自记井1座、水文测桥2座、降蒸观测场1处。

(6) 主要水文特征值

多年平均年径流量3.024亿m^3,多年平均降水量927.9 mm,多年平均蒸发量793.1 mm;最大年径流量5.960亿m^3(出现于1983年),最小年径流量0.850 6亿m^3(出现于2019年);最大流量669 m^3/s(出现于1989年8月9日),最小流量0 m^3/s(出现于1962年4月6日);最大年蒸发量991.0 mm(出现于1978年),最小年蒸发量621.2 mm(出现于1989年);最高水位152.84 m(出现于1971年10月2日),最低水位114.40 m(出现于1966年10月1日)。

3. 董坡(二)水文站(测站编码62010500)

董坡(二)水文站位于湖北省襄阳市高新区刘集街道大桥村,于1964年6月设立,属于唐白河水系,系唐白河下游控制站、国家重要水文站,集水面积21 330 km^2,属二类精度水文站。采用85基准,测站高程为73.511 m。

(1) 主要监测项目

水位、流量、降水、蒸发。

(2) 测站位置特点

测站位于唐白河,上游约8 km处为唐、白二河汇合口,下游约20 km处是崔家营水电站。

(3) 测验河段特征

测验河段顺直,宽浅式河槽,两岸有堤,右岸住有居民,左岸堤外是农田。河床由细砂组成,冲淤变化不明显。

(4) 流量测验

主要采用走航式ADCP、电波流速仪法;渡河方式为水文缆道、测桥。

(5) 主要测验设施

直立式水尺1组、水位自记井1座、水文缆道1座、降蒸观测场1处。

(6) 主要水文特征值

多年平均降水量789.9 mm,多年平均蒸发量748.7 mm;最大流量3 820 m^3/s(出现于2005年8月30日),最小流量0 m^3/s(出现于1999年8月6日);最大年蒸发量991.3 mm(出现于1992年),最小年蒸发量513.5 mm(出现于2015年);最高水位75.17 m(出现于1975年8月9日),最低水位为河干(出现于1999年8月6日)。

4. 马良坪水文站(测站编码60904000)

马良坪水文站位于湖北省襄阳市保康县马良镇西坪村,于1960年3月设立,属于长江中游干流水系,系沮河上游控制站,集水面积926 km^2,属二类精度水文站。采用85基准,测站高程为295.800 m。

(1) 主要监测项目

水位、流量、降水、蒸发。

(2) 测站位置特点

测站位于沮河,下游约26 km处有一座峡口水电站。

(3) 测验河段特征

测验河段顺直,长约450 m,河床由砂卵石组成,主槽左边有40 m宽的卵石滩,左岸为黄沙土坡,种有农作物,右岸为浆砌块石,断面基本稳定。

（4）水位级划分

低水 3.60 m 以下，中水 3.60～5.00 m，高水 5.00 m 以上。

（5）流量测验

主要采用流速仪法、走航式 ADCP、浮标法、比降面积法；渡河方式为水文缆道。

（6）主要测验设施

直立式水尺 4 组（4 个断面）、水位自记井 1 座、水文缆道 1 座、浮标投放器 1 座、降蒸观测场 1 处。

（7）主要水文特征值

多年平均年径流量 3.683 亿 m^3，多年平均降水量 901.1 mm，多年平均蒸发量 771.2 mm；最大年径流量 11.90 亿 m^3（出现于 2010 年），最小年径流量 1.417 亿 m^3（出现于 1966 年）；最大流量 1 520 m^3/s（出现于 2008 年 7 月 22 日），最小流量 0.310 m^3/s（出现于 2000 年 5 月 23 日）；最大年蒸发量 977.6 mm（出现于 2022 年），最小年蒸发量 597.9 mm（出现于 2003 年）；最高水位 8.52 m（出现于 2008 年 7 月 22 日），最低水位 2.09 m（出现于 2021 年 12 月 2 日）。

5. 打鼓台水文站（测站编码 60909000）

打鼓台水文站位于湖北省襄阳市南漳县东巩镇铁家垭村，于 1962 年 4 月设立，属于长江流域长江中游干流水系，系漳河上游控制站，集水面积 727 km^2，属二类精度水文站。采用 85 基准，测站高程为 257.814 m。

（1）主要监测项目

水位、流量、降水。

（2）测站位置特点

测站位于漳河，上游约 800 m 处有东峪沟汇入，约 500 m 处有西峪沟汇入；下游约 10 m 处有一座混凝土滚水坝，约 300 m 处有一个弯道，约 1 km 处有一座水文测桥，约 78 km 处是大(1)型水库。

（3）测验河段特征

测验河段顺直，河床由砂卵石组成，两岸为高山，断面冲淤变化不大。

（4）水位级划分

低水 48.20 m 以下，中水 48.20～52.60 m，高水 52.60 m 以上。

（5）流量测验

渠道断面主要采用流速仪法，渡河方式为水文测桥；坝下断面主要采用流速仪法、走航式 ADCP，渡河方式为涉水、简易过河设施。

（6）主要测验设施

直立式水尺 4 组（4 个断面）、水位自记井 1 座、简易渡河设施 1 座、降水观测场 1 处。

（7）主要水文特征值

多年平均年径流量 3.226 亿 m^3，多年平均降水量 991.1 mm；最大年径流量 6.653 亿 m^3（出现于 1963 年），最小年径流量 1.341 亿 m^3（出现于 1972 年）；最大流量 1 410 m^3/s（出现于 1999 年 7 月 6 日），最小流量 0 m^3/s（出现于 1975 年 5 月 6 日）；最高水位 54.82 m（出现于 1999 年 7 月 6 日），最低水位为河干（出现于 1978 年 12 月 8 日）。

6. 苍坪水文站（测站编码 60914000）

苍坪水文站位于湖北省襄阳市南漳县东巩镇苍坪村，于 1971 年 3 月设立，属于长江流域长江中游干流水系，系漳河支流茅坪河控制站，集水面积 402 km^2，属二类精度水文站。采用 85 基准，测站高程为 143.105 m。

（1）主要监测项目

水位、流量、降水。

（2）测站位置特点

测站位于茅坪河，上游约 7 km 处有一座发电站；下游约 300 m 处为陡岸峡口，约 2 km 处汇入漳河。

（3）测验河段特征

测验河段顺直，长约 300 m，主河床宽 80 m，U 形河槽，河床由砂卵石组成，两岸为沙黏土稻田，无崩塌现象，水位达 134.00 m 时开始漫滩。

（4）水位级划分

低水 130.60 m 以下，中水 130.60～132.80 m，高水 132.80 m 以上。

（5）流量测验

主要采用流速仪法、走航式 ADCP；渡河方式为水文缆道、涉水。

（6）主要测验设施

直立式水尺 3 组(3 个断面)、水位自记井 1 座、水文缆道 1 座、降水观测场 1 处。

（7）主要水文特征值

多年平均年径流量 1.329 亿 m^3，多年平均降水量 956.6 mm；最大年径流量 2.824 亿 m^3（出现于 2007 年），最小年径流量 0.194 4 亿 m^3（出现于 1995 年）；最大流量 1 640 m^3/s(出现于 2006 年 6 月 30 日)，最小流量 0.080 m^3/s(出现于 1982 年 6 月 8 日)；最高水位 135.36 m(出现于 2006 年 6 月 30 日)，最低水位 129.38 m(出现于 2000 年 3 月 23 日)。

7. 马桥水文站(测站编码 61909800)

马桥水文站位于湖北省襄阳市保康县马桥镇马桥水电站，于 2006 年 1 月设立，属于汉江中游水系，系南河上游区域代表站，该站为水库站，集水面积 1 410 km^2，属二类精度水文站。采用 85 基准，测站高程为 487.645 m。

（1）主要监测项目

水位、流量、降水、水质。

（2）测站位置特点

测站位于粉青河，下游约 20 m 处是马桥水库大坝，约 120 m 处是水文测桥，约 34 km 处是三里坪水电站。

（3）测验河段特征

测验河段顺直，长约 1.2 km，基本断面位于库内，断面稳定。

（4）流量测验

主要采用流速仪法；渡河方式为测桥。

（5）主要测验设施

直立式水尺 1 组、水位自记观测平台 1 座、水文测桥 1 座。

（6）主要水文特征值

多年平均年径流量 6.140 亿 m^3，多年平均降水量 790.7 mm；最大年径流量 9.413 亿 m^3（出现于 2017 年），最小年径流量 2.822 亿 m^3（出现于 2018 年）；最大流量 1 240 m^3/s(出现于 2008 年 7 月 22 日)，最小流量 0 m^3/s(出现于 2006 年 1 月 1 日)；最高水位 484.37 m(出现于 2011 年 8 月 24 日)，最低水位 461.58 m(出现于 2018 年 3 月 28 日)。

8. 寺坪水文站(测站编码 61910000)

寺坪水文站位于湖北省襄阳市保康县寺坪镇寺坪水库，于 2006 年 1 月设立，属于汉江中游水系，系南河上游干流控制站，集水面积 2 150 km^2，属二类精度水文站。采用 85 基准，测站高程为 318.956 m。

（1）主要监测项目

水位、流量、降水、水质。

(2) 测站位置特点

测站位于粉青河，上游约 21 km 处是三里坪水电站；下游约 50 m 处有一座电站引水闸，约 20 km 处有清溪河汇入，约 21 km 处是过渡湾水电站。

(3) 测验河段特征

基本断面位于库内，断面稳定。

(4) 流量测验

主要采用水工建筑物法。

(5) 主要测验设施

直立式水尺 1 组、水位自记观测平台 1 座、降水观测场 1 处。

(6) 主要水文特征值

多年平均年径流量 7.940 亿 m^3，多年平均降水量 753.7 mm；最大年径流量 12.43 亿 m^3（出现于 2017 年），最小年径流量 4.013 亿 m^3（出现于 2013 年）；最大流量 2 700 m^3/s（出现于 2008 年 8 月 16 日），最小流量 0 m^3/s（出现于 2006 年 1 月 1 日）；最高水位 315.55 m（出现于 2014 年 9 月 3 日），最低水位为库干（出现于 2006 年 1 月 1 日）。

9. 挽鱼沟水文站（测站编码 61917500）

挽鱼沟水文站位于湖北省襄阳市南漳县李庙镇鱼泉河村，于 1964 年 1 月设立，属于长江流域汉江中游水系，系蛮河上游控制站、三道河水库入库站，集水面积 560 km^2，属二类精度水文站。采用 85 基准，测站高程为 176.921 m。

(1) 主要监测项目

水位、流量、泥沙、降水、水质。

(2) 测站位置特点

测站位于蛮河，上游约 1.3 km 处有一座径流式小型电站；下游约 300 m 处为弯道滩口，约 18 km 处是三道河水库。

(3) 测验河段特征

测验河段顺直，长约 300 m，左岸为陡山，右岸为梯田，河床由砂卵石组成，断面冲淤变化不大。

(4) 水位级划分

低水 173.70 m 以下，中水 173.70～176.10 m，高水 176.10 m 以上。

(5) 流量测验

主要采用流速仪法、走航式 ADCP；渡河方式为水文缆道、涉水。

(6) 主要测验设施

直立式水尺 3 组（3 个断面）、水位自记井 1 座、水文缆道 1 座、浮标投放器 1 座、降水观测场 1 处。

(7) 主要水文特征值

多年平均年径流量 2.625 亿 m^3，多年平均降水量 1 041.3 mm；最大年径流量 5.218 亿 m^3（出现于 1964 年），最小年径流量 1.017 亿 m^3（出现于 2019 年）；最大流量 1 530 m^3/s（出现于 2021 年 7 月 24 日），最小流量 0.002 m^3/s（出现于 2013 年 12 月 5 日）；最高水位 179.42 m（出现于 2021 年 7 月 24 日），最低水位 172.57 m（出现于 1966 年 10 月 3 日）。

3.2.4 荆州市

荆州市现有国家基本水文站 6 处。

1. 福田寺水文站（测站编码 61016100）

福田寺水文站位于湖北省荆州市监利市福田寺镇薛庙村，于 1959 年 5 月设立，属于长江流域内荆河水系，系四湖中区总干渠出水量控制站、国家重要水文站，集水面积 4 310 km^2，属二类精度水文站。采用 85 基准，测站高程为 33.018 m。

（1）主要监测项目

水位、流量、降水、蒸发、水质。

（2）测站位置特点

测站位于四湖中区总干渠，左岸闸上约 200 m 处有福田寺节制闸（洪排河），右岸闸上约 200 m 处有船闸；闸下约 16 km 处是洪湖。

（3）测验河段特征

测验河段为人工开挖，顺直整齐，断面河槽为钢筋混凝土构造，呈 U 形，无冲淤。

（4）流量测验

主要采用流速仪法、走航式 ADCP；渡河方式为水文缆道。

（5）主要测验设施

直立式水尺 2 组（闸上、闸下）、水位自记观测平台 1 座、水文缆道 1 座、降蒸观测场 1 处。

（6）主要水文特征值

多年平均年径流量 24.86 亿 m^3，多年平均降水量 1 255.8 mm，多年平均蒸发量 748.2 mm；最大年径流量 47.60 亿 m^3（出现于 2020 年），最小年径流量 10.10 亿 m^3（出现于 2005 年）；最大流量 851 m^3/s（出现于 2003 年 7 月 12 日），最小流量 0 m^3/s（出现于 1992 年 1 月 1 日）；最大年蒸发量 1 009.9 mm（出现于 2022 年），最小年蒸发量 594.6 mm（出现于 2002 年）；最高水位 28.32 m（出现于 1996 年 7 月 18 日），最低水位 21.96 m（出现于 2000 年 5 月 24 日）。

2. 新滩口水文站（测站编码 61016400）

新滩口水文站位于湖北省荆州市洪湖市新滩口镇大兴岭村，于 1967 年 1 月设立，属于长江流域内荆河水系，系四湖总干渠出水量控制站、国家重要水文站，属二类精度水文站。采用 85 基准，测站高程为 25.997 m。

（1）主要监测项目

水位、流量、降水、蒸发、水质。

（2）测站位置特点

测站位于四湖总干渠末端，排水闸闸上约 800 m 处接总干渠，排水闸左岸约 370 m 处有新滩口泵站，约 780 m 处有船闸，分别有渠道与之相连；排水闸闸下约 3 km 处拐弯汇入长江。

（3）测验河段特征

测站有新滩口（闸上）站、新滩口（泵站）站两个流量测验断面，测验河段顺直，河床均系人工开挖。新滩口（闸上）站河床由黏土组成，两岸有水草；新滩口（泵站）站河床由钢筋混凝土组成。

（4）流量测验

主要采用流速仪法、走航式 ADCP；渡河方式为水文缆道。

（5）主要测验设施

直立式水尺 4 组（闸上、闸下、泵上、泵下）、水位自记井 1 座、水文缆道 2 座、降蒸观测场 1 处。

（6）主要水文特征值

多年平均年径流量 32.99 亿 m^3，多年平均降水量 1 335.9 mm，多年平均蒸发量 728.9 mm；最大年径流量 50.28 亿 m^3（出现于 2017 年），最小年径流量 19.92 亿 m^3（出现于 2005 年）；最大流量 988 m^3/s（出现于 2017 年 9 月 24 日），最小流量 −85.9 m^3/s（出现于 2000 年 8 月 1 日）；最大年蒸发量 974.9 mm（出现于 1992 年），最小年蒸发量 550.3 mm（出现于 2002 年）；最高水位 26.56 m（出现于 1996 年 7 月 27 日），最低水位 17.14 m（出现于 2002 年 2 月 13 日）。

3. 新堤(大闸)水文站(测站编码 61018500)

新堤(大闸)水文站位于湖北省荆州市洪湖市螺山镇新联村,于 1973 年 1 月设立,属于长江流域内荆河水系,系四湖区洪湖进出水量控制站、国家重要水文站,属二类精度水文站。采用 85 基准,测站高程为 26.674 m。

(1) 主要监测项目

水位、流量、降水、水质。

(2) 测站位置特点

测站位于四湖区,闸上约 1 km 处是 S103 省道新堤大桥,约 4 km 处与洪湖相连;基本水尺断面下游约 266 m 处是新堤排水闸,闸下约 600 m 处汇入长江。

(3) 测验河段特征

测验河段为人工开挖,顺直整齐,两岸边有少许水草,河床由黏土组成,无冲淤。

(4) 流量测验

主要采用流速仪法、走航式 ADCP;渡河方式为水文缆道、测桥。

(5) 主要测验设施

直立式水尺 2 组(闸上、闸下)、水位自记井 1 座、水文缆道 1 座(电动)、降水观测场 1 处。

(6) 主要水文特征值

多年平均年径流量 7.044 亿 m^3,多年平均降水量 1 370.0 mm;最大年径流量 20.26 亿 m^3(出现于 2023 年),最小年径流量 0.086 7 亿 m^3(出现于 2013 年);最大流量 648 m^3/s(出现于 1990 年 12 月 7 日),最小流量 −612 m^3/s(出现于 2001 年 8 月 6 日);最高水位 27.21 m(出现于 2020 年 7 月 21 日),最低水位 19.71 m(出现于 1974 年 4 月 6 日)。

4. 沙溪坪水文站(测站编码 61500900)

沙溪坪水文站位于湖北省荆州市松滋市刘家场镇沙溪坪村,于 1960 年 2 月设立,属于长江流域四口水系,系洈水水库入库控制站、国家重要水文站,集水面积 970 km^2,属二类精度水文站。采用 85 基准,测站高程为 101.587 m。

(1) 主要监测项目

水位、流量、降水、水质。

(2) 测站位置特点

测站位于洈水河,基上约 700 m 处是湖南省澧县正新水电站;基下约 1.2 km 处有一座公路桥,约 2 km 处是洈水水库库尾。

(3) 测验河段特征

测验河段顺直,主河槽由卵石组成,左岸滩地为砂壤土,种植农作物,右岸为岩石,主河槽受洪水冲淤影响稍有变化。

(4) 水位级划分

低水 93.19 m 以下,中水 93.19～95.60 m,高水 95.60 m 以上。

(5) 流量测验

主要采用流速仪法、走航式 ADCP;渡河方式为水文缆道、测桥。

(6) 主要测验设施

直立式水尺 1 组、水位自记观测平台 1 座、水文缆道 1 座。

(7) 主要水文特征值

多年平均年径流量 6.650 亿 m^3,多年平均降水量 1 267.9 mm;最大年径流量 13.35 亿 m^3(出现于 2020 年),最小年径流量 2.849 亿 m^3(出现于 2019 年);最大流量 3 500 m^3/s(出现于 2023 年 8 月 27 日),

最小流量 0 m^3/s(出现于 2009 年 7 月 30 日);最高水位 100.21 m(出现于 2023 年 8 月 27 日),最低水位 91.80 m(出现于 2023 年 11 月 25 日)。

5. 万城水文站(测站编码 60908500)

万城水文站位于湖北省荆州市荆州区李埠镇万城村,于 1989 年 5 月设立,属于长江流域长江中游干流水系,系沮漳河防汛专用站,集水面积 4 151 km^2,属二类精度水文站。采用 85 基准,测站高程为 40.162 m。

(1) 主要监测项目

水位、流量、降水、水质。

(2) 测站位置特点

测站位于沮漳河,基上约 300 m 处有万城闸引沮漳河水灌溉,约 560 m 处有一座汉宜公路桥,约 480 m 处有一座汉宜铁路桥;基下右岸约 450 m、700 m 处各有一座电排站,约 150 m 处有一座万城公路桥,约 20 km 处入长江,下游河段向左弯曲。

(3) 测验河段特征

测验河段顺直,主河槽为窄深河道,中、高水时漫滩,河床由砂壤土组成。水位流量受上游来水和长江水位顶托影响,无串沟,有死水;测流断面流速大时,主河槽(桥墩附近)稍有冲淤,中、高水有水草和漂浮物。

(4) 水位级划分

该站为防汛专用站,只刊印洪水水文要素摘录表,当水位达到 41.50 m 时开始施测水位、流量。

(5) 流量测验

主要采用流速仪法、走航式 ADCP;渡河方式为测桥。

(6) 主要测验设施

直立式水尺 1 组、水位自记观测平台 1 座、降水观测场 1 处。

(7) 主要水文特征值

多年平均降水量 1 062.6 mm;最大流量 2 040 m^3/s(出现于 1996 年 8 月 5 日),最小流量 −150 m^3/s(出现于 1991 年 8 月 13 日);最高水位 45.76 m(出现于 1998 年 8 月 7 日)。

6. 习家口水文站(测站编码 61015000)

习家口水文站位于湖北省荆州市沙市区观音垱镇习口村,于 1953 年 1 月设立,属于长江流域内荆河水系,系长湖出水量控制站,属二类精度堰闸站。采用 85 基准,测站高程为 30.208 m。

(1) 主要监测项目

水位、流量、降水、蒸发、水温、水质。

(2) 测站位置特点

测站位于总干渠,闸上与长湖相连,闸下约 76 m 处是一座护闸滚水坝,坝下游为四湖总干渠。

(3) 测验河段特征

测验河段为人工开挖,顺直整齐,两岸为水泥护坡,河床由黏土组成,无冲淤。

(4) 流量测验

主要采用流速仪法、走航式 ADCP;渡河方式为水文缆道。

(5) 主要测验设施

直立式水尺 3 组、水位自记井 2 座、水文缆道 1 座、降蒸观测场 1 处。

(6) 主要水文特征值

多年平均年径流量 2.131 0 亿 m^3,多年平均降水量 1 066.2 mm,多年平均蒸发量 860.7 mm;最大年径流量 9.147 亿 m^3(出现于 2018 年),最小年径流量 0 亿 m^3(出现于 2002 年);最大流量 102 m^3/s(出现于 2016 年 7 月 29 日),最小流量 0 m^3/s(出现于 1964 年 1 月 7 日);最大年蒸发量 1 044.2 mm(出现于

2022年)，最小年蒸发量763.0 mm(出现于2003年)；最高水位33.57 m(出现于2020年7月12日)，最低水位28.39 m(出现于1966年9月30日)。

3.2.5 宜昌市

宜昌市现有国家基本水文站11处。

1. 远安水文站(测站编码60906000)

远安水文站位于湖北省宜昌市远安县鸣凤镇栖凤社区，于1984年12月设立，属于长江中游干流水系，系沮漳河重要防汛控制站、1 000～3 000 km^2 区域代表站、国家重要水文站，集水面积2 411 km^2，属二类精度水文站。采用85基准，测站高程为106.405 m。

(1) 主要监测项目

水位、流量、泥沙、降水、蒸发、水温。

(2) 测站位置特点

测站位于沮河，上游有峡口大型水库，以及后园、九龙、付家河等中小型水库，约900 m处右岸有鸣凤河汇入，约570 m处是远安鸣凤大桥；下游约1.3 km处有一座橡胶坝。

(3) 测验河段特征

测验河段顺直，长约1 300 m，为宽浅式河槽，主槽居左，大洪水时(水位超过107.54 m)漫滩，水面宽达520 m，一般洪水水面宽约200 m。河床由人工块石、砂砾石、壤土组成，断面较稳定。

(4) 水位级划分

低水101.80 m以下，中水101.80～103.00 m，高水103.00 m以上。

(5) 流量测验

主要采用流速仪法、浮标法、走航式ADCP；渡河方式为水文缆道、测桥。

(6) 主要测验设施

直立式水尺5组(基本水尺断面主槽、人工渠各1组，比降上、下断面各1组，辅助断面1组)、水位自记井1座、水文缆道1座、降蒸观测场1处。

(7) 主要水文特征

多年平均年径流量7.323亿 m^3，多年平均降水量1 080.7 mm，多年平均蒸发量731.8 mm，多年平均年输沙量60.5万t；最大年径流量12.32亿 m^3(出现于2007年)，最小年径流量2.200亿 m^3(出现于2001年)；最大流量2 200 m^3/s(出现于1998年7月2日)，最小流量0.005 m^3/s(出现于2007年12月7日)；最大年蒸发量901.2 mm(出现于1988年)，最小年蒸发量581.2 mm(出现于1993年)；最高水位105.73 m(出现于1998年7月2日)，最低水位101.01 m(出现于2008年3月3日)。

2. 河溶水文站(测站编码60908000)

河溶水文站位于湖北省宜昌市当阳市河溶镇观基寺村，于1951年5月设立，属于长江中游干流水系，是沮漳河干流控制站、国家重要水文站，集水面积4 126 km^2，属一类精度水文站。采用85基准，测站高程为44.001 m。

(1) 主要监测项目

水位、流量、降水、墒情。

(2) 测站位置特点

测站位于沮漳河干流，至河口距离90 km，上游约600 m处有一座大桥，约9 km处是沮河与漳河汇合处；下游约445 m处左岸有一座排水闸。

(3) 测验河段特征

测验河段顺直，长约200 m，两岸为河堤控制，主槽在左岸，当水位达48 m时出现漫滩，右岸滩地宽约

230 m，主槽及滩地由细砂组成，滩地常年种植油菜等矮秆作物。

(4) 水位级划分

低水 42.60 m 以下，中水 42.60～48.00 m，高水 48.00 m 以上。

(5) 流量测验

主要采用流速仪法、走航式 ADCP、浮标法、比降面积法；渡河方式为水文缆道、测桥。

(6) 主要测验设施

直立式水尺 2 组、水位自记井 1 座、水文缆道 1 座、降水观测场 1 处。

(7) 主要水文特征值

多年平均年径流量 15.00 亿 m^3，多年平均降水量 994.8 mm；最大年径流量 37.93 亿 m^3（出现于 1954 年），最小年径流量 5.330 亿 m^3（出现于 1978 年）；最大流量 2 380 m^3/s（出现于 1996 年 7 月 8 日），最小流量－5.00 m^3/s（出现于 1974 年 9 月 9 日）；最高水位 50.49 m（出现于 1958 年 7 月 19 日），最低水位 38.98 m（出现于 2022 年 12 月 27 日）。

3. 水布垭水文站（测站编码 61002800）

水布垭水文站位于湖北省宜昌市长阳土家族自治县渔峡口镇龙池村，于 2002 年 3 月设立，属于长江流域清江水系，系清江流域控制站、国家重要水文站，集水面积 10 860 km^2，属二类精度水文站。采用吴淞基面，测站高程为 215.096 m。

(1) 主要监测项目

水位、流量、降水、蒸发、水温。

(2) 测站位置特点

测站位于清江，上游约 3 km 处是水布垭大型水库；下游约 120 m 处是弯道，约 200 m 处为急滩和伴峡收缩河段形成的卡口，约 89 km 处是隔河岩大型水库。

(3) 测验河段特征

测验河段顺直，长约 400 m，两岸边坡均为岩石，左岸边坡较平缓，右岸在水位高于 193.00 m 以后为陡岩石山坡。河床由混凝土、砂砾石、岩石组成，左岸为滩地，主槽居右。隔河岩水库水位达到 190.00 m 时受到顶托影响。

(4) 水位级划分

低水 192.40 m 以下，中水 192.40～196.40 m，高水 196.40 m 以上。

(5) 流量测验

主要采用流速仪法、浮标法、走航式 ADCP；渡河方式为水文缆道、测桥。

(6) 主要测验设施

直立式水尺 2 组、水位自记井 1 座、水文缆道 1 座、降蒸观测场 1 座。

(7) 主要水文特征值

多年平均年径流量 77.22 亿 m^3，多年平均降水量 1 116.0 mm，多年平均蒸发量 847.3 mm；最大年径流量 105.6 亿 m^3（出现于 2017 年），最小年径流量 42.60 亿 m^3（出现于 2006 年）；最大流量 6 740 m^3/s（出现于 2005 年 7 月 10 日），最小流量 0.173 m^3/s（出现于 2007 年 5 月 3 日）；最大年蒸发量 1 051.5 mm（出现于 2022 年），最小年蒸发量 656.1 mm（出现于 2002 年）；最高水位 208.43 m（出现于 2005 年 7 月 10 日），最低水位 189.36 m（出现于 2007 年 6 月 14 日）。

4. 渔峡口水文站（测站编码 61003000）

渔峡口水文站位于湖北省宜昌市长阳土家族自治县渔峡口镇渔坪村，于 1952 年 6 月设立，属于长江流域清江水系，系清江控制站、国家重要水文站，集水面积 11 906 km^2，属一类精度水文站。采用 85 基准，测站高程为 215.043 m。

(1) 主要监测项目

水位、流量、降水。

(2) 测站位置特点

测站位于清江，上游约15 km处是水布垭大型水库，下游约77 km处是隔河岩大型水库。

(3) 测验河段特征

测验河段较为顺直，长约220 m，河床系卵石组成，两岸为高山陡坡，1993年9月清江隔河岩建坝蓄水发电，库内水位抬高，该站水位受到顶托影响。

(4) 流量测验

2002年3月在上游约12 km处新建水布垭水文站，该站流量停测。

(5) 主要测验设施

直立式水尺1组、水位自记井1座。

(6) 主要水文特征值

多年平均年径流量104.6亿 m^3，多年平均降水量1 001.7 mm；最大年径流量168.0亿 m^3（出现于1983年），最小年径流量47.02亿 m^3（出现于2006年）；最大流量13 200 m^3/s（出现于1969年7月12日），最小流量25.5 m^3/s（出现于2001年9月30日）；最高水位204.47 m（出现于1998年8月16日），最低水位168.36 m（出现于1999年4月9日）。

5. 南阳水文站（测站编码60514362）

南阳水文站位于湖北省宜昌市兴山县昭君镇昭君村，于2008年10月设立，属于长江上游下段水系，系南阳河控制站，集水面积672 km^2，属二类精度水文站。采用85基准，测站高程为181.702 m。

(1) 主要监测项目

水位、流量、泥沙、水温。

(2) 测站位置特点

测站位于南阳河，上游约10 m处是兴发厂区公路桥，约8 km处是南阳电站；下游约2.8 km处汇入香溪。

(3) 测验河段特征

测验河段顺直，长约400 m，纵向落差大，系窄深河道。河床由砂砾石组成，存在冲淤变化。

(4) 水位级划分

低水175.80 m以下，中水175.80～177.90 m，高水177.90 m以上。

(5) 流量测验

主要采用流速仪法、走航式ADCP、浮标法、电波流速仪、雷达波在线测流系统；渡河方式为涉水、测桥、简易过河索。

(6) 主要测验设施

直立式水尺2组、水位自记井1座、雷达波在线测流系统1套。

(7) 主要水文特征值

多年平均年径流量5.868亿 m^3；最大年径流量8.609亿 m^3（出现于2017年），最小年径流量4.207亿 m^3（出现于2019年）；最大流量1 170 m^3/s（出现于2011年8月22日），最小流量0.644 m^3/s（出现于2017年1月5日）；最高水位179.71 m（出现于2011年8月22日），最低水位173.90 m（出现于2017年1月5日）。

6. 古夫水文站（测站编码60514290）

古夫水文站位于湖北省宜昌市兴山县古夫镇深渡河村，于2008年10月设立，属于长江上游下段水系，系古夫河控制站，集水面积1 167 km^2，属二类精度水文站。采用85基准，测站高程为204.010 m。

(1) 主要监测项目

水位、流量。

(2) 测站位置特点

测站位于古夫河,上游约 5 m 处有一座水文测桥,约 1.3 km 是古洞口二级水电站。

(3) 测验河段特征

测验河段顺直,长约 300 m,为窄深式河槽,河宽约 80 m,河床由砂砾石组成,两岸为风化岩石。2020 年 7 月基下约 80 m 处建有翻板坝,对断面水位流量关系产生影响。

(4) 水位级划分

低水 174.60 m 以下,中水 174.60~176.90 m,高水 176.90 m 以上。

(5) 流量测验

主要采用流速仪法、走航式 ADCP、浮标法;渡河方式为水文缆道、涉水、测桥。

(6) 主要测验设施

直立式水尺 2 组、水位自记井 1 座、水文缆道 1 座。

(7) 主要水文特征值

多年平均年径流量 4.947 亿 m^3;最大年径流量 7.756 亿 m^3(出现于 2023 年),最小年径流量 2.705 亿 m^3(出现于 2013 年);最大流量 661 m^3/s(出现于 2023 年 10 月 2 日),最小流量 0 m^3/s(出现于 2011 年 3 月 6 日);最高水位 178.69 m(出现于 2023 年 9 月 24 日),最低水位 171.78 m(出现于 2019 年 11 月 13 日)。

7. 杨林桥(二)水文站(测站编码 60514370)

杨林桥(二)水文站位于湖北省宜昌市秭归县杨林桥镇杨林桥村,于 1998 年 1 月设立,属于长江上游下段水系,系三峡水文分区区域代表站,集水面积 261 km^2,属三类精度水文站。采用 85 基准,测站高程为 337.092 m。

(1) 主要监测项目

水位、流量、降水。

(2) 测站位置特点

测站位于九畹溪,基下约 110 m 处鱼泉洞电站引水渠设流速仪测流断面,约 29 km 处汇入长江。

(3) 测验河段特征

测验河段顺直,长约 300 m,两岸为山坡,基本水尺断面位于混凝土坝顶,断面呈矩形。

(4) 水位级划分

低水 22.00 m 以下,中水 22.00~23.00 m,高水 23.00 m 以上。

(5) 流量测验

主要采用流速仪法、浮标法、电波流速仪法;渡河方式为测桥。

(6) 主要测验设施

直立式水尺 5 组(基本、测流、上比降、下比降、渠道)、水位自记井 2 座、浮标投放器 1 座。

(7) 主要水文特征值

多年平均年径流量 1.371 亿 m^3,多年平均降水量 1 174.8 mm;最大年径流量 2.079 亿 m^3(出现于 2017 年),最小年径流量 0.982 0 亿 m^3(出现于 2005 年);最大流量 346 m^3/s(出现于 2016 年 7 月 19 日),最小流量 0.092 m^3/s(出现于 1998 年 12 月 31 日);最高水位 23.89 m(出现于 2016 年 7 月 19 日),最低水位为河干(出现于 2004 年 4 月 1 日)。

8. 雾渡河水文站(测站编码 60903000)

雾渡河水文站位于湖北省宜昌市夷陵区雾渡河镇茅坪河社区,于 1971 年 10 月设立,属于长江中游干流水系，系雾渡河控制站，集水面积207 km^2，属二类精度水文站。采用85基准，测站高程为411.371 m。

（1）主要监测项目

水位、流量、降水。

（2）测站位置特点

测站位于雾渡河，上游约700 m处是引水渠道拦河滚水坝，左岸渠道下游约800 m处有一座水文测桥。

（3）测验河段特征

测验河段顺直，长约300 m，宽浅式河槽，河床由砂砾石组成。基本水尺断面右岸为风化岩石，左岸为高约2.5 m的防洪堤，断面有冲淤变化。

（4）水位级划分

低水406.70 m以下，中水406.70～408.00 m，高水408.00 m以上。

（5）流量测验

主要采用流速仪法、浮标法、电波流速仪法；渡河方式为水文缆道、测桥、涉水。

（6）主要测验设施

直立式水尺5组、水位自记井2座、水文缆道1座、浮标投放器1座、降水观测场1处。

（7）主要水文特征值

多年平均年径流量0.938 3亿m^3，多年平均降水量1 147.3 mm；最大年径流量1.977亿m^3（出现于1983年），最小年径流量0.335 2亿m^3（出现于1988年）；最大流量1 670 m^3/s（出现于1984年7月26日），最小流量0.004 m^3/s（出现于2022年10月27日）；最高水位412.56 m（出现于1984年7月26日），最低水位404.63 m（出现于2022年11月1日）。

9. 高家堰（二）水文站（测站编码61010000）

高家堰（二）水文站位于湖北省宜昌市长阳土家族自治县高家堰镇高家堰村，于1962年1月设立，属于长江流域清江水系，系丹水控制站，集水面积334 km^2，属二类精度水文站。采用85基准，测站高程为179.476 m。

（1）主要监测项目

水位、流量、降水。

（2）测站位置特点

测站位于丹水，至河口距离33 km。水文站断面上游约20 km处有玉泉电站和五爪观径流式水电站，发电仅对低水水位过程有一定影响。

（3）测验河段特征

测验河段顺直，长约400 m，主槽宽约55 m，河床由砂砾石组成，左岸为公路石坎，水位在15.50 m以上时右岸漫滩达20 m，滩上有一片柳树林，两岸高山坡上有繁茂的植物和农田。

（4）水位级划分

低水13.60 m以下，中水13.60～15.00 m，高水15.00 m以上。

（5）流量测验

主要采用流速仪法、浮标法；渡河方式为水文缆道、测桥。

（6）主要测验设施

直立式水尺3组、水位自记井1座、水文缆道1座、降水观测场1处。

（7）主要水文特征值

多年平均年径流量3.061亿m^3，多年平均降水量1 474.7 mm；最大年径流量5.550亿m^3（出现于1975年），最小年径流量1.681亿m^3（出现于2014年）；最大流量1 350 m^3/s（出现于1975年8月9日），最小流量0.200 m^3/s（出现于2011年1月19日）；最高水位17.49 m（出现于2016年5月7日），最低水位

12.58 m(出现于 2020 年 1 月 3 日)。

10. 渔洋关水文站(测站编码 61010500)

渔洋关水文站位于湖北省宜昌市五峰土家族自治县渔洋关镇曹家坪村，于 1960 年 4 月设立，属于长江流域清江水系，系渔洋河控制站，集水面积 465 km^2，属二类精度水文站。采用 85 基准，测站高程为 178.544 m。

(1) 主要监测项目

水位、流量、泥沙、降水、蒸发。

(2) 测站位置特点

测站位于渔洋河，上游约 300 m 处有一座铁桥，约 1.5 km 处有一支流汇入；下游约 188 m 处有一座大桥。

(3) 测验河段特征

测验河段较顺直，长约 300 m，控制条件良好，河床由砂砾石组成，有冲淤变化，左岸为砂石浅滩，宽约 10 m，滩外高地为平畈，宽约 300 m，直抵山脚，全畈为待开发田地，水位达 19.50 m 时平畈漫水，右岸为高山。

(4) 水位级划分

低水 14.90 m 以下，中水 14.90～16.00 m，高水 16.00 m 以上。

(5) 流量测验

主要采用流速仪法、浮标法、走航式 ADCP；渡河方式为水文缆道、测桥。

(6) 主要测验设施

直立式水尺 3 组、水文缆道 1 座。

(7) 主要水文特征值

多年平均年径流量 3.627 亿 m^3，多年平均降水量 1 546.0 mm，多年平均蒸发量 705.6 mm；最大年径流量 7.336 亿 m^3(出现于 1969 年)，最小年径流量 1.898 亿 m^3(出现于 2001 年)；最大流量 926 m^3/s(出现于 2023 年 8 月 27 日)，最小流量 0.213 m^3/s(出现于 2004 年 12 月 8 日)；最大年蒸发量 864.9 mm(出现于 2022 年)，最小年蒸发量 514.5 mm(出现于 1989 年)；最高水位 18.85 m(出现于 2023 年 8 月 27 日)，最低水位 14.05 m(出现于 2022 年 11 月 15 日)。

11. 聂家河水文站(测站编码 61011000)

聂家河水文站位于湖北省宜昌市宜都市聂家河镇聂家河村，于 1953 年 4 月设立，属于长江流域清江水系，系渔洋河控制站，集水面积 1 122 km^2，属二类精度水文站。采用 85 基准，测站高程为 90.772 m。

(1) 主要监测项目

水位、流量、降水、水温。

(2) 测站位置特点

测站位于渔洋河，该站上、下游分别建有熊渡水电站、金涧水电站、金桥水电站、聂家河电站等。下游约 60 m 处是金桥大坝，约 200 m 处右岸有幸福渠电站尾水汇入，约 1.26 km 处左岸有一小溪汇入，约 2.2 km 处左岸有拖溪河汇入，约 5.2 km 处是金滩大坝。

(3) 测验河段特征

测验河段顺直，长约 250 m，左岸为石砌陡岸，右岸为土沙坡，河床由石板及卵石组成，断面稳定。

(4) 水位级划分

低水 81.00 m 以下，中水 81.00～83.00 m，高水 83.00 m 以上。

(5) 流量测验

主要采用流速仪法、浮标法、走航式 ADCP；渡河方式为水文缆道、测桥。

（6）主要测验设施

直立式水尺4组、水位自记井2座、水文缆道1座。

（7）主要水文特征值

多年平均年径流量8.987亿m^3，多年平均降水量1 433.5 mm；最大年径流量16.92亿m^3（出现于1964年），最小年径流量4.494亿m^3（出现于2001年）；最大流量2 690 m^3/s（出现于1969年7月11日），最小流量0.110 m^3/s（出现于1981年12月31日）；最高水位80.79 m（出现于1969年7月11日），最低水位73.09 m（出现于1972年11月17日）。

3.2.6 十堰市

十堰市现有国家基本水文站8处。

1. 竹山水文站（测站编码61902400）

竹山水文站位于湖北省十堰市竹山县城关镇纵横大道20号，于1958年10月设立，属于长江流域汉江中游水系，系堵河中游干流控制站、兼黄龙滩水库入库站、国家重要水文站，集水面积9 074 km^2，属一类精度水文站。采用85基准，测站高程为260.181 m。

（1）主要监测项目

水位、流量、泥沙、降水、水温、水质、墒情。

（2）测站位置特点

测站位于竹山县城关镇，上游约870 m处有一座公路桥，约3 km处是小漩水电站，约15 km处是潘口水库；下游约800 m处有一座公路桥，约850 m处有一支流霍河汇入，约900 m处石山形成人弯道，约1.5 km处是翻板钢坝，约91 km处是黄龙滩大型水库，约117 km处汇入汉江。

（3）测验河段特征

测验河段顺直，长约500 m，河床由人工块石、砂砾石组成，左岸河堤为斜坡面人工块石，能控制历年最高洪水位。低水时右岸有串沟，但影响甚微。

（4）水位级划分

低水253.50 m以下，中水253.50～258.50 m，高水258.50 m以上。

（5）流量测验

主要采用流速仪法、浮标法、比降面积法、走航式ADCP、雷达波在线测流系统；渡河方式为水文缆道、测桥。

（6）主要测验设施

直立式水尺3组、水位自记井1座、水文缆道1座、降水观测场1处。

（7）主要水文特征值

多年平均年径流量50.81亿m^3，多年平均降水量818.0 mm；最大年径流量84.50亿m^3（出现于1983年），最小年径流量23.26亿m^3（出现于1966年）；最大流量9 990 m^3/s（出现于1980年6月24日），最小流量0.183 m^3/s（出现于2012年11月5日）；最高水位262.71 m（出现于1980年6月24日），最低水位248.43 m（出现于2011年9月11日）。

2. 贾家坊水文站（测站编码61901000）

贾家坊水文站位于湖北省十堰市郧西县城关镇天河坪村，于1958年10月设立，属于长江流域汉江中游水系，系天河干流控制站，集水面积1 281 km^2，属二类精度水文站。采用85基准，测站高程为221.204 m。

（1）主要监测项目

水位、流量、泥沙、降水、蒸发、水质、墒情。

（2）测站位置特点

测站位于天河干流中下段，上游约 400 m 处是液压钢板坝，约 2 km 处有安家河汇入，约 15 km 处是土门水库；下游约 130 m 处有景观坝，约 150 m 处有弯道，约 18 km 处汇入汉江。

（3）测验河段特征

测验河段较顺直，无岔流、串沟、逆流等情况。河床由壤土、砂砾石、岩石组成，右岸为漫滩，左岸为陡崖。

（4）水位级划分

低水 218.40 m 以下，中水 218.40～221.20 m，高水 221.20 m 以上。

（5）流量测验

主要采用流速仪法、浮标法、比降面积法；渡河方式为水文缆道。

（6）主要测验设施

直立式水尺 3 组、水文缆道 1 座、浮标投放器 1 座，降蒸观测场 1 处。

（7）主要水文特征值

多年平均年径流量 3.224 亿 m^3，多年平均降水量 801.6 mm，多年平均蒸发量 756.7 mm；最大年径流量 9.618 亿 m^3（出现于 1964 年），最小年径流量 1.184 亿 m^3（出现于 1999 年）；最大流量 2 160 m^3/s（出现于 1975 年 8 月 8 日），最小流量 0.002 m^3/s（出现于 2016 年 7 月 20 日）；最大年蒸发量 945.9 mm（出现于 1986 年），最小年蒸发量 614.4 mm（出现于 2003 年）；最高水位 223.22 m（出现于 1975 年 8 月 8 日），最低水位 214.82 m（出现于 2017 年 1 月 1 日）。

3. 老码头水文站（测站编码 61902200）

老码头水文站位于湖北省十堰市竹山县柳林乡柳河村，于 1987 年 1 月设立，属于长江流域汉江中游水系，系官渡河流域区域代表站。2010 年龙背湾水电站蓄水后被淹没。主要水文特征值如下：

多年平均年径流量 11.86 亿 m^3，多年平均降水量 973.2 mm；最大年径流量 18.67 亿 m^3（出现于 1989 年），最小年径流量 4.490 亿 m^3（出现于 2006 年）；最大流量 3 100 m^3/s（出现于 1998 年 8 月 11 日），最小流量 3.70 m^3/s（出现于 2007 年 1 月 29 日）；最高水位 402.12 m（出现于 1998 年 8 月 11 日），最低水位 395.40 m（出现于 1994 年 2 月 19 日）。

4. 鄂坪水文站（测站编码 61903100）

鄂坪水文站位于湖北省十堰市竹溪县鄂坪乡西湾村，于 2006 年 7 月设立，属于汉江中游堵河流域，系堵河上游干流鄂坪水库水文站，集水面积 1 695 km^2，属二类精度水文站。采用 85 基准，测站高程为 555.393 m。

（1）主要监测项目

水位、流量、降水、水质。

（2）测站位置特点

测站位于鄂坪水库，下游约 1 km 处是鄂坪水库大坝，约 2 km 处有一座公路桥，约 15 km 处是周家垸电站。

（3）测验河段特征

测验河段位于库内，靠近右侧山体，左侧库面开阔，右岸上游为一个突出的山丘，山体由岩石组成，断面稳定。

（4）流量测验

主要采用水工建筑物法。

（5）主要测验设施

直立式水尺 1 组、水位自记井 1 座、降水观测场 1 处。

（6）主要水文特征值

多年平均年径流量 10.87 亿 m^3，多年平均降水量 956.5 mm；最大年径流量 19.73 亿 m^3（出现于 2021 年），最小年径流量 5.726 亿 m^3（出现于 2022 年）；最大流量 2 410 m^3/s（出现于 2010 年 7 月 19 日），最小流量 0 m^3/s（出现于 2007 年 1 月 1 日）；最高水位 551.00 m（出现于 2021 年 9 月 7 日），最低水位 512.38 m（出现于 2010 年 10 月 29 日）。

5. 延坝水文站（测站编码 61904200）

延坝水文站位于湖北省十堰市竹溪县水坪镇板桶梁村，于 1986 年 1 月设立，属于长江流域汉江中游水系，系竹溪河流域区域代表站，集水面积 598 km^2，属二类精度水文站。采用 85 基准，测站高程为 383.399 m。

（1）主要监测项目

水位、流量、降水。

（2）测站位置特点

测站位于竹溪河流域中下段，上游约 1.5 km 处有一座公路桥，约 20 km 处是龙坝水库；下游约 110 m 处有急滩，约 280 m 处有急弯，约 14 km 处汇入县河。

（3）测验河段特征

测验河段顺直，长约 300 m，单式河槽，无串沟、岔流、逆流现象。断面近似矩形，河床由砂砾石、砂卵石组成，左岸为土坡，坡度较缓，右岸较陡，为混凝土护坡。

（4）水位级划分

低水 376.40 m 以下，中水 376.40～379.50 m，高水 379.50 m 以上。

（5）流量测验

主要采用流速仪法、浮标法、比降面积法；渡河方式为水文缆道。

（6）主要测验设施

直立式水尺 3 组、水位自记井 1 座、水文缆道 1 座、浮标投放器 1 座、降水观测场 1 处。

（7）主要水文特征值

多年平均年径流量 2.020 亿 m^3，多年平均降水量 931.9 mm；最大年径流量 4.379 亿 m^3（出现于 2017 年），最小年径流量 0.605 3 亿 m^3（出现于 1999 年）；最大流量 1 120 m^3/s（出现于 2010 年 7 月 18 日），最小流量 0 m^3/s（出现于 1988 年 7 月 22 日）；最高水位 383.22 m（出现于 2010 年 7 月 18 日），最低水位为河干（出现于 1988 年 7 月 22 日）。

6. 县河水文站（测站编码 61904600）

县河水文站位于湖北省十堰市竹溪县县河镇，于 2013 年 1 月设立，属于长江流域汉江中游水系，系县河流域区域代表站，集水面积 792 km^2，属二类精度水文站。采用 85 基准，测站高程为 389.451 m。

（1）主要监测项目

水位、流量、降水、蒸发。

（2）测站位置特点

测站位于县河流域中下段，上游约 60 m 处有一座公路桥；下游约 100 m 处有弯道，约 5 km 处是冯家湾水库，约 18 km 处有竹溪河汇入，约 26 km 处汇入堵河。

（3）测验河段特征

测验河段较为顺直，长约 500 m，断面主槽近似矩形，左、右岸均为河堤，2020 年对主测验河道硬化，无串沟、岔流。河床由块石、混凝土、壤土组成，当水位达到 386.30 m 时，右岸形成漫滩。

（4）水位级划分

低水 385.53 m 以下，中水 385.53～387.90 m，高水 387.90 m 以上。

（5）流量测验

主要采用流速仪法、浮标法、比降面积法、雷达波在线测流系统；渡河方式为水文缆道、测桥。

（6）主要测验设施

直立式水尺 3 组、水文缆道 1 座、降蒸观测场 1 处。

（7）主要水文特征值

多年平均年径流量 2.139 亿 m^3，多年平均降水量 945.5 mm，多年平均蒸发量 728.2 mm；最大年径流量 5.056 亿 m^3（出现于 2021 年），最小年径流量 0.748 8 亿 m^3（出现于 2013 年）；最大流量 671 m^3/s（出现于 2021 年 8 月 13 日），最小流量 0.213 m^3/s（出现于 2013 年 4 月 14 日）；最大年蒸发量 855.0 mm（出现于 2022 年），最小年蒸发量 615.5 mm（出现于 2021 年）；最高水位 388.31 m（出现于 2021 年 8 月 13 日），最低水位 383.36 m（出现于 2019 年 3 月 30 日）。

7. 孤山水文站（测站编码 61907500）

孤山水文站位于湖北省十堰市丹江口市官山镇孤山村，于 1973 年 1 月设立，属于长江流域汉江中游水系，系鄂西北汉江南岸 200～500 km^2 区域代表站，集水面积 322 km^2，属二类精度水文站。采用 85 基准，测站高程为 233.488 m。

（1）主要监测项目

水位、流量、降水、蒸发、水温。

（2）测站位置特点

测站位于官山河流域中游，上游约 70 m 处有一座高速公路桥，约 16 km 处是夹马洞水库；下游约 9 km 处是官山水库，约 16 km 处是三合堰，约 18 km 处汇入丹江口水库库区。

（3）测验河段特征

测验河段顺直，河床由块石、砂卵石组成，河床较稳定。上游约 70 m 处的高速路桥墩，改变了水流方向，对河床的冲刷有一定的影响；下游约 70 m 处的急滩对低水起控制作用，约 250 m 处的弯道对高水起控制作用。

（4）水位级划分

低水 25.90 m 以下，中水 25.90～28.30 m，高水 28.30 m 以上。

（5）流量测验

主要采用流速仪法、浮标法、比降面积法；渡河方式为水文缆道。

（6）主要测验设施

直立式水尺 3 组、水位自记井 1 座、水文缆道 1 座、降蒸观测场 1 处。

（7）主要水文特征值

多年平均年径流量 0.733 6 亿 m^3，多年平均降水量 817.1 mm，多年平均蒸发量 812.4 mm；最大年径流量 1.788 亿 m^3（出现于 1975 年），最小年径流量 0.136 7 亿 m^3（出现于 1997 年）；最大流量 2 410 m^3/s（出现于 2012 年 8 月 6 日），最小流量 0 m^3/s（出现于 1981 年 8 月 4 日）；最大年蒸发量 1 148.4 mm（出现于 1978 年），最小年蒸发量 614.0 mm（出现于 2003 年）；最高水位 36.48 m（出现于 2012 年 8 月 6 日），最低水位为河干（出现于 1981 年 8 月 4 日）。

8. 房县水文站（测站编码 61913000）

房县水文站位于湖北省十堰市房县城关镇八里村，于 2009 年 1 月设立，属于长江流域汉江中游水系，系鄂西北汉江南岸 1 000～2 500 km^2 区域代表站，集水面积 1 391 km^2，属二类精度水文站。采用 85 基准，测站高程为 407.888 m。

（1）主要监测项目

水位、流量、降水、蒸发、墒情。

(2) 测站位置特点

测站位于马栏河中游，上游约 100 m 处有一座橡胶坝，约 530 m 处有一座公路桥，约 1 km 处有沙沟河、大河、包家河支流汇入；下游约 150 m 处有一跌水滩，200～250 m 为弯道，约 52 km 处汇入南河。

(3) 测验河段特征

测验河段较为顺直，长约 800 m，单式河槽，河床由砂砾石、砂壤土组成，左、右岸为混凝土河堤。低水存在岔流、串流等情况。水位在 402.60 m 以上时断面稳定，在 402.60 m 以下时有局部冲淤。

(4) 水位级划分

低水 403.20 m 以下，中水 403.20～407.40 m，高水 407.40 m 以上。

(5) 流量测验

主要采用流速仪法、浮标法、比降面积法、走航式 ADCP、雷达波在线测流系统；渡河方式为水文缆道。

(6) 主要测验设施

直立式水尺 3 组、水位自记井 1 座、水文缆道 1 座、降蒸观测场 1 处。

(7) 主要水文特征值

多年平均年径流量 4.252 亿 m^3，多年平均降水量 828.2 mm，多年平均蒸发量 773.3 mm；最大年径流量 7.366 亿 m^3(出现于 2017 年)，最小年径流量 2.445 亿 m^3(出现于 2018 年)；最大流量 865 m^3/s(出现于 2021 年 7 月 7 日)，最小流量 0.004 m^3/s(出现于 2014 年 12 月 15 日)；最大年蒸发量 894.5 mm(出现于 2016 年)，最小年蒸发量 671.4 mm(出现于 2021 年)；最高水位 405.63 m(出现于 2021 年 7 月 7 日)，最低水位 401.15 m(出现于 2014 年 12 月 15 日)。

3.2.7 孝感市

孝感市现有国家基本水文站 11 处。

1. 安陆(二)水文站(测站编码 62200800)

安陆(二)水文站位于湖北省孝感市安陆市府城街道护国社区解放山水电站，于 1951 年 4 月设立，属于长江流域汈汉湖水系，系涢水中游干流、丘陵性河流水库出口控制站、国家重要水文站，集水面积 7 152 km^2，属一类精度水文站。采用 85 基准，测站高程为 44.213 m。

(1) 主要监测项目

水位、流量、降水、地下水、水质。

(2) 测站位置特点

测站位于涢水左岸，坝下左岸约 490 m 处有漎山河汇入，右岸坝下约 800 m 处有发电尾水渠汇入，坝下约 1.19 km 处有一座公路桥。

(3) 测验河段特征

左坝下测验河段顺直，长约 1 500 m，河槽呈梯形，主流在左岸，冲淤变化不大，无水草，高水时主槽宽约 390 m。右岸坝下测验河段顺直，长约 340 m，河槽呈梯形，河床由沙石组成。两岸为人工块石，高水水面宽约 100 m。

(4) 流量测验

主要采用流速仪法、走航式 ADCP；渡河方式为测桥、测船。

(5) 主要测验设施

直立式水尺 3 组、水位自记井 3 座、降水观测场 1 处。

(6) 主要水文特征值

多年平均年径流量 18.11 亿 m^3，多年平均降水量 1 074.2 mm；最大年径流量 41.62 亿 m^3(出现于 2007 年)，最小年径流量 2.136 亿 m^3(出现于 2012 年)；最大流量 4 910 m^3/s(出现于 2016 年 7 月 20 日)，最小流量 0 m^3/s(出现于 1979 年 3 月 9 日)；最高水位 40.75 m(出现于 2016 年 7 月 20 日)，最低水位

31.97 m(出现于 2021 年 10 月 27 日)。

2. 隔蒲潭水文站(测站编码 62201400)

隔蒲潭水文站位于湖北省孝感市云梦县隔蒲镇蒲阳社区,于 1962 年 5 月设立,属于长江流域汈汉湖水系,系国家重要水文站,集水面积 8 812 km^2,属一类精度水文站。采用 85 基准,测站高程为 27.017 m。

(1) 主要监测项目

水位、流量、降水、地下水、水质、墒情。

(2) 测站位置特点

测站位于涢水左岸,上游约 210 m 处有一座铁路桥,约 400 m 处有一座公路桥,约 450 m 处有一座铁路桥,约 9 km 处有一座橡胶坝;下游约 100 m 处有云梦盐厂取水口。

(3) 测验河段特征

中、高水测验河段顺直,为梯形河槽,主槽无水草,滩地种有蔬菜,两岸为堤防。河床由砂壤土组成,低水无岔流、串沟、逆流。漫滩水位约 29.00 m,中、高水河宽约 550 m。

(4) 水位级划分

低水 24.40 m 以下,中水 24.40~28.50 m,高水 28.50 m 以上。

(5) 流量测验

主要采用流速仪法、走航式 ADCP;渡河方式为测桥。

(6) 主要测验设施

直立式水尺 1 组、水位自记井 1 座。

(7) 主要水文特征值

多年平均年径流量 21.80 亿 m^3,多年平均降水量 1 148.0 mm;最大年径流量 49.12 亿 m^3(出现于 2007 年),最小年径流量 3.720 亿 m^3(出现于 2012 年);最大流量 4 770 m^3/s(出现于 2016 年 7 月 21 日),最小流量 0 m^3/s(出现于 1966 年 6 月 28 日);最高水位 33.58 m(出现于 2016 年 7 月 21 日),最低水位 21.38 m(出现于 1979 年 4 月 20 日)。

3. 花园水文站(测站编码 62205600)

花园水文站位于湖北省孝感市孝昌县花园镇花园社区邹家湾,于 1956 年 7 月设立,属于长江流域汈汉湖水系,系国家重要水文站,集水面积 2 601 km^2,属一类精度水文站。采用 85 基准,测站高程为 38.134 m。

(1) 主要监测项目

水位、流量、泥沙、降水、蒸发、地下水、水质、墒情。

(2) 测站位置特点

测站位于澴水,上游约 3 km 处有一座公路桥,约 8 km 处是大悟河、应山河的交汇口,两个支流汇入澴水等;下游约 259 m 处有一座公路桥,约 1.3 km 处是一座橡胶坝。

(3) 测验河段特征

测验河段顺直,长约 1 500 m,宽浅式河槽,主槽由细砂组成,滩地由砂壤土组成,河岸由浆砌块石护砌。漫滩水位 33.50 m,高水主槽宽 550 m。低水受不经常性冲淤影响,中、高水受洪水涨落影响。因河道采砂,河床逐年下降。

(4) 水位级划分

低水 34.00 m 以下,中水 34.00~38.50 m,高水 38.50 m 以上。

(5) 流量测验

主要采用流速仪法;渡河方式为测桥。

(6) 主要测验设施

直立式水尺1组、水位自记井1座、降蒸观测场1处。

(7) 主要水文特征值

多年平均年径流量8.783亿m^3,多年平均降水量1 121.5 mm,多年平均蒸发量867.7 mm;最大年径流量21.89亿m^3(出现于1987年),最小年径流量1.333亿m^3(出现于1978年);最大流量6 060 m^3/s(出现于1996年7月17日),最小流量0 m^3/s(出现于1959年8月26日);最大年蒸发量995.1 mm(出现于2009年),最小年蒸发量730.2 mm(出现于2003年);最高水位39.95 m(出现于1996年7月17日),最低水位32.08 m(出现于2023年3月15日)。

4. 东山头水文站(测站编码62206600)

东山头水文站位于湖北省孝感市孝南区东山头办事处东山头闸,于1961年5月设立,属于长江流域汈汊湖水系,系国家重要水文站,属一类精度水文站。采用85基准,测站高程为26.641 m。

(1) 主要监测项目

水位、流量、降水、水质。

(2) 测站位置特点

测站位于沦河,左岸从辛安渡至东山头闸13.8 km。下游约100 m处有一座公路桥,约3 km处有一座高速公路桥,约6 km处汇入府澴河。

(3) 测验河段特征

测验河段上游为一弯道,顺直长度略短,河槽为梯形,无水草影响,高水时水面宽达80.0 m,低水时无岔流、串流、逆流、回流、死水等因素影响。河床左、右岸为混凝土,其余由黏壤土组成,断面基本稳定。

(4) 流量测验

主要采用流速仪法、走航式ADCP;渡河方式为测船。

(5) 主要测验设施

直立式水尺2组、水位自记井2座、降水观测场1处。

(6) 主要水文特征值

多年平均年径流量7.563亿m^3,多年平均降水量1 106.5 mm;最大年径流量23.81亿m^3(出现于2003年),最小年径流量0亿m^3(出现于2013年);最大流量593 m^3/s(出现于2003年9月16日),最小流量−85.4 m^3/s(出现于2000年7月7日);最高水位30.32 m(出现于2016年7月21日),最低水位18.15 m(出现于1978年4月23日)。

5. 新沟水文站(测站编码62207200)

新沟水文站位于湖北省孝感市汉川市新河镇新沟闸,于1971年5月设立,属于长江流域汈汊湖水系,系汉北河流域出入境水量重要控制站、国家重要水文站,属一类精度水文站。采用85基准,测站高程为30.596 m。

(1) 主要监测项目

水位、流量、水质。

(2) 测站位置特点

测站位于汉北河左岸,上游约630 m处有一座公路桥,约7 km处汉北河开始分支,一股流入东山头闸排水入府澴河进入长江,另一股水流到新沟闸入汉江;下游约1.5 km处流入汉江。

(3) 测验河段特征

测站测流断面设在排水闸上游约236 m处,断面左岸建有新沟船闸,右岸建有12孔排水闸。断面水流受民乐闸、东山头闸以及新沟船闸启闭影响。河床为人工开挖,河道顺直整齐,河床由黏壤土组成,断面基本稳定。

(4) 流量测验

主要采用流速仪法、走航式 ADCP;渡河方式为水文缆道。

(5) 主要测验设施

直立式水尺 2 组、水位自记井 2 座、水文缆道 1 座。

(6) 主要水文特征值

多年平均年径流量 7.695 亿 m^3;最大年径流量 31.39 亿 m^3(出现于 2016 年),最小年径流量 0.195 5 亿 m^3(出现于 2001 年);最大流量 1 940 m^3/s(出现于 2016 年 7 月 21 日),最小流量−775 m^3/s(出现于 2000 年 7 月 17 日);最高水位 29.87 m(出现于 1998 年 8 月 8 日),最低水位 18.35 m(出现于 1982 年 1 月 11 日)。

6. 草店水文站(测站编码 62205400)

草店水文站位于湖北省孝感市大悟县城关镇,于 1958 年 6 月设立,属于长江流域汈汉湖水系,集水面积 683 km^2,属二类精度水文站。采用 85 基准,测站高程为 45.068 m。

(1) 主要监测项目

水位、流量、降水、水质。

(2) 测站位置特点

测站位于澴水右岸,上游 150~400 m 处建有 4 口抽水沉井,约 500 m 处有一急弯,约 750 m 处有一座公路桥,约 1 km 处有一座混凝土漫水桥;下游约 47.6 km 处汇入府河。

(3) 测验河段特征

测验河段顺直,为单式河槽、窄深河道,中、高水主槽宽度约 100 m,无岔流、串沟、逆流、水草等。河床由细砂组成,受冲淤影响,中、高水受洪水涨落影响。

(4) 水位级划分

低水 36.20 m 以下,中水 36.20~38.10 m,高水 38.10 m 以上。

(5) 流量测验

主要采用流速仪法;渡河方式为测桥。

(6) 主要测验设施

直立式水尺 1 组、水位自记井 1 座、降水观测场 1 处。

(7) 主要水文特征值

多年平均年径流量 2.798 亿 m^3,多年平均降水量 1 111.9 mm;最大年径流量 7.170 亿 m^3(出现于 1987 年),最小年径流量 0.538 0 亿 m^3(出现于 1978 年);最大流量 2 060 m^3/s(出现于 1996 年 7 月 17 日),最小流量 0 m^3/s(出现于 1959 年 7 月 24 日);最高水位 41.97 m(出现于 1996 年 7 月 17 日),最低水位 32.78 m(出现于 2019 年 10 月 20 日)。

7. 应城(三)水文站(测站编码 62209400)

应城(三)水文站位于湖北省孝感市应城市城中街道,于 1950 年 12 月设立,属于长江流域汈汉湖水系,集水面积 1 387 km^2,属二类精度水文站。采用 85 基准,测站高程为 28.505 m。

(1) 主要监测项目

水位、流量、降水、水质。

(2) 测站位置特点

测站位于大富水左岸,上游约 680 m 处有一座公路桥;下游约 1.2 km 处有一座铁路桥,约 21.2 km 处汇入汉北河。

(3) 测验河段特征

测验河段顺直,横断面呈梯形,两岸为河堤,无岔流、串沟、逆流。河床由砂壤土组成,断面较稳定。漫滩时河宽达130 m左右，河滩种有意杨树，夏、秋季节河底生长水草。

(4) 水位级划分

低水24.50 m以下，中水24.50～28.00 m，高水28.00 m以上。

(5) 流量测验

主要采用流速仪法、走航式ADCP；渡河方式为水文缆道。

(6) 主要测验设施

直立式水尺1组、水位自记井1座、水文缆道1座、降水观测场1处。

(7) 主要水文特征值

多年平均年径流量4.470亿m^3，多年平均降水量1 117.8 mm；最大年径流量10.58亿m^3(出现于1998年)，最小年径流量0.821 0亿m^3(出现于1978年)；最大流量2 120 m^3/s(出现于1969年7月12日)，最小流量0 m^3/s(出现于1959年8月13日)；最高水位33.01 m(出现于2016年7月21日)，最低水位为河干(出现于1966年9月1日)。

8. 万福闸水文站(测站编码62212200)

万福闸水文站位于湖北省孝感市汉川市沉湖镇万福闸，于1950年12月设立，属于长江流域汈汉湖水系，系汈汉湖出口控制站之一，属二类精度水文站。采用85基准，测站高程为33.130 m。

(1) 主要监测项目

水位、流量、降水、水质。

(2) 测站位置特点

测站位于沉湖左岸，左岸建有一孔船闸1座，右岸建有泵机6台。测流断面上游约80 m处建有七孔反压闸1座，下游约350 m处汇入汉江。

(3) 测验河段特征

测验河段为人工开挖的梯形河道，河道顺直，两岸均为壤土，河床为混凝土，中、高水主槽宽约100 m。

(4) 流量测验

主要采用流速仪法；渡河方式为测桥。

(5) 主要测验设施

直立式水尺2组、水位自记观测平台2座。

(6) 主要水文特征值

多年平均年径流量2.536亿m^3，多年平均降水量1 175.6 mm；最大年径流量3.903亿m^3(出现于1991年)，最小年径流量0.091 6亿m^3(出现于2013年)；最大流量212 m^3/s(出现于1995年6月25日)，最小流量−113 m^3/s(出现于1999年8月9日)；最高水位31.90 m(出现于1961年10月22日)，最低水位22.21 m(出现于2000年5月20日)。

9. 汉川泵站水文站(测站编码62212400)

汉川泵站水文站位于湖北省孝感市汉川市仙女山街道泵站河社区，于1971年12月设立，属于长江流域汈汉湖水系，系汈汉湖区出口控制站之一，属二类精度水文站。采用85基准，测站高程为27.913 m。

(1) 主要监测项目

水位、流量。

(2) 测站位置特点

测站位于泵站河左岸，下游约270 m处有一座公路桥，约320 m处建有汉川泵站(一泵)、汉川泵站(排水闸)和汉川泵站(船闸)。一泵断面右岸引水渠建有汉川泵站(二泵)，二泵断面上约150 m处建有一座节制闸，二泵左侧建有一座高闸，二泵右侧建有一座低闸。泵站下游约1.5 km处汇入汉江。

(3) 测验河段特征

测验河段为人工开挖河道，U形河槽顺直整齐，河床为黏壤土，断面稳定，河底夏秋季节水草生长。

(4) 流量测验

主要采用流速仪法；渡河方式为测桥。

(5) 主要测验设施

直立式水尺2组、水位自记井1座。

(6) 主要水文特征值

多年平均年径流量5.345亿m^3；最大年径流量14.21亿m^3(出现于1998年)，最小年径流量0.475 9亿m^3(出现于1984年)；最大流量668 m^3/s(出现于2004年6月14日)，最小流量−300 m^3/s(出现于1992年7月31日)；最高水位26.83 m(出现于1983年10月24日)，最低水位18.88 m(出现于2013年12月12日)。

10. 汉川闸水文站(测站编码62212600)

汉川闸水文站位于湖北省孝感市汉川市经开区涵闸社区，于1960年3月设立，属于长江流域汈汉湖水系，属二类精度水文站。采用85基准，测站高程为25.461 m。

(1) 主要监测项目

水位、流量、降水、蒸发、水质。

(2) 测站位置特点

测站位于新河左岸，上游约200 m处有一座水泥桥；下游约150 m处左岸有洪西闸，约400 m处有汉川闸，出流受闸门控制，约590 m处汇入汉江。

(3) 测验河段特征

测验河段为人工开挖河道，河段顺直，河槽呈U形，无回水、死水情况，中、高水主槽宽度约100 m。河床为黏壤土，断面基本稳定。

(4) 流量测验

主要采用流速仪法；渡河方式为测桥。

(5) 主要测验设施

直立式水尺2组、水位自记井1座、降蒸观测场1处。

(6) 主要水文特征值

多年平均年径流量3.653亿m^3，多年平均降水量1 210.5 mm，多年平均蒸发量848.0 mm；最大年径流量13.01亿m^3(出现于1968年)，最小年径流量0.082 8亿m^3(出现于2000年)；最大流量442 m^3/s(出现于1969年8月2日)，最小流量−41.8 m^3/s(出现于1971年8月29日)；最大年蒸发量1 031.5 mm(出现于2022年)，最小年蒸发量685.0 mm(出现于1989年)；最高水位27.87 m(出现于1969年7月19日)，最低水位19.06 m(出现于1973年3月25日)。

11. 民乐闸水文站(测站编码62212800)

民乐闸水文站位于湖北省孝感市汉川市新河镇民乐闸，于1970年9月设立，属于长江流域汈汉湖水系，属二类精度水文站。采用85基准，测站高程为27.712 m。

(1) 主要监测项目

水位、流量、降水。

(2) 测站位置特点

测站位于民乐渠左岸，上游为汈汉湖，下游汇入汉北河。

(3) 测验河段特征

测验河段为人工开挖渠道，顺直整齐，河槽为矩形，断面稳定，水位受该站闸门、汉川闸、汉川泵站及右岸罗湖闸启闭影响。

(4) 流量测验

主要采用流速仪法;渡河方式为测桥。

(5) 主要测验设施

直立式水尺2组、水位自记井1座。

(6) 主要水文特征值

多年平均年径流量2.986亿m^3,多年平均降水量1 214.6 mm;最大年径流量7.396亿m^3(出现于1986年),最小年径流量−1.497亿m^3(出现于1998年);最大流量405 m^3/s(出现于1976年6月19日),最小流量−326 m^3/s(出现于1998年8月8日);最高水位26.77 m(出现于1998年8月10日),最低水位19.37 m(出现于1974年1月11日)。

3.2.8 黄冈市

黄冈市现有国家基本水文站9处。

1. 马家潭(二)水文站(测站编码61615580)

马家潭(二)水文站位于湖北省黄冈市团风县上巴河镇,于1953年10月设立,属于长江流域长江中游下段北岸水系,系巴水下游控制站兼鄂东南1 000~3 000 km^2区域代表站、国家重要水文站,集水面积2 974 km^2,属二类精度水文站。采用85基准,测站高程为33.846 m。

(1) 主要监测项目

水位、流量、泥沙、降水、水质、墒情。

(2) 测站位置特点

测站位于巴水,上游约60 m处有一座公路桥,约5 km处有牛车河大型水库;下游约50 m处有上巴河水厂生活用水取水口一处,约34 km处汇入长江。

(3) 测验河段特征

测验河段顺直,断面呈深U形,右岸为黏土,左岸为沙堤,河床由细砂组成,冲淤不定,无分流、逆流、水生植物生长等现象。高水期间受长江回水顶托影响,最大河宽473 m。

(4) 水位级划分

低水21.00 m以下,中水21.00~23.50 m,高水23.50 m以上。

(5) 流量测验

主要采用流速仪法、走航式ADCP;渡河方式为水文缆道、测桥、涉水。

(6) 主要测验设施

直立式水尺1组、水文缆道1座、降蒸观测场1处。

(7) 主要水文特征值

多年平均年径流量18.53亿m^3,多年平均降水量1 261.6 mm;最大年径流量48.76亿m^3(出现于1991年),最小年径流量6.148亿m^3(出现于2006年);最大流量8 820 m^3/s(出现于1983年7月4日),最小流量0 m^3/s(出现于1966年8月30日);最高水位34.80 m(出现于1969年7月14日),最低水位为河干(出现于1966年8月29日)。

2. 白莲河水文站(测站编码61617800)

白莲河水文站位于湖北省黄冈市浠水县白莲镇白莲河水库,于1958年1月设立,属于长江流域长江中游下段北岸水系,系浠水流域重要控制站、国家重要水文站,集水面积1 697 km^2,属一类精度水文站。采用85基准,测站高程为104.690 m。

(1) 主要监测项目

水位、流量、降水、水温、水质。

(2) 测站位置特点

测站位于浠水河干流中下游，上游约 57 km 处有英山水文站，约 70 km 处有落令河水文站；下游约 53 km 处汇入长江。上游东河和西河两大支流在英山县境内两河口处汇入白莲河库区。

(3) 测验河段特征

测验断面由库内、坝下、东干渠、西干渠、溢洪道和二溢洪道组成。溢洪道为闸控出流，溢洪水流至闸下 2.5 km 处与发电尾水汇合；二溢洪道为闸控出流，溢洪水流至闸下 1.0 km 处与发电尾水汇合；坝下水尺断面兼流速仪测流断面位于电管尾水下 440 m 处，河段顺直，两岸为浆砌块石，河床由细砂、砾石组成；东干渠流速仪测流断面位于东干渠闸下 100 m 处，矩形断面，渠宽 10 m，渠墙用条石护砌，渠底由混凝土组成；西干渠流速仪测流断面位于西干渠闸下 300 m 处，渠底宽 6.4 m，面宽 12 m，为浆砌块石护砌的梯形断面。

(4) 流量测验

主要采用流速仪法、走航式 ADCP；渡河方式为水文测桥。

(5) 主要测验设施

直立式水尺 4 组、水位自记井 1 座、降水观测场 1 处。

(6) 主要水文特征值

多年平均年径流量 11.12 亿 m^3，多年平均降水量 1 342.1 mm；最大年径流量 27.43 亿 m^3（出现于 1991 年），最小年径流量 3.676 亿 m^3（出现于 2006 年）；最大流量 3 390 m^3/s（出现于 2020 年 7 月 6 日），最小流量 0 m^3/s（出现于 1961 年 4 月 14 日）；最高水位 106.15 m（出现于 1969 年 7 月 14 日），最低水位 84.14 m（出现于 1961 年 1 月 1 日）。

3. 红安(二)水文站(测站编码 61610400)

红安(二)水文站位于湖北省黄冈市红安县城关镇下祁家畈，于 1954 年 2 月设立，属于长江流域长江中游下段北岸水系，系倒水上游控制站兼汉北 500～1 000 km^2 区域代表站，集水面积 740 km^2，属二类精度水文站。采用 85 基准，测站高程为 50.210 m。

(1) 主要监测项目

水位、流量、降水、水质、墒情。

(2) 测站位置特点

测站位于倒水河干流中下游，上游约 400 m 处河道向右弯，约 1 km 处有一座公路桥，约 1.5 km 处有拦河坝及南门河发电站；下游约 30 m 处是红安三桥，约 420 m 处是拦河坝，约 500 m 处河道向左急转，约 550 m 处河道向左急转，约 94 km 处汇入长江。

(3) 测验河段特征

测验河段顺直，主流偏左，窄深河床，河床由细砂组成，两岸为浆砌块石陡岸，能控制历年洪水，最大河宽 143.0 m。

(4) 水位级划分

低水 43.00 m 以下，中水 43.00～46.00 m，高水 46.00 m 以上。

(5) 流量测验

主要采用流速仪法、走航式 ADCP；渡河方式为测桥。

(6) 主要测验设施

直立式水尺 3 组、水位自记井 1 座。

(7) 主要水文特征值

多年平均年径流量 3.127 亿 m^3，多年平均降水量 1 160.0 mm；最大年径流量 8.080 亿 m^3（出现于 1987 年），最小年径流量 0.536 8 亿 m^3（出现于 1961 年）；最大流量 2 440 m^3/s（出现于 2016 年 7 月 1 日），

最小流量 0 m^3/s(出现于 1958 年 7 月 2 日);最高水位 50.88 m(出现于 1955 年 6 月 24 日),最低水位为河干(出现于 1965 年 6 月 19 日)。

4. 麻城水文站(测站编码 61612200)

麻城水文站位于湖北省黄冈市麻城市鼓楼街道办事处凉亭,于 1955 年 6 月设立,属于长江流域长江中游下段北岸水系,系举水上游控制站兼汉北 500～1 000 km^2 区域代表站,集水面积 888 km^2,属二类精度水文站。采用 85 基准,测站高程为 53.735 m。

(1) 主要监测项目

水位、流量、泥沙、降水、蒸发、水温、水质、墒情。

(2) 测站位置特点

测站位于举水河干流中下游,上游约 150 m 处有一座公路桥,约 4 km 处有橡胶坝;下游约 500 m 处有一座公路桥,约 1.95 km、5.1 km 处分别有一处拦河橡胶坝,约 99 km 处汇入长江。

(3) 测验河段特征

测验河段顺直,河床由细砂组成,冲淤不定,两岸为砂质河堤、浆砌块石护坡。低水多串沟,流向紊乱、控制较差。最大河宽 288 m,中、高水位控制良好。

(4) 水位级划分

低水 53.50 m 以下,中水 53.50～56.50 m,高水 56.50 m 以上。

(5) 流量测验

主要采用流速仪法、走航式 ADCP;渡河方式为测桥。

(6) 主要测验设施

直立式水尺 3 组、水位自记井 1 座、降蒸观测场 1 处。

(7) 主要水文特征值

多年平均年径流量 4.200 亿 m^3,多年平均降水量 1 258.9 mm,多年平均蒸发量 854.7 mm;最大年径流量 10.67 亿 m^3(出现于 1991 年),最小年径流量 1.070 亿 m^3(出现于 1978 年);最大流量 4 310 m^3/s(出现于 2016 年 7 月 1 日),最小流量 0 m^3/s(出现于 1965 年 7 月 29 日);最大年蒸发量 1 104.4 mm(出现于 1991 年),最小年蒸发量 688.9 mm(出现于 1987 年);最高水位 58.40 m(出现于 2016 年 7 月 1 日),最低水位为河干(出现于 1967 年 8 月 2 日)。

5. 罗田(二)水文站(测站编码 61616000)

罗田(二)水文站位于湖北省黄冈市罗田县凤山镇义水北路,于 1957 年 7 月设立,属于长江流域长江中游下段北岸水系,系巴水上游支流长河控制站兼鄂东南 500～1 000 km^2 区域代表站,集水面积 545 km^2,属二类精度水文站。采用 85 基准,测站高程为 77.039 m。

(1) 主要监测项目

水位、流量、泥沙、降水、水质、墒情。

(2) 测站位置特点

测站位于长河,上游约 290 m 处左岸有小溪汇入,约 700 m 处有一座公路桥;下游约 300 m 处左岸有小溪汇入,约 300 m 处向右急转,约 450 m 处有一座六孔公路桥,约 4.72 km 处有拦河坝,约 25.7 km 处汇入巴河。

(3) 测验河段特征

测验河段较顺直,河床由细砂组成,两岸依街,右岸为浆砌块石护坡,左岸为空心六角砖生态护坡,主流中泓稳定、低水存在串沟现象。最大河宽为 170 m。

(4) 水位级划分

低水 73.50 m 以下,中水 73.50～76.00 m,高水 76.00 m 以上。

(5) 流量测验

主要采用流速仪法；渡河方式为水文缆道、测桥。

(6) 主要测验设施

直立式水尺 2 组、水位自记井 1 座、水文缆道 1 座。

(7) 主要水文特征值

多年平均年径流量 3.465 亿 m^3，多年平均降水量 1 316.5 mm；最大年径流量 9.580 亿 m^3（出现于 1991 年），最小年径流量 0.856 0 亿 m^3（出现于 2001 年）；最大流量 3 420 m^3/s（出现于 1969 年 7 月 14 日），最小流量 0 m^3/s（出现于 1959 年 7 月 31 日）；最高水位为 79.03 m（出现于 1969 年 7 月 14 日），最低水位为河干（出现于 1959 年 9 月 1 日）。

6. 英山水文站（测站编码 61617400）

英山水文站位于湖北省黄冈市英山县温泉镇上河摆巷，于 1957 年 7 月设立，属于长江流域长江中游下段北岸水系，系鄂东南 500～1 000 km^2 区域代表站兼白莲河水库入库站，集水面积 670 km^2，属二类精度水文站。采用 85 基准，测站高程为 110.360 m。

(1) 主要监测项目

水位、流量、泥沙、降水、水温、水质。

(2) 测站位置特点

测站位于浠水，下游约 2 m 处有一座混凝土滚水坝，约 270 m 处有一座四孔三墩公路桥，约 670 m 处左岸有百丈河汇入，约 1.2 km 处有一座混凝土滚水坝。

(3) 测验河段特征

测验河段顺直，长约 670 m，上游约 730 m 处向左弯曲，下游约 940 m 处向右弯曲，最大河宽为 137 m。河床由细砂组成，左岸为浆砌块石，右岸为混凝土护岸，能控制历年最高洪水。

(4) 水位级划分

低水 101.50 m 以下，中水 101.50～105.00 m，高水 105.00 m 以上。

(5) 流量测验

主要采用流速仪法、走航式 ADCP；渡河方式为简易过河索、测桥、涉水。

(6) 主要测验设施

直立式水尺 3 组、水位自记观测平台 1 座、简易过河索 1 座。

(7) 主要水文特征值

多年平均年径流量 4.743 亿 m^3，多年平均降水量 1 374.3 mm；最大年径流量 13.02 亿 m^3（出现于 1991 年），最小年径流量 1.805 亿 m^3（出现于 2011 年）；最大流量 3 790 m^3/s（出现于 1969 年 7 月 14 日），最小流量 0.008 m^3/s（出现于 1959 年 8 月 17 日）；最高水位 110.82 m（出现于 1969 年 7 月 14 日），最低水位 99.96 m（出现于 2008 年 5 月 3 日）。

7. 落令河（二）水文站（测站编码 61618410）

落令河（二）水文站位于湖北省黄冈市英山县孔家坊乡八仙畈，于 1959 年 6 月设立，属于长江流域长江中游下段北岸水系，系鄂东南 200～500 km^2 区域代表站兼白莲河水库入库站，集水面积 479 km^2，属二类精度水文站。采用 85 基准，测站高程为 119.456 m。

(1) 主要监测项目

水位、流量、降水、水质。

(2) 测站位置特点

测站位于西河八仙畈大桥下沿，距英山水文站 13.5 km，上游约 1 km 处有石桥铺河从右岸汇入，桥上 35 m 处有一小河从左岸汇入。

(3) 测验河段特征

测验河段顺直,长约600 m,断面呈宽U形,纵断面上陡下缓,桥上500 m处河流向左弯,桥下向右急弯。河床由细砂组成,两岸为山,冲淤不定,最大河宽为144 m。

(4) 水位级划分

低水107.50 m以下,中水107.50~111.00 m,高水111.00 m以上。

(5) 流量测验

主要采用流速仪法、走航式ADCP;渡河方式为测桥、涉水。

(6) 主要测验设施

直立式水尺2组、水位自记观测平台1座、移动雷达波在线测流系统1座。

(7) 主要水文特征值

多年平均年径流量3.432亿m^3,多年平均降水量1 379.5 mm;最大年径流量9.300亿m^3(出现于1991年),最小年径流量1.055亿m^3(出现于2006年);最大流量2 720 m^3/s(出现于1969年7月14日),最小流量0 m^3/s(出现于1964年9月5日);最高水位114.37 m(出现于1999年6月28日),最低水位为河干(出现于1964年9月5日)。

8. 西河驿水文站(测站编码61619600)

西河驿水文站位于湖北省黄冈市蕲春县漕河镇罗州城,于1955年6月设立,属于长江流域长江中游下段北岸水系,系蕲水下游控制站兼鄂东南1 000~3 000 km^2区域代表站,集水面积1 800 km^2,属二类精度水文站。采用85基准,测站高程为24.458 m。

(1) 主要监测项目

水位、流量、泥沙、降水、蒸发、水质、墒情。

(2) 测站位置特点

测站位于蕲水下游,上游约400 m处有一座公路桥;下游约35 m处有一座15孔铁路桥,约60 m处有一座公路大桥,约23 km处汇入长江。

(3) 测验河段特征

测验河段顺直,河床平坦,最大河宽485 m。河床由细砂组成,两岸为砂质河堤,冲淤不定。高水时流向顺直,中、低水因受断面下游土质沙洲影响,流向略偏右岸;低水分流串沟,沙洲较多,流向紊乱,横比降大。

(4) 水位级划分

低水21.00 m以下,中水21.00~23.50 m,高水23.50 m以上。

(5) 流量测验

主要采用流速仪法、走航式ADCP;渡河方式为水文缆道、测桥。

(6) 主要测验设施

直立式水尺4组、水位自记井1座、水文缆道1座、降蒸观测场1处。

(7) 主要水文特征值

多年平均年径流量12.57亿m^3,多年平均降水量1 378.0 mm,多年平均蒸发量787.7 mm;最大年径流量26.78亿m^3(出现于2016年),最小年径流量4.872亿m^3(出现于1968年);最大流量3 770 m^3/s(出现于2020年7月8日),最小流量0 m^3/s(出现于1959年7月25日);最大年蒸发量1 053.7 mm(出现于1983年),最小年蒸发量598.6 mm(出现于1987年);最高水位28.52 m(出现于1983年6月29日),最低水位为河干(出现于1959年9月12日)。

9. 官桥水文站(测站编码62800200)

官桥水文站位于湖北省黄冈市武穴市刊江街道办事处官桥,于1975年9月设立,属于长江流域华阳河水系，系武山湖下游控制站，集水面积 469 km^2，属二类精度水文站。采用 85 基准，测站高程为 17.614 m。

(1) 主要监测项目

水位、流量、降水、水质、墒情。

(2) 测站位置特点

测站位于武山湖出口下游约 1 km 处的公路桥边，为原老港、西节制闸两个断面下游约 750 m 处的港道水流汇合处。上游约 1.7 km 处设有湖内水尺，下游约 18 km 处有童司牌大闸。离测站 3.5 km 的长江干堤处建有武穴大闸。

(3) 测验河段特征

测验河段顺直，河槽断面呈 U 形，两岸有堤，均能控制历年最高水位。河床由黄黏土组成，冲淤变化小，无水生植物。

(4) 流量测验

主要采用流速仪法、走航式 ADCP；渡河方式为水文缆道、测桥。

(5) 主要测验设施

直立式水尺 3 组、水位自记井 1 座、水文缆道 1 座。

(6) 主要水文特征值

多年平均年径流量 2.366 亿 m^3，多年平均降水量 1 317.4 mm；最大年径流量 5.967 亿 m^3(出现于 1998 年)，最小年径流量 0.710 0 亿 m^3(出现于 1979 年)；最大流量 245 m^3/s(出现于 2020 年 7 月 8 日)，最小流量 −113 m^3/s(出现于 2009 年 7 月 24 日)；最高水位 18.37 m(出现于 2020 年 7 月 9 日)，最低水位 13.92 m(出现于 1976 年 12 月 23 日)。

3.2.9 咸宁市

咸宁市现有国家基本水文站 6 处。

1. 十好桥水文站(测站编码 61713000)

十好桥水文站位于湖北省咸宁市咸安区浮山陈家湾，于 1955 年 9 月设立，属于长江流域金水水系，系鄂南山区区域代表站、国家重要水文站，集水面积 605 km^2，属二类精度水文站。采用 85 基准，测站高程为 28.155 m。

(1) 主要监测项目

水位、流量、降水、蒸发、水质。

(2) 测站位置特点

测站位于淦河中游段，上游约 1.9 km 处是大畈陈拦河闸，约 4.2 km 处有龙潭河汇入，约 28.8 km、32.6 km 处分别是四门楼中型水库和南川大型水库；下游约 3.6 km 处是魏贾橡胶坝，约 22.3 km 处汇入斧头湖。

(3) 测验河段特征

测验河段顺直，右岸为沙堤，河床由粗砂砾石组成，左岸为公路，河床稳定。

(4) 水位级划分

低水 23.20 m 以下，中水 23.20～25.70 m，高水 25.70 m 以上。

(5) 流量测验

主要采用流速仪、浮标法、走航式 ADCP；渡河方式为水文缆道、测桥。

(6) 主要测验设施

直立式水尺 5 组、水位自记井 1 座、水文缆道 1 座、降蒸观测场 1 处。

(7) 主要水文特征值

多年平均年径流量 5.346 亿 m^3，多年平均降水量 1 542.5 mm，多年平均蒸发量 678.6 mm；最大年径流量 9.448 亿 m^3（出现于 1999 年），最小年径流量 3.190 亿 m^3（出现于 2000 年）；最大流量 1 380 m^3/s（出现于 1999 年 6 月 29 日），最小流量 0.100 m^3/s（出现于 2007 年 11 月 1 日）；最大年蒸发量 937.8 mm（出现于 2022 年），最小年蒸发量 502.4 mm（出现于 2010 年）；最高水位 29.39 m（出现于 2010 年 7 月 15 日），最低水位 21.14 m（出现于 2018 年 6 月 28 日）。

2. 明水水文站（测站编码 61606350）

明水水文站位于湖北省咸宁市通山县通羊镇李渡村，于 2000 年 1 月设立，属于长江中游下段南岸水系，系鄂南山区区域代表站，也是富水水库入库控制站之一，集水面积 568 km^2，属二类精度水文站。采用 85 基准，测站高程为 61.043 m。

（1）主要监测项目

水位、流量、降水、蒸发、水质。

（2）测站位置特点

测站位于富水，上游约 3 km、8 km 处分别建有新桥和望江岭电站；下游约 1.1 km 处是通山河与富水两河交汇口，约 1.2 km 处是唐家地电站。

（3）测验河段特征

测验河段顺直，长约 350 m，河槽呈梯形，左低右高，左岸为陡岩，右岸为坡地，形状比较规整。中、高水河宽在 60～70 m 之间，河床由粗砂卵石组成，比较稳定。测验河段位于富水水库回水区末端，当富水水库蓄水水位较高时有顶托影响。

（4）水位级划分

低水 55.80 m 以下，中水 55.80～60.20 m，高水 60.20 m 以上。

（5）流量测验

主要采用流速仪法、浮标法、走航式 ADCP；渡河方式为水文缆道、测桥。

（6）主要测验设施

直立式水尺 2 组、水位自记井 1 座、水文缆道 1 座、降蒸观测场 1 处。

（7）主要水文特征值

多年平均年径流量 5.390 亿 m^3，多年平均降水量 1 514.2 mm，多年平均蒸发量 735.2 mm；最大年径流量 10.24 亿 m^3（出现于 2017 年），最小年径流量 3.013 亿 m^3（出现于 2007 年）；最大流量 1 180 m^3/s（出现于 2017 年 6 月 23 日），最小流量 0.102 m^3/s（出现于 2006 年 9 月 24 日）；最大年蒸发量 877.3 mm（出现于 2001 年），最小年蒸发量 626.6 mm（出现于 2014 年）；最高水位 60.42 m（出现于 2017 年 6 月 23 日），最低水位 53.23 m（出现于 2022 年 11 月 3 日）。

3. 大屋场水文站（测站编码 61607600）

大屋场水文站位于湖北省咸宁市通山县厦铺镇大屋场，于 1978 年 6 月设立，属于长江流域长江中游下段南岸水系，系山区小面积代表站，集水面积 116 km^2，属三类精度水文站。采用 85 基准，测站高程为 167.699 m。

（1）主要监测项目

水位、流量、降水、水质。

（2）测站位置特点

测站位于富水干流上游四都河，上游约 4 km 处是冷水坪电站，下游约 20 km 处是双河水电站。

（3）测验河段特征

测验河段顺直，河床由卵石、粗砂组成，断面较稳定。主河槽宽约 40 m，右岸呈陡坡，坡顶为公路，左岸为梯级坡地。

(4) 水位级划分

低水 163.55 m 以下,中水 163.55～164.60 m,高水 164.60 m 以上。

(5) 流量测验

主要采用流速仪法、浮标法、走航式 ADCP;渡河方式为水文缆道。

(6) 主要测验设施

直立式水尺 1 组、水位自记井 1 座、水文缆道 1 座。

(7) 主要水文特征值

多年平均年径流量 1.132 亿 m^3,多年平均降水量 1 718.0 mm;最大年径流量 2.069 亿 m^3(出现于1998 年),最小年径流量 0.261 4 亿 m^3(出现于 2018 年);最大流量 675 m^3/s(出现于 2014 年 7 月 4 日),最小流量 0.048 m^3/s(出现于 1991 年 11 月 14 日);最高水位 166.90 m(出现于 2014 年 7 月 4 日),最低水位162.87 m(出现于 2021 年 6 月 27 日)。

4. 通城(二)水文站(测站编码 61707000)

通城(二)水文站位于湖北省咸宁市通城县隽水镇,于 1958 年 6 月设立,属于陆水水系,系山区小面积站,集水面积 224 km^2,属二类精度水文站。采用 85 基准,测站高程为 95.584 m。

(1) 主要监测项目

水位、流量、降水、蒸发、水质。

(2) 测站位置特点

测站位于陆水干流上游隽水,上游约 350 m 处有一座公路桥,约 300 m 处有一座橡胶坝;下游约 350 m 处有一座公路桥,约 1.5 km 处有一座桥坝电站,约 3 km、8 km 处分别有支流菖蒲港、铁柱港汇入陆水河。

(3) 测验河段特征

测验河段顺直,两岸为块石护坡,河床由细砂组成,为宽浅河道,主槽宽约 90 m。因受不经常性冲淤影响,河床不够稳定。

(4) 水位级划分

低水 2.40 m 以下,中水 2.40～3.60 m,高水 3.60 m 以上。

(5) 流量测验

主要采用流速仪法、浮标法;渡河方法为水文缆道、测桥。

(6) 主要测验设施

直立式水尺 2 组、水位自记井 1 座、水文缆道 1 座、降蒸观测场 1 处。

(7) 主要水文特征值

多年平均年径流量 1.970 亿 m^3,多年平均降水量 1 561.0 mm,多年平均蒸发量 787.8 mm;最大年径流量 3.734 亿 m^3(出现于 1995 年),最小年径流量 0.685 0 亿 m^3(出现于 1968 年);最大流量 1 370 m^3/s(出现于 2011 年 6 月 10 日),最小流量 0 m^3/s(出现于 1959 年 9 月 20 日);最大年蒸发量 984.3 mm(出现于 1978 年),最小年蒸发量 640.8 mm(出现于 2010 年);最高水位 8.16 m(出现于 2011 年 6 月 10 日),最低水位为河干(出现于 1966 年 8 月 4 日)。

5. 余码头水文站(测站编码 61711000)

余码头水文站位于湖北省咸宁市嘉鱼县潘家湾镇余码头,于 1971 年 4 月设立,属于长江流域金水水系,系西凉湖出口主要控制站,属二类精度水文站。采用 85 基准,测站高程为 31.130 m。

(1) 主要监测项目

水位、流量、降水、蒸发、水质。

(2) 测站位置特点

测站位于余码河出口处,上游约 800 m 处有一座公路桥;下游约 170 m 处有一座公路桥,约 200 m 处右岸有一座引水渠道通余码头电排站，约700 m处建有长江干堤大闸，闸外为长江串沟，高水时与长江相通。

(3) 测验河段特征

测验河段顺直，人工开挖梯形河道，右岸为土堤公路，左岸为滩坡地，床底为淤泥，河床稳定。

(4) 水位级划分

闸上站：低水18.20 m以下，中水18.20～22.50 m，高水22.50 m以上。

抽水站：低水2.20 m以下，中水2.20～6.40 m，高水6.40 m以上。

(5) 流量测验

主要采用流速仪法、浮标法、建筑物法、走航式ADCP；渡河方式为水文缆道、测桥。

(6) 主要测验设施

直立式水尺5组、水位自记井2座、水文缆道1座、降蒸观测场1处。

(7) 主要水文特征值

多年平均年径流量3.663亿m^3，多年平均降水量1 392.8 mm，多年平均蒸发量759.5 mm；最大年径流量7.985亿m^3(出现于2020年)，最小年径流量0.004 3亿m^3(出现于2000年)；最大流量231 m^3/s(出现于1980年11月17日)，最小流量0 m^3/s(出现于1973年2月21日)；最大年蒸发量993.6 mm(出现于2022年)，最小年蒸发量584.8 mm(出现于1999年)；最高水位24.52 m(出现于1998年9月7日)，最低水位为河干(出现于1978年1月23日)。

6. 温泉水文站(测站编码61712950)

温泉水文站位于湖北省咸宁市咸安区长安大道300号，于2008年1月设立，属于长江流域金水水系，系淦河河道站，属二类精度水文站。采用85基准，测站高程为30.917 m。

(1) 主要监测项目

水位、流量、降水、蒸发、水质。

(2) 测站位置特点

测站位于淦河，下游约1 km处有龙潭河汇入，约2.9 km处是大畈陈拦河大闸，约30 km处汇入斧头湖。

(3) 测验河段特征

测验河段顺直，左岸为浆砌石陡岸，右岸为土堤，左、右岸均为公路，河床由淤泥、粗砂组成，河床稳定。

(4) 水位级划分

低水24.00 m以下，中水24.00～28.00 m，高水28.00 m以上。

(5) 流量测验

主要采用流速仪法、浮标法、走航式ADCP；渡河方式为水文缆道。

(6) 主要测验设施

直立式水尺2组、水位自记井1座、水文缆道1座、降蒸观测场1处。

(7) 主要水文特征值

多年平均年径流量5.254亿m^3，多年平均降水量1 669.6 mm，多年平均蒸发量838.4 mm；最大年径流量8.028亿m^3(出现于2020年)，最小年径流量3.612亿m^3(出现于2013年)；最大流量843 m^3/s(出现于2010年7月15日)，最小流量0.262 m^3/s(出现于2019年11月15日)；最大年蒸发量984.4 mm(出现于2022年)，最小年蒸发量739.8 mm(出现于2012年)；最高水位29.80 m(出现于2010年7月15日)，最低水位21.82 m(出现于2018年9月25日)。

3.2.10 恩施州

恩施州现有国家基本水文站9处。

1. 大河边水文站(测站编码 60810500)

大河边水文站位于湖北省恩施州咸丰县高乐山镇大河边，于 1994 年 1 月设立，属于长江流域乌江水系，系唐岩河控制站、国家重要水文站，集水面积 1 321 km^2，属二类精度水文站。采用 85 基准，测站高程为 528.878 m。

(1) 主要监测项目

水位、流量、降水、水质。

(2) 测站位置特点

测站位于朝阳寺水库库区库尾，唐岩河流域上游。上游约 500 m 处是大河边小(1)型水电站，约 130 m 处有一弯道；下游约 30 m 处有急滩与石拱桥。

(3) 测验河段特征

测验河段顺直，长约 350 m，天然河道，断面呈梯形，河床由粗砂、卵石组成。

(4) 水位级划分

低水 30.50 m 以下，中水 30.50～34.20 m，高水 34.20 m 以上。

(5) 流量测验

主要采用流速仪法、浮标法、走航式 ADCP；渡河方式为水文缆道。

(6) 主要测验设施

直立式水尺 1 组、水位自记观测平台 1 座、水文缆道 1 座、浮标投放器 1 座。

(7) 主要水文特征值

多年平均年径流量 10.23 亿 m^3，多年平均降水量 1 298.1 mm；最大年径流量 20.02 亿 m^3(出现于 2020 年)，最小年径流量 5.183 亿 m^3(出现于 2006 年)；最大流量 3 440 m^3/s(出现于 1997 年 7 月 16 日)，最小流量 0.140 m^3/s(出现于 2011 年 3 月 18 日)；最高水位 43.55 m(出现于 1997 年 7 月 16 日)，最低水位 26.08 m(出现于 2011 年 3 月 18 日)。

2. 恩施水文站(测站编码 61002000)

恩施水文站位于湖北省恩施州恩施市小渡船街道小渡船，于 1939 年 6 月设立，属于长江流域清江水系，系国家重要水文站，集水面积 2 928 km^2，属一类精度水文站。采用 85 基准，测站高程为 426.704 m。

(1) 主要监测项目

水位、流量、泥沙、降水、水温、水质、墒情。

(2) 测站位置特点

测站位于清江，上游约 11 km 处是大龙潭水库，下游约 84 m 处有一单跨拱桥，对中、高水起控制作用。

(3) 测验河段特征

测验河段顺直，基上 900 m、基下 700 m 各有弯道约束。河床由粗砂、卵石组成，两岸浆砌块石护岸。水位在 421.26 m 以上时左岸开始漫滩，低水受浅滩控制。断面基本稳定，属于不经常性冲淤，控制良好。

(4) 水位级划分

低水 410.00 m 以下，中水 410.00～413.50 m，高水 413.50 m 以上。

(5) 流量测验

主要采用流速仪法、浮标法、走航式 ADCP；渡河方式为水文缆道、测桥。

(6) 主要测验设施

直立式水尺 1 组、自记水位井 1 座、浮标投放器 1 座、水文缆道 1 座。

(7) 主要水文特征值

多年平均年径流量 25.82 亿 m^3，多年平均降水量 1 400.3 mm；最大年径流量 39.48 亿 m^3(出现于 1989 年)，最小年径流量 13.47 亿 m^3(出现于 2006 年)；最大流量 4 300 m^3/s(出现于 1989 年 7 月 11 日)，

最小流量 0.620 m^3/s(出现于 2001 年 10 月 7 日);最高水位 420.71 m(出现于 2020 年 7 月 17 日),最低水位 407.99 m(出现于 2001 年 10 月 7 日)。

3. 来凤水文站(测站编码 61311900)

来凤水文站位于湖北省恩施州来凤县翔凤镇桂花树社区,于 1956 年 11 月设立,属于长江流域沅江水系,系酉水上游代表站、鄂西南区域代表站、国家重要水文站,集水面积 1 603 km^2,属二类精度水文站。采用 85 基准,测站高程为 454.826 m。

(1) 主要监测项目

水位、流量、降水、蒸发、水质、墒情。

(2) 测站位置特点

测站位于酉水上游,上游约 200 m 处左岸有沙洲,约 1.5 km 处有老虎洞河汇入,约 3 km 处是紫金山电站;下游左岸约 8 km 处有湖南省龙山县猛洞河汇入。

(3) 测验河段特征

测验河段顺直,河段下游有浅滩和弯道,对各级水位起控制作用。测流断面成 U 形,主河床由红砂岩、砂砾石组成,较稳定,年内冲淤变化不大。左岸为黏土,右岸为壤土,446.00 m 以下为浆砌块石护岸。

(4) 水位级划分

低水 443.00 m 以下,中水 443.00～446.00 m,高水 446.00 m 以上。

(5) 流量测验

主要采用流速仪法、浮标法、走航式 ADCP;渡河方式为水文缆道。

(6) 主要测验设施

直立式水尺 1 组、水位自记观测平台 1 座、水文缆道 1 座、降蒸观测场 1 处。

(7) 主要水文特征值

多年平均年径流量 16.93 亿 m^3,多年平均降水量 1 341.2 mm,多年平均蒸发量 652.2 mm;最大年径流量 28.84 亿 m^3(出现于 1983 年),最小年径流量 10.25 亿 m^3(出现于 1988 年);最大流量 3 480 m^3/s(出现于 1969 年 7 月 12 日),最小流量 0.370 m^3/s(出现于 1979 年 3 月 15 日);最大年蒸发量 774.3 mm(出现于 2013 年),最小年蒸发量 515.2 mm(出现于 2020 年);最高水位 453.42 m(出现于 1969 年 7 月 12 日),最低水位 441.18 m(出现于 1979 年 3 月 15 日)。

4. 石板坪水文站(测站编码 60514050)

石板坪水文站位于湖北省恩施州巴东县沿渡河镇石板坪,于 1997 年 1 月设立,属于长江上游下段水系,系三峡水利枢纽入库站,集水面积 466 km^2,属二类精度水文站。采用 85 基准,测站高程为 186.956 m。

(1) 主要监测项目

水位、流量、降水、水质。

(2) 测站位置特点

测站位于沿渡河中游,源头是坪堑中型水库。上、下游约 100 m 处均有浅滩;下游约 200 m 处有一吊桥,断面束窄形成卡口,形成良好的测站控制,水位流量关系稳定。

(3) 测验河段特征

测验河段顺直,长约 200 m,河床由块石、卵石组成,右岸是坡地,左岸是公路保坎,测流断面主要受洪水冲刷影响。

(4) 水位级划分

低水 179.00 m 以下,中水 179.00～180.90 m,高水 180.90 m 以上。

(5) 流量测验

主要采用流速仪法、浮标法;渡河方式为水文缆道。

(6) 主要测验设施

直立式水尺 3 组、水位自记井 1 座、浮标投放器 1 座、水文缆道 1 座。

(7) 主要水文特征值

多年平均年径流量 4.586 亿 m^3，多年平均降水量 1 193.8 mm；最大年径流量 8.062 亿 m^3（出现于 2017 年），最小年径流量 2.293 亿 m^3（出现于 2001 年）；最大流量 1 060 m^3/s（出现于 2008 年 7 月 5 日），最小流量 1.20 m^3/s（出现于 2023 年 2 月 7 日）；最高水位 183.23 m（出现于 2008 年 7 月 5 日），最低水位 176.37 m（出现于 2023 年 2 月 7 日）。

5. 利川（二）水文站（测站编码 61000500）

利川（二）水文站位于湖北省恩施州利川市都亭街道林家村，于 1966 年 1 月设立，属于长江流域清江水系，系清江区域代表站，集水面积 513 km^2，属二类精度水文站。采用 85 基准，测站高程为 73.630 m。

(1) 主要监测项目

水位、流量、降水、蒸发、水质。

(2) 测站位置特点

测站位于清江上游，上游约 150 m 处有一个弯道，约 7.3 km 处是三渡峡水库；下游约 600 m 处有一个弯道。

(3) 测验河段特征

测验河段顺直，长约 700 m，河床由岩石组成，平整稳定。低水受浅滩控制。

(4) 水位级划分

低水 64.90 m 以下，中水 64.90～68.20 m，高水 68.20 m 以上。

(5) 流量测验

主要采用流速仪法、浮标法、比降面积法、走航式 ADCP；渡河方式为水文缆道。

(6) 主要测验设施

直立式水尺 1 组、水位自记井 1 座、水文缆道 1 座、降蒸观测场 1 处。

(7) 主要水文特征值

多年平均年径流量 4.070 亿 m^3，多年平均降水量 1 283.3 mm，多年平均蒸发量 587.4 mm；最大年径流量 6.262 亿 m^3（出现于 1982 年），最小年径流量 1.944 亿 m^3（出现于 2006 年）；最高水位 72.73 m（出现于 1982 年 7 月 18 日），最低水位 63.17 m（出现于 1966 年 9 月 30 日）；最大年蒸发量 740.4 mm（出现于 2022 年），最小年蒸发量 495.8 mm（出现于 2012 年）；最大流量 699 m^3/s（出现于 1983 年 7 月 12 日），最小流量 0.110 m^3/s（出现于 1969 年 3 月 15 日）。

6. 宣恩（二）水文站（测站编码 61006500）

宣恩（二）水文站位于湖北省恩施州宣恩县珠山镇上湖塘社区，于 1989 年 1 月设立，属于长江流域清江水系，系忠建河控制站，集水面积 740 km^2，属二类精度水文站。采用 85 基准，测站高程为 496.617 m。

(1) 主要监测项目

水位、流量、降水、蒸发、水质。

(2) 测站位置特点

测站位于忠建河中游，上游约 1.6 km 处是龙洞中型水库；下游约 380 m 处有一座公路桥，约 550 m 处有一座水力自控翻板坝。

(3) 测验河段特征

测验河段顺直，基上 650 m、基下 550 m 各有 1 个弯道。河床由粗砂、卵石组成，较稳定。水位在 499.29 m 以上时，左岸漫滩，淹没城区。

(4) 水位级划分

低水 493.20 m 以下,中水 493.20～495.20 m,高水 495.20 m 以上。

(5) 流量测验

主要采用流速仪法、浮标法、比降面积法;渡河方式为水文缆道。

(6) 主要测验设施

直立式水尺3组、水位自记井1座、水文缆道1座、降蒸观测场1处。

(7) 主要水文特征值

多年平均年径流量7.263亿 m^3/s,多年平均降水量1 525.0 mm,多年平均蒸发量630.9 mm;最大年径流量14.84亿 m^3(出现于1983年),最小年径流量3.391亿 m^3(出现于2006年);最大流量1 340 m^3/s(出现于1997年7月16日),最小流量0 m^3/s(出现于1993年6月15日);最大年蒸发量754.7 mm(出现于2022年),最小年蒸发量542.3 mm(出现于2012年);最高水位497.46 m(出现于1997年7月16日),最低水位491.53 m(出现于2006年3月28日)。

7. 老渡口水文站(测站编码61007200)

老渡口水文站位于湖北省恩施州恩施市沙地乡老渡口,于2009年1月设立,属于长江流域清江水系马水河,系区域代表站,集水面积1 659 km^2,属二类精度水文站。采用黄海基准,测站高程为488.286 m。

(1) 主要监测项目

水位、流量、降水、水质。

(2) 测站位置特点

测站位于马水河下游,下游约7.5 km处汇入清江。

(3) 测验河段特征

基本水尺断面位于老渡口水库库内,库面狭窄,两岸为高山,山体由岩石组成。坝下顺直河段长约300 m,右岸为陡岩,左岸为浆砌块石。坝下360 m处有一个弯道,水布垭水库回水至此。

(4) 流量测验

主要采用水工建筑物法。

(5) 主要测验设施

直立式水尺1组、水位自记观测平台1座、降水观测场1处。

(6) 主要水文特征值

多年平均年径流量13.24亿 m^3,多年平均降水量1 261.2 mm;最大年径流量23.29亿 m^3(出现于2020年),最小年径流量6.551亿 m^3(出现于2019年);最大流量3 840 m^3/s(出现于2020年7月26日),最小流量0 m^3/s(出现于2009年1月1日);最高水位480.80 m(出现于2016年5月9日),最低水位397.50 m(出现于2009年1月1日)。

8. 建始城关水文站(测站编码61007490)

建始城关水文站位于湖北省恩施州建始县业州镇广润社区,于2014年1月设立,属长江流域清江水系,系小河站,集水面积151 km^2,属二类精度水文站。采用黄海基准,测站高程为563.933 m。

(1) 主要监测项目

水位、流量、降水、水质。

(2) 测站位置特点

测站位于清江支流米水河下游,上游约50 m、150 m、200 m、250 m、300 m处分别建有拦沙坝,约3.5 km处有一座中型水库;下游约550 m处有一座公路桥,约1.2 km、1.7 km、2.4 km、2.9 km、3.2 km处分别建有翻板闸门,约10 km处汇入清江一级支流马水河。

（3）测验河段特征

测验河段顺直，河床由粗砂、卵石组成，左岸为混凝土护坡，右岸为浆砌块石护坡。上游 350 m、下游 150 m 处各有一个弯道，对中、高水起控制作用。

（4）水位级划分

低水 555.78 m 以下，中水 555.78～559.05 m，高水 559.05 m 以上。

（5）流量测验

主要采用流速仪法、浮标法、走航式 ADCP；渡河方式为测桥、简易水文缆道。

（6）主要测验设施

直立式水尺 2 组、水位自记井 1 座、简易水文缆道 1 座。

（7）主要水文特征值

多年平均年径流量 2.208 亿 m^3，多年平均降水量 1 393.6 mm；最大年径流量 3.369 亿 m^3（出现于 2020 年），最小年径流量 0.888 0 亿 m^3（出现于 2019 年）；最大流量 1 050 m^3/s（出现于 2020 年 7 月 26 日），最小流量 0.050 m^3/s（出现于 2020 年 12 月 16 日）；最高水位 560.70 m（出现于 2020 年 7 月 26 日），最低水位 553.85 m（出现于 2020 年 12 月 16 日）。

9. 鹤峰水文站（测站编码 61401600）

鹤峰水文站位于湖北省恩施州鹤峰县容美镇车站路社区，于 1959 年 12 月设立，属于长江流域澧水水系，系区域代表站，集水面积 649 km^2，属二类精度水文站。采用 85 基准，测站高程为 85.270 m。

（1）主要监测项目

水位、流量、降水、蒸发、水质。

（2）测站位置特点

测站位于溇水上游，上游约 8 km 处是燕子桥水库，约 400 m 处有一座公路桥；下游约 900 m 处有一座公路桥，约 1 km 处有一座水力自控翻板坝，约 2.5 km 处有支流官庄河汇入。

（3）测验河段特征

测验河段顺直，河床由粗砂卵石组成，两岸为浆砌块石护岸，主河槽在洪水期有局部冲淤变化，枯水期有少量青苔。测站上、下游有弯道、急滩，控制条件良好。

（4）水位级划分

低水 76.50 m 以下，中水 76.50～78.50 m，高水 78.50 m 以上。

（5）流量测验

主要采用流速仪法、浮标法、比降面积法、走航式 ADCP；渡河方式为水文缆道。

（6）主要测验设施

直立式水尺 4 组、水位自记井 1 座、水文缆道 1 座、浮标投放器 1 座、降蒸观测场 1 处。

（7）主要水文特征值

多年平均年径流量 6.316 亿 m^3，多年平均降水量 1 646.4 mm，多年平均蒸发量 642.7 mm；最大年径流量 11.60 亿 m^3（出现于 1964 年），最小年径流量 2.119 亿 m^3（出现于 2006 年）；最大年蒸发量 760.1 mm（出现于 2006 年），最小年蒸发量 542.0 mm（出现于 2014 年）；最高水位 82.15 m（出现于 1962 年 7 月 7 日），最低水位 75.14 m（出现于 2011 年 1 月 18 日）；最大流量 1 960 m^3/s（出现于 1962 年 7 月 7 日），最小流量 0.275 m^3/s（出现于 2005 年 12 月 19 日）。

3.2.11 荆门市

荆门市现有国家基本水文站 1 处。

烟墩集水文站（测站编码 60917000）

烟墩集水文站位于湖北省荆门市东宝区漳河镇，于 1964 年 7 月设立，属于长江流域长江中游干流水系，系漳河水库总干渠渠首闸出水量控制站、国家重要水文站，集水面积 2 226 km^2，属二类精度水文站。采用 85 基准，测站高程为 125.181 m。

（1）主要监测项目

水位、流量、降水、蒸发。

（2）测站位置特点

测站位于漳河水库总干渠，分为闸上和闸下两处断面，闸上为漳河水库库内，闸下位于漳河水库总干渠渠首闸出口下游约 320 m 处。闸下测流断面上游约 10 m 处有一座公路桥，下游约 30 m 处有两座两墩铁路桥相并，铁路桥下游约 100 m 处有一座小型水库串联，库尾是二干渠渠首闸。

（3）测验河段特征

测验河段顺直，系人工开挖，底宽 15 m，最高水位水面宽 40 m，无分流串沟、逆水、回水、死水，无漫滩、水草。渠底为黏黄土，两岸为混凝土护坡。

（4）流量测验

主要采用流速仪、走航式 ADCP；渡河方式为水文缆道、测桥。

（5）主要测验设施

直立式水尺 2 组、水位自记井 1 座、水文缆道 1 座、降蒸观测场 1 处。

（6）主要水文特征值

多年平均年径流量 2.720 亿 m^3，多年平均降水量 919.2 mm，多年平均蒸发量 865.5 mm；最大年径流量 7.916 亿 m^3（出现于 1971 年），最小年径流量 0.485 5 亿 m^3（出现于 2002 年）；最大年蒸发量 1 096.4 mm（出现于 2022 年），最小年蒸发量 715.3 mm（出现于 1996 年）；最高水位 123.67 m（出现于 1983 年 10 月 7 日），最低水位 102.67 m（出现于 1979 年 5 月 11 日）；最大流量 131 m^3/s（出现于 1972 年 4 月 27 日），最小流量 0 m^3/s（出现于 1964 年 7 月）。

3.2.12 随州市

随州市现有国家基本水文站 7 处。

1. 随州（二）水文站（测站编码 62200600）

随州（二）水文站位于湖北省随州市曾都区西城办事处草店子社区，于 1951 年设立，属于长江流域汈汉湖水系，系㵐水干流控制站、国家重要水文站，集水面积 3 827 m^2，属一类精度水文站。采用 85 基准，测站高程为 65.572 m。

（1）主要监测项目

水位、流量、降水、水温。

（2）测站位置特点

测站是㵐水干流控制站，至河口距离 218 km。上游约 380 m 处是上白云湖闸坝工程，下游约 7.6 km 处是白云湖水库工程，水情受两处白云湖水利工程开关闸闸门启闭影响。

（3）测验河段特征

测验河段顺直，砂质河床，梯形复式河槽，两岸是公路，岸坡是混凝土护砌，主槽宽 320 m。

（4）流量测验

主要采用流速仪法、走航式 ADCP；渡河方式为水文缆道。

（5）主要测验设施

直立式水尺 2 组、水位自记井 2 座。

（6）主要水文特征值

多年平均年径流量 11.30 亿 m^3，多年平均降水量 926.0 mm；最大年径流量 24.19 亿 m^3（出现于 1956 年），最小年径流量 0.993 0 亿 m^3（出现于 2012 年）；最大流量 7 880 m^3/s（出现于 1954 年 7 月 10 日），

最小流量 0 m^3/s(出现于 1996 年 1 月 24 日);最高水位 68.41 m(出现于 1954 年 7 月 10 日),最低水位为河干(出现于 1996 年 1 月 24 日)。

2. 徐家河水文站(测站编码 62204800)

徐家河水文站位于湖北省随州市广水市长岭镇徐家河水库,于 1954 年 4 月设立,属于长江流域汈汉湖水系,系徐家河水库出库控制站、国家重要水文站,集水面积 744 km^2,属二类精度水文站。采用 85 基准,测站高程为 68.764 m。

(1) 主要监测项目

水位、流量、降水、蒸发、水温。

(2) 测站位置特点

测站出流断面设有徐家河(溢洪道)站和徐家河(渠道)站,溢洪道流量泄入㵐水,渠道流量流入孝感市灌区。渠道断面位于徐家河电站闸下 95 m 处,断面下游约 650 m 处是一座小型水库。

(3) 测验河段特征

渠道测验河段顺直,长约 100 m,渠宽 20 m,河床系人工开挖,断面呈梯形,河槽由混凝土组成,左、右岸为块石护坡。

(4) 流量测验

主要采用流速仪法、走航式 ADCP;渡河方式为水文缆道、测桥。

(5) 主要测验设施

直立式水尺 3 组、水位自记井 2 座、水文缆道 1 座、降蒸观测场 1 处。

(6) 主要水文特征值

多年平均年径流量 2.620 亿 m^3,多年平均降水量 1 045.0 mm,多年平均蒸发量 879.0 mm;最大年径流量 6.349 亿 m^3(出现于 1996 年),最小年径流量 0.662 2 亿 m^3(出现于 2001 年);最大流量 1 220 m^3/s(出现于 1958 年 7 月 14 日),最小流量 0 m^3/s(出现于 2013 年 8 月 9 日);最大年蒸发量 1 226.4 mm(出现于 1968 年),最小年蒸发量 624.1 mm(出现于 2010 年);最高水位 73.79 m(出现于 1996 年 7 月 17 日),最低水位 59.36 m(出现于 1979 年 4 月 23 日)。

3. 澴潭水文站(测站编码 62200400)

澴潭水文站位于湖北省随州市随县澴潭镇柏树岗社区,于 1955 年 4 月设立,属于长江流域汈汉湖水系,系㵐水上游控制站,集水面积 804 km^2,属二类精度水文站。采用 85 基准,测站高程为 83.247 m。

(1) 主要监测项目

水位、流量、降水。

(2) 测站位置特点

测站位于㵐水上游,上游约 2 km 处是澴潭中型水库;下游约 2.8 km 处是红星电站(拦河坝引水式小电站)。

(3) 测验河段特征

测验河段顺直,长约 600 m,河床由砂卵石组成,两岸为堤防。水位受水库泄水影响,低水受红星电站蓄水及河道水草生长影响。

(4) 水位级划分

低水 81.80 m 以下,中水 81.80～84.70 m,高水 84.70 m 以上。

(5) 流量测验

主要采用流速仪法、走航式 ADCP;渡河方式为测桥。

(6) 主要测验设施

直立式水尺 2 组、水位自记井 2 座。

(7) 主要水文特征值

多年平均年径流量2.196亿m^3,多年平均降水量950.0 mm;最大年径流量5.002亿m^3(出现于1956年),最小年径流量0.551 0亿m^3(出现于1966年);最大流量1 230 m^3/s(出现于1955年7月8日),最小流量0 m^3/s(出现于1980年1月4日);最高水位86.82 m(出现于1955年7月8日),最低水位为河干(出现于1980年1月4日)。

4. 均川水文站(测站编码62202700)

均川水文站位于湖北省随州市随县均川镇九龙观村,于2008年1月设立,属于长江流域汈汉湖水系,系均水控制站,集水面积393 km^2,属二类精度水文站。采用85基准,测站高程为78.753 m。

(1) 主要监测项目

水位、流量、降水。

(2) 测站位置特点

测站位于均水中游,上游约1.5 km处是均川水闸工程;下游约410 m处是拦河坝。

(3) 测验河段特征

测验河段顺直,长约2.5 km,宽约100 m,系宽浅式河床,两岸为堤防,河床由砂卵石组成,较稳定。

(4) 水位级划分

低水73.70 m以下,中水73.70～76.40 m,高水76.40 m以上。

(5) 流量测验

主要采用流速仪法、走航式ADCP;渡河方式为测桥。

(6) 主要测验设施

直立式水尺1组、水位自记井1座。

(7) 主要水文特征值

多年平均年径流量1.017亿m^3,多年平均降水量981.1 mm;最大年径流量2.133亿m^3(出现于2020年),最小年径流量0.155 9亿m^3(出现于2012年);最大流量1 290 m^3/s(出现于2021年8月12日),最小流量0 m^3/s(出现于2011年5月28日);最高水位78.30 m(出现于2021年8月12日),最低水位72.30 m(出现于2011年5月28日)。

5. 先觉庙水文站(测站编码62203800)

先觉庙水文站位于湖北省随州市曾都区万店镇先觉庙水库,于1961年3月设立,属于长江流域汈汉湖水系,系万店水文站辅助水文站,集水面积450 km^2,属三类精度水文站。采用85基准,测站高程为108.217 m。

(1) 主要监测项目

水位、流量、降水。

(2) 测站位置特点

测站位于浆溪店河下游,至河口距离约98.9 km,下游注入漂水。

(3) 测验河段特征

先觉庙东干渠、西干渠两渠道测流,测验河段顺直,长分别为80 m、120 m,河床和岸坡均由浆砌块石组成,控制条件较好。

(4) 流量测验

主要采用流速仪法、走航式ADCP;渡河方式为测桥。

(5) 主要测验设施

直立式水尺3组、水位自记井3座、杆式自记雨量计1座。

(6) 主要水文特征值

多年平均年径流量 0.799 0 亿 m^3,多年平均降水量 936.8 mm;最大年径流量 1.600 亿 m^3(出现于 2007 年),最小年径流量 0.246 0 亿 m^3(出现于 2013 年);最大流量 107 m^3/s(出现于 2010 年 7 月 25 日),最小流量 0.579 m^3/s(出现于 2012 年 5 月 31 日);最高水位 108.05 m(出现于 1963 年 8 月 22 日),最低水位 91.72 m(出现于 1979 年 5 月 11 日)。

6. 万店水文站(测站编码 62203900)

万店水文站位于湖北省随州市曾都区万店镇龙头湾村,于 2007 年 1 月设立,属于长江流域汈汉湖水系,系漂水干流控制站,集水面积 489 km^2,属二类精度水文站。采用 85 基准,测站高程为 75.106 m。

(1) 主要监测项目

水位、流量、降水、蒸发。

(2) 测站位置特点

测站位于漂水河下游,上游约 338 m 处有一座混凝土拦河坝;下游约 668 m 处有一座混凝土拦河坝。

(3) 测验河段特征

测验河段顺直,长约 300 m,河槽呈 U 形,主槽靠近右岸;左岸为湿地公园和堤防,右岸为站房;河床由细砂组成,属于不经常性冲淤。高水有漫滩及冲淤,低水受拦河坝拦水和河道水草生长影响。

(4) 水位级划分

低水 69.70 m 以下,中水 69.70～72.50 m,高水 72.50 m 以上。

(5) 流量测验

主要采用流速仪法、走航式 ADCP;渡河方式为水文缆道、测桥。

(6) 主要测验设施

直立式水尺 2 组、水位自记井 1 座、水文缆道 1 座、降蒸观测场 1 处。

(7) 主要水文特征值

多年平均年径流量 1.007 亿 m^3,多年平均降水量 947.9 mm,多年平均蒸发量 858.9 mm;最大年径流量 1.881 亿 m^3(出现于 2007 年),最小年径流量 0.055 2 亿 m^3(出现于 2019 年);最大流量 1 210 m^3/s(出现于 2010 年 7 月 17 日),最小流量 0 m^3/s(出现于 2012 年 4 月 26 日);最大年蒸发量 1 150.4 mm(出现于 1961 年),最小年蒸发量 625.4 mm(出现于 2015 年);最高水位 73.60 m(出现于 2010 年 7 月 17 日),最低水位 67.61 m(出现于 2019 年 12 月 28 日)。

7. 应山(四)水文站(测站编码 62206000)

应山(四)水文站位于湖北省随州市广水市应山办事处黑虎冲村,于 1959 年 6 月设立,属于长江中游汈汉湖水系,系应山河控制站,集水面积 201 km^2,属二类精度水文站。采用 85 基准,测站高程为 77.665 m。

(1) 主要监测项目

水位、流量、降水。

(2) 测站位置特点

测站位于应山河上游,下游约 160 m 处有一座混凝土拦河坝,对断面水位起控制作用。

(3) 测验河段特征

测验河段顺直,长约 600 m,河床由砂土组成,两岸为浆砌块石护砌,左岸为山坡,右岸为河堤。主槽宽约 115 m,断面基本稳定。

(4) 水位级划分

低水 72.80 m 以下,中水 72.80～75.30 m,高水 75.30 m 以上。

(5) 流量测验

主要采用流速仪法、走航式 ADCP;渡河方式为水文缆道、测桥。

(6) 主要测验设施

直立式水尺2组、水位自记井1座、水文缆道1座。

(7) 主要水文特征值

多年平均年径流量0.685 3亿m^3，多年平均降水量1 007.0 mm；最大年径流量1.604亿m^3（出现于1987年），最小年径流量0.114 8亿m^3（出现于1961年）；最大流量366 m^3/s（出现于2020年6月28日），最小流量0.001 m^3/s（出现于2023年3月14日）；最高水位73.76 m（出现于2020年6月28日），最低水位70.90 m（出现于2023年3月15日）。

3.2.13 鄂州市

鄂州市现有国家基本水文站1处。

樊口水文站（测站编码61602000）

樊口水文站位于湖北省鄂州市鄂城区樊口街道樊口社区，于1927年1月设立，属于长江流域长江中游下段南岸水系，系梁子湖出口控制站、堰闸水文站、国家重要水文站，集水面积3 121 km^2，属一类精度水文站。采用85基准，测站高程为26.943 m。

(1) 主要监测项目

水位、流量、降水。

(2) 测站位置特点

测站位于樊口水利枢纽、樊口大闸和樊口电排站之间，水流受水利工程堰闸和泵站启闭影响。大闸上游约600 m处是鄂钢抽水站，闸上左岸约750 m处有人工河道，梁子湖来水流经长港过人工河道入新港，鸭儿湖的来水从薛家沟经民信闸入长港后流入新港，新港水流经大闸排入长江。

(3) 测验河段特征

测验河段为人工河道，河段顺直稳定，无冲淤变化。闸下左岸是漫滩，右岸是浆砌石护坡。高水位时水流过漫滩，无岔流、串沟、回流及死水。

(4) 流量测验

主要采用走航式ADCP；渡河方式为测桥。

(5) 主要测验设施

直立式水尺4组、水位自记井1座、水位自记观测平台1座、降水观测场1处。

(6) 主要水文特征值

多年平均年径流量14.70亿m^3，多年平均降水量1 295.0 mm；最大年径流量39.68亿m^3（出现于2010年），最小年径流量4.699亿m^3（出现于2008年）；最大流量1 440 m^3/s（出现于1998年10月29日），最小流量−283 m^3/s（出现于1997年5月4日）；最高水位27.62 m（出现于1954年8月18日），最低水位10.30 m（出现于2023年3月15日）。

3.2.14 天门市

天门市现有国家基本水文站6处。

1. 天门水文站（测站编码62206900）

天门水文站位于湖北省天门市竟陵办事处江河村，于1950年12月设立，属于长江流域汈汊湖水系，系汉北河控制站，集水面积2 303 km^2，属二类精度水文站。采用85基准，测站高程为29.174 m。

(1) 主要监测项目

水位、流量、降水、蒸发、水温。

(2) 测站位置特点

测站位于汉北河，上游约 280 m 处是汉北大桥，约 580 m 处是天门河与汉北河汇合点；下游约 1.6 km 处有支流东河汇入，东河入河口建有一座老龙堤闸，控制东河汇入汉北河，沿天门河下游约 2.5 km 处是天门船闸。

(3) 测验河段特征

测验河段顺直，为人工开挖河道，断面规则，属单式河床，河床由黏土组成。

(4) 水位级划分

低水 24.76 m 以下，中水 24.76～29.15 m，高水 29.15 m 以上。

(5) 流量测验

主要采用流速仪法、走航式 ADCP；渡河方式为水文缆道、测桥。

(6) 主要测验设施

直立式水尺 1 组、水位自记井 1 座、水文缆道 1 座、降蒸观测场 1 处。

(7) 主要水文特征值

多年平均年径流量 14.18 亿 m^3，多年平均降水量 1 126.2 mm，多年平均蒸发量 812.5 mm；最大年径流量 27.04 亿 m^3(出现于 2016 年)，最小年径流量 6.624 亿 m^3(出现于 2011 年)；最大流量 932 m^3/s(出现于 2016 年 7 月 23 日)，最小流量 -33.3 m^3/s(出现于 2002 年 8 月 23 日)；最大年蒸发量 1 042.3 mm(出现于 1959 年)，最小年蒸发量 625.1 mm(出现于 1993 年)；最高水位 31.35 m(出现于 2016 年 7 月 21 日)，最低水位 22.56 m(出现于 2000 年 5 月 23 日)。

2. 皂市水文站(测站编码 62208300)

皂市水文站位于湖北省天门市皂市镇花园村，于 1989 年 4 月设立，属于长江流域汈汉湖水系，系溾水控制站，集水面积 673 km^2，属三类精度水文站。采用 85 基准，测站高程为 26.435 m。

(1) 主要监测项目

水位、流量、降水。

(2) 测站位置特点

测站位于溾水，上游约 635 m 处向左弯连接老皂市河，约 5 km 处有一座滚水坝；下游约 500 m 处有一座皂市公路桥，约 15 km 处与汉北河相连。

(3) 测验河段特征

测验河段顺直，为人工开挖河流，河床由黏土组成，无串沟、死水、回流，两岸边有 40 m 左右平滩，水位在 25.80 m 时开始漫滩，滩地种有防浪林。

(4) 水位级划分

低水 23.06 m 以下，中水 23.06～27.38 m，高水 27.38 m 以上。

(5) 流量测验

主要采用走航式 ADCP、电波流速仪；渡河方式为测桥。

(6) 主要测验设施

直立式水尺 1 组、水位自记观测平台 1 座。

(7) 主要水文特征值

多年平均降水量为 921.2 mm；最大流量 1 100 m^3/s(出现于 2007 年 7 月 14 日)；最高水位 29.53 m(出现于 2016 年 7 月 20 日)，最低水位 20.91 m(出现于 1993 年 2 月 16 日)。

3. 罗汉寺水文站(测站编码 62211000)

罗汉寺水文站位于湖北省天门市多宝镇罗汉寺闸，于 1960 年 6 月设立，属于长江流域汈汉湖水系，系天门引汉灌区水量入口控制站，属三类精度水文站。采用 85 基准，测站高程为 40.868 m。

（1）主要监测项目

水位、流量、降水。

（2）测站位置特点

测站位于总干渠，上游为汉江，下游为总干渠；闸下约 500 m 处右岸是多宝分水闸，约 1.3 km 处是防洪反压闸。

（3）测验河段特征

测验河段顺直，为人工开挖明渠，河槽为梯形断面，无岔流、串沟，断面规则，河床由混凝土组成。

（4）流量测验

主要采用走航式 ADCP、电波流速仪；渡河方式为测桥。

（5）主要测验设施

直立式水尺 2 组、水位自记井 1 座。

（6）主要水文特征值

多年平均年径流量 11.17 亿 m^3；最大年径流量 15.32 亿 m^3（出现于 2016 年），最小年径流量 5.997 亿 m^3（出现于 2000 年）；最大流量 143 m^3/s（出现于 2001 年 8 月 12 日），最小流量 0 m^3/s（出现于 1993 年 1 月 1 日）。

4. 何山闸水文站（测站编码 62211200）

何山闸水文站位于湖北省天门市张港镇何山闸，于 1971 年 4 月设立，属于长江流域汈汉湖水系，系汈汉湖大区入流控制站，属二类精度水文站。采用 85 基准，测站高程为 34.451 m。

（1）主要监测项目

水位、流量、降水。

（2）测站位置特点

测站位于天南长渠，上游约 80 m 处左岸有单孔灌溉闸，约 200 m 处左岸是东风节制闸，约 200 m 处右岸有单孔灌溉闸（未使用）。

（3）测验河段特征

测验河段顺直，为人工开挖梯形渠道，河床由混凝土组成，测站控制条件好。

（4）流量测验

主要采用走航式 ADCP；渡河方式为测桥。

（5）主要测验设施

直立式水尺 2 组、水位自记井 2 座、降水观测场 1 处。

（6）主要水文特征值

多年平均年径流量 3.723 亿 m^3，多年平均降水量 1 144.5 mm；最大年径流量 6.720 亿 m^3（出现于 1976 年），最小年径流量 1.545 亿 m^3（出现于 2008 年）；最大流量 130 m^3/s（出现于 1997 年 8 月 25 日），最小流量 0 m^3/s（出现于 1973 年 1 月 1 日）；最高水位 32.23 m（出现于 1973 年 8 月 31 日），最低水位为渠干（出现于 1975 年 11 月 15 日）。

5. 东风闸水文站（测站编码 62211400）

东风闸水文站位于湖北省天门市蒋场镇彭刘村，于 1973 年 5 月设立，属于长江流域汈汉湖水系，系汈汉湖进水量控制站之一，属二类精度水文站。采用 85 基准，测站高程为 34.451 m。

（1）主要监测项目

水位、流量。

（2）测站位置特点

测站位于东风支渠，为涵闸站，闸上游是天南长渠，上游约 120 m 处是单孔灌溉闸；下游约 200 m 处是何山节制闸，约 9 km 处是万台泄洪闸，泄东风支渠的水入天门河支流南港河。

(3) 测验河段特征

测验河段顺直，为人工开挖渠道，河床由砂土组成，无岔流、串沟、漫滩。

(4) 水位级划分

低水 30.18 m 以下，中水 30.18～32.25 m，高水 32.25 m 以上。

(5) 流量测验

主要采用走航式 ADCP；渡河方式为测桥。

(6) 主要测验设施

直立式水尺 2 组、水位自记井 1 座(闸上水位与何山闸共用)。

(7) 主要水文特征值

多年平均年径流量 1.599 亿 m^3；最大年径流量 3.422 亿 m^3(出现于 2006 年)，最小年径流量 −1.272 亿 m^3(出现于 1974 年)；最大流量 81.6 m^3/s(出现于 1997 年 7 月 20 日)，最小流量 −38.5 m^3/s(出现于 1974 年 8 月 13 日)；最高水位 33.28 m(出现于 2016 年 7 月 19 日)，最低水位为渠干(出现于 1982 年 1 月 1 日)。

6. 天门船闸水文站(测站编码 62211600)

天门船闸水文站位于湖北省天门市竟陵街道办事处天门船闸，于 1971 年 1 月设立，属于长江流域汈汉湖水系，系天门河下段控制站，属三类精度水文站。采用 85 基准，测站高程为 28.926 m。

(1) 主要监测项目

水位、流量。

(2) 测站位置特点

测站位于天门河下段入口处，为涵闸站，闸上游约 900 m 处是天门市星星大桥，约 2 km 处为汉北河进口；下游约 440 m 处是天门市义乌桥。

(3) 测验河段特征

测验河段顺直，下游约 300 m 处有一个弯道，无岔流、串沟、逆流、漫滩，河床略有冲淤，无水生植物。

(4) 流量测验

主要采用走航式 ADCP、电波流速仪；渡河方式为测桥。

(5) 主要测验设施

直立式水尺 2 组、水位自记观测平台 2 座。

(6) 主要水文特征值

多年平均年径流量 0.237 0 亿 m^3；最大年径流量 1.440 亿 m^3(出现于 2018 年)，最小年径流量 −0.282 亿 m^3(出现于 1982 年)；最大流量 150 m^3/s(出现于 2007 年 7 月 30 日)，最小流量 −146 m^3/s(出现于 1981 年 6 月 27 日)。

3.2.15 潜江市

潜江市现有国家基本水文站 2 处。

1. 浩口水文站(测站编码 61016500)

浩口水文站位于湖北省潜江市浩口镇打网铺路 3 号，于 1960 年 10 月设立，属于长江流域内荆河水系，系下西荆河控制站，属三类精度水文站。采用 85 基准，测站高程为 32.337 m。

(1) 主要监测项目

水位、流量、降水。

(2) 测站位置特点

测站位于下西荆河,上游约2.5 km处有张义咀闸,下游约230 m处有一座318国道公路桥,约25 km处是四湖总干渠。

(3) 测验河段特征

测验河道顺直,为人工开挖河道,断面较稳定,上游约160 m处有弯道。

(4) 流量测验

主要采用流速仪法、走航式ADCP;渡河方式为测桥。

(5) 主要测验设施

直立式水尺2组、水位自记井2座、降水观测场1处。

(6) 主要水文特征值

多年平均年径流量1.135亿m^3,多年平均降水量1 136.4 mm;最大年径流量3.520亿m^3(出现于2015年),最小年径流量0.276 6亿m^3(出现于2008年);最大流量72.8 m^3/s(出现于1996年7月23日),最小流量0 m^3/s(出现于1963年1月1日);最高水位31.39 m(出现于2016年7月28日),最低水位为河干(出现于1960年)。

2. 田关水文站(测站编码61019500)

田关水文站位于潜江市周矶办事处田关闸内,于1963年5月设立,属于长江流域内荆河水系,属二类精度水文站。采用85基准,测站高程为37.947 m。

(1) 主要监测项目

水位、流量、降水。

(2) 测站位置特点

测站位于田关河,上游约380 m处是田关泵站,约500 m处右岸有田关泵站引渠岔出,约1 km处为引渠入口,约30 km处为长湖;下游约300 m处是与东荆河的汇合口。

(3) 测验河段特征

测验河段顺直,河床由砂壤土组成,河床较平坦,但由于水土流失和东荆河涨落水影响,闸上主槽有淤积,闸下引渠口泥沙沉淀严重,汛期有水草生长和渔网阻流。

(4) 水位级划分

低水28.51 m以下,中水28.51~31.53 m,高水31.53 m以上。

(5) 流量测验

主要采用流速仪法、走航式ADCP;渡河方式为水文缆道。

(6) 主要测验设施

直立式水尺4组、水位自记观测平台4座、降水观测场1处。

(7) 主要水文特征值

多年平均年径流量4.699亿m^3,多年平均降水量1 152.9 mm;最大年径流量14.98亿m^3(出现于1973年),最小年径流量−0.474 5亿m^3(出现于1965年);最大流量495 m^3/s(出现于2016年7月28日),最小流量−127 m^3/s(出现于1972年7月7日);最高水位33.21 m(出现于2016年7月22日),最低水位为河干(出现于1966年1月6日)。

3.2.16 神农架林区

神农架林区现有国家基本水文站1处。

松柏(二)水文站(测站编码61912610)

松柏(二)水文站位于湖北省神农架林区松柏镇龙沟村,于1978年6月设立,属于长江流域汉江中游水系青阳河，系鄂西北汉江流域南岸小面积代表站，集水面积 104 km^2，属二类精度水文站。采用 85 基准，测站高程为 885.415 m。

（1）主要监测项目

水位、流量、降水、蒸发、墒情。

（2）测站位置特点

测站位于青阳河下段，断面上游约 700 m 处是翻板坝，约 1 km 处有一座公路桥；下游约 120 m 处有一座公路桥，约 12 km 处汇入苦水河。

（3）测验河段特征

测验河段顺直，长约 200 m，系山溪性河流，受森林调节河水涨快落慢，断面主槽呈 U 形。断面修建有低水测流堰槽，顺直长度 33 m，堰槽宽 6 m，深 0.81 m，坡降 3‰，测流槽底高程为 878.30 m。左、右岸为防洪堤，河床由壤土、砂砾石、人工块石、混凝土组成，断面较稳定。

（4）水位级划分

低水 879.20 m 以下，中水 879.20～880.30 m，高水 880.30 m 以上。

（5）流量测验

主要采用流速仪法、雷达波在线测流、浮标法、比降面积法；渡河方式为简易过河索、测桥。

（6）主要测验设施

直立式水尺 2 组、水位自记井 1 座、测流堰槽 1 座、雷达波在线测流系统 1 座、降蒸观测场 1 处。

（7）主要水文特征值

多年平均年径流量 0.625 6 亿 m^3，多年平均降水量 971.4 mm，多年平均蒸发量 659.1 mm；最大年径流量 1.024 亿 m^3（出现于 1989 年），最小年径流量 0.349 2 亿 m^3（出现于 2013 年）；最大流量 160 m^3/s（出现于 2023 年 8 月 7 日），最小流量 0.006 m^3/s（出现于 2013 年 11 月 7 日）；最大年蒸发量 836.6 mm（出现于 2013 年），最小年蒸发量 486.4 mm（出现于 2010 年）；最高水位 880.36 m（出现于 2023 年 8 月 7 日），最低水位 877.59 m（出现于 1998 年 1 月 15 日）。

3.3 国家基本水位站

截至 2023 年底，湖北省水文系统共有国家基本水位站 42 处。其中，武汉市 5 处、黄石市 6 处、襄阳市 2 处、荆州市 3 处、宜昌市 1 处、孝感市 5 处、黄冈市 8 处、咸宁市 2 处、荆门市 3 处、随州市 6 处、鄂州市 1 处。

3.3.1 武汉市

武汉市现有国家基本水位站 5 处。

1. 青龙咀（二）水位站（测站编码 61600500）

青龙咀（二）水位站位于湖北省武汉市东湖开发区大学园路高新热电，于 1958 年 8 月设立，属于长江流域长江中游下段南岸水系，系汤逊湖水位代表站，流入长江至河口距离 7 km。采用 85 基准，测站高程为 19.929 m。

主要水文特征值：最高水位 18.58 m（出现于 2016 年 7 月 10 日），最低水位 13.97 m（出现于 1975 年 2 月 26 日）。

2. 黄陂（二）水位站（测站编码 61609400）

黄陂（二）水位站位于湖北省武汉市黄陂区前川街道黄陂大桥，于 1953 年 5 月设立，属于长江中游下段北岸水系，系滠水水位代表站，流入长江至河口距离 23 km。采用黄海基准，测站高程为 25.007 m。

主要水文特征值：最高水位 30.92 m（出现于 1954 年 8 月 18 日），最低水位为河干（出现于 1959 年

9月19日)。

3. 李家集水位站(测站编码 61610600)

李家集水位站位于湖北省武汉市新洲区李集街道李集大桥,于1953年2月设立,属于长江中游下段北岸水系,系倒水水位代表站,流入长江至河口距离33 km。采用85基准,测站高程为25.678 m。

主要水文特征值:最高水位30.92 m(出现于2020年7月19日),最低水位为河干(出现于1959年9月4日)。

4. 南阳水位站(测站编码 61718000)

南阳水位站位于湖北省武汉市江夏区金口街道马蹄口,于1975年2月设立,属于长江流域金水水系,系鲁湖水位代表站,流入金水至河口距离0.5 km。采用85基准,测站高程为24.044 m。

主要水文特征值:最高水位23.49 m(出现于2016年7月14日),最低水位为河干(出现于2018年12月8日)。

5. 舵落口水位站(测站编码 61804800)

舵落口水位站位于湖北省武汉市硚口区易家墩襄河堤,于1983年1月设立,属于长江流域汉江下游水系,流入长江至河口距离14 km。采用85基准,测站高程为29.510 m。

主要水文特征值:多年平均蒸发量892.7 mm,最大年蒸发量1 091.6 mm(出现于2019年),最小年蒸发量734.4 mm(出现于2010年);最高水位29.05 m(出现于2020年7月13日),最低水位12.79 m(出现于2023年3月15日)。

3.3.2 黄石市

黄石市现有国家基本水位站6处。

1. 黄檀咀水位站(测站编码 61603000)

黄檀咀水位站位于湖北省黄石市大冶市保安镇黄檀咀,于1975年1月设立,属于长江中下游南岸水系,系保安湖水位代表站。采用85基准,测站高程为19.402 m。

主要水文特征值:最高水位19.71 m(出现于1998年8月2日),最低水位15.64 m(出现于1979年3月30日)。

2. 张家湖水位站(测站编码 61603800)

张家湖水位站位于湖北省黄石市儿童公园内,于1962年1月设立,属于长江中下游南岸水系,系磁湖水位代表站。采用85基准,测站高程为19.910 m。

主要水文特征值:最高水位20.89 m(出现于1998年7月30日),最低水位15.93 m(出现于1963年1月1日)。

3. 大冶(二)水位站(测站编码 61604000)

大冶(二)水位站位于湖北省黄石市大冶市城关镇大桥,于1956年8月设立,属于长江中下游南岸水系,系大冶城关水位代表站。采用85基准,测站高程为17.830 m。

主要水文特征值:最高水位21.49 m(出现于1998年8月3日),最低水位14.59 m(出现于1956年12月30日)。

4. 磊山水位站(测站编码 61604200)

磊山水位站位于湖北省黄石市汪仁镇磊山,于1971年3月设立,属于长江中下游南岸水系,系大冶湖水位代表站。采用85基准，测站高程为18.493 m。

主要水文特征值：最高水位21.51 m（出现于1998年8月4日），最低水位14.04 m（出现于1979年3月5日）。

5. 阳新水位站（测站编码61607000）

阳新水位站位于湖北省黄石市阳新县兴国镇，于1963年12月设立，属于长江中下游南岸水系，系富水阳新城关水位代表站。采用85基准，测站高程为22.982 m。

主要水文特征值：最高水位23.74 m（出现于2020年7月11日），最低水位11.39 m（出现于1987年3月10日）。

6. 富池口水位站（测站编码61607220）

富池口水位站位于湖北省黄石市阳新县富池口镇，于1953年6月设立，属于长江中下游南岸水系，系富水出口富池大闸水位代表站。采用85基准，测站高程为23.501 m。

主要水文特征值：闸上最高水位23.68 m（出现于2020年7月11日），最低水位8.21 m（出现于1979年1月29日）；闸下最高水位23.63 m（出现于1954年7月30日），最低水位7.21 m（出现于1999年1月17日）。

3.3.3 襄阳市

襄阳市现有国家基本水位站2处。

1. 朱市水位站（测站编码61918300）

朱市水位站位于湖北省襄阳市宜城市小河镇朱市社区，于1997年7月设立，属于长江流域汉江中游水系，系蛮河水位代表站。采用85基准，测站高程为63.669 m。

主要水文特征值：最高水位62.28 m（出现于2008年7月23日），最低水位54.59 m（出现于2023年5月21日）。

2. 沙河水位站（测站编码62019400）

沙河水位站位于湖北省襄阳市枣阳市鹿头镇沙河水库，于1959年1月设立，属于长江流域唐白河水系，系滚河水位代表站。采用85基准，测站高程为175.028 m。

主要水文特征值：多年平均蒸发量968.1 mm，最大年蒸发量1 384.1 mm（出现于1966年），最小年蒸发量641.1 mm（出现于1989年）；最高水位172.24 m（出现于1965年7月10日），最低水位156.96 m（出现于1962年8月4日）。

3.3.4 荆州市

荆州市现有国家基本水位站3处。

1. 习家口（长湖）水位站（测站编码61014500）

习家口（长湖）水位站位于湖北省荆州市沙市区观音垱镇三洲村，于1962年12月设立，属于长江流域内荆河水系，系长湖水位代表站。采用85基准，测站高程为32.218 m。

主要水文特征值：最高水位33.57 m（出现于2020年7月12日），最低水位28.39 m（出现于1966年9月30日）。

2. 挖沟咀水位站（测站编码61018000）

挖沟咀水位站位于湖北省荆州市洪湖市滨湖街道办事处洪湖村，于1962年1月设立，属于长江流域内荆河水系，系洪湖水位代表站。采用85基准，测站高程为25.767 m。

主要水文特征值：最高水位27.20 m（出现于2020年7月21日），最低水位22.87 m（出现于1977年3月9日）。

3. 大岩咀（库内）水位站（测站编码61501000）

大岩咀（库内）水位站位于湖北省荆州市松滋市洈水镇大岩咀社区，于1960年6月设立，属于长江流域四口水系，系洈水水库水位代表站。采用85基准，测站高程为97.460 m。

主要水文特征值：多年平均蒸发量757.6 mm，最大年蒸发量1 052.2 mm（出现于2022年），最小年蒸发量603.0 mm（出现于1996年）；最高水位95.15 m（出现于2020年7月6日），最低水位75.74 m（出现于1963年11月1日）。

3.3.5 宜昌市

宜昌市现有国家基本水位站1处。

兴山（二）水位站（测站编码60514295）

兴山（二）水位站位于湖北省宜昌市兴山县昭君镇昭君村，于1958年10月设立，属于长江上游下段水系，系三峡库区香溪河水位代表站。采用85基准，测站高程为187.153 m。

主要水文特征值：多年平均蒸发量842.4 mm，最大年蒸发量1 117.4 mm（出现于2022年），最小年蒸发量587.8 mm（出现于1993年）；最高水位173.20 m（出现于2011年11月7日），最低水位154.96 m（出现于2019年6月5日）。

3.3.6 孝感市

孝感市现有国家基本水位站5处。

1. 卧龙潭水位站（测站编码62201800）

卧龙潭水位站位于湖北省孝感市孝南区卧龙乡卧龙潭村，于1960年6月设立，属于长江流域汈汉湖水系，系府澴河水位代表站。采用85基准，测站高程为22.375 m。

主要水文特征值：最高水位31.19 m（出现于2016年7月21日），最低水位20.27 m（出现于2019年4月7日）。

2. 孝感水位站（测站编码62205800）

孝感水位站位于湖北省孝感市孝南区书院街道办事处汪家窑，于1951年6月设立，属于长江流域汈汉湖水系，系澴水水位代表站。采用85基准，测站高程为25.911 m。

主要水文特征值：最高水位32.28 m（出现于2016年7月21日），最低水位21.0 m（出现于1959年9月21日）。

3. 民乐闸（汉北河）水位站（测站编码62207000）

民乐闸（汉北河）水位站位于湖北省孝感市汉川市新河镇，于1970年9月设立，属于长江流域汈汉湖水系，系汉北河水位代表站。采用85基准，测站高程为27.712 m。

主要水文特征值：最高水位26.77 m（出现于1998年8月10日），最低水位19.37 m（出现于1974年1月11日）。

4. 龙赛湖水位站（测站编码62208600）

龙赛湖水位站位于湖北省孝感市应城市义和镇龙赛湖闸，于1972年4月设立，属于长江流域汈汉湖水系，系汉北河水位代表站。采用 85 基准，测站高程为 29.272 m。

主要水文特征值：最高水位 25.47 m（出现于 2016 年 7 月 25 日），最低水位 19.29 m（出现于 1979 年 3 月 6 日）。

5. 五房台（四）水位站（测站编码 62210800）

五房台（四）水位站位于湖北省孝感市汉川市汈汊湖养殖场五房台，于 1958 年 6 月设立，属于长江流域汈汊湖水系，系汈汊湖水位代表站。采用 85 基准，测站高程为 25.172 m。

主要水文特征值：最高水位 28.03 m（出现于 1958 年 8 月 21 日），最低水位 22.5 m（出现于 2000 年 5 月 15 日）。

3.3.7 黄冈市

黄冈市现有国家基本水位站 8 处。

1. 烟包地（库内）水位站（测站编码 61610810）

烟包地（库内）水位站位于湖北省黄冈市红安县七里坪镇烟宝地水库，于 1961 年 4 月设立，属于长江流域长江中游下段北岸水系。采用 85 基准，测站高程为 121.929 m。

主要水文特征值：最高水位 120.24 m（出现于 2016 年 7 月 1 日），最低水位 84.97 m（出现于 1965 年 1 月 1 日）。

2. 金沙河（库内）水位站（测站编码 61611010）

金沙河（库内）水位站位于湖北省黄冈市红安县城关镇金沙河水库，于 1961 年 12 月设立，属于长江流域长江中游下段北岸水系。采用 85 基准，测站高程为 72.200 m。

主要水文特征值：最高水位 70.85 m（出现于 2008 年 8 月 31 日），最低水位 51.71 m（出现于 1962 年 1 月 1 日）。

3. 三河口（库内）水位站（测站编码 61612610）

三河口（库内）水位站位于湖北省黄冈市麻城市三河口镇三河口水库，于 1958 年 6 月设立，属于长江流域长江中游下段北岸水系。采用 85 基准，测站高程为 156.947 m。

主要水文特征值：最高水位 153.28 m（出现于 1969 年 7 月 14 日），最低水位 126.39 m（出现于 1965 年 7 月 20 日）。

4. 明山（库内）水位站（测站编码 61613010）

明山（库内）水位站位于湖北省黄冈市麻城市白果镇明山水库，于 1954 年 5 月设立，属于长江流域长江中游下段北岸水系。采用 85 基准，测站高程为 95.457 m。

主要水文特征值：最高水位 96.11 m（出现于 1969 年 7 月 14 日），最低水位 59.79 m（出现于 1967 年 2 月 1 日）。

5. 浮桥河（库内）水位站（测站编码 61614210）

浮桥河（库内）水位站位于湖北省黄冈市麻城市中馆驿镇浮桥河水库，于 1960 年 7 月设立，属于长江流域长江中游下段北岸水系。采用 85 基准，测站高程为 61.155 m。

主要水文特征值：最高水位 69.10 m（出现于 1969 年 7 月 14 日），最低水位 50.24 m（出现于 1978 年 10 月 16 日）。

6. 大同(库内)水位站(测站编码 61619410)

大同(库内)水位站位于湖北省黄冈市蕲春县大同镇柳树村大同水库,于 1961 年 4 月设立,属于长江流域长江中游下段北岸水系。采用黄海基准,测站高程为 129.341 m。

主要水文特征值:最高水位 123.21 m(出现于 1991 年 7 月 12 日),最低水位 101.98 m(出现于 1978 年 10 月 24 日)。

7. 白湖渡水位站(测站编码 62800700)

白湖渡水位站位于湖北省黄冈市黄梅县濯港镇白湖渡,于 1954 年 4 月设立,属于华阳河水系。采用 85 基准,测站高程为 15.182 m。

主要水文特征值:多年平均蒸发量 778.3 mm,最大年蒸发量 1 118.3 mm(出现于 1959 年),最小年蒸发量 597.8 mm(出现于 1996 年);最高水位 17.38 m(出现于 2016 年 7 月 5 日),最低水位 10.26 m(出现于 1960 年 12 月 26 日)。

8. 荆竹水库(坝上)水位站(测站编码 62802000)

荆竹水库(坝上)水位站位于湖北省黄冈市武穴市大坝村荆竹水库,于 1961 年 5 月设立,属于华阳河水系。采用黄海基准,测站高程为 75.483 m。

主要水文特征值:最高水位 73.98 m(出现于 2016 年 7 月 5 日),最低水位 50.38 m(出现于 1972 年 1 月 1 日)。

3.3.8 咸宁市

咸宁市现有国家基本水位站 2 处。

1. 王家庄水位站(测站编码 61712000)

王家庄水位站位于湖北省咸宁市嘉鱼县渡普镇王家庄,于 1962 年 1 月设立,属于长江流域金水水系,系西凉湖水位代表站。采用 85 基准,测站高程为 30.430 m。

主要水文特征值:最高水位 14.04 m(出现于 1998 年 9 月 7 日),最低水位 8.98 m(出现于 1996 年 3 月 9 日)。

2. 三洲水位站(测站编码 61714000)

三洲水位站位于湖北省咸宁市嘉鱼县渡普镇三洲,于 1972 年设立,属于长江流域金水水系,系斧头湖水位代表站。采用 85 基准,测站高程为 22.126 m。

主要水文特征值:最高水位 24.59 m(出现于 1998 年 9 月 6 日),最低水位 19.11 m(出现于 1977 年 2 月 28 日)。

3.3.9 荆门市

荆门市现有国家基本水位站 3 处。

1. 观音寺(库内二)水位站(测站编码 60911010)

观音寺(库内二)水位站位于湖北省荆门市东宝区漳河镇漳河水库观音寺大坝,于 1962 年设立,属于长江流域长江中游干流水系,系漳河水库观音寺库区库内水位站。采用 85 基准,测站高程为 127.581 m。

主要水文特征值:最高水位 123.83 m(出现于 1996 年 7 月 8 日),最低水位 104.47 m(出现于 1979 年 4 月 30 日)。

2. 刘家石门(库内)水位站(测站编码 62207610)

刘家石门(库内)水位站位于湖北省荆门市钟祥市石门水库,于1954年设立,属于长江流域汈汉湖水系,系石门水库库内水位站。采用85基准,测站高程为95.573 m。

主要水文特征值:最高水位94.71 m(出现于2016年7月20日),最低水位68.88 m(出现于2006年3月27日)。

3. 惠亭山(库内)水位站(测站编码 62208010)

惠亭山(库内)水位站位于湖北省荆门市京山市惠亭水库,于1961年设立,属于长江流域汈汉湖水系,系惠亭水库库内水位站。采用85基准,测站高程为77.084 m。

主要水文特征值:最高水位86.94 m(出现于2016年7月20日),最低水位61.93 m(出现于1978年11月8日)。

3.3.10 随州市

随州市现有国家基本水位站6处。

1. 大洪山水位站(测站编码 62200200)

大洪山水位站位于湖北省随州市随县洪山镇大洪山水库,于1978年1月设立,属于长江流域汈汉湖水系涢水。采用85基准,测站高程为166.792 m。

主要水文特征值:多年平均蒸发量880.0 mm,最大年蒸发量1 141.5 mm(出现于2004年),最小年蒸发量687.9 mm(出现于1996年);最高水位175.83 m(出现于2007年6月29日),最低水位160.05 m(出现于1978年5月27日)。

2. 吴山水位站(测站编码 62202400)

吴山水位站位于湖北省随州市随县吴山镇吴山水库,于1978年6月设立,属于长江流域汈汉湖水系溠水。采用黄海基准,测站高程为210.178 m。

主要水文特征值:最高水位191.41 m(出现于2005年10月11日),最低水位175.54 m(出现于1978年6月24日)。

3. 黑屋湾水位站(测站编码 62202600)

黑屋湾水位站位于湖北省随州市随县新街镇黑屋湾水库,于1955年5月设立,属于长江流域汈汉湖水系溠水。采用85基准,测站高程为119.106 m。

主要水文特征值:最高水位118.24 m(出现于2005年8月30日),最低水位103.26 m(出现于1967年6月26日)。

4. 天河口水位站(测站编码 62203000)

天河口水位站位于湖北省随州市随县殷店镇天河口水库,于1978年6月设立,属于长江流域汈汉湖水系封江口河。采用85基准,测站高程为191.963 m。

主要水文特征值:最高水位185.50 m(出现于1972年6月22日),最低水位165.11 m(出现于1979年4月12日)。

5. 封江口水位站(测站编码 62203200)

封江口水位站位于湖北省随州市随县厉山镇封江口水库,于1961年3月设立,属于长江流域汈汉湖水系封江口河。采用85基准,测站高程为124.051 m。

主要水文特征值:最高水位122.03 m(出现于1996年11月11日),最低水位110.42 m(出现于1979年4月12日)。

6. 两河口水位站(测站编码62204200)

两河口水位站位于湖北省随州市曾都区万店镇两河口水库,于1978年1月设立,属于长江流域汈汉湖水系两河口河。采用85基准,测站高程为122.180 m。

主要水文特征值:最高水位122.20 m(出现于2003年7月21日),最低水位108.56 m(出现于2002年6月1日)。

3.3.11 鄂州市

鄂州市现有国家基本水位站1处。

梁子镇水位站(测站编码61602600)

梁子镇水位站位于湖北省鄂州市梁子湖区梁子镇,于1958年8月设立,属于长江流域长江中游下段南岸水系,系梁子湖水位代表站。采用黄海基准,测站高程为22.266 m。

主要水文特征值:最高水位21.49 m(出现于2016年7月12日),最低水位16.02 m(出现于1979年3月30日)。

3.4 国家基本降水量站

截至2023年底,湖北省水文系统共有国家基本降水量站543处。其中,武汉市23处、黄石市12处、襄阳市59处、荆州市20处、宜昌市60处、十堰市60处、孝感市23处、黄冈市80处、咸宁市39处、恩施州78处、荆门市33处、随州市32处、鄂州市2处、天门市3处、潜江市3处、仙桃市4处、神农架林区12处。

统计行政分区降水量极值时,除以上国家基本降水量站外,还有国家基本水文站、国家基本水位站的降水量观测项目。

3.4.1 武汉市

武汉市共有国家基本降水量站23处。其中,新洲区5处、黄陂区5处、江夏区6处、汉南区1处、蔡甸区2处、中心城区4处。

(1) 新洲区:最大1小时降水量为83.0 mm,发生站点为阳逻站;最大3小时降水量为144.0 mm,发生站点为阳逻站;最大6小时降水量为187.0 mm,发生站点为阳逻站;最大12小时降水量为268.0 mm,发生站点为少潭河站;最大24小时降水量为309.2 mm,发生站点为挖沟站。

(2) 黄陂区:最大1小时降水量为110.0 mm,发生站点为张家大湾站;最大3小时降水量为174.0 mm,发生站点为张家大湾站;最大6小时降水量为234.5 mm,发生站点为张家大湾站;最大12小时降水量为265.5 mm,发生站点为张家大湾站;最大24小时降水量为342.0 mm,发生站点为长岭岗站。

(3) 江夏区:最大1小时降水量为72.0 mm,发生站点为法泗洲站;最大3小时降水量为131.5 mm,发生站点为豹子獬站;最大6小时降水量为176.0 mm,发生站点为贺胜桥站;最大12小时降水量为228.0 mm,发生站点为土地堂站;最大24小时降水量为302.5 mm,发生站点为土地堂站。

(4) 汉南区:最大1小时降水量为57.0 mm,发生站点为邓家口站;最大3小时降水量为87.5 mm,发生站点为邓家口站;最大6小时降水量为155.5 mm,发生站点为邓家口站;最大12小时降水量为205.5 mm,发生站点为邓家口站;最大24小时降水量为288.5 mm,发生站点为邓家口站。

(5) 蔡甸区:最大1小时降水量为94.0 mm,发生站点为侏儒山站;最大3小时降水量为152.5 mm,发生站点为汉阳站;最大6小时降水量为178.0 mm,发生站点为汉阳站;最大12小时降水量为255.5 mm,

发生站点为侏儒山站；最大 24 小时降水量为 303.0 mm，发生站点为侏儒山站。

（6）中心城区：最大 1 小时降水量为 104.0 mm，发生站点为东湖站；最大 3 小时降水量为 147.0 mm，发生站点为东湖站；最大 6 小时降水量为 225.0 mm，发生站点为东湖站；最大 12 小时降水量为 271.0 mm，发生站点为东湖站；最大 24 小时降水量为 288.5 mm，发生站点为东湖站。

3.4.2 黄石市

黄石市共有国家基本降水量站 12 处。其中，大冶市 5 处、阳新县 6 处、黄石市市区 1 处。

（1）大冶市：最大 1 小时降水量为 81.8 mm，发生站点为殷祖站；最大 3 小时降水量为 158.5 mm，发生站点为金牛站；最大 6 小时降水量为 201.0 mm，发生站点为金牛站；最大 12 小时降水量为 234.0 mm，发生站点为殷祖站；最大 24 小时降水量为 310.0 mm，发生站点为金牛站。

（2）阳新县：最大 1 小时降水量为 123.5 mm，发生站点为白沙铺站；最大 3 小时降水量为 140.0 mm，发生站点为白沙铺站；最大 6 小时降水量为 490.5 mm，发生站点为阳新站；最大 12 小时降水量为 554.0 mm，发生站点为阳新站；最大 24 小时降水量为 612.0 mm，发生站点为阳新站。

（3）黄石市市区：最大 1 小时降水量为 83.5 mm，发生站点为铁山站；最大 3 小时降水量为 125.0 mm，发生站点为磊山站；最大 6 小时降水量为 213.8 mm，发生站点为 沣源口站；最大 12 小时降水量为 268.2 mm，发生站点为 沣源口站；最大 24 小时降水量为 347.0 mm，发生站点为铁山站。

3.4.3 襄阳市

襄阳市共有国家基本降水量站 59 处。其中，谷城县 6 处、南漳县 19 处、枣阳市 7 处、老河口市 2 处、宜城市 4 处、保康县 11 处、樊城区 2 处、襄城区 2 处、襄州区 6 处。

（1）谷城县：最大 1 小时降水量为 106.7 mm，发生站点为北河站；最大 3 小时降水量为 171.2 mm，发生站点为北河站；最大 6 小时降水量为 237.9 mm，发生站点为北河站；最大 12 小时降水量为 305.9 mm，发生站点为北河站；最大 24 小时降水量为 501.0 mm，发生站点为北河站。

（2）南漳县：最大 1 小时降水量为 142.1 mm，发生站点为打鼓台站；最大 3 小时降水量为 228.9 mm，发生站点为打鼓台站；最大 6 小时降水量为 331.5 mm，发生站点为赵家店站；最大 12 小时降水量为 348.0 mm，发生站点为赵家店站；最大 24 小时降水量为 348.0 mm，发生站点为赵家店站。

（3）枣阳市：最大 1 小时降水量为 90.0 mm，发生站点为椿树湾站；最大 3 小时降水量为 156.5 mm，发生站点为华阳河站；最大 6 小时降水量为 269.8 mm，发生站点为椿树湾站；最大 12 小时降水量为 271.2 mm，发生站点为椿树湾站；最大 24 小时降水量为 291.8 mm，发生站点为椿树湾站。

（4）老河口市：最大 1 小时降水量为 80.0 mm，发生站点为古城站；最大 3 小时降水量为 104.5 mm，发生站点为古城站；最大 6 小时降水量为 132.0 mm，发生站点为古城站；最大 12 小时降水量为 147.8 mm，发生站点为古城站；最大 24 小时降水量为 148.6 mm，发生站点为古城站。

（5）宜城市：最大 1 小时降水量为 85.9 mm，发生站点为田家集站；最大 3 小时降水量为 142.8 mm，发生站点为宜城站；最大 6 小时降水量为 186.5 mm，发生站点为刘后集站；最大 12 小时降水量为 228.5 mm，发生站点为宜城站；最大 24 小时降水量为 228.8 mm，发生站点为宜城站。

（6）保康县：最大 1 小时降水量为 100.0 mm，发生站点为寺坪站；最大 3 小时降水量为 126.0 mm，发生站点为峠峪站；最大 6 小时降水量为 164.3 mm，发生站点为峡口站；最大 12 小时降水量为 179.5 mm，发生站点为峠峪站；最大 24 小时降水量为 227.5 mm，发生站点为峠峪站。

（7）樊城区：最大 1 小时降水量为 116.5 mm，发生站点为樊城站；最大 3 小时降水量为 124.5 mm，发生站点为樊城站；最大 6 小时降水量为 175.5 mm，发生站点为樊城站；最大 12 小时降水量为 254.5 mm，发生站点为樊城站；最大 24 小时降水量为 276.0 mm，发生站点为樊城站。

（8）襄城区：最大 1 小时降水量为 68.5 mm，发生站点为渭水站；最大 3 小时降水量为 132.0 mm，发生站点为渭水站；最大 6 小时降水量为 229.0 mm，发生站点为迴龙河站；最大 12 小时降水量为 298.5 mm，发生站点为迴龙河站;最大 24 小时降水量为 298.5 mm,发生站点为迴龙河站。

(9) 襄州区:最大 1 小时降水量为 109.0 mm,发生站点为黑清河站;最大 3 小时降水量为 157.0 mm,发生站点为黑龙集站;最大 6 小时降水量为 188.0 mm,发生站点为董坡站;最大 12 小时降水量为 254.5 mm,发生站点为董坡站;最大 24 小时降水量为 261.1 mm,发生站点为董坡站。

3.4.4 荆州市

荆州市共有国家基本降水量站 20 处。其中,江陵县 3 处、监利市 4 处、洪湖市 1 处、公安县 4 处、松滋市 5 处、沙市区 3 处。

(1) 江陵县:最大 1 小时降水量为 85.4 mm,发生站点为江北农场站;最大 3 小时降水量为 141.0 mm,发生站点为秦市站;最大 6 小时降水量为 187.0 mm,发生站点为秦市站;最大 12 小时降水量为 331.7 mm,发生站点为秦市站;最大 24 小时降水量为 354.0 mm,发生站点为秦市站。

(2) 监利市:最大 1 小时降水量为 87.0 mm,发生站点为福田寺站;最大 3 小时降水量为 177.5 mm,发生站点为福田寺站;最大 6 小时降水量为 208.5 mm,发生站点为福田寺站;最大 12 小时降水量为 212.0 mm,发生站点为福田寺站;最大 24 小时降水量为 308.5 mm,发生站点为新沟咀站。

(3) 洪湖市:最大 1 小时降水量为 105.9 mm,发生站点为新滩口站;最大 3 小时降水量为 125.1 mm,发生站点为新滩口站;最大 6 小时降水量为 221.5 mm,发生站点为新堤站;最大 12 小时降水量为 276.5 mm,发生站点为新堤站;最大 24 小时降水量为 327.0 mm,发生站点为新滩口站。

(4) 公安县:最大 1 小时降水量为 80.0 mm,发生站点为黄山头站;最大 3 小时降水量为 147.1 mm,发生站点为黄山头站;最大 6 小时降水量为 219.3 mm,发生站点为黄山头站;最大 12 小时降水量为 265.2 mm,发生站点为黄山头站;最大 24 小时降水量为 280.4 mm,发生站点为黄山头站。

(5) 松滋市:最大 1 小时降水量为 89.5 mm,发生站点为沙溪坪站;最大 3 小时降水量为 156.7 mm,发生站点为曲尺河站;最大 6 小时降水量为 159.0 mm,发生站点为曲尺河站;最大 12 小时降水量为 221.0 mm,发生站点为大岩咀站;最大 24 小时降水量为 262.0 mm,发生站点为曲尺河站。

(6) 沙市区:最大 1 小时降水量为 90.1 mm,发生站点为习家口站;最大 3 小时降水量为 122.0 mm,发生站点为观音垱站;最大 6 小时降水量为 156.0 mm,发生站点为何桥站;最大 12 小时降水量为 209.6 mm,发生站点为何桥站;最大 24 小时降水量为 217.0 mm,发生站点为何桥站。

3.4.5 宜昌市

宜昌市共有国家基本降水量站 60 处。其中,秭归县 7 处、兴山县 6 处、枝江市 2 处、远安县 4 处、当阳市 3 处、长阳县 11 处、宜都市 2 处、五峰县 12 处、夷陵区 12 处、猇亭区 1 处。

(1) 秭归县:最大 1 小时降水量为 66.0 mm,发生站点为窑坪站;最大 3 小时降水量为 127.6 mm,发生站点为窑坪站;最大 6 小时降水量为 153.5 mm,发生站点为八家湾站;最大 12 小时降水量为 273.0 mm,发生站点为八家湾站;最大 24 小时降水量为 361.2 mm,发生站点为石坪站。

(2) 兴山县:最大 1 小时降水量为 85.0 mm,发生站点为兴山站;最大 3 小时降水量为 136.8 mm,发生站点为水月寺站;最大 6 小时降水量为 183.4 mm,发生站点为南阳河站;最大 12 小时降水量为 223.8 mm,发生站点为水月寺站;最大 24 小时降水量为 239.7 mm,发生站点为水月寺站。

(3) 枝江市:最大 1 小时降水量为 98.6 mm,发生站点为江口站;最大 3 小时降水量为 147.0 mm,发生站点为江口站;最大 6 小时降水量为 210.8 mm,发生站点为江口站;最大 12 小时降水量为 235.3 mm,发生站点为江口站;最大 24 小时降水量为 260.5 mm,发生站点为江口站。

(4) 远安县:最大 1 小时降水量为 118.9 mm,发生站点为远安站;最大 3 小时降水量为 259.2 mm,发生站点为远安站;最大 6 小时降水量为 333.5 mm,发生站点为远安站;最大 12 小时降水量为 355.2 mm,发生站点为远安站;最大 24 小时降水量为 355.2 mm,发生站点为远安站。

(5) 当阳市:最大 1 小时降水量为 121.4 mm,发生站点为当阳站;最大 3 小时降水量为 175.2 mm,发生站点为河溶站；最大 6 小时降水量为 243.1 mm，发生站点为河溶站；最大 12 小时降水量为 259.2 mm，发生站点为河溶站；最大 24 小时降水量为 277.1 mm，发生站点为河溶站。

(6) 长阳县：最大 1 小时降水量为 96.2 mm，发生站点为高家堰站；最大 3 小时降水量为 156.7 mm，发生站点为高家堰站；最大 6 小时降水量为 307.2 mm，发生站点为都镇湾站；最大 12 小时降水量为 545.6 mm，发生站点为都镇湾站；最大 24 小时降水量为 630.4 mm，发生站点为都镇湾站。

(7) 宜都市：最大 1 小时降水量为 118.5 mm，发生站点为茶园寺站；最大 3 小时降水量为 171.5 mm，发生站点为茶园寺站；最大 6 小时降水量为 226.5 mm，发生站点为高坝洲站；最大 12 小时降水量为 300.5 mm，发生站点为高坝洲站；最大 24 小时降水量为 301.0 mm，发生站点为高坝洲站。

(8) 五峰县：最大 1 小时降水量为 96.5 mm，发生站点为渔洋关站；最大 3 小时降水量为 166.8 mm，发生站点为清水湾站；最大 6 小时降水量为 245.0 mm，发生站点为大栗树站；最大 12 小时降水量为 316.5 mm，发生站点为大栗树站；最大 24 小时降水量为 369.7 mm，发生站点为大栗树站。

(9) 夷陵区：最大 1 小时降水量为 114.0 mm，发生站点为坦荡河站；最大 3 小时降水量为 195.5 mm，发生站点为坦荡河站；最大 6 小时降水量为 227.3 mm，发生站点为雾渡河站；最大 12 小时降水量为 324.7 mm，发生站点为殷家坪站；最大 24 小时降水量为 335.7 mm，发生站点为殷家坪站。

(10) 猇亭区：最大 1 小时降水量为 102.0 mm，发生站点为古老背站；最大 3 小时降水量为 151.5 mm，发生站点为古老背站；最大 6 小时降水量为 218.1 mm，发生站点为古老背站；最大 12 小时降水量为 259.9 mm，发生站点为古老背站；最大 24 小时降水量为 259.9 mm，发生站点为古老背站。

3.4.6 十堰市

十堰市共有国家基本降水量站 60 处。其中，郧西县 10 处、丹江口市 8 处、竹山县 6 处、竹溪县 8 处、房县 18 处、郧阳区 8 处、茅箭区 2 处。

(1) 郧西县：最大 1 小时降水量为 86.0 mm，发生站点为黄云站；最大 3 小时降水量为 181.4 mm，发生站点为贾家坊站；最大 6 小时降水量为 283.4 mm，发生站点为贾家坊站；最大 12 小时降水量 296.4 mm，发生站点为贾家坊站；最大 24 小时降水量为 320.5 mm，发生站点为三官洞站。

(2) 丹江口市：最大 1 小时降水量为 122.5 mm，发生站点为肖川站；最大 3 小时降水量为 185.2 mm，发生站点为孤山站；最大 6 小时降水量为 331.7 mm，发生站点为孤山站；最大 12 小时降水量为 389.8 mm，发生站点为孤山站；最大 24 小时降水量为 416.6 mm，发生站点为孤山站。

(3) 竹山县：最大 1 小时降水量为 76.0 mm，发生站点为秦古站；最大 3 小时降水量为 99.5 mm，发生站点为官渡站；最大 6 小时降水量为 144.3 mm，发生站点为秦古站；最大 12 小时降水量为 208.4 mm，发生站点为关帝庙站；最大 24 小时降水量为 235.5 mm，发生站点为关帝庙站。

(4) 竹溪县：最大 1 小时降水量为 71.0 mm，发生站点为鄂坪站；最大 3 小时降水量为 114.3 mm，发生站点为延坝站；最大 6 小时降水量为 132.0 mm，发生站点为杨家扒站；最大 12 小时降水量为 180.2 mm，发生站点为红庙站；最大 24 小时降水量为 195.0 mm，发生站点为杨家扒站。

(5) 房县：最大 1 小时降水量为 117.5 mm，发生站点为佘家河站；最大 3 小时降水量为 274.5 mm，发生站点为佘家河站；最大 6 小时降水量为 445.0 mm，发生站点为佘家河站；最大 12 小时降水量为 542.0 mm，发生站点为佘家河站；最大 24 小时降水量为 685.5 mm，发生站点为佘家河站。

(6) 郧阳区：最大 1 小时降水量为 83.5 mm，发生站点为南化塘站；最大 3 小时降水量为 171.3 mm，发生站点为江湾站；最大 6 小时降水量为 298.3 mm，发生站点为江湾站；最大 12 小时降水量为 334.6 mm，发生站点为江湾站；最大 24 小时降水量为 366.5 mm，发生站点为江湾站。

(7) 茅箭区：最大 1 小时降水量为 106.1 mm，发生站点为十堰站；最大 3 小时降水量为 113.8 mm，发生站点为十堰站；最大 6 小时降水量为 160.4 mm，发生站点为小川站；最大 12 小时降水量为 215.2 mm，发生站点为小川站；最大 24 小时降水量为 319.4 mm，发生站点为小川站。

3.4.7 孝感市

孝感市共有国家基本降水量站 23 处。其中，大悟县 10 处、孝昌县 3 处、安陆市 4 处、云梦县 1 处、应城市 2 处、汉川市 2 处、孝南区 1 处。

(1) 大悟县：最大 1 小时降水量为 84.4 mm，发生站点为高家店站；最大 3 小时降水量为 193.0 mm，发生站点为夏店站；最大 6 小时降水量为 303.2 mm，发生站点为三里城站；最大 12 小时降水量为 307.9 mm，发生站点为三里城站；最大 24 小时降水量为 355.2 mm，发生站点为三里城站。

(2) 孝昌县：最大 1 小时降水量为 138.0 mm，发生站点为白沙铺站；最大 3 小时降水量为 194.5 mm，发生站点为姚家山站；最大 6 小时降水量为 249.5 mm，发生站点为姚家山站；最大 12 小时降水量为 288.0 mm，发生站点为姚家山站；最大 24 小时降水量为 291.5 mm，发生站点为姚家山站。

(3) 安陆市：最大 1 小时降水量为 75.0 mm，发生站点为陈家店站；最大 3 小时降水量为 114.5 mm，发生站点为陈家店站；最大 6 小时降水量为 154.5 mm，发生站点为陈家店站；最大 12 小时降水量为 211.5 mm，发生站点为陈家店站；最大 24 小时降水量为 252.0 mm，发生站点为接官厅站。

(4) 云梦县：最大 1 小时降水量为 56.0 mm，发生站点为唐陈站；最大 3 小时降水量为 112.5 mm，发生站点为唐陈站；最大 6 小时降水量为 151.0 mm，发生站点为唐陈站；最大 12 小时降水量为 178.0 mm，发生站点为唐陈站；最大 24 小时降水量为 266.8 mm，发生站点为唐陈站。

(5) 应城市：最大 1 小时降水量为 69.0 mm，发生站点为短港站；最大 3 小时降水量为 105.0 mm，发生站点为短港站；最大 6 小时降水量为 185.5 mm，发生站点为短港站；最大 12 小时降水量为 209.5 mm，发生站点为渔子河站；最大 24 小时降水量为 245.7 mm，发生站点为渔子河站。

(6) 汉川市：最大 1 小时降水量为 64.0 mm，发生站点为同兴集站；最大 3 小时降水量为 116.5 mm，发生站点为七一桥站；最大 6 小时降水量为 166.5 mm，发生站点为七一桥站；最大 12 小时降水量为 199.5 mm，发生站点为七一桥站；最大 24 小时降水量为 224.0 mm，发生站点为七一桥站。

(7) 孝南区：最大 1 小时降水量为 59.5 mm，发生站点为祝家湾站；最大 3 小时降水量为 135.5 mm，发生站点为祝家湾站；最大 6 小时降水量为 148.5 mm，发生站点为祝家湾站；最大 12 小时降水量为 184.0 mm，发生站点为祝家湾站；最大 24 小时降水量为 231.0 mm，发生站点为祝家湾站。

3.4.8 黄冈市

黄冈市共有国家基本降水量站 80 处。其中，红安县 8 处、麻城市 15 处、罗田县 16 处、团风县 4 处、英山县 9 处、浠水县 4 处、蕲春县 12 处、武穴市 7 处、黄梅县 5 处。

(1) 红安县：最大 1 小时降水量为 83.0 mm，发生站点为金沙河站；最大 3 小时降水量为 162.5 mm，发生站点为红安站；最大 6 小时降水量为 288.5 mm，发生站点为詹店站；最大 12 小时降水量为 320.4 mm，发生站点为詹店站；最大 24 小时降水量为 372.5 mm，发生站点为八里湾站。

(2) 麻城市：最大 1 小时降水量为 95.0 mm，发生站点为熊家铺站；最大 3 小时降水量为 175.5 mm，发生站点为熊家铺站；最大 6 小时降水量为 230.0 mm，发生站点为熊家铺站；最大 12 小时降水量为 296.0 mm，发生站点为福田河站；最大 24 小时降水量为 442.5 mm，发生站点为张家畈站。

(3) 罗田县：最大 1 小时降水量为 99.0 mm，发生站点为双河口站；最大 3 小时降水量为 160.9 mm，发生站点为长塘坳站；最大 6 小时降水量为 248.5 mm，发生站点为双河口站；最大 12 小时降水量为 350.7 mm，发生站点为河铺站；最大 24 小时降水量为 474.0 mm，发生站点为栗子关站。

(4) 团风县：最大 1 小时降水量为 111.5 mm，发生站点为马家潭站；最大 3 小时降水量为 135.5 mm，发生站点为马家潭站；最大 6 小时降水量为 147.8 mm，发生站点为罗家沟站；最大 12 小时降水量为 206.0 mm，发生站点为马家潭站；最大 24 小时降水量为 227.5 mm，发生站点为马家潭站。

(5) 英山县：最大 1 小时降水量为 115.3 mm，发生站点为石头咀站；最大 3 小时降水量为 176.1 mm，发生站点为石头咀站；最大 6 小时降水量为 229.5 mm，发生站点为英山站；最大 12 小时降水量为

279.0 mm,发生站点为栗树咀站;最大 24 小时降水量为 391.5 mm,发生站点为栗树咀站。

(6) 浠水县:最大 1 小时降水量为 74.6 mm,发生站点为白莲河站;最大 3 小时降水量为 129.5 mm,发生站点为珠林站;最大 6 小时降水量为 171.8 mm,发生站点为洗马畈站;最大 12 小时降水量为 228.0 mm,发生站点为洗马畈站;最大 24 小时降水量为 256.7 mm,发生站点为洗马畈站。

(7) 蕲春县:最大 1 小时降水量为 80.9 mm,发生站点为西河驿站;最大 3 小时降水量为 161.0 mm,发生站点为黑沟冲站;最大 6 小时降水量为 210.2 mm,发生站点为西河驿站;最大 12 小时降水量为 224.0 mm,发生站点为大同站;最大 24 小时降水量为 258.5 mm,发生站点为刘河站。

(8) 武穴市:最大 1 小时降水量为 76.5 mm,发生站点为龙坪站;最大 3 小时降水量为 120.3 mm,发生站点为官桥站;最大 6 小时降水量为 188.5 mm,发生站点为象山站;最大 12 小时降水量为 303.0 mm,发生站点为象山站;最大 24 小时降水量为 318.3 mm,发生站点为象山站。

(9) 黄梅县:最大 1 小时降水量为 119.9 mm,发生站点为白湖渡站;最大 3 小时降水量为 163.0 mm,发生站点为潘大站;最大 6 小时降水量为 221.5 mm,发生站点为潘大站;最大 12 小时降水量为 427.1 mm,发生站点为老祖寺站;最大 24 小时降水量为 515.5 mm,发生站点为老祖寺站。

3.4.9 咸宁市

咸宁市共有国家基本降水量站 39 处。其中,通山县 17 处、通城县 5 处、崇阳县 9 处、咸安区 3 处、嘉鱼县 2 处、赤壁市 3 处。

(1) 通山县:最大 1 小时降水量为 95.0 mm,发生站点为厦铺站;最大 3 小时降水量为 163.8 mm,发生站点为官塘站;最大 6 小时降水量为 176.6 mm,发生站点为官塘站;最大 12 小时降水量为 224.5 mm,发生站点为一天门站;最大 24 小时降水量为 292.5 mm,发生站点为一天门站。

(2) 通城县:最大 1 小时降水量为 103.0 mm,发生站点为通城站;最大 3 小时降水量为 218.5 mm,发生站点为通城站;最大 6 小时降水量为 276.5 mm,发生站点为琉璃坳站;最大 12 小时降水量为 290.5 mm,发生站点为百丈潭站;最大 24 小时降水量为 304.1 mm,发生站点为百丈潭站。

(3) 崇阳县:最大 1 小时降水量为 85.5 mm,发生站点为塘口站;最大 3 小时降水量为 167.8 mm,发生站点为崇阳站;最大 6 小时降水量为 214.5 mm,发生站点为大沙坪站;最大 12 小时降水量为 266.5 mm,发生站点为大沙坪站;最大 24 小时降水量为 279.7 mm,发生站点为大沙坪站。

(4) 咸安区:最大 1 小时降水量为 83.0 mm,发生站点为温泉站;最大 3 小时降水量为 144.5 mm,发生站点为十好桥站;最大 6 小时降水量为 207.8 mm,发生站点为十好桥站;最大 12 小时降水量为 224.0 mm,发生站点为十好桥站;最大 24 小时降水量为 249.2 mm,发生站点为常收畈站。

(5) 嘉鱼县:最大 1 小时降水量为 98.0 mm,发生站点为陆溪口站;最大 3 小时降水量为 186.5 mm,发生站点为余码头站;最大 6 小时降水量为 300.0 mm,发生站点为余码头站;最大 12 小时降水量为 343.5 mm,发生站点为余码头站;最大 24 小时降水量为 350.5 mm,发生站点为余码头站。

(6) 赤壁市:最大 1 小时降水量为 94.0 mm,发生站点为赵李桥站;最大 3 小时降水量为 135.0 mm,发生站点为赵李桥站;最大 6 小时降水量为 197.0 mm,发生站点为赵李桥站;最大 12 小时降水量为 228.5 mm,发生站点为赵李桥站;最大 24 小时降水量为 281.4 mm,发生站点为赵李桥站。

3.4.10 恩施州

恩施州共有国家基本降水量站 78 处。其中,恩施市 13 处、利川市 14 处、巴东县 12 处、建始县 9 处、咸丰县 7 处、来凤县 5 处、鹤峰县 7 处、宣恩县 11 处。

(1) 恩施市:最大 1 小时降水量为 93.9 mm,发生站点为见天坝站;最大 3 小时降水量为 171.4 mm,发生站点为西流水站;最大 6 小时降水量为 226.4 mm,发生站点为西流水站;最大 12 小时降水量为 271.8 mm,发生站点为西流水站;最大 24 小时降水量为 326.9 mm,发生站点为西流水站。

(2) 利川市:最大 1 小时降水量为 73.1 mm,发生站点为汪营站;最大 3 小时降水量为 131.0 mm,发生站点为文斗站；最大6小时降水量为248.5 mm，发生站点为文斗站；最大12小时降水量为329.0 mm，发生站点为文斗站；最大24小时降水量为334.0 mm，发生站点为文斗站。

(3) 巴东县：最大1小时降水量为81.0 mm，发生站点为野三关站；最大3小时降水量为149.4 mm，发生站点为万碑站；最大6小时降水量为284.9 mm，发生站点为万碑站；最大12小时降水量为450.3 mm，发生站点为万碑站；最大24小时降水量为529.3 mm，发生站点为万碑站。

(4) 建始县：最大1小时降水量为91.6 mm，发生站点为当阳坝站；最大3小时降水量为157.8 mm，发生站点为当阳坝站；最大6小时降水量为242.0 mm，发生站点为茅田站；最大12小时降水量为278.5 mm，发生站点为当阳坝站；最大24小时降水量为291.0 mm，发生站点为当阳坝站。

(5) 咸丰县：最大1小时降水量为67.5 mm，发生站点为甲马池站；最大3小时降水量为126.7 mm，发生站点为咸丰站；最大6小时降水量为230.0 mm，发生站点为忠堡站；最大12小时降水量为336.4 mm，发生站点为咸丰站；最大24小时降水量为378.1 mm，发生站点为咸丰站。

(6) 来凤县：最大1小时降水量为107.8 mm，发生站点为卯洞站；最大3小时降水量为229.0 mm，发生站点为卯洞站；最大6小时降水量为279.9 mm，发生站点为卯洞站；最大12小时降水量为309.9 mm，发生站点为两河口站；最大24小时降水量为360.0 mm，发生站点为两河口站。

(7) 鹤峰县：最大1小时降水量为83.5 mm，发生站点为燕子坪站；最大3小时降水量为153.0 mm，发生站点为太平镇站；最大6小时降水量为224.5 mm，发生站点为太平镇站；最大12小时降水量为303.0 mm，发生站点为太平镇站；最大24小时降水量为411.0 mm，发生站点为太平镇站。

(8) 宣恩县：最大1小时降水量为96.4 mm，发生站点为高罗站；最大3小时降水量为147.7 mm，发生站点为高罗站；最大6小时降水量为239.5 mm，发生站点为板栗园站；最大12小时降水量为258.0 mm，发生站点为板栗园站；最大24小时降水量为300.4 mm，发生站点为上洞坪站。

3.4.11 荆门市

荆门市共有国家基本降水量站33处。其中，京山市16处、钟祥市9处、沙洋县4处、东宝区2处、漳河新区1处、掇刀区1处。

(1) 京山市：最大1小时降水量为90.0 mm，发生站点为石龙过江站；最大3小时降水量为163.2 mm，发生站点为石板河站；最大6小时降水量为191.5 mm，发生站点为石龙过江站；最大12小时降水量为288.0 mm，发生站点为三阳店站；最大24小时降水量为383.5 mm，发生站点为兰家集站。

(2) 钟祥市：最大1小时降水量为108.5 mm，发生站点为长滩站；最大3小时降水量为270.5 mm，发生站点为罗家集站；最大6小时降水量为461.0 mm，发生站点为罗家集站；最大12小时降水量为570.0 mm，发生站点为罗家集站；最大24小时降水量为684.5 mm，发生站点为罗家集站。

(3) 沙洋县：最大1小时降水量为82.0 mm，发生站点为马集站；最大3小时降水量为136.5 mm，发生站点为拾桥站；最大6小时降水量为175.0 mm，发生站点为马集站；最大12小时降水量为229.5 mm，发生站点为马集站；最大24小时降水量为273.0 mm，发生站点为马集站。

(4) 东宝区：最大1小时降水量为57.5 mm，发生站点为栗溪站；最大3小时降水量为114.0 mm，发生站点为盐池站；最大6小时降水量为141.5 mm，发生站点为栗溪站；最大12小时降水量为169.0 mm，发生站点为栗溪站；最大24小时降水量为233.4 mm，发生站点为栗溪站。

(5) 漳河新区：最大1小时降水量为55.1 mm，发生站点为安团站；最大3小时降水量为86.2 mm，发生站点为安团站；最大6小时降水量为87.7 mm，发生站点为安团站；最大12小时降水量为190.0 mm，发生站点为安团站；最大24小时降水量为246.0 mm，发生站点为安团站。

(6) 掇刀区：最大1小时降水量为77.0 mm，发生站点为荆门站；最大3小时降水量为126.0 mm，发生站点为荆门站；最大6小时降水量为136.5 mm，发生站点为荆门站；最大12小时降水量为214.0 mm，发生站点为荆门站；最大24小时降水量为267.0 mm，发生站点为荆门站。

3.4.12 随州市

随州市共有国家基本降水量站32处。其中，曾都区1处、广水市13处、随县18处。

(1) 曾都区：最大1小时降水量为98.3 mm，发生站点为万店站；最大3小时降水量为176.0 mm，发生站点为洛阳店站；最大6小时降水量为197.0 mm，发生站点为洛阳店站；最大12小时降水量为259.4 mm，发生站点为洛阳店站；最大24小时降水量为344.0 mm，发生站点为洛阳店站。

(2) 广水市：最大1小时降水量为117.5 mm，发生站点为竹林湾站；最大3小时降水量为235.3 mm，发生站点为武胜关站；最大6小时降水量为331.6 mm，发生站点为武胜关站；最大12小时降水量为359.9 mm，发生站点为武胜关站；最大24小时降水量为368.1 mm，发生站点为武胜关站。

(3) 随县：最大1小时降水量为163.2 mm，发生站点为大洪山站；最大3小时降水量为277.5 mm，发生站点为柳林店站；最大6小时降水量为439.0 mm，发生站点为柳林店站；最大12小时降水量为483.5 mm，发生站点为柳林店站；最大24小时降水量为485.5 mm，发生站点为柳林店站。

3.4.13 鄂州市

鄂州市共有国家基本降水量站2处，均在鄂城区。

鄂城区：最大1小时降水量为78.5 mm，发生站点为天井畈站；最大3小时降水量为117.0 mm，发生站点为天井畈站；最大6小时降水量为179.4 mm，发生站点为白龙站；最大12小时降水量为330.4 mm，发生站点为白龙站；最大24小时降水量为353.0 mm，发生站点为白龙站。

3.4.14 天门市

天门市共有国家基本降水量站3处。

最大1小时降水量为79.0 mm，发生站点为乾驿站；最大3小时降水量为171.5 mm，发生站点为乾驿站；最大6小时降水量为221.0 mm，发生站点为乾驿站；最大12小时降水量为238.5 mm，发生站点为乾驿站；最大24小时降水量为238.5 mm，发生站点为乾驿站。

3.4.15 潜江市

潜江市共有国家基本降水量站3处。

最大1小时降水量为83.5 mm，发生站点为老新站；最大3小时降水量为159.5 mm，发生站点为龙湾站；最大6小时降水量为189.0 mm，发生站点为龙湾站；最大12小时降水量为199.0 mm，发生站点为龙湾站；最大24小时降水量为324.0 mm，发生站点为田关站。

3.4.16 仙桃市

仙桃市共有国家基本降水量站4处。

最大1小时降水量为96.0 mm，发生站点为西流河站；最大3小时降水量为153.0 mm，发生站点为三伏潭站；最大6小时降水量为166.5 mm，发生站点为石垸站；最大12小时降水量为277.5 mm，发生站点为西流河站；最大24小时降水量为336.0 mm，发生站点为西流河站。

3.4.17 神农架林区

神农架林区共有国家基本降水量站12处。

最大1小时降水量为60.5 mm，发生站点为阳日湾站；最大3小时降水量为89.5 mm，发生站点为栏马站；最大6小时降水量为159.5 mm，发生站点为红花站；最大12小时降水量为209.5 mm，发生站点为红花站；最大24小时降水量为266.0 mm，发生站点为红花站。

3.5 国家地下水站

截至2023年底，湖北省水文系统共有195处国家地下水站。按照行政区，具体分布为：武汉市10处、襄阳市15处、荆州市56处、宜昌市5处、孝感市22处、黄冈市11处、咸宁市4处、荆门市12处、随州市3处、鄂州市2处、天门市24处、潜江市13处、仙桃市18处。其中，有182个站位于平原区，站点密度为3.2站/1 000 km^2，基本实现了对江汉平原重点水文地质单元地下水的动态监控，但对山丘区的监控力度还不足，还有44个地下水监控空白县。

1. 武汉市

武汉市共有国家地下水站10处。其中，硚口区1处、东西湖区2处、江夏区2处、黄陂区2处、新洲区3处。

最大年均埋深为7.66 m，最大日均埋深为9.41 m，发生站点均为古田站。

2. 襄阳市

襄阳市共有国家地下水站15处。其中，襄城区1处、樊城区2处、襄州区7处、老河口市1处、枣阳市2处、宜城市2处。

最大年均埋深为21.79 m，最大日均埋深为26.57 m，发生站点均为周洼站。

3. 荆州市

荆州市共有国家地下水站56处。其中，沙市区6处、荆州区4处、公安县5处、监利市13处、江陵县6处、石首市5处、洪湖市10处、松滋市7处。

最大年均埋深为12.70 m，最大日均埋深为16.46 m，发生站点均为荷伍垱站。

4. 宜昌市

宜昌市共有国家地下水站5处，均位于枝江市。

最大年均埋深为22.63 m，最大日均埋深为33.02 m，发生站点均为问安站。

5. 孝感市

孝感市共有国家地下水站22处。其中，孝南区8处、云梦县3处、应城市2处、安陆市3处、汉川市6处。

最大年均埋深为18.09 m，最大日均埋深为18.92 m，发生站点均为园林站。

6. 黄冈市

黄冈市共有国家地下水站11处。其中，黄州区1处、团风县2处、浠水县3处、蕲春县2处、黄梅县1处、武穴市2处。

最大年均埋深为9.23 m，最大日均埋深为10.44 m，发生站点均为苦竹站。

7. 咸宁市

咸宁市共有国家地下水站4处。其中，嘉鱼县2处、赤壁市2处。

最大年均埋深为3.36 m，最大日均埋深为5.12 m，发生站点均为赤马港站。

8. 荆门市

荆门市共有国家地下水站12处。其中，东宝区1处、京山市1处、沙洋县5处、钟祥市5处。

最大年均埋深为 25.59 m,最大日均埋深为 33.40 m,发生站点均为毛李站。

9. 随州市

随州市共有国家地下水站 3 处。其中,曾都区 2 处、广水市 1 处。
最大年均埋深为 8.50 m,发生站点为淅河站;最大日均埋深为 11.56 m,发生站点为厉山站。

10. 鄂州市

鄂州市共有国家地下水站 2 处。其中,华容区 1 处、鄂城区 1 处。
最大年均埋深为 3.65 m,最大日均埋深为 4.74 m,发生站点均为杜山站。

11. 天门市

天门市共有国家地下水站 24 处。
最大年均埋深为 15.99 m,最大日均埋深为 17.09 m,发生站点均为佛子山站。

12. 潜江市

潜江市共有国家地下水站 13 处。
最大年均埋深为 14.59 m,最大日均埋深为 16.56 m,发生站点均为积玉口站。

13. 仙桃市

仙桃市共有国家地下水站 18 处。
最大年均埋深为 5.70 m,最大日均埋深为 6.78 m,发生站点均为胡场站。

3.6 国家水质站

截至 2023 年底,湖北省水文系统共有国家水质站 215 处,其中,河流型水质站 144 处、湖库型水质站 71 处。按照行政区,具体分布为:武汉市 32 处、黄石市 12 处、襄阳市 18 处、荆州市 17 处、宜昌市 23 处、十堰市 7 处、孝感市 15 处、黄冈市 25 处、咸宁市 9 处、恩施州 13 处、荆门市 10 处、随州市 14 处、鄂州市 4 处、天门市 4 处、潜江市 7 处、仙桃市 4 处、神农架林区 1 处。

湖北省 215 处国家水质站覆盖全部 17 个市(州),涉及 58 条河流、14 个湖泊和 48 个水库,分布在除沅江浦市镇以下外的 13 个水资源三级区,覆盖全省洪湖、梁子湖、长湖、斧头湖 4 个常年平均水面面积在 100 km^2 以上的湖泊和所有设计供水人口在 20 万人以上的集中式饮用水水源地。

国家水质站包括水利部及流域机构印发名录的各类水质站点,具体指国家重点水质站、全国重要饮用水水源地站和长江流域重要饮用水水源地站。湖北省国家水质站共 215 处,其中,国家重点水质站 175 处、全国重要饮用水水源地站 47 处(其中 33 处也是国家重点水质站)、长江流域重要饮用水水源地站 62 处(其中 36 处也是国家重点水质站或全国重要饮用水水源地站)。

1. 国家重点水质站

2019 年 10 月,水利部印发了《地表水国家重点水质站名录》,湖北省共有 175 处国家重点水质站,包括 113 处河流型水质站、17 处湖泊型水质站和 45 处水库型水质站。按照行政区,具体分布为:武汉市 18 处、黄石市 11 处、襄阳市 15 处、荆州市 14 处、宜昌市 21 处、十堰市 5 处、孝感市 12 处、黄冈市 21 处、咸宁市 8 处、恩施州 12 处、荆门市 9 处、随州市 11 处、鄂州市 4 处、天门市 4 处、潜江市 6 处、仙桃市 3 处、神农架林区 1 处。

2. 全国重要饮用水水源地水质站

2016 年,水利部对 2011 年公布的《全国重要饮用水水源地名录》进行了复核和修订,印发了《全国重要饮用水水源地名录(2016年)》,涵盖湖北省33个饮用水水源地。根据《水利部办公厅关于做好饮用水水源地水质监测工作的通知》(办水文〔2019〕214号),湖北省在33个全国重要饮用水水源地共布设水质站47处,包括30处河流型水源地监测站和17处水库型水源地监测站,其中33处也是国家重点水质站。按照行政区,具体分布为:武汉市15处、黄石市4处、襄阳市3处、荆州市2处、宜昌市4处、十堰市3处、孝感市1处、黄冈市8处、恩施州1处、荆门市2处、随州市2处、鄂州市1处、天门市1处。

3. 长江流域重要饮用水水源地水质站

2022年9月,水利部印发了《长江流域重要饮用水水源地名录》,涵盖湖北省45处饮用水水源地,其中部分水源地也是全国重要饮用水水源地。湖北省在国家重点水质站和全国重要饮用水水源地站基础上增设了26处水质站,在45处长江流域重要饮用水水源地共布设水质站62处,包括45处河流型水源地监测站和17处水库型水源地监测站。按照行政区,具体分布为:武汉市15处、黄石市2处、襄阳市5处、荆州市7处、宜昌市4处、十堰市2处、孝感市4处、黄冈市8处、咸宁市2处、恩施州1处、荆门市3处、随州市3处、鄂州市1处、天门市1处、潜江市2处、仙桃市2处。

3.7 国家水生态站

截至2023年底,湖北省水文系统共有国家水生态站34处,其中,宜昌市18处、十堰市6处、恩施州10处,涉及4个水域,分别为黄柏河、香溪河、天河和清江。

湖北省国家水生态站监测工作按照《河湖健康评估技术导则》(SL/T 793—2020)、《湖北省河湖健康评估导则》(DB42/T 1771—2021)、《全国重点水域水生态监测工作方案(试行)》、《河湖水生态监测技术指南(试行)》等标准和规范性文件要求开展浮游植物、浮游动物、大型水生植物、底栖动物和鱼类五大类群及水质特征监测。

第 4 章　二类和三类水文测站

4.1　二类和三类水文测站概况

二类和三类水文测站包括专用水文站、专用水位站、专用降水量站、专用墒情站、专用地下水站、专用水质站、专用水生态站。

截至 2023 年底，湖北省水文系统共有专用水文站 198 处、专用水位站 270 处、专用降水量站 749 处、专用墒情站 61 处、专用地下水站 20 处、专用水质站 160 处、专用水生态站 144 处。

湖北省水文系统专用水文测站统计情况见表 4-1、表 4-2。

表 4-1　湖北省水文系统专用水文站、专用水位站、专用降水量站统计表

序号	行政区	水文站	水位站	降水量站
1	武汉	0	36	30
2	黄石	7	8	13
3	襄阳	16	36	77
4	荆州	12	38	79
5	宜昌	33	21	81
6	十堰	18	11	129
7	孝感	14	10	42
8	黄冈	13	30	57
9	咸宁	12	13	34
10	恩施	29	25	63
11	荆门	12	20	55
12	随州	7	7	24
13	鄂州	5	3	9
14	天门	4	3	15
15	潜江	6	3	10
16	仙桃	6	5	16
17	神农架	4	1	15
合计		198	270	749

表 4-2　湖北省水文系统专用墒情站、专用地下水站、专用水质站、专用水生态站统计表

序号	行政区	墒情站	地下水站	水质站	水生态站
1	武汉	4	0	22	20
2	黄石	2	1	6	11
3	襄阳	9	3	14	11
4	荆州	4	4	16	16
5	宜昌	4	2	5	2
6	十堰	6	0	19	4
7	孝感	7	4	8	9
8	黄冈	6	0	14	9
9	咸宁	3	2	16	15
10	恩施	3	0	18	8
11	荆门	3	1	10	5
12	随州	4	0	4	7
13	鄂州	1	1	5	7
14	天门	2	1	2	1
15	潜江	1	1	0	1
16	仙桃	1	0	1	5
17	神农架	1	0	0	13
合计		61	20	160	144

4.2　二类水文测站

根据水文站网分类分级管理规定，将重要专用水文站、重要专用水位站、重要专用降水量站、专用墒情站、专用地下水站、专用水质站、专用水生态站等列为二类水文测站。

4.2.1　重要专用水文站

根据水文站网分类分级结果，将能长期连续观测、具有良好区域代表性的水文站，包括重要防汛专用水文站、重要干支流控制水文站、省市州界水文站、小流域代表水文站等列为重要专用水文站。截至 2023 年底，湖北省水文系统共有重要专用水文站 88 处。按照行政区划分布为：黄石市 7 处、襄阳市 9 处、荆州市 5 处、宜昌市 15 处、十堰市 11 处、孝感市 5 处、黄冈市 4 处、咸宁市 5 处、恩施州 9 处、荆门市 3 处、随州市 3 处、鄂州市 3 处、天门市 1 处、潜江市 3 处、仙桃市 2 处、神农架林区 3 处。具体名录见附录表 1-7。

4.2.2　重要专用水位站

根据水文站网分类分级结果，将重要防汛专用站、重要工程专用站、省市州界站、重要干支流控制站等列为重要专用水位站。截至 2023 年底，湖北省水文系统共有重要专用水位站 71 处。按照行政区划分布为：武汉市 8 处、黄石市 6 处、襄阳市 5 处、荆州市 9 处、宜昌市 7 处、十堰市 2 处、孝感市 4 处、黄冈市 12 处、恩施州 8 处、荆门市 5 处、鄂州市 1 处、天门市 2 处、仙桃市 2 处。具体名录见附录表 1-8。

4.2.3　重要专用降水量站

根据水文站网分类分级结果，将二类水文站的配套站、暴雨区降水量站、重要防汛降水量站等列为重要专用降水量站。截至 2023 年底，湖北省水文系统共有重要专用降水量站 442 处。按照行政区划分布为：

武汉市 15 处、黄石市 12 处、襄阳市 41 处、荆州市 38 处、宜昌市 67 处、十堰市 62 处、孝感市 21 处、黄冈市 57 处、咸宁市 18 处、恩施州 34 处、荆门市 22 处、随州市 12 处、鄂州市 9 处、天门市 8 处、潜江市 5 处、仙桃市 9 处、神农架林区 12 处。具体名录见附录表 1-9。

4.2.4 专用墒情站

2007 年以前，湖北省墒情监测项目处于空白状况。至 2008 年底湖北省完成了 35 处自动墒情站、10 处移动采集站的建设，2013 年底完成了原 35 处自动墒情站重新选址及设施设备改造工作，同时增补了 26 处人工墒情站，采用人工取样烘干的方式进行监测。

至 2022 年运行近 10 年的自动墒情站设施设备严重老化，大量人工测站使得土壤墒情信息采集自动化程度偏低，不能满足日益繁重的抗旱减灾工作需要。2022 年汛前，湖北省完成了对 35 处自动站、26 处人工站共 61 处专用墒情站的全部升级改造。专用墒情站总体布设数量鄂北地区多于鄂南地区，小部分易干旱县市区有 2 个站点，部分县市区有 1 个站点，全省另有一半左右的县市区仍处于墒情监测空白区，站网密度与水文站网规划要求有较大差距。

截至 2023 年底，湖北省水文系统共有专用墒情站 61 处。按照行政区划分布为：武汉市 4 处、黄石市 2 处、襄阳市 9 处、荆州市 4 处、宜昌市 4 处、十堰市 6 处、孝感市 7 处、黄冈市 6 处、咸宁市 3 处、恩施州 3 处、荆门市 3 处、随州市 4 处、鄂州市 1 处、天门市 2 处、潜江市 1 处、仙桃市 1 处、神农架林区 1 处。具体名录见附录表 1-10。

4.2.5 专用地下水站

2005 年，为有效解决湖北省无地下水监测站网的问题，规划设立专用地下水监测站 33 处，于 2008 年建成并投入运行。主要是在山间盆地和江汉平原等区域布设 17 处基本监测站，并在开采量集中的地区布设 16 处开采量监测站，初步监测湖北省地下水动态情况。后因部分监测站井管破坏、井身淤堵等丧失监测功能，将原 33 处地下水监测站调整为 20 处，分布于江汉平原、洞庭湖环湖平原、鄂东沿江平原及南襄盆地，填补了湖北省水利部门地下水监测的空白。但地下水监测站点密度偏低，无法实现对于平原区地下水的动态监控。

截至 2023 年底，湖北省水文系统共有专用地下水站 20 处。按照行政区划分布为：黄石市 1 处、襄阳市 3 处、荆州市 4 处、宜昌市 2 处、孝感市 4 处、咸宁市 2 处、荆门市 1 处、鄂州市 1 处、天门市 1 处、潜江市 1 处。具体名录见附录表 1-11。

4.2.6 专用水质站

为全面监测湖北省江河湖库地表水水资源质量状况，监测重大国家战略流域区域水资源质量状况，湖北省在 215 处国家水质站的基础上增设了 160 处专用水质站，包括 132 处人工监测站和 28 处自动监测站。

专用水质站的布设填补了国家基本水质站沅江浦市镇以下水资源三级区监测的空白，实现湖北省内水资源三级区全覆盖。其中，27 处专用水源地水质站布设后，实现了已划定饮用水水源地保护区向县级以上城市供水且设计供水人口大于 10 万的水源地水质监测全覆盖。

截至 2023 年底，湖北省水文系统共有专用水质站 160 处。按照行政区划分布为：武汉市 22 处（其中自动站 4 处）、黄石市 6 处（其中自动站 2 处）、襄阳市 14 处（其中自动站 2 处）、荆州市 16 处（其中自动站 1 处）、宜昌市 5 处（其中自动站 1 处）、十堰市 19 处（其中自动站 2 处）、孝感市 8 处（其中自动站 1 处）、黄冈市 14 处（其中自动站 5 处）、咸宁市 16 处（其中自动站 1 处）、恩施州 18 处、荆门市 10 处（其中自动站 4 处）、随州市 4 处（其中自动站 1 处）、鄂州市 5 处（其中自动站 2 处）、天门市 2 处（其中自动站 1 处）、仙桃市 1 处（自动站）。具体名录见附录表 1-12。

1. 人工监测站

132 处人工监测站按水体类型分类，包括 97 处河流站、35 处湖库站，其中有 27 处饮用水水源地水质站

（包括 15 处河流型水源地站和 12 处水库型水源地站）。具体统计见表 4-3、表 4-4，站点具体基础信息见附录表 1-28。

表 4-3 湖北省水文系统专用水质人工监测站统计表

序号	行政区	专用水质人工监测站		
		河流站（处）	湖库站（处）	小计（处）
1	武汉	7	11	18
2	黄石	2	2	4
3	襄阳	9	3	12
4	荆州	11	4	15
5	宜昌	4	0	4
6	十堰	13	4	17
7	孝感	5	2	7
8	黄冈	8	1	9
9	咸宁	12	3	15
10	恩施	15	3	18
11	荆门	5	1	6
12	随州	2	1	3
13	鄂州	3	0	3
14	天门	1	0	1
合计		97	35	132

表 4-4 湖北省水文系统专用水源地水质站统计表

序号	行政区	专用水源地水质站		
		河流型水源地站	水库型水源地站	小计
1	武汉	3	0	3
2	襄阳	1	2	3
3	荆州	1	0	1
4	十堰	1	4	5
5	孝感	0	2	2
6	黄冈	2	1	3
7	咸宁	2	0	2
8	恩施	2	1	3
9	荆门	1	1	2
10	随州	0	1	1
11	鄂州	2	0	2
合计		15	12	27

2. 自动监测站

为切实加强饮用水水源地保护，保障饮用水水源安全，进一步掌握水源地水质动态，2014 年以来，湖北省先后在 28 处饮用水水源地建设了省级水质自动监测站。

自动监测站监测参数一般为水温、pH 值、电导率、浊度、溶解氧、高锰酸盐指数、氨氮 7 项，荆州郢都、黄石花湖和葛华等 17 个水库型水源地水质自动监测站加测总磷、总氮 2 项参数。监测频次为 4 h/次。

水质自动监测站具体基础信息见附录表 1-28。

4.2.7 专用水生态站

2015 年初，湖北省水文水资源中心下发了《湖北省生态水文监测试点 2015 年工作方案》，正式启动生态水文监测试点工作。2015 年至 2022 年，湖北省按照“一湖一库一流域一湿地”的原则开展水生态监测，在 12 个市州 31 处水生态监测站开展了浮游植物监测工作，在 6 个市州 50 处水生态监测站开展了以常规监测为主、生态调查为辅的水生态五大类群监测工作。

为深入贯彻习近平生态文明思想、完善湖北省水生态监测站网功能、提升水生态监测能力、加强站网体系建设，为湖北省河湖水生态保护和修复以及水利综合管理提供技术支撑，2022 年，湖北省编制印发了《湖北省水生态监测规划》，规划布设水生态基本监测站 755 处，全面增强水生态监测站网的整体功能；印发了《省水文水资源中心关于加强全省水生态监测工作的指导意见》，指导各市州选择具有代表性的水生态监测断面，开展水生态监测工作。2023 年，根据《湖北省水生态监测规划》在重要水域增设了部分站点。

截至 2023 年底，湖北省水文系统共有专用水生态站 144 处。其中，27 处站点开展浮游植物和水质特征监测，117 处站点开展涵盖浮游植物、浮游动物、大型水生植物、底栖动物和鱼类五大类群以及水质特征的全项监测。共涉及 17 条河流、24 个水库和 17 个湖泊，遍布全省 17 个市州，实现了对部分重点水域的水生态监测评价，精准支撑区域水生态保护，但监测范围还不够广，监测站密度还偏低。

专用水生态站统计见表 4-5，具体名录见附录表 1-13。

表 4-5 湖北省水文系统专用水生态站统计表

序号	行政区	专用水生态站		
		监测五大类群及水质特征的站点	仅监测浮游植物和水质特征的站点	小计
1	武汉	19	1	20
2	黄石	9	2	11
3	襄阳	11	0	11
4	荆州	16	0	16
5	宜昌	0	2	2
6	十堰	2	2	4
7	孝感	8	1	9
8	黄冈	8	1	9
9	咸宁	13	2	15
10	恩施	8	0	8
11	荆门	5	0	5
12	随州	5	2	7
13	鄂州	0	7	7
14	天门	0	1	1
15	潜江	0	1	1
16	仙桃	0	5	5
17	神农架	13	0	13
合计		117	27	144

4.3 三类水文测站

根据水文站网分类分级管理规定，将一般专用水文站、一般专用水位站、一般专用降水量站列为三类水文测站。

4.3.1 一般专用水文站

截至2023年底，湖北省水文系统共有一般专用水文站110处。按照行政区划分布为：襄阳市7处、荆州市7处、宜昌市18处、十堰市7处、孝感市9处、黄冈市9处、咸宁市7处、恩施州20处、荆门市9处、随州市4处、鄂州市2处、天门市3处、潜江市3处、仙桃市4处、神农架林区1处。具体名录见附录表1-14。

4.3.2 一般专用水位站

截至2023年底，湖北省水文系统共有一般专用水位站199处。按照行政区划分布为：武汉市28处、黄石市2处、襄阳市31处、荆州市29处、宜昌市14处、十堰市9处、孝感市6处、黄冈市18处、咸宁市13处、恩施州17处、荆门市15处、随州市4处、鄂州市5处、天门市1处、潜江市3处、仙桃市3处、神农架林区1处。具体名录见附录表1-15。

4.3.3 一般专用降水量站

截至2023年底，湖北省水文系统共有一般专用降水量站307处。按照行政区划分布为：武汉市15处、黄石市1处、襄阳市36处、荆州市41处、宜昌市14处、十堰市67处、孝感市21处、咸宁市16处、恩施州29处、荆门市33处、随州市12处、天门市7处、潜江市5处、仙桃市7处、神农架林区3处。具体名录见附录表1-16。

第5章　水文监测

水文监测是水文工作的基础，是认识水文现象、探索掌握水文变化规律首要开展的工作，是水文计算、水文预报、水资源分析评价等各项水文应用的前期工作，是水文部门的主要工作。水文监测除了积累站网基本资料和调查资料系列外，承担了为防洪抗旱、水利工程调度运行、水资源管理、水环境保护、水生态修复等提供直接服务的重任，在相关的涉水事项或活动的决策中具有无可替代的作用。

5.1　水文监测目的及意义

水文监测是水文工作的基础，是防汛减灾、水资源管理、水环境保护、水生态修复等工作的重要支撑，其目的及意义主要有以下几个方面。

(1) 通过站网观测积累资料，反映和研究水文要素在时间上的变化与空间上的分布，归纳、分析、总结水文要素的自然规律，为水文研究服务，为人们认识和适应自然服务。

(2) 为防汛抗旱提供直接的信息保障与技术支撑，为减灾、抢险、防洪、除涝等提供决策依据。

(3) 为国民经济发展规划、涉水工程设计建设及运行管理和社会生活水事活动管理，提供基础资料和技术服务。

(4) 为研究区域或流域的水资源状况、变化趋势与可开发利用量提供基础资料，为最严格水资源管理制度的实施以及用水总量管理、地下水超采区治理等提供信息服务，为确定水资源配额、水权转让、取水许可等政策法规的制定提供决策依据，为水资源管理、水环境保护、水生态修复等提供技术保障。

(5) 为社会公共水安全提供直接的技术支撑，通过水文监测提供快速准确的水文信息，为城市供水、工业用水、农业用水、生态用水、交通航运、旅游生活以及国民经济可持续发展等领域提供服务和技术支撑。

5.2　水文监测任务及内容

1. 测站查勘

根据设立、迁移、恢复水文测站的站网规划和调整计划，进行测站选址勘察、设计布置，设置测验设施、仪器设备或更新改造设施设备。主要内容有河道与地形测量、确定测验河段、选定观测场位置、建立高程控制、落实保护范围、设定断面位置、设置水文观测设施、安装测验仪器设备、建立供水供电通信保障等。

2. 水文基本观测

根据测站特性、测验任务需要、精度要求、设施设备情况，采用驻测、自动监测等方式进行定位观测，对具备条件的可以开展巡测。主要内容有水文测验设施设备的维护保养和校测、校核；观测水位、流量、泥沙、降水、蒸发、水温、土壤含水量、水质等要素，及时计算、整理水文资料。

3. 水文调查

当全流域或区域发生暴雨、洪水、泥石流、漫滩、决堤、溃坝、分洪、改道、滞洪、蓄洪、蓄水、引水、退水、断流、淤塞、水体污染等情况时，需要开展水文调查，收集有关资料，弥补定位观测的不足，以较好地获得相关水情、灾情的状况，必要时需要补充进行测绘、勘察等现场调查，并编写调查报告。

4. 水情信息传报

根据报汛需要，测站将监测的各类水情信息，包括原始观测数据传送给中心站或水情信息中心，根据需要及时报送实测数据或计算结果至防汛抗旱部门或相关用户。

5. 水文应急监测

在突发水事件或特殊水文情况下，为快速掌握水文情势、有效应对和处置突发事件而进行的非常规性水文监测活动。它包括洪水应急监测、干旱应急监测、水污染应急监测和水生态应急监测等多种类型。主要工作为通过先进的监测技术手段实时监测水文要素的变化，及时了解灾情的发展状况，提供及时、准确的灾情信息，进行灾情的预警和预报，为灾害应急处置提供科学依据。

6. 水文监测基础研究

结合水文生产，分析水文监测对水文要素时空变化反映的效果，进行监测方法和精度的研究，吸收新技术、进行应用研究，开展水文监测标准化技术研究，提高水文监测技术水平。主要内容有站网分析、新技术应用、仪器设备研制、测验误差研究、整编方法研究、标准制定修订等。

7. 其他相关研究

融合其他学科的技术应用，与水文测验交叉结合，进行水文特有的专题技术研究，例如，水文测船设计、水文缆道设计、水文基础设施建筑或结构设计、水文设施设备安装技术、水文安全防护设施装备等。

5.3 水文监测项目及要求

5.3.1 水文测量

水文测量是指水文业务中的水准测量、断面测量和地形测量，是进行测验河段查勘、测站勘察、水文测验、水文调查等的重要工作内容，也是一项基础性工作。在水文业务的基本观测和水文调查中，有的项目全部或部分需要直接通过测量来完成。

历史上，水文测量被称为“普通测量”，20 世纪 90 年代后改称为“水文普通测量”，带有“普通”的称谓意在区别于普遍意义上即测绘行业测量工作的表达。之所以称“普通测量”有两方面原因：一是在水文业务中，测量工作内容只是测绘专业系统里测绘工作内容中的一部分，即仅针对水文测站水准点、水尺、大断面、测站地形等水文监测中所涉及的测量项目，而且往往以局部或碎部测量为主，较少涉及控制测量，即便涉及控制测量也大多等级较低、范围较小、测量技术利用相对单一，也就是说，水文测量工作内容存在局限性；二是早期的水文测量技术装备水平相对较低，有些甚至无法严格满足通用测量技术要求，如有些测站没有双面水准尺而不能进行四等及四等以上水准测量。装备条件不足，使得局部的技术方法及要求的设立存在特殊性。为了区别水文测量工作中所采用的测量技术与测绘学意义上专业测量的系统技术，较长一段时期，一直以“普通测量”表述水文业务中的测量工作。

随着时代的发展变化，2014 年修订《水文普通测量规范》(SL 58—93) 时，根据水文业务中水文测量工作的拓展和测量技术装备的改善，对规范主题正式取消“普通”二字，意味着水文业务中的相关测量工作在技术上与测绘学意义上专业测量技术完全衔接。

常规的水文测量任务及要求主要有以下几项：

1. 水文高程测量

水文高程测量的内容包括：水准点高程测量、水尺零点高程测量、洪水痕迹和大断面控制桩(点)高程测量、水准点及水尺零点的考证等。水文高程测量的关键是对水位高程基准的控制。

水文高程测量一般采用三等和四等水准测量，其要求有：

(1) 水准路线长度要求

三等附合水准路线长度不超过 150 km，环线周长不超过 200 km，支线长度不超过 45 km。测站水准点联测和比降观测水准点高程测量的路线长度不超过 2.8 km。

四等附合水准路线长度不超过 80 km，环线周长不超过 100 km，支线长度不超过 15 km。测站水准点联测和比降观测水准点高程测量的路线长度不超过 1 km。

当水准路线长度大于 20 km 时，每隔 10 km 左右分一测段，在测段的端点设置或选定相当于校核水准点标准的固定点。

(2) 水准测量仪器要求

三、四等水准测量应采用不低于国内水准仪系列的 S_3 级水准仪。仪器与水准尺配套按以下方案配置：

① 普通光学水准仪，配套使用具有黑、红面区划的双面水准尺一副(两根)，两根尺的尺常数分别为 4.687 m 和 4.787 m。如因条件限制，可用单面水准尺按“一镜双高法”施测。注意不能使用塔尺或折尺。

② 带有测微器的光学水准仪，配套使用线条式钢瓦标尺。

③ 电子数字水准仪，配套使用条形码式标尺。

水准测量期间，使用微倾式(或称气泡式) 水准仪，每天上、下午各检校一次 i 角；使用自动安平式光学水准仪，每天检校一次 i 角，作业开始后的 7 个工作日内，若 i 角较为稳定，以后可每隔 15 d 检校一次；使用数字水准仪，整个作业期间都应在每天测量前进行 i 角检验。当 $i>20''$ 时，应进行校正。

水准尺的米间隔平均真长与名义长之差，木质标尺应不大于 0.5 mm，线条式钢瓦标尺应不大于 0.15 mm。电子数字水准仪系统分辨力(10 m 视距)应优于 0.2 mm。

(3) 水准测量视距要求

三、四等水准测量的视距长度和前后视距差以及数字水准仪观测时重复测量次数要求见表 5-1。

三、四等水准测量视线高度的要求，对于光学水准仪，满足三丝(十字丝横丝及上、下视距丝) 均能在水准尺上读取读数；对于电子水准仪，满足条形码扫描所需的尺范围。

表 5-1　三、四等水准测量视距、视距差、数字水准仪重复测量次数的规定

等级	视线长度(m)		前后视距差(m)		数字水准仪重复测量次数
	仪器类型	视距	单站	测段累计	
三等	DS_3、DSZ_3	≤75	≤2	≤5	≥3
	DS_{05}、DSZ_{05}、DS_1、DSZ_1	≤100			
四等	DS_3、DSZ_3	≤100	≤3	≤10	≥2
	DS_{05}、DSZ_{05}、DS_1、DSZ_1	≤150			

注：相位法数字水准仪测量，重复测量次数为表中次数减少 1 次；所有数字水准仪，在地面振动较大时，须暂停测量，无法回避时，须增加重复测量次数。

(4) 水准测量高差闭合差

三、四等水准测量往返测量高差不符值及附合路线、环线闭合差限差须满足表 5-2 要求。

表 5-2　往返测量高差不符值及附合路线、环线闭合差限差

等级	检测已测测段高差之差(mm)	路线、区段、测段往返测高差不符值、附合路线、环线闭合差(mm)		左右路线高差不符值(mm)
		平原	丘陵、山区	
三等	$\pm20\sqrt{L}$	$\pm12\sqrt{L}$	$\pm15\sqrt{L}$ 或 $\pm4\sqrt{n}$	$\pm8\sqrt{L}$
四等	$\pm30\sqrt{L}$	$\pm20\sqrt{L}$	$\pm25\sqrt{L}$ 或 $\pm6\sqrt{n}$	$\pm14\sqrt{L}$

注：L 表示各种路线往返平均长度，均以 km 为单位，L 小于 1 km 时，按 1 km 计；n 表示水准测段站数；每千米水准测站数超过 16 站时，用 n 计算。

2. 水文断面测量

水文断面测量包括横断面测量和纵断面测量。垂直于河道或水流方向的截面为横断面(简称断面),水流方向的截面为纵断面。断面测量主要是测定河床各转折点的起点距及其高程,并绘制断面图。

最常见的是流量测验中大断面测量,包括陆上部分测量和水下部分测量。陆上部分各点高程可采用水准测量、三角高程测量、卫星定位测量等方法;水下部分则是测量各垂线水深并观测测深时水位,将水深测量结果换算为河底高程。水深测量方法有测深杆测深、测深锤测深、铅鱼测深、超声波测深等。起点距测量方法可采用直接量距法、平面交会法、后方交会法、坐标测量法、卫星定位测量法等。

水文断面测量要求有:

(1) 测量范围

大断面测量的范围,水上部分应测至历年最高洪水位以上 0.5~1.0 m。漫滩较远的河流,测至最高洪水边界;有堤防的河流,测至堤防背河侧的地面上。

(2) 测量次数

新设水文站的基本水尺断面、测流断面、浮标中断面和比降断面应进行大断面测量。测流断面河床稳定的测站,其水位与面积关系点偏离关系曲线在±3%范围内,应在每年汛前或汛后施测一次大断面;河床不稳定的测站,除了在每年汛前和汛后各施测一次大断面外,应当在每次较大洪水后及时施测一次,可只测量过水断面部分,要注意的是,当年最高水位以下部分必须测量。

(3) 测量精度

大断面和水道断面的起点距应以高水位时的断面桩作为起算零点。两岸始末断面桩之间总距离往返测量不符值,不应超过 1/500。

大断面水上部分的高程测量,附合路线闭合差或往返测高差不符值按四等水准测量精度要求执行。地形比较复杂时以低于四等水准测量,但往返测量的高差不符值控制在 $\pm 30\sqrt{k}$ mm(k 为往返测量或左右路线所算得测段路线长度的平均数)范围内,前后视距不等差不大于 5 m、累积差不大于 10 m。当复测大断面时,可单程测量闭合于已知高程的固定点。

大断面水下部分(水道断面)测量,测深垂线宜均匀布设,并应适当加密垂线以控制河床变化的转折点,使部分水道断面面积无大补大割情况。主槽部分的测深垂线应较滩地更密,平缓的边滩可以适当放宽。测深垂线数应能满足掌握水道断面形状、测流精度需要。

3. 水文地形测量

因测站查勘、测站考证、水文调查、河势演变、冰情观测、水毁等需要,进行测站和测验河段的地形测量,最常见的是测站地形图的测绘。在地形图上应表达各种水文要素和标注各水文观测断面。

地形测量的成图方法有白纸测图(现场模拟法测图)、地面数字测图、地面立体摄影测量、航空摄影测量等。水文地形测量的测区范围一般较小,通常是采用白纸测图或数字测图的方法,测绘大比例尺地形图。地形测量的工作程序,遵循“先控制后碎部、由整体到局部”的测量工作原则。控制测量分为平面控制测量和高程控制测量,采用卫星定位的静态测量方式或全站仪三维导线方法,也可以将两者结合进行。

水文地形测量要求有:

(1) 水文测站地形测量及测绘时间

水文测站地形测量分为岸上和水下两部分,岸上和水下地形测量宜同时进行。因特殊原因不能同时进行时,落水期先测水下后测岸上,涨水期则相反,避免出现成图空白区域。

水文测站地形测量在建站初期进行,以后若地形有显著变化,应及时重新测量或局部重测。若地形变化不大,可间隔较长时间进行重测,但最长间隔时间应不超过 20 年。

(2) 测量范围及测图比例尺

河道站在垂直水流方向的宽度,测至历史最高洪水位以上 0.5~1.0 m;滩地较宽的河流测至漫滩边界，有堤防的河段测至堤防背河侧的地面。在顺水流方向，测量范围应包括对水位流量关系起控制作用的全河段，其长度应大于宽度，滩地较宽的可适当变通。

对于水库、堰闸、渠道站，测量范围应包括各观测地段。当观测地段较分散时，可用小比例尺图标明各观测地段位置，各地段按需要测绘大比例尺地形图。

水文测站地形图选用的测图比例尺，应使测验河段在正常水位的水面宽不小于图上 3 cm。一般选用 1∶1 000、1∶2 000、1∶5 000 测图比例尺，小测区也可选用 1∶500 测图比例尺。图幅尺寸可选用(长×宽)40 cm×40 cm、40 cm×50 cm 或 50 cm×50 cm。

(3) 水文测站地形图测绘内容

水文测站地形图，除测绘一般地形图内容外，还应增加下列测绘内容：

① 水准点、断面标志、基线桩和高程基点桩等。

② 历年最高水位的淹没边界。

③ 站房、观测场、观测道路、测验断面及水文观测设备、设施等。

(4) 水文测站地形图基本等高距及地形图基本精度要求

地形图基本等高距按表 5-3 的规定选用，其岸上和水下宜采用同一种基本等高距，地形图基本精度应符合表 5-4 的规定。

表 5-3　水文测站地形测量基本等高距选用表

测图比例尺	等高线间距(m)	
	平原地区	山地地区
1∶500	0.25 或 0.5	1 或 2
1∶1 000	0.5 或 1	1 或 2
1∶2 000	0.5 或 1	1 或 2
1∶5 000	1	1 或 2 或 5

表 5-4　水文测站地形图基本精度要求

地形类别	地面倾角	地物点图上点位中误差(mm)	地形点高程中误差(m)	等高线高程中误差(m)	
				岸上	水下
平原	<6°	±0.5	$\pm h/4$	$\pm h/2$	$\pm 1h$
山区	≥6°	±0.75	$\pm h/3$	$\pm 1h$	$\pm 2h$

注：h 为基本等高距。

4. 其他水文测量工作

其他水文测量工作包括或涉及平面控制测量、区域水准网联测、缆道测量、沉降观测、应急测量等。

5.3.2　降水量观测

降水是水文循环的重要环节，是地表水和地下水的来源。开展降水量观测，就要系统地收集降水资料，探索降水在地区和时间上的分布规律。降水可分为液态降水、固态降水和液态固态混合降水，液态降水包括雨、雾、露等，固态降水包括雪、雹、霜、冰粒等。

降水量是指在一定时段内，从空中降落到地面上的液态降水或固态降水(经融化后)，没有产生蒸发、渗透、流失的情况下积聚的水层深度，以 mm 为计量单位。

降水量观测任务主要是测记降雨、降雪、降雹等类型降水的水量和时间，必要时还需测记雪深、冰雹直径、初霜和终霜日期及雾、露、霜现象等特殊项目。日降水量以 8 时为日分界计算，即从昨日 8 时至今日 8 时的累计降水量为昨日降水量。

降水量观测普遍采用直接测定的方式，分为人工观测和自动观测，即人工雨量器观测和自记雨量计观测。近年来开始利用光学、雷达等手段直接测定降水过程，再转换计算为地面降水量；还可以利用雷达回波、卫星云图等遥感图像估算降水量。

降水量人工观测通常采用雨量器，适用于驻测或委托观测的降水量站，观测液态和固态降水量。采用人工雨量器观测降水量时，采用定时分段观测，段次划分见表 5-5。

表 5-5　降水量分段次观测时刻表

段次	观测时刻
1	8 时
2	20 时、8 时
4	14 时、20 时、2 时、8 时
8	11 时、14 时、17 时、20 时、23 时、2 时、5 时、8 时

自记雨量计有翻斗式、称重式、轮盘斗式和虹吸式等类型，还包括融雪式雨量计、光学雨量计和雷达式雨量计等。雨量计自记方式分为记录纸方式和电子存储方式。

5.3.3　水面蒸发量观测

水由液态或固态转变成气态，逸入大气中的过程称为蒸发。

蒸发量是指在一定时段内，水分经蒸发而散布到空中的量。通常用蒸发掉的水层深度表示，计量单位为毫米(mm)。水面蒸发量每日 8 时观测一次，观测时间统一采用北京标准时，观测记至 0.1 mm。

水面蒸发是水循环过程中的一个重要环节，是水量平衡三大要素之一，是水文学研究中的一个重要课题。它是水库、湖泊等水体水量损失的主要部分，也是研究陆面蒸发的基本参证资料。蒸发在水资源评价、产流计算、水平衡计算、洪水预报、旱情分析、水资源利用等方面都有重要作用。

在观测蒸发量时，按规定观测蒸发量、降水量、溢流水量，有辅助项目观测要求的还要测量气温、湿度、风速、水温等项目。

5.3.4　水位观测

水位是河流或其他水体的自由水面相对于某一基准面的高程。水位是最基本的水文观测项目。

水位的测验任务是建立测站高程基准，接测水尺零点，连续观测和完整记录水位过程，反映水位变化以及特征值。水位除了自身是一项水文基本观测资料外，还可以为其他水文测验所利用。在水文测验工作中经常用水位资料间接地推算其他要素，如通过水位流量关系推算流量，用水位推算水面比降、水库蓄水量、地区的淹没范围等。此外，在泥沙、水温等项目的测验工作中，也必须同时进行水位观测，以作为相应水情状况的重要标志。

1. 水位观测的基本要求

水位观测的基本要求是可靠、连续，能全面描述水位的变化过程。在观测过程中，要保证水位资料的连续性，不漏测洪峰、洪水过程的涨落和转折点水位。对于暴涨暴落的洪水，适当加密观测次数，以完整地测记洪水过程水位的变化。对于断流、河干等特殊情况，也应观测记载。

水位观测有人工观测和自记水位计观测两种。采用人工观测的方法是，直接使用水尺观读水尺读数，由水尺零点高程计算水位，记录水位及其相应时刻。采用自记水位计能连续自动观测水位，进行记录，并定时校对记录值、通过闪存记录仪器传输数据、检查调整仪器。

(1) 观测时间

水位观测的时制采用北京标准时，以 0 时为分界。通常情况下，水位基本定时观测时间为 8 时。全自动观测的测站具有定时观测要求的以遥测实现，对水位计的检查校对在巡查时或通过实时视频进行。

（2）观测段次（测次）

为了比较完整地反映一次洪水水位的涨落过程，应该根据河道特性及水位涨落变化情况合理设置观测段次。洪水期，需要在水位涨落率变化较大的时间安排观测，如起涨、洪峰、拐点等处；非洪水期，要满足日平均水位计算、各项特征值统计、水文资料整编和水文预报的要求。

当前普遍采用自动观测设备，一般观测和存储测次间隔时间可在 5 min、10 min、15 min、20 min、30 min、60 min 中自行选择。人工观测水位段次及时刻表见表 5-6。

表 5-6　人工观测水位段次及时刻表

段次	观测时刻	备注
1	8 时	日水位变幅小于 6 cm
2	8 时、20 时	日水位变幅小于 12 cm
4	2 时、8 时、14 时、20 时	日水位变幅小于 24 cm
8	2 时、5 时、8 时、11 时、14 时、17 时、20 时、23 时	日水位变幅小于 48 cm
12	每 2 小时一次	日水位变幅小于 96 cm
24	每 1 小时一次	日水位变幅小于 240 cm

（3）精度要求

基本水尺水位记至 1 cm。当上下比降断面水位差小于 20 cm 时，比降水位记至 0.5 cm。一般情况下，观测时间记至 1 min。

（4）现场观测

观测人员应携带观测记载簿准时测记水位，不应提前、追记、涂改、套改、擦改和伪造。

观测方法为：在水面平稳时，直接读取水面与水尺相交处的水尺读数；有波浪时，分别读记波浪多个峰和谷的读数，取平均波峰值和平均波谷值的中间值。水尺读数加上水尺零点高程值即得到水位。这种人工观测水位的方法是水位观测的基本方法。

随水位涨落变化需要转换水尺观测时，需要对两根相邻水尺进行一次同时观测，即为换尺比测。当比测水位差不超过 2 cm 时，以平均值作为观测水位；当比测水位差超过 2 cm 时，要查明原因或校测水尺零点高程。换尺频繁时期，如果能够确定水尺及水尺零点高程未发生变动时，可不必每次换尺都进行比测。

流向观测：对有顺流和逆流的测站，应测记流向。

2. 水位观测基本设施

水位观测基本设施主要包括水准点、水尺断面、水尺、水位观测平台等。

水位观测必须要有统一的高程基准。水位高程基准有 4 种类型：地区或国家高程基准、假定高程基准、测站自定义高程基准、冻结水准点高程相应高程基准，习惯上称为绝对基面、假定基面、测站基面和冻结基面。这 4 种方式的水位数值形式则分别是绝对高程、假定高程、测站高程和冻结高程。

（1）基面

在水文测验实际工作中，人们习惯把计算水位和高程的起算面称为基面，即基准面。使用某个高程控制系统会说成采用某个基面，基面被当作高程基准和高程系统的代名词，如“1956 黄海高程系”也被称为“黄海基准”，“1985 国家高程基准”也被称为“85 基准”。

（2）冻结基面

水文测站将第一次使用的基面冻结下来，作为冻结基面。冻结基面和绝对基面的差值称为“冻结差”，采用冻结基面有利于保持水位资料的系列一致性。

（3）水准点

水文测站水准点分为基本水准点和校核水准点两种。水准点设置经沉降稳定后应当进行高程引测。基本水准点一般每 5～10 年校测一次，校核水准点一般每年校测一次。

(4) 水尺断面

水文测站水尺断面主要有基本水尺断面、辅助断面、比降断面。

(5) 水尺

普通水尺(简称水尺)上有刻度,可以人工读取数值。

水尺是每个水位测量点必需的水位测量设备,是水位测量基准值的来源,是所有其他方法观测水位的衡量参照。在不能安装自记式水位计的测量点,观读水尺是测量水位的唯一方法。

通常长1~1.2 m、宽5~10 cm的水尺面,称为水尺板。水尺板垂直固定在水尺桩、固定建筑物、岸壁上,也可以直接刻画在岸边各类固定面上。水尺或水尺板的最小刻度为1 cm,误差不大于0.5 mm。通常,具有自动测记功能的水尺称为电子水尺。

水尺分为直立式水尺、倾斜式水尺及矮桩式水尺等。按水尺断面性质和作用的不同,水尺分为基本水尺、辅助水尺、比降水尺等。

基本水尺是水文测站用来经常观测水位,并呈现该测站水位的水尺,设于基本水尺断面,往往由一组水尺组成。基本水尺也是校对自记水位记录的水位数值的校核水尺。

辅助水尺是当测验河段出现横比降或在利用堰闸、隧洞、涵洞等测流设施,有淹没出流时,在河流对岸或下游专门设立的水尺。还有因基本水尺断面与本站其他测流断面相距较远、水位对应不一致时,需要在测流断面设立辅助水尺,以便建立较稳定的水位流量关系,用于推求流量。这种辅助水尺也称测流断面水尺。

比降水尺是为观测河流水面比降,而在测验河段上、下游所设立的水尺。

5.3.5 流量测验

流量是单位时间内流过江河某一横断面的水量,以 m^3/s 为计量单位,是反映水资源和江河湖库水量变化的基本数据,也是河流最重要的水文特征值。流量测验的目的是取得河流湖泊等水体的天然状况和水利工程调节控制下的各种径流资料,掌握河流水量的时空分布情况。

1. 测流方法分类

流量测验比较复杂,测流方法有很多,根据物理原理的不同,常用的有以下几类:

(1) 流速面积法。通过实测过水断面上的流速和断面面积来得到流量,其物理意义是获得断面流速分布。主要方法有流速仪法、代表流速法、浮标法等。

(2) 水力学法。测量水力因素,并使用相应的水力学公式计算流量,其物理意义是水力能量的转化。此类方法有水工建筑物测流、堰槽测流、比降面积法等。

(3) 物理法。利用某种物理量受水流运动影响的变化来测定流速,并推算流量。有应用超声波、电磁感应、电波、光波等各种方法,其工作原理既有简单的脉冲时差,也有复杂的多普勒、光干涉等。

(4) 直接法。在一定时段内,直接测定盛水器中或基本没有径流来源的河(沟、湾)内的容量变化,即可推算出流量,此类方法也称为体积法。

2. 常用测流方法

水文测验常用的测流方法有流速仪法、走航式ADCP法、代表流速法、浮标法、水工建筑物测流、堰槽测流、比降面积法等。施测流量时,在保证作业安全和资料精度的条件下,要根据具体情况,因地因时因需制宜,选用某一种或联合采用几种测流方法。

水文测站要根据测验条件选择两种及以上测流方法,一种作为常用,其他作为备用。

3. 测验精度

测站精度类别根据其控制面积、资料用途、服务需求、测验条件等因素确定。《河流流量测验规范》

(GB 50179)将国家基本水文站分为3类:一类精度站、二类精度站、三类精度站。

4. 流量测次

流量测验的直接目的是获得完整的流量过程线,对于流量这种动态变化的物理量,期望通过分分秒秒都进行观测和计算来获得其变化的全过程非常困难,若依赖实测则需要一次又一次地进行施测,这是理想状态。水文测验工作中,通常以满足水量计算精度为标准来简化流量测次。每一次施测全断面流量的全过程,就称为一个流量测次,每一次流量测验的结果称为该测次的实测流量。

一次流量测验作业不可能在瞬间完成,在测验生产中,都假想为该实测流量是与相应水位所对应的瞬时流量,据此所建立的水位流量关系可以用于瞬时观测的水位推算流量。实测流量资料是最重要的基础数据,不仅从中获得流量的变化过程和某些特征值,还通过一定的方法如资料整编等技术处理和分析计算,得到所需要的数据。

水文站流量测次(流量测验次数)的布置规定:水文站一年中的测流次数,应根据高、中、低各级水位的水流特性、测站控制条件、测验精度、定线推流要求以及需求等综合确定。能够准确掌握各时期的水情变化、合理控制各级水位和水情变化过程转折点;当发生的洪水、枯水超出历年实测流量的相应水位时,应对超出部分增加测次。

5. 流量测验方式

流量测验可根据测站水沙特性变化、测验精度、资料整编要求和交通路线等情况,采用驻测(常年驻测或汛期驻测)、巡测、间测、在线监测等方式。

驻测是水文专业人员驻站进行水文测报的作业方式,是国家基本水文测站目前采用的主要测验方式。大河站、重要控制站、精度要求较高的站需要常年驻测,精度效果、实施等不符合巡测、间测条件的测站,也需要实行常年驻测或汛期驻测。

巡测是水文专业人员以巡回流动的方式,定期或不定期地对一个巡测区内各巡测站点的水文要素进行观测的作业方式。

间测是指对水文要素采取测、停相间的测验方式。经资料分析证明,水位流量历年关系稳定或虽有变化但在允许范围内,可以对流量采取间歇性的监测,停测一段时期再恢复施测一段时间,这就是流量间测。

在线监测是指在满足精度的条件下,采用先进的观测设备和数据传输技术,进行流量实时自动观测。

6. 流速测量仪器

常用的流速测量仪器是转子式流速仪、声学多普勒流速剖面仪、电波流速仪。

(1) 转子式流速仪

转子式流速仪分为旋杯式和旋桨式两种。该仪器的特点是:结构简单,使用方便,便于拆装、清洗、修理,体积小,重量轻,便于携带,测速成本低。

转子式流速仪工作原理:当流速仪放入水流中,水流作用于流速仪的感应元件(或称转子)时,由于它的迎水面各部分受到水压力不同而产生压力差,形成了转动力矩,使转子产生转动。流速仪转子的转速 n 与流速 v 之间存在着一定的函数关系 $v=f(n)$。经大量试验研究证明其关系相当稳定,可以通过检定水槽的实验确定。利用这一关系,在野外测量中,记录转子的转速,就可计算出水流的流速。

(2) 声学多普勒流速剖面仪

声学多普勒流速剖面仪简称ADCP,它利用声波的多普勒频移效应测量水体的流速,具有不扰动流场、测验历时短、测速范围大、测验数据量大、风险小的特点。目前,ADCP系列中使用最为广泛的设备是走航式ADCP,它适用于含沙量不大、漂浮物不多条件下的流量测验。

ADCP测流的突出特点是能够瞬时测量不同水层的三维流速和流向,一台ADCP测流相当于一大串常规流速流向仪同时进行大量分层观测。

(3) 电波流速仪

电波流速仪是一种利用无线电磁波多普勒效应的测速仪器,其工作机制与多普勒雷达相似。电波流速仪可以测出波束的倾斜角度,当电波流速仪对着水面发射电磁波后,电磁波被水面反射,根据反射波的多普勒频移,可以由波束上的频率变化计算得到水面流速。

电波流速仪具有轻便的特点,不需要接触水体,可以在桥上或岸上测量一定距离外的水面流速,测量速度很快,不会受漂浮物和水质等影响。实践表明,水流的流速越快,观测精度越高,所以电波流速仪通常被用于洪水时的测量,适用于巡测和桥测。

(4) 雷达波在线测流

移动雷达波在线测流系统是一种利用雷达波技术进行水流速度和流量测量的系统。其工作原理基于多普勒效应,发射特定频率的微波波束,当波束接触到水面时,部分能量被反射回来,由于水流的流动,反射波会产生多普勒频移。系统通过捕捉这些回波信号,并利用先进的信号处理算法,准确计算出水流速度。系统主要由雷达表面流速仪、雷达运行车、系统控制器、流量计算终端、在线充电箱、无线电台、水位计等组成。该系统自动化程度高,人工干预少,尤其在高洪期间,能提高流量测验工作安全性和时效性。

目前雷达波在线测流系统主要有水平式双轨、单轨移动雷达波在线测流系统,以及多探头定点阵列式雷达波测流系统。

(5) 时差法在线测流

时差法流量在线监测系统是一种基于时差原理的流量测量技术,测量水流通过两个传感器的时间差,计算出测线平均流速,再通过流速面积法计算出断面流量。该系统具有测量精度高、稳定性好、适用范围广等优点。系统主要由传感器、数据采集单元、数据处理平台、通信模块等组成。

时差法流量在线监测系统主要有单层、多层声路系统。采用单层声路,应计算安装水深,确保所测水层平均流速在各个水位与断面流速有较好的相关性;若采用多层声路,应科学合理划分不同水层,提高流量测验成果质量。

(6) 侧扫雷达

侧扫雷达在线测流系统通过测量反射电磁波的频移来计算被测目标的运动速度。将该系统通过非接触式雷达技术,安装在河岸上,天线主轴垂直于河流,实现对河流表面流场的连续监测。系统利用雷达Bragg散射与多普勒效应,快速测量河流表面的径向流和矢量流场。结合过水断面信息,系统可以自动计算水体流量。

(7) 在线ADCP

ADCP在线测流系统利用声学多普勒原理,通过发射声波并接收被水体中颗粒物散射回来的声波,根据多普勒频移来计算水流速度。当声波遇到流动的水体时,由于多普勒效应,接收到的声波频率与发射频率会有所不同,这种频率差可以用来计算水流速度。

ADCP在线测流系统可以根据工作方式的不同分为水平固定式、底座固定式、浮标垂直式等。每种安装方式都有其适用场景和特点,例如水平固定式适用于水位涨落较大的情况,通过机械装置实现探头的高度调节。

ADCP在线测流系统安装对断面宽深比有明确要求,应尽可能将系统安装在断面上流速有代表性的水层,断面较宽的河道可组合使用水平式和垂向ADCP等其他测流设备。

7. 流向测量

流向是反映水流特征的重要因素,流向即水流方向。在水文测验中流向有两方面含义:其一是水流流动的方向;其二是水流流动方向和测验断面之间夹角与90°之差(这个角度也称为流向偏角)。天然河道的水流,不但流速的大小随时随地变化着,而且流向也在不断变化。它不仅影响流量测验精度,而且在确定河道测流断面、研究水工建筑物的布置,研究河道冲淤变化、水流对堤岸的冲刷等方面,都是不可缺少的资料。

根据流量的定义，流量是指流向与测验断面垂直的水流，单位时间通过的水量。因此，水文测站实测的流量，应是通过与测验断面垂直的水流。当流向较小时，流向的存在对流量测验精度的影响很小，可以忽略不计。否则，在流量测验时应进行流向测量，并对实测流量进行改正。

实践表明，流向偏角10°导致的测速误差已达1.5%；流向偏角25°导致的测速误差已达10%。因此，当流向偏角大于10°时，一般情况下需要进行流向测量，并进行流向改正。这种因测速垂线的水流方向与断面不垂直，并超过一定允许范围时，对所测流速进行的改正，或测流断面不垂直于断面平均流向，并超出一定范围对所测流量进行的改正称为流向改正。

流向测量是测量水流方向的作业。测定流向的方法有：流向仪法、流向器法、浮标法等。

新设水文测站，在决定测流断面线前，先测定横断面上各垂线的流向，求横断面的合成流向，以确定测流断面线，使测流断面垂直于断面平均流向。

8. 流速仪法测流

流速仪法是用流速仪测定水流速度，并通过流速与水道断面面积的乘积来推求流量的方法。流速仪法的测量成果是其他测流方法进行比对的参照。

流速仪法测流包括测速垂线的布设、垂线测点的布设、测点流速测量、流向测量、施测断面面积、流量计算等内容，其测量及计算方法详见《河流流量测验规范》(GB 50179)。

流速仪法测流必须遵循具体的测流方案。规范规定国家基本水文测站的测流方案，要根据测站精度类别、不同水位级和资料用途等，分析确定断面垂线数目(m)，垂线测点数目(p)和测点测速历时(t)。

水文测站日常工作中，施测流量时，在测流方案确定后，对单次测流而言，流速仪的采用、测速垂线的位置、垂线测点的位置、具体的测速历时、岸边流速系数等均已相应确定，施测人员必须严格按测流方案操作。

当单次测流需要较高测验精度时，可选择多线、多点、长历时的方案，俗称“精测法”。

9. 流量测验时其他项目观测

(1) 水位观测

测站每次测流时，应观测或摘录基本水尺水位。当测流断面内另设辅助水尺时，应同时观测或摘录水位，并应符合以下规定。

① 当测流过程中水位变化平稳时，可只在测流开始和结束时各观测或摘录水位一次。

② 平均水深大于1 m的测站，当估计测流过程中，水位变化引起的水道断面面积的变化超过测流开始时断面面积的5%，或平均水深小于1 m的测站，水道断面面积的变化超过10%时，应按能控制水位过程的要求，增加观测或摘录水位的次数。

③ 当测流过程可能跨过水位过程线的峰顶或谷底时，应增加观测或摘录水位的次数。

(2) 比降观测

设有比降水尺的测站，应根据设站目的观测比降水尺水位。当测流过程中水位变化平稳时，可只在测流开始观测一次；当水位变化较大时，应在测流开始和结束时各观测一次。

(3) 风向风力及特殊水流现象观测

在每次测流的同时，应在岸边观测和记录风向风力(速)，以及测验河段附近发生的支流顶托、回水、漫滩、河岸决口、冰坝壅水等影响水位流量关系的有关情况。

5.3.6 泥沙测验

泥沙测验泛指对河流或水体中随水流运动泥沙的变化、运动形式、数量及其演变过程的测量，以及河流或水体某一区段泥沙冲淤数量的计算，包括河流的悬移质输沙率、推移质输沙率、床沙测定以及泥沙颗粒级配的分析等。

泥沙测验一般目的就是通过系统科学的水文测验，获得悬移质泥沙的含沙量、输沙率、颗粒级配，推移质泥沙的数量和颗粒级配，床沙的颗粒级配，泥沙的密度、干容重，以及它们的变化特征等资料。

泥沙测验的重点是含沙量测量，一般经河流断面取样、水样处理、烘干（过滤）称重、计算及分析检查等步骤完成。除断面取样外，其余工作均可在试验室进行。

1. 河流泥沙分类

泥沙一般是指在河道水流作用下移动着或曾经移动的固体颗粒。天然河流中的泥沙，按其运动状态可分为床沙、悬移质和推移质。

（1）床沙：组成河床的泥沙称为床沙，床沙在河床表面处于相对静止的状态。

（2）悬移质：悬移质也称悬沙，是指被水流挟带，而远离河床面悬浮于水中，随水流向前浮游运动的泥沙。

（3）推移质：受水流拖曳力作用沿河床滚动、滑动、跳跃或层移的泥沙。

2. 泥沙表示方法

（1）悬移质含沙量 C_s：单位体积浑水中所含悬移质干沙的质量，单位为 kg/m^3。

（2）输沙率 Q_s、Q_b：单位时间内通过某一横断面的悬移质或推移质干沙的质量，分别称为悬移质输沙率 Q_s 和推移质输沙率 Q_b，两者之和为全沙输沙率，单位为 kg/s。$Q_s = C_s Q$，其中 Q 为断面流量。

（3）单位含沙量：断面平均含沙量与断面上某一测点、某一垂线或某一区间的含沙量有一定的关系，在这些有代表性的位置上测得的含沙量，称为单位含沙量。

（4）颗粒级配：将泥沙粒径从大到小分成若干个粒径组，水样中各粒径组内泥沙质量占水样中泥沙总质量的百分比的分配情况，称为泥沙的颗粒级配。泥沙颗粒组成特性用级配曲线表示，级配曲线可以完整地反映泥沙样品的颗粒大小均匀程度和各种特征粒径等。

3. 采样仪器

悬移质泥沙测验仪器有采样器和测沙仪两类，其中采样器可分为积时式和瞬时式。湖北省水文测站目前多采用瞬时横式采样器。

5.3.7 地下水监测

地下水是重要的水资源，也是河流补给的重要来源。开展地下水监测，是为了掌握地下水的动态情况，探索其变化规律，为合理开发利用地下水、防止土壤盐碱化、地下水浸没以及研究河流补给问题等提供资料。

地下水观测项目有地下水水位、水质、水温、出水量等。

湖北省地下水监测项目主要是地下水水位和水温，其监测时间与次数为：每日监测 6 次，监测时间为每日 0 时、4 时、8 时、12 时、16 时、20 时。

5.3.8 墒情监测

墒情是指土壤含水量及其对应的作物水分状态，通常用土壤重量含水率和土壤相对湿度表示。

墒情监测具有重要的科学意义和实际应用价值，是保障水资源合理利用、提高农业生产效益、促进生态环境持续健康发展的必要手段之一，也是加强生态文明建设的重要举措。

墒情主要监测项目为土壤含水量，监测方式有人工取土烘干监测、固定埋设自动墒情监测、人工便携式自动墒情监测三种。湖北省目前一般采用固定埋设自动墒情监测方式，采用三点法进行监测，即在监测点处沿垂向按 10 cm、20 cm、40 cm 不同深度设定土壤含水量采集点进行监测。

监测时间与频次：采用人工取土烘干、移动自动墒情监测方式的基本墒情站，每月 1 日、11 日、21 日监测土壤含水量，人工取样时间宜为8时，并于采样当天完成土壤样品的处理和分析工作；采用固定埋设自动墒情监测方式的基本墒情站，土壤含水量信息采集时间从每日8时开始，每间隔6 h采集信息1次。

5.3.9 水质监测

水质监测是监视和测定水体中污染物的种类、各类污染物的浓度及变化趋势，评价水质状况的过程，其目的在于准确地反映水质的情况，为水资源的规划、管理、开发、利用和污染防治提供依据。主要监测项目可分为两大类：一类是反映水质状况的综合指标，如温度、色度、浊度、pH值、电导率、悬浮物、溶解氧、化学需氧量和生物需氧量等；另一类是一些有毒物质，如酚、氰、砷、铅、铬、镉、汞和有机农药等。

湖北省地表水水质监测站有人工监测站和自动监测站。

水质人工监测站必测项目主要有：水温、pH值、溶解氧、高锰酸盐指数/化学需氧量(COD小于等于30 mg/L时检测高锰酸盐指数，COD大于30 mg/L时检测化学需氧量)、五日生化需氧量、氨氮(NH_3-N)、总磷(以P计)、总氮(限测湖、库，以N计)、铜、锌、氟化物(以F^-计)、硒、砷、汞、镉、铬(六价)、铅、氰化物、挥发酚、石油类、阴离子表面活性剂和硫化物，共22项。水源地水质站加测硫酸盐(以SO_4^{2-}计)、氯化物(以Cl^-计)、硝酸盐(以N计)、铁、锰和粪大肠菌群6项；湖泊、水库水质站加测叶绿素a、透明度2个项目。水质监测频率为每月1次，每年12次，每月上旬采样监测。

水质自动监测站监测项目为七参数(水温、pH值、电导率、浊度、溶解氧、高锰酸盐指数、氨氮)或九参数(水温、pH值、电导率、浊度、溶解氧、高锰酸盐指数、氨氮、总氮、总磷)。水质监测频率为每4小时1次。

5.3.10 水生态监测

水生态监测是维护河湖健康生命的重要抓手，是保障水安全、生态安全的基础性工作。

湖北省水生态监测站监测项目有：水质特征(水温、pH值、溶解氧、电导率、透明度、浊度、高锰酸盐指数、氨氮、总磷、总氮和叶绿素a)，藻类(浮游植物)定性、定量，浮游动物定性、定量，大型底栖动物定性、定量，大型水生植物定性、定量，鱼类定性、定量等。

水生态监测频次和时间：藻类(浮游植物)、浮游动物和大型水生植物监测频率为每年3次，在3月、8月、11月开展；鱼类监测频率为每年2次，在3月、8月开展；大型底栖动物监测频率为每年2次，在3月、11月开展。在开展藻类监测和水生态监测的同时，进行水质特征监测。

5.4 水文监测管理工作

5.4.1 测验任务书

测验任务书是对水文测站年度工作任务和内容做出安排的技术性文件，包括水文测验、水文情报预报、水文调查、站网管理、安全生产等内容。

湖北省水文测验任务书的编制修订侧重于水文测验工作，主要包括测站基本情况、测验任务、报汛任务、测验方案与方法、高洪测验方案、“四随”工作、仪器设备检校维护、运行管理、即时整编等内容。

各水文测站的测站特性、测验任务、精度要求以及监测方式不同，其任务书要求也不相同。

5.4.2 报汛任务书

报汛任务是汛前准备的 项主要内容， 般以水情报汛任务书的形式确定，主要工作内容包括：报汛任务征求、报汛任务委托和报汛任务下达。

水情报汛任务书实行逐级下达制和相互委托制。其主要报送内容包括任务站点名录、实时水文要素信息、报送频次和水情特征值补充更新等。

水情报汛任务书对信息报送质量实行分级考核，主要包括水情信息的准确性、及时性和完整性。不同测站类型，其考核指标也不相同。

5.4.3 高洪测验方案

高洪测验应按“安全、高效、快捷”的原则，依据本站技术条件和水情特点，因地制宜，在保证精度的前提下，制定多种测验方案。高洪测验方案使用前必须进行演练，确保生产安全。

高洪测验方案中，重点是高洪流量测验。流量测验方法可选择流速仪法、浮标法、比降面积法、声学多普勒法、电波流速仪法、水工建筑物法等。部署高洪期流量测验方案时，应优先选用本站常用测流方法。

5.4.4 超标洪水测报预案

为有效应对洪水灾害“黑天鹅”和“灰犀牛”事件，确保水文测站发生超标准洪水时“测得到”“报得出”，有力支撑防洪减灾，承担报汛任务的国家基本水文站均须编制超标洪水测报预案，其他水文测站由省水文水资源中心根据防汛工作需要确定。

预案应重点明确超出本站现有测报能力或测验河段附近堤防防洪标准洪水时的测报任务、方法、手段、保障等。

根据超标洪水的不同量级，分解落实具体测报任务，宜按照水位、流量、泥沙、降水的优先次序确保“测得到”“报得出”，逐一明确各要素的测报频次及人员安排。

在确保人员安全前提下，当常规手段不能满足测报要求时，应首先保证水位数据的准确测报，可利用无人机、雷达波等非接触式测验技术和水位流量关系曲线、比降面积法、代表流速法等测算流量。必要时调整测验断面、布设临时测验设施开展水文测报工作。

应采取卫星通信作为备用手段，确保水文信息报送及时畅通。

发生超标洪水时应及时开展水文调查，重点调查暴雨洪水量级、附近工程运用情况，收集洪水资料，补充完善测报资料的不足。

完善组织、技术、物资、安全生产、培训和演练等措施，做好前期准备。明确水毁修复、水文调查等后期处置工作要求。

5.4.5 应急监测预案

出现与水有关的突发事件，需要水文部门为政府及领导提供特定时间、特定区域的水文基本信息作为决策的科学依据时，水文部门必须尽快启动水文应急监测工作，而水文应急监测方案的制定是开展水文应急监测工作的前提和基础。

应急监测预案主要包括监测的目的、任务、主要工作内容、技术路线、监测方法、成果的评价等。

应急监测项目一般包括：降水量、水位、流量、水质等应急监测项目。

5.4.6 汛前准备

汛前准备工作是水文测站在汛期来临之前，为了加强水文监测预警测报和应急应对能力，而进行的各项业务准备工作总称，在测站全年业务工作中占有重要地位。

汛前准备工作主要内容为：对基础设施设备保养维护、各种观测设施的汛前测量、预案制定、方案演练、资料整理等。

5.4.7 “四随”工作

“四随”工作是保证测站水文资料质量必不可少的重要工作内容，必须严格遵照执行。测站“四随”工作即随测算、随整理、随分析、随上报。

1. 水位

人工观测水位时工作人员必须携带记载簿在现场测记，记录后应复读一次，复读无误差后才能离开现场，若观测计算有错误，应在下一行再记录正确值。观测后应及时与前日值比较，进行单站合理性检查。当校测水位与自记水位系统偏差超出±2 cm范围时，应经确认后重新设置水位初始值。测流时，同一时间人工观测水位和自记水位要一致，如有差别以人工观测水位为准。所有人工观测水位均作为校核水位，记入人工观测记载本。每日8时网上监视水位值应记入纸质记载表。

2. 流量

“四随”工作应在现场进行，对每次流量均应绘制垂线平均流速横向分布图，采用多点法时还应绘制垂线流速分布图，实测断面后应绘制断面图，流速横向分布图和断面图合绘在一起，每3～5次流量绘在一张图上(同一个断面施测的)，采用电脑绘制的应打印出来、装订在流量资料中并进行对比。检查测流时测点流速有明显问题需要重测的，重测时在原来的记录上画一条斜线，要另起一行重新填记，不能直接修改转数和测点历时，每次测速历时不得无故缩短。

采用ADCP测流时只要是固定断面的，面积和水面宽均借用。最大水深、最大流速采用仪器测量值。

填写流量测验记载表时可只手工记录测流时间、水位、流速仪公式，垂线起点距、水深、流速仪转数和历时，计算部分可采用计算机程序计算、打印成果表，但必须保证计算正确、成果合理。

流量计算完毕后应及时点绘水位流量(面积、流速)关系图、低水放大图，与邻近测次一起分析是否变线。发现个别点子明显偏大或偏小，允许修改，但需注明清楚，谁改谁签字。突出点超过3倍标准差，要说明原因，要进行分析研究，并附分析图表和文字说明，不应随便舍弃，以便确定下次测流时机。水深借用错的应当场改正。

3. 降水量

工作人员应携带观测记载簿现场测记，观测后进行固态存储、人工雨量对照检查。降水资料一般每月或日降水量大于50 mm时下载一次，数据下载后应及时编制各站日降水量“四随”对照表，检查降水过程是否相应，发现问题应及时与属站联系和调查处理，对调查属实的问题应在资料中予以说明。

4. 蒸发量

每日人工观测或下载保存自记蒸发量，并与天气状况及前几日的蒸发量对照检查，发现不合理的应及时采取措施弥补。自动蒸发仪器故障采用人工观测和识别，结冰、雪未融化期间可合并观测，但不应跨月、跨年。

5. 泥沙

泥沙测验需现场随测随记，记录后检查复核盛水样容器编号、容积是否正确。及时按任务书规定的方法处理水样，分析计算实测含沙量，当天完成校审手续。每次输沙率测验后应在断面图上方绘制含沙量横向分布图，每3～5次输沙率测验结果应绘在一张图纸上并进行对照，发现问题，应分析原因，及时处理。采用选点法取样时，还需绘制含沙量垂向分布图，分析垂向分布是否符合本站的分布规律。

采用单断沙关系曲线的站，每次输沙率测验后，应及时点绘单断沙关系点，如发现特殊偏离，应分析原因，及时处理。在水位、流量与单样含沙量综合过程线上，比较含沙量与其他两个因素的变化趋势，检查测次分布是否合理。发现与综合过程线不相应的突出点时，应从取样位置、断面冲淤变化、主流摆动及水样处理等方面检查分析，及时处理。

注意事项：

(1) 各项资料的数据整理、考证、定线、节点加工，至少要保证初作、校核、审查三道工序。

(2) 原始资料校审要做到日清月结，一般当天测量或观测的资料应当天整理计算完毕，5天以内完成“双校”和“四随”分析工作。当月的资料必须在次月5日以前全面完成校审工作，每月10日前对上月资料进行整编入库。

（3）报汛站点水位流量关系线发生变化时，应及时进行结点更新。

5.5 水文监测专项工作

5.5.1 测站考证

为反映水文资料系列一致性可能受影响的程度，与测站水文要素观测同步，对测验环境条件、观测技术、数据质量和测站测验任务等变化情况进行的相关测量、记录、说明和形成考证资料的工作，称为测站考证。

水文测站考证要完整记录与水文要素观测相关的环境条件因素及其变化情况。

水文测站考证通常在公历逢五逢零年份进行。在年度水文资料整编工作中，对当年发生变动的情况，进行测站沿革考证。

1. 测站考证内容

（1）对测验河段及其附近河流情况考证

测验河段顺直长度及距下游控制断面，如急滩、弯道、卡口等处的距离；高中水控制条件；河床组成、冲淤情况；高水分流、漫滩及枯水浅滩、沙洲出现情况；支流的汇入及引排水工程的影响等。

断面主要测验设施布设情况，考证的主要内容包括：基本水尺断面、测流断面、浮标上下断面，比降上下水尺断面布设情况和相对位置；断面迁移情况、迁移的原因、时间及距离等。另外还要查清基线的位置、长度及变动情况，测验设施建成年月及使用、更新、改造情况等。

（2）基面和水准点的考证

基面考证内容为：查清使用基面的变迁情况，把测站采用的冻结基面与绝对基面高程之间的关系考证清楚。水准点考证内容为：查清测站所有水准点有无因自然或人为因素影响，高程发生变动的情况。如有变动，应查明原因和日期，并对水准点高程做相应改变。如水准点本身没有变动，只因水准网复测、平差或绝对基面变动，使引据水准点高程变动时，本站水准点使用冻结高程时仍保持不变，只把变动差值标注清楚即可。

（3）测站以上（区间）主要水利工程基本情况的考证

查清测站（区间）以上主要水利工程的分布、名称、类型、标准及变动情况，拦、蓄水情况，以及引入、引出水情况等。

2. 水文站、水位站考证

水文站、水位站的测站考证主要内容：

（1）测站的地理位置，所在流域、水系、汇入河流或湖泊、海洋、地点。

（2）测站沿革，其设立、停测、恢复、迁移、测站性质、类别变动和领导机关的变动等较大事件发生时间、变动情况等。

（3）测验河段和附近河流情况，以及断面水文条件、河流形态、水工程影响等。

（4）断面的布设情况和相对位置，以及断面的变动情况。

（5）基面和测站的引据水准点，以及基本水准点、校核水准点的变动情况及统计。

（6）测站上下游主要水利工程和可能受工程影响的情况说明。

（7）水系和测站平面位置图，以及测站地形图、测验断面、测验设施及设备布置图等。

（8）水文测验设施及设备变动情况。

（9）堰闸站、水库站的测站，还应考证工程的结构形式与运行的基本情况。

（10）水电站、抽水站的测站，还应考证装机数量、容量、水头（扬程）等情况。

3. 降水量站、蒸发站考证

降水量站、蒸发站的测站考证主要内容：

(1) 测站的地理位置、所在流域、水系、河流、地点等。

(2) 测站沿革，其设立、停测、恢复、迁移、测站性质、类别变动和领导机关变动等较大事件发生时间、变动情况等。

(3) 观测场地周围情况、地形地貌，以及气象条件、气流条件、建筑物影响、风沙雾霾、植被情况等。

(4) 观测场地的布设情况、设备相对位置、观测设备仪器型式变动情况。

(5) 观测场地的绝对高程、设备器口离地高度。

(6) 水系及测站位置图、测站地形图或平面示意图。

(7) 测站为非地面站的，还应考证所在建筑的结构形式、周围情况，如高度、底面情况。

(8) 观测场地为遮蔽情况的，应绘制陆上水面蒸发场平面图。

下列情况发生时，应进行考证并在资料汇编、水文年鉴中说明：

① 测站设立、暂停、撤销、恢复、迁移观测等。

② 水工程出现重大变化或重大运行变化情况。

③ 发生特殊水文或气象现象。

④ 发生特殊地质情况。

⑤ 其他引起水文要素重大变化的自然或人为影响变化。

5.5.2 水文调查

水文调查是水文测验的重要组成部分，是掌握水文情势、搜集水文资料的重要手段。为弥补水文测站定位观测在时间和空间上的局限性、监测能力的有限性及人类活动对流域下垫面条件的改变影响或其他原因导致水文资料完整性缺失，均需开展水文调查。水文调查确保了水文资料的完整性和系列的一致性，扩大了水文资料的收集范围，提高了水文资料的使用价值。

水文调查一般以调查区为单元进行，采用现场调查、文献调查与历史资料考证等工作方式采集水文信息及有关资料。

水文调查的内容分为流域基本情况调查、水量调查、暴雨和洪水调查、枯水和旱情调查、专项水文调查。水文测报工作中，基本水文站在设站之初应进行流域基本情况调查，当暴雨、洪水、枯水达到规定级别时，应进行调查。

1. 水文调查的主要内容

(1) 流域基本情况调查，即基本站上游集水区内流域基本情况调查。

(2) 水量调查，即基本站受水工程影响程度达到中等影响时，对河川径流进行还原水量调查和水量平衡调查。

(3) 暴雨和洪水调查，即基本站设站初期进行历史暴雨、洪水调查，或超过一定标准的当年暴雨、洪水调查。

(4) 其他专项水文调查，即为了专门目的收集某专项水文资料需要开展的调查。

2. 水文调查的方法

(1) 野外调查。对于一般的水利工程、分洪、决口、溃堤、洼地等，可通过野外查勘、实地测量等推算搜集资料，也可通过走访当地群众了解收集水文资料。

(2) 设立辅助站(建立委托观测点)。有些调节水量较大的水库、堰闸、引水口、退水口等水利工程，可设立辅助站，或建立委托观测点，定点观测水位和工程运行情况，以推算水量。

(3) 巡测。对于有些观测地点,可根据交通和测量要素的特点,采用定期巡测的方法测得水文资料。

(4) 搜集和汇交。根据水文条例等法规的要求,对水利工程管理部门及有关专用测站观测的水位、降水量、流量、引水量、引沙量、退水量等水文资料及闸门启闭情况、发电量等工程运行记录进行搜集和汇交。

3. 流域基本情况调查

(1) 流域基本情况调查的内容

① 自然地理条件,包括地理位置、主要河流(渠道)、湖泊、水库、冰川等水体水系情况及几何特征,以及地形、地貌、地质、土壤、植被、水土流失等资料。

② 水文站和水文气象特征,包括历史的和现有的各种水文、气象测站的位置、设站时间、观测情况,水文测站附近的水准点位置,等级、采用基面和高程等情况,各项水文要素的月均值、年均值和极值等特征值。

③ 历史资料,包括历史上发生的较大洪、涝、凌、旱等灾害的时间、范围、主要地段和受灾损失等情况,以及水质及水污染状况。

④ 水利工程,包括水库、堰闸、水电站、灌区、取水口、蓄滞洪区、跨流域引水、水土保持等各种水工程的名称、位置、数量、规模和建成时间等基本情况。

⑤ 社会经济发展概况,水资源概况,农业、工业、生活及生态用水情况。

⑥ 流域地形图。

(2) 受人类活动影响流域的情况调查

由于修建水库、灌溉或开采地下水等人类活动影响,流域水文情势和水环境发生显著变化,可以进行定性调查。调查的内容如下:

① 修建水库、灌溉、过量开采地下水等引起地下水水位变化、地面下沉或海水入侵。

② 修建水库后库区回水影响范围,发生的淤积、冲刷、库岸坍塌、库岸地下水调节水量。

③ 修建水库后下游河床发生的冲刷和淤积。

④ 河流改道原因及影响。

⑤ 其他水环境变化。

4. 暴雨调查

特大暴雨在进行暴雨系列统计分析中有着重要的地位,但往往因历史和技术原因,缺漏测特大暴雨,因此暴雨调查就成为掌握特大暴雨信息的重要手段。它与洪水调查工作是相辅相成的,暴雨调查分为历史暴雨调查、近期发生的暴雨调查和当年暴雨调查。由于历史暴雨时隔已久,难以调查到确切数量。一般可通过历史文献记载描述资料,以及当地群众对当时雨势、地面坑塘积水、露天器皿接水等情况的回忆,并结合历史洪水的调查资料,分析估算暴雨量及其过程或者确定暴雨的量级。对当年或近期暴雨调查,雨量及其过程应详细准确地记录,如雨量、雨强、历时、降雨过程、地区分布及暴雨成因等。调查一般从暴雨中心开始,逐渐向周围地区扩散。对暴雨中心雨量的确定,应做多处调查,进行分析论证,并确定其可靠程度。

(1) 当发生下列暴雨情况时应进行调查

① 次暴雨或最大 1 h、2 h、3 h、6 h、12 h、24 h 点暴雨量的重现期超过 100 年一遇。

② 水文测站洪水重现期超过 50 年一遇的相应面暴雨。

③ 造成重大人员伤亡、财产损失的暴雨。

④ 造成重大泥石流、山体滑坡等地质灾害的突发暴雨。

⑤ 其他需要调查的暴雨。

(2) 暴雨调查的主要内容

① 确定各调查点不同历时最大暴雨量,若有困难时,可根据近期发生的实测暴雨资料和调查情况,估

算暴雨量级。

② 暴雨的起止时间、强度和时程分配。

③ 调查确定暴雨的中心位置、走向、分布和大于某一量级的笼罩面积。

④ 分析天气现象和暴雨成果。

⑤ 调查暴雨对生产和民用设施的破坏和损失情况。

⑥ 在暴雨中心附近的小河流上进行洪水调查，反推估算暴雨量。

⑦ 分析和确定暴雨量。

⑧ 估算暴雨的重现期。

⑨ 评价调查成果的可靠性。

(3) 暴雨调查的方法

① 收集水文和气象等部门的实测降水量资料。

② 暴雨调查点数量和位置应满足暴雨量等值线的绘制要求。

③ 了解和估算暴雨量的承雨器在暴雨期间是否置于露天空旷不受地形地物影响的地方，宜附上承雨器和地形照片，准确量算器具内水体体积和承雨器口面积，并应扣除器具内原有积水等非降水量所占体积，加上漫溢、渗漏等损失的降水量体积。

④ 暴雨中心的调查值，应与邻近的降水量站实测值对照分析。

⑤ 暴雨的重现期，应通过对被调查人亲身经历和传闻的调查、历史文献和文物的考证，以及中小河流相应洪水重现期的分析等综合确定。

(4) 暴雨调查资料成果整理

① 填制各调查点暴雨量表。

② 绘制暴雨量等值线图。

③ 绘制暴雨量、面积和历时关系图。

(5) 暴雨调查的合理性检查

① 填制暴雨调查点与邻近站实测暴雨成果对照表，检查其合理性。

② 分析中小河流断面实测或调查洪水总量与相应暴雨总量，检查其合理性。

5. 洪水调查

(1) 洪水调查对象

① 排位前三的历史洪水。

② 重现期超过 50 年一遇的洪水。

③ 漏测实测系列的最大洪水。

④ 造成重大人员伤亡、财产损失的洪水。

⑤ 造成河堤决口、分洪、严重滞洪的洪水。

⑥ 其他需要调查的洪水。

(2) 洪水调查内容

① 洪水发生的年月日。

② 最高洪水位的痕迹、洪水历时及涨落变化情况。

③ 调查河段发生洪水时的洪水组成、滩地植被情况及冲淤变化情况。

④ 测量洪水痕迹高程、河道纵横断面、河道简易地形或平面图。

⑤ 洪水来源、成因及组成情况。

⑥ 与洪水相应的流域降水情况，包括降水量、降水历时、强度变化和笼罩面积。

⑦ 与洪水有关的文献文物的考证及影像资料。

⑧ 洪峰流量、洪水总量及洪水过程的推算和分析。

⑨ 排定全部洪水(包括实测值)的大小位次,计算洪水重现期。

(3) 非固定点洪水调查

在进行洪水调查时,根据实际需要,可以在任何河段或断面上进行,即为非固定点调查。调查的方法包括收集资料、选择调查河段、确定历史洪水发生的时间、寻找并确定洪水痕迹、做好洪水调查的摄影、洪水调查测量、弯道河段的断面平均洪水位计算等。

在调查之前,要尽量收集资料,包括流域水系、河道断面、历史水灾、地方志等资料,流域内实测及调查暴雨资料,邻近有关水文站水文资料,流域自然地理特征、水工程及变化等。

调查河段的选择。如同测站设立时选择测验河段一样,要求河段顺直、断面较规整、河床较稳定,控制条件较好,无壅水、回水、分流串沟,无较大支流汇入。

寻找并确定洪水痕迹,要仔细在调查河段两岸寻找明显、固定、可靠和具有代表性的洪水痕迹,还必须经调查人指认后现场核实确定,洪痕点确定后应做临时标记,重要洪痕点应埋设永久标志物。用洪痕面积法推算流量时,洪痕点不少于2个;采用水面曲线法推算时,洪痕点不少于3个;调查河道遇有弯道时,两岸均应有足够的洪痕点。

(4) 固定点洪水调查

在进行洪水调查时,可以在测站所在的河段或断面上每年进行,这种形式的调查即为固定点调查。固定点的洪水调查,需要每年记录最高水位和最大流量,必要时,对不同洪水的洪峰水位与流量进行调查。

固定点洪水调查要布设水文观测基本设施,并进行观测记录,满足必要的实测、调查及推算要求。

(5) 洪峰流量和洪水总量计算

① 洪峰流量的计算方法

采用水位流量关系曲线法推算洪峰流量。如果调查河段附近有基本水文站、区间无较大支流加入,而又有条件将调查洪痕移到基本水文站断面时,可用该断面的水位流量关系曲线通过高水延长法推算洪峰流量。

采用比降面积法推算洪峰流量。调查河段顺直、洪痕点较多、河床稳定时,可用比降面积法计算洪峰流量。

采用水面曲线法推算洪峰流量。采用水面曲线法估算洪峰流量的过程,实际上是试算的过程。

② 洪水调查成果合理性检查

洪水调查的成果,需要进行合理性检查,其主要内容有洪痕的代表性和洪痕线分析、检查洪痕突出偏高和偏低产生的原因。检查的方法有以下几种:与邻近地区水系上下游、干支流的洪峰流量、洪水总量进行对照;编制同次暴雨洪峰模数分布图,通过对照暴雨分布,检查上下游和区间洪峰模数合理性,也可对同频率洪峰流量与流域面积关系进行分析;建立流域产汇流模型或上下游洪水相关关系,检查成果的合理性。

6. 枯水调查

枯水调查分为当年枯水调查和历史枯水调查。当河流发生历年某时段最低(次低)水位或最小(次小)流量时,进行当年枯水调查;历史枯水调查根据需要进行。

7. 水文调查报告的编写

水文调查结束后,要对调查资料质量按可靠、较可靠和供参考三级进行评价,并编写水文调查报告。

调查报告的主要内容有任务来源、调查人员组成、调查区域概况、采用和参考的主要技术文献及调查方案、使用的主要仪器设备、有关资料的收集和考证、调查整编成果、合理性检查、成果审查和评价、资料处理等。

第6章 水文资料整编

水文资料整编是按照科学的方法和统一的格式对各类水文测站测得的原始资料进行整理、分析、统计和提炼，使其成为系统的整编成果的过程。整编成果包括主要水文观测资料的实测成果、各项目整编成果以及用图表和必要文字概括的综合说明资料。水文资料整编的成果是以水文年鉴的形式呈现并长期保存。

水文资料整编是水文测站的日常工作，"日清月结、按月整编"的即时整编工作方式对测站人员提出了更高的技术要求，水文测站工作人员必须全面掌握水文资料整编的任务、内容和技术方法。

为保证水文资料整编成果质量，在资料审查过程中，要树立"大错不放过，小错不忽略"的思想，严格执行规范要求的质量标准。在按规范要求进行审查的同时，要掌握有效的审查方法，提高审查效率。具体可按照"盯住变化、抓好关联、仔细对照、重视验证、用好图表、紧跟改动"的思路实施。

6.1 水文资料整编主要任务

水文资料整编包括在站整编、审查、复审和汇编4个工作阶段。各阶段工作任务如下。

1. 在站整编阶段

在站整编工作由水文站或水文勘测队（县级水文局、水文中心站）负责完成，主要内容包括：

(1) 测站考证。包括测站说明表和位置图、水文站以上（区间）主要水利工程基本情况表和分布图、陆上（漂浮）水面蒸发场说明表及平面图。

(2) 对原始资料进行审核。审核原始资料的目的在于全面消除错误，统一规格。审核时，着重检查资料的插补、日平均值的计算及各项特征值的统计有无错误，必要时，对计算结果可部分抽查或全部重算一次。

(3) 确定整编方法、点绘水位流量关系曲线及检验。

(4) 数据整编、输入及编制图表。

(5) 单站合理性检查。

(6) 编写单站资料整编说明，并进行单站资料质量评定。

2. 审查阶段

审查工作由市、州水文部门负责完成。主要内容包括：

(1) 抽查原始资料。

(2) 对考证、定线、数据整理表、数据文件及整编成果进行全面检查。

(3) 审查单站合理性检查图表。

(4) 对整编范围内的流域、水系上下游站或邻近站的综合合理性进行全面检查。

(5) 进行资料质量评定。

(6) 编制测站一览表及整编说明。

3. 复审阶段

复审工作由省级水文部门负责完成，或者省级水文部门授权给市州水文部门，由市州水文部门完成。主要工作内容包括：

(1) 抽取不少于10%的测站，对考证、定线、数据整理表、数据文件及成果表进行全面检查，其余只做主要项目检查。

(2) 对全部整编成果进行表面统一检查。

(3) 复查综合合理性检查图表，进行复审范围内的综合合理性检查。

(4) 评定整编成果质量，并进行验收。

4. 汇编阶段

汇编工作由汇刊机关主持，有关单位参加共同完成。主要包括以下内容：

(1) 资料审查。

(2) 综合说明资料编制。

6.2 水文资料整编内容及方法

水文资料整编工作主要包括以下内容：

(1) 搜集有关资料。包括考证资料、原始资料、水文调查资料、历年整编有关情况和成果等相关资料。

(2) 审核原始资料。审核测验、计算方法是否正确，重点应放在洪水时期的不同测算方法，尤其是对缺测、插补、改正等资料重点检查。

(3) 确定整编方法。根据测站特性，选用合理的定线、推算方法；对数据进行整理，填制有关加工表，通过整编软件操作。

(4) 进行单站合理性检查并编制有关整编说明书。

6.2.1 水位资料整编

1. 工作内容

河道站水位资料整编内容主要有：

(1) 考证水尺零点高程。

(2) 绘制逐时或逐日平均水位过程线。

(3) 数据整理。

(4) 编制逐日平均水位表，水位站可编制洪水水位摘录表。

(5) 单站合理性检查及综合合理性检查。

(6) 编制水位资料整编说明表。

2. 整编方法

当一日内水位变化平稳，只观测一次水位时，该次水位值即可作为当日的日平均水位；当一日内观测一次以上水位时，可采用算术平均法或面积包围法计算日平均水位；当算术平均法或其他方法与面积包围法计算的结果相差超过2 cm时，应采用面积包围法计算结果。

3. 整编成果

按照一定的方法和技术标准，对水位资料进行整编，主要成果有：

(1) 水尺零点高程考证表。

(2) 逐日平均水位表。

(3) 水位站洪水水位摘录表。

(4) 逐日水温表。

6.2.2 流量资料整编

流量资料整编是水文资料整编的一项重要内容，是整编工作量较大、技术含量较高的一项工作，其核心是建立水位流量关系、流量时间关系。水位流量关系复杂，受水力因素的影响很多，各站的特性和控制条件也不尽相同。因此，要整编好流量资料，必须采用科学的方法获得实测资料，掌握测站特性并正确运用整编理论和方法。

流量资料整编的主要工作环节有两个：定线和推流。定线就是根据实测流量资料率定出与流量关系密切的水文要素之间的关系；推流就是采用水文要素和率定的关系推求流量。

水位流量关系分为稳定型和不稳定型，不稳定型的水位流量关系受洪水涨落、冲淤、水草、变动回水等单一或多种因素影响，水位流量关系不呈单值函数关系。

采用河道站方法整编推算流量，主要有单一线法、临时曲线法、连时序法和连实测流量过程线法；采用堰闸站方法整编推算流量，主要是通过建立相关因素与流量系数之间的关系，运用水力学公式进行流量计算，包括堰闸、水电站、抽水站、水库站等受水利工程控制的测站，主要推流方法有综合线法、率定线法、经验公式法等。

1. 工作内容

河道流量资料整编内容包括：

(1) 编制实测流量成果表和实测大断面成果表。

(2) 绘制水位流量、水位面积、水位流速关系曲线。

(3) 水位流量关系曲线分析和检验。

(4) 整编数据整理。使用流量实时自动监测，采集流量过程数据量较大时，可进行精简摘录，摘录的成果应能反映流量变化的完整过程，并满足计算日平均流量及特征值统计的需要。

(5) 整编逐日平均流量表及洪水水文要素摘录表。

(6) 绘制逐时或逐日平均流量过程线。

(7) 单站合理性检查。

(8) 编制河道流量资料整编说明表。

2. 分析及整编方法

(1) 水位流量关系

一个测站的水位流量关系是指基本水尺断面处的水位与通过该断面的流量之间的关系。但有时由于各种条件的限制，测流断面与基本水尺断面不在同一处，若相距较近一般不会影响水位流量关系的建立；若相距较远，但中间无大支流汇入，两断面处的流量基本相等，则基本水尺断面处的水位与测流断面的流量仍可建立关系。

稳定的水位流量关系，是指天然河流中的水位与流量间呈现单一关系。

不稳定的水位流量关系，是指测验河段受断面冲淤、洪水涨落、变动回水或其他因素的个别或综合影响，水位与流量间的关系不呈单值函数关系。

(2) 河道站的水位流量定线推流方法

水文测站的特性和控制条件各不相同，河道站的水位流量定线推流方法有：单一曲线法、临时曲线法、改正水位法、校正因素法、抵偿河长法、等落差法、定落差法、连时序法、连实测流量过程线法。

湖北省水文测站特性分析成果显示，湖北省河道站水位流量关系定线推流方法前三位分别为：单一

（临时）曲线法、连时序法、连实测流量过程线法。

（3）水位流量关系曲线的检验

水位流量关系曲线的建立应经过初定、分析、调整、检验、确定等步骤，检验是确定关系曲线的关键环节，其目的是保证推流的精度。

水位流量关系曲线的检验有 3 项：符号检验、适线检验和偏离数值检验，这些检验的对象都是随机变量，均属于“假设检验”。检验时要先作一定的假设，通过实测资料检验该假设是否成立。

① 符号检验。符号检验的目的是判断两随机变量 x 和 y 的概率分布是否存在显著性差异，即对统计假设 H：$P(x)=P(y)$进行显著性检验。对水位流量关系曲线而言，就是检验所定水位流量关系曲线两侧测点分布是否均衡合理。

② 适线检验。将实测点按水位递增顺序排列后，则各实测点偏离曲线的符号有“＋”“－”，如相邻两点偏离曲线同符号，记为“0”，不同符号记为“1”，则 n 个关系点“0”和“1”之和为 $n-1$。适线检验是单侧检验，因为“1”出现的次数越多，或“0”出现的次数越少，适线越好。

③ 偏离数值检验。该检验是检查测点偏离关系线的平均偏离值是否在合理范围以内，以论证关系曲线是否合理。

④ t 检验。t 检验是以数理统计为基础的一种检验方法，用来判断稳定的水位流量关系是否发生了显著变化、定线是否有明显系统偏离等。t 检验的目的是判断所定的水位流量关系线能否适用于相邻年份、相邻时段。t 检验的基本出发点为假定两组变量在总体方差相同和两组总体均值相等的条件下，对两组样本的均值加以比较，据以判断原曲线有无明显变化。

流量资料整编中，关系曲线为单一线，使用时间较长的临时曲线及经过单值化处理的单一线，测点数在 10 个以上的，应进行三项检验。

（4）流量自动监测资料整编

流量自动监测主要应用于水位流量关系复杂、紊乱，常规流量监测手段无法满足流量资料整编要求的情况。无论采用何种形式的设备，流量在线监测资料整编的思路大体都是根据指标流速推算的断面流量，将推算的断面流量作为实测流量，将实测流量过程线法应用于测站资料整编。

自动监测资料整编可分为两大部分：一是进行监测数据的预处理，主要内容是剔除不合理或错误数据，确保登录数据库监测数据的合理性；二是按连实测流量过程线法进行测站流量资料整编。

3. 流量资料整编成果的合理性检查

整编成果的合理性检查，就是通过各种水文要素的时间分布规律，进一步论证整编成果的合理性，并从中发现整编成果中的问题，予以妥善处理，以保证整编成果的质量，同时对今后测验工作提出改进意见或建议。

（1）单站合理性检查

① 流量过程线与水位过程线对照分析。通常，水位与流量之间有着密切的联系，两种过程的变化趋势相同，且峰形相似，峰谷相应。若发现反常现象，可以从推流所用的水位、推流方法、曲线的点绘和计算方法方面进行检查。

② 历年水位流量关系曲线的对照分析。水位流量关系是河段水力特性和测站特性的综合反映。从综合历年水位流量关系图上能看出曲线的变化趋势。若高水控制良好，冲淤或回水影响不严重，则曲线变化趋势应基本一致，水情变化趋势相似的年份，曲线的变动程度也应相似，否则应查明原因。

（2）综合的合理性检查

综合的合理性检查是指对各站整编成果进行全面检查，主要是利用上下游或流域上各水文要素间相关关系或成因关系来判断各站流量资料的合理性。其主要方法包括：

① 上下游洪峰流量过程线及洪水总量对照。检查时需要绘制“洪水期综合逐时流量过程线”及“各站洪水总量对照表”。对照分析时，着重检查洪水沿河长演进时上下游过程是否相应，以及峰顶流量沿河长

的变化及其发生时间的相应性，检查洪水总量的平衡情况。

② 上下游日平均流量过程线对照。对于日平均流量，上下游变化应相对应。用上下游逐日平均流量过程线可以综合全面地检查上下游日平均流量是否异常。

③ 上下游水量对照。可以用上下游月、年平均流量对照表来对照分析。

在流量整编成果经过审查环节后，应编写流量资料整编说明书，其内容包括：测站的基本情况，如基本设施、流量测验方法和测次等，测站特性和当年水情概况，在测验、计算及整编中发现的影响流量资料精度方面的问题及处理情况，突出点的分析、批判和处理，推流方法的选择。推流方法的选择应详细论述和明确，以便作为今后应用资料时的参考。

4. 整编成果

(1) 实测流量成果表。

(2) 实测大断面成果表。

(3) 逐日平均流量表。

(4) 洪水水文要素摘录表。

6.2.3 泥沙资料整编

泥沙资料整编包括悬移质输沙率资料整编和悬移质泥沙颗粒级配资料整编两部分内容。计量单位含沙量统一采用 kg/m^3，输沙率统一采用 kg/s，输沙量统一采用 10^4 t。

1. 工作内容

(1) 悬移质输沙率资料整编内容包括：

① 实测资料分析与成果数据整理，绘制实测单沙或断沙过程线。

② 编制实测悬移质输沙率成果表。

③ 绘制实测单样含沙量与实测断面平均含沙量关系(简称单断沙关系)曲线，或单断沙比例系数过程线，或流量与输沙率关系曲线，进行关系曲线的分析与检验。

④ 整编逐日平均悬移质输沙率表、逐日平均含沙量表和洪水含沙量摘录表。

⑤ 进行单站合理性检查。

⑥ 编制悬移质输沙率资料整编说明表。

(2) 悬移质泥沙颗料级配资料整编内容包括：

① 实测资料分析与数据整理。

② 编制实测悬移质颗粒级配成果表、实测悬移质单样颗粒级配成果表，实测悬移质流速、含沙量、颗粒级配成果表。

③ 绘制单样颗粒级配与断面平均颗粒级配关系曲线，并进行分析与检验。

④ 整编悬移质断面平均颗粒级配表、日平均悬移质颗粒级配表和月、年平均悬移质颗粒级配表。

⑤ 绘制悬移质颗粒级配曲线，计算特征值。

⑥ 进行单站悬移质颗粒级配资料的合理性检查。

⑦ 编制悬移质泥沙颗粒级配资料整编说明表。

2. 整编方法

单断沙关系曲线法。适用于单断沙关系良好或比较稳定的测站。定线方法：单断沙关系点较密集且分布成一带状，无明显系统偏离，即可定为单一线。推沙方法：单断沙关系为单一直线，用单沙计算断沙；特殊情况下，采用实测单沙过程线法进行资料整编。

3. 整编成果

(1) 悬移质输沙率资料整编成果包括：
① 实测悬移质输沙率成果表。
② 实测悬移质单样成果表。
③ 逐日平均输沙率表。
④ 逐日平均含沙量表。
⑤ 洪水含沙量摘录表。
(2) 悬移质泥沙颗粒级配资料整编成果包括：
① 实测悬移质颗粒级配成果表。
② 实测悬移质单样颗粒级配成果表。
③ 悬移质断面平均颗粒级配成果表。
④ 月、年平均悬移质颗粒级配表。
⑤ 日平均颗粒级配成果表。
⑥ 月、年平均颗粒级配曲线图。

6.2.4 降水量、水面蒸发量资料整编

1. 工作内容

(1) 降水量资料整编包括下列内容：

① 对观测记录进行审核，检查观测、记载、缺测等情况。对于人工观测资料，应检查观测段次和记录是否符合规定；对于翻斗式自记资料，应检查记录数据值与仪器分辨力是否相符，记录时间日误差是否符合有关规范的规定。

② 整编逐日降水量表、降水量摘录表、各时段最大降水量表(1)、各时段最大降水量表(2)。

③ 单站合理性检查。

④ 编制降水量资料整编说明表。

(2) 水面蒸发量资料整编包括下列内容：

① 整编逐日水面蒸发量表及水面蒸发量辅助项目月、年统计表。

② 结冰期以每天8时观测为准记结冰符号，作为当日结冰情况，并用“B”表示。有合并观测的月极值挑选，当合并量平均值当选时，值与日期均加括号；实测值当选最大值，若实测值大于各段合并量，则值和日期均不加括号，若实测值小于各段合并量，则值和日期均加括号；实测0当选最小值时，值不加括号，日期出现在合并量前不加括号，出现在合并量后则加括号。

③ 单站合理性检查。

④ 编制蒸发量资料整编说明表。

2. 整编成果

(1) 降水量资料整编成果：
① 逐日降水量表。
② 降水量摘录表。
③ 各时段最大降水量表(1)。
④ 各时段最大降水量表(2)。
⑤ 逐日降水量对照表。
⑥ 各站年降水量对照表。

(2) 水面蒸发量资料整编成果：

逐日水面蒸发量表。

6.2.5 河道站水位流量定线分析

河道站水位流量定线分析(流量资料整编)包括关系曲线的绘制、低水放大图的绘制、逐时水位过程线的绘制、突出点的检查分析和定线五部分内容。

1. 关系曲线的绘制

在同一张方格纸上，以水位为纵坐标，自左至右，依次以流量、面积、流速为横坐标点绘实测点。纵横比例尺要选取 1、2、5 的整倍数，以方便读图，根据图纸的大小及水位、流量、面积、流速变幅，确定的比例要使水位流量关系曲线、水位面积关系曲线、水位流速关系曲线分别与横轴大致成 45°、60°、60°的交角，并使 3 条关系线互不相交。

为了便于分析测点的走向变化，须在每个测点的右上角或同一水平线以外的一定位置，注明测点序号。测流方法不同的测点，用不同的符号表示。为保证年际资料的衔接，在图中还应将上年末和下年初的点绘入。在关系图上要注明河名、站名、年份及水位流量关系曲线、水位面积关系曲线、水位流速关系曲线等。

2. 低水放大图的绘制

为保证读图精度，水位流量关系曲线的低水部分一般都要另绘放大图。按照规范标准规定：读图的最大误差应小于或等于 2.5%，这样，不论流量比例如何，放大界限一律位于从横坐标零点算起的 20 mm 处，低水放大比例仍按 1、2、5 的整数倍。

3. 逐时水位过程线的绘制

绘制上述关系曲线，必须先绘逐时水位过程线，避免盲目定线。如果平时没有分月的逐时水位过程线，可以绘汛期洪峰过程线，水位过程线的比例最好与关系线比例一致。

4. 突出点的检查分析

从水位流量关系点的分布中常发现少数突出反常的点，称为突出点，对这些点应进行认真的分析，找出突出的原因。

突出点的检查，可从以下 3 方面进行：

① 根据水位流量关系曲线、水位面积关系曲线、水位流速关系曲线的一般性质，结合本站特性和测验情况，从线形、曲度、点据分布带的宽度等方面，去研究分析三条关系线的相互关系，检查偏离原因。

② 通过本站水位和流量过程线对照，在流量过程线上点绘各实测流量点，并检查、分析、发现问题。

③ 与历年水位流量关系曲线进行比较，检查其趋势是否一致。

突出点的产生原因可能是人为错误，也可能是特殊水情变化。突出点经检查分析后，应根据以下 3 种情况予以处理：

① 如突出点是水力因素变化或特殊水情造成，则应作为可靠资料看待，必要时可说明其情况。

② 如突出点是测验错误造成的，能够改正的应予以改正，无法改正的，可以舍弃。除计算错误外，都要说明改正的依据或舍弃的原因。

③ 如突出点暂时检查不出反常原因，可暂时将其作为可疑资料，有待继续调查研究分析，并予以适当处理和说明。

5. 定线

定线是用图解的方法率定水位流量关系曲线，分为初步定线和修正曲线两个阶段。目前，在湖北省资料整编中，人工定线和计算机定线同时并存。

定线是一个不断试错、修正误差、积累经验、提高精度的过程。定线时要注意的事项包括：

① 通过点群中心定出一条光滑的关系曲线，以消除一部分测验误差。

② 防止系统误差，对突出点产生的原因和处理方法，要作具体说明。

③ 参照水位过程线，关系线形应符合测站特性，高低水延长方法要恰当。

④ 所定曲线前后年份要衔接，分期定线要注意前后期曲线衔接，且与主图、放大图衔接，避免由此产生误差。

⑤ 曲线初步定好后，应与历年关系曲线进行比较，检查其趋势及各线相互关系是否合理，如不合理应查明原因进行修改。

⑥ 采用计算机定线时，应在曲线转折、曲率较大处适当增加节点。

6.2.6 地下水资料整编

1. 工作内容

（1）对自动监测记录进行审核，检查缺测等情况。

（2）对数据进行插补、修正等处理。

（3）录入逐日平均水位过程线。

（4）单站合理性、多站合理性及综合合理性检查。

（5）编制地下水监测资料整编说明。

2. 整编方法

以每日6个监测数据的平均值作为当日的日平均水位（埋深、水温），以每年所有日平均数据的平均值作为当年的年平均水位（埋深、水温）。

3. 整编成果

（1）地下水水位逐日监测成果表。

（2）地下水水位年特征值统计表。

（3）地下水埋深逐日监测成果表。

（4）地下水埋深年特征值统计表。

（5）地下水水温逐日监测成果表。

（6）地下水水温年特征值统计表。

第7章　水文测站管理

7.1　管理制度

水文测站管理制度包括：岗位职责、学习制度、属站管理制度、水文资料管理制度、报汛管理制度、安全生产制度、仪器设备管理制度、作息考勤登记制度、水情值班制度、档案管理制度等。

1. 岗位职责

（1）站长负责并主持测站的全面工作。宣传和贯彻执行国家的有关法律、法规、方针政策及上级部门的决定、指令；组织制订年度工作计划，组织制定规章制度，并检查执行情况；负责做好职工思想政治工作，组织召开会议，负责传达并学习上级文件及会议精神；负责财务报销的审查；负责联系地方政府、单位，协调工作；组织开展测站业务工作，负责测站安全生产管理工作；完成上级交办的其他工作。

（2）勘测技术岗承担降水、蒸发、水位、流量、泥沙等水文要素的测验工作；承担水文测量、仪器设备维修保养工作；承担水雨情报预报报送工作；承担水文资料整理、校核、审核等工作；承担遥测站点的运行维护管理工作等。

（3）测验资料管理岗负责测验资料保管、即时整编入库等工作。

（4）综合管理岗负责测站档案管理、仪器设备保管、宣传报道等工作。

2. 学习制度

（1）学习组织。测站负责人根据测站实际制订学习计划、主持集中学习、开展学习交流，督促、检查、落实学习内容。

（2）学习内容。学习内容包括政治理论、水文业务、综合能力提升等方面的学习。

（3）学习形式。学习形式采取个人自学、集中学习、专题研讨、辅导讲座、交流经验等形式进行。学习可与站务会议相结合，结合当前实际工作来开展，主要以个人自学和集中学习为主。

（4）学习时间。每月至少组织一次集中学习讨论，每次集中学习讨论时间不少于2小时。

（5）学习要求。全体职工要提高对学习重要性和必要性的认识，科学安排好学习时间，认真落实学习计划，自觉完成自学任务，积极参加集中学习，每次集中学习时严格执行考勤制度。

3. 属站管理制度

（1）加强属站管理，对属站进行有效的工作督促、业务指导和仪器故障排除处理方法操作指导，遇特殊情况要及时电话联系，进行全方位指导。

（2）每日登录水雨情查询系统对辖区内属站水雨情观测值进行检查对照，若发现问题，应迅速核实、及时解决。每月要对委托站点水雨情信息进行认真汇总、整理、校核，及时对照邻近站点进行合理性检查分析，发现疑点要迅速核查处理，确保资料准确无误。

（3）每年汛前，及时到各属站进行仪器清洗、检查、仪器试验率定，并对委托观测员进行技术培训，做好检查维修记录。汛期密切监视各属站水雨情信息，对有问题的仪器进行维护与保养，做好相关记录。汛后分析总结全年的属站观测工作，做好相关记录。

(4) 加强各属站仪器设备安全管理，督促委托观测员勤检查、勤巡视，防止仪器设备损坏被盗，制定相关应急措施。

(5) 对委托观测员进行必要的安全生产教育，明确有关安全生产内容。

4. 水文资料管理制度

(1) 水文资料严格实行统一汇交、审定管理制度。

(2) 水文资料实行专人管理，确保水文资料完整、安全。

(3) 资料管理人员要加强对水文资料管理，做到定期清点和检查。

(4) 原始资料和各种图表要统一保存。校核手续完毕后的水文资料禁止擅自改动或私自藏匿，须上交资料管理人员统一保存。

(5) 严格执行水文资料借阅审批制度，禁止将水文资料私自对外提供。不准随便摘录水文资料内容，未经许可不得对外公布水文资料。

(6) 全体站员应认真学习各项保密规定，增强保密意识和法治观念，自觉履行保密工作制度。

5. 档案管理制度

(1) 水文测站各类资料应进行分类归档管理，主要包括：行政文件、水文测站基础设施和仪器设备档案资料、仪器设备检定检验记载、水文测验资料和整编成果、检查维护记录台账等。

(2) 水文测站档案管理由专人负责，对档案的接收、整理、移交等做好记录，档案管理人员工作变动时，应按规定办理移交手续。

(3) 所有留站资料、文件应每年装订，分类存放，易于查找。

(4) 水文测站运行管理资料应按规定建档立卡，分类清楚，存放有序，归档资料应做到准确、完整、系统。档案借阅应做到收、借有手续，定期归还。

(5) 严格遵守资料保密制度，未获批准，不得传阅，禁止公开涉密档案资料。

(6) 查阅、借阅人员不得对档案资料进行圈点、涂改、撕页、画杠、拆卷、抽页、拍照。借阅者归还档案时，档案管理人员和借阅人员要详细清点，确认无误后方能办理归还手续。

(7) 水文测站应设有专门的档案室，其位置、防护结构及配套设施设备等应符合有关规定，满足防潮、防火、防盗、防光、防蛀等要求。

(8) 要认真执行《中华人民共和国保守国家秘密法》，做好保守国家秘密工作。所有接触档案的人员都应以《中华人民共和国保守国家秘密法》规范自己的言行，保守党和国家的机密，在任何场合，对任何人都不得议论档案的内容。

6. 水情值班制度

(1) 严格遵守防汛工作纪律，服从工作安排，确保水雨情信息畅通。

(2) 按照《报汛任务书》和《水文情报预报规范》(GB/T 22482)的要求，及时报送水雨情信息。遇到较大水雨情、险情时，随时加报，做到不迟报、不错报、不缺报、不漏报。

(3) 值班人员应时刻关注水文信息管理系统平台，监视各遥测站点运行状况，并做好记录。发现故障站点应及时通知运维人员进行检修维护。

(4) 密切关注水雨情变化趋势，做好信息记录。当遇有特殊水雨情时，应及时上报。及时传递水雨情预警预报信息，为地方防汛抗旱指挥部门提供决策依据。

(5) 值班人员应按照水雨情信息发布权限做好水雨情预警预报信息传递。

(6) 值班人员应做好来文、来电等信息记录工作，做好填写工作日志、考勤表等站务工作。

（7）值班人员应做好办公室卫生清洁工作，保持办公室及周围环境整洁干净。不得在值班室会客、长时间打私人电话，不得在计算机上玩游戏。

（8）交接班时，严格做好工作事项交接。

7. 仪器设备管理制度

（1）水文仪器设备实行统一管理。仪器室应至少有一名专职（或专责）技术人员具体管理，全面负责仪器设备的存储、维护、流转等方面的工作。

（2）应建立各类专业仪器设备档案。档案包括仪器设备名称、制造商、型号、序号或其他唯一性标识；设备技术资料；技术检验检测报告；损坏、故障、修理等记录。

（3）应建立仪器设备台账。台账包括：设备价值；购置日期和登记日期；目前放置（使用）地点、检校周期和检校日期、仪器设备状况。

（4）应做好仪器设备的使用记录工作。记录包括批准人、使用人、调入调出时间、使用事由等。对使用过的仪器设备要按设备清单认真做好检查，出现故障要及时修理。对于不同状态的设备，分别贴上"合格"（绿色）、"准用"（黄色）、"停用"（红色）三色标识。

（5）应严格执行仪器设备审批手续。所有水文仪器设备实行先入库再办理领用手续，不允许不入库自行使用。仪器设备领用或借用时，需经负责人签字后方可借出，借用设备领用人与管理人应当面检查，认可后登记签字，必须注明归还日期。到期未还，器材管理员有责任催还，归还时必须全面检查，经确认正常后方可入库。不得利用职务之便，内盗、变卖公物器材。不得随意借用公物给私人使用。

（6）应做好仪器设备的管理维护记录工作。管理人员应着工作装进出仪器室，定期通风除潮，并按仪器设备要求，及时做好充电、润滑、防锈、防腐、防尘、防霉等方面的维护保养工作。

（7）应建立仪器设备的报损、报废制度。对使用年限超出《水文基础设施及技术装备管理规范》（SL/T 415）规定要求的、维修后不能达到相关技术标准要求的、损坏无修复价值及丢失的仪器设备，应报请上级主管部门批准后，进行报损、报废处理。

8. 作息考勤登记制度

（1）工作作息时间按上级统一规定执行，观测人员需按观测要求提前十分钟到达工作岗位。

（2）汛期及节假日值班人员由测站负责人统筹安排，值班人员负责处理值班期间事务，须坚守岗位，做好值班日志和交接班记录。汛期认真贯彻执行 24 小时值班制度。

（3）日常考勤由当天值班人员据实填报；职工外出或出差，须经负责人同意后进行备注。

（4）职工考勤每月公布，由负责人在例会上通报，各站员在考勤表上签字确认。

（5）严格请假登记制度。工作人员因病、因事请假或公休的，事先必须按规定程序履行请假手续。主汛期原则上不安排休假，如特殊情况，在不影响测站工作情况下，经测站负责人同意，履行请假手续，批准后方可执行。

（6）出差人员应事先填制《差旅审批单》，经有关领导签批后送综合办公室备案，综合办公室依据请假条及出差审批表核计考勤。

（7）全体职工应严格依照上述规定执行作息时间及统计考勤，不得徇私舞弊，如遇到上述规定以外的问题，应及时请示分管领导后再行处理。

7.2 操作规程

1. 水文测量操作规程

水文测量应符合《水文测量规范》（SL 58）的要求。

（1）水文测量准备

主要包括：根据测量任务内容合理规划测量线路，确定测量方法；做好测量仪器检查、检验，电池充电等准备工作；检查通信设备、安全生产器具等；备足各类记录记载表；做好人员分工及后勤保障工作。

（2）水文测量流程

在水文测量工作中，应严格按照相关规范的要求执行。主要内容包括：仪器安置；测量观测；成果计算；测量质量评定。

2. 水文缆道操作规程

（1）检查准备

主要包括：开机前全面检查供电系统有无断路、短路、电压反常现象，如发现问题及时处理，确保安全供电；缆道启动前检查核对所有接线是否正确；检查水文缆道绞车，绞车固定螺丝有无松动，传动齿轮是否完全咬合，导向滑轮上的钢丝绳是否有跳槽现象，光电计数轮与钢丝轮是否接触良好；检查操作台，调速旋钮是否左旋到最小位置，按钮指示灯是否正常，按钮是否处于弹出状态；检查监控设备，打开监控显示器电源，查看各个监控界面是否正常，监控画面是否清晰；装上测流信号器、流速仪，检查并接好流速仪信号线，转动测流桨叶，测试接收信号是否正常。

（2）流量测验操作

① 按下操作台上的上升按钮，慢旋向右转动调速旋钮，将铅鱼升起，按停止按钮，再按前进按钮，将铅鱼水平送出，到达零点桩后水平计数器置零，然后开出，到达测流垂线位置后左旋调速旋钮到最小位置，按下停止按钮，然后按下降按钮，实测水深，把铅鱼运行到水下相对水深位置，测流开始。

② “向上”“向下”“前进”“后退”这四个动作按钮，每按一个动作按钮前，必须先按下“停止”按钮；不允许同时按下两个动作按钮进行操作。

③ 调速时要缓慢转动调速旋钮，水平移动铅鱼前必须保证铅鱼处于水面之上。

④ 操作人员注意观察水面漂浮物的情况以及铅鱼、电机运行情况，如漂浮物对安全或测速有影响时，要提前升起铅鱼或按紧急开关按钮；如听到电机运行有异响，要按急停按钮或及时切断电源检查。

⑤ 如遇强雷电天气时，暂停测流作业。

（3）流量测验结束

① 测流结束后，将铅鱼开回放置平台，关闭操作台电源，关闭控制箱电源。

② 卸下流速仪及测流信号器，对测流信号器充电，对流速仪进行上油维护。

③ 盖上操作台防尘布，关好门窗。

3. 涉水流量测验操作规程

（1）严格按照《河流流量测验规范》（GB 50179）规定的各项技术要求，进行流量测验操作。

（2）流量测验人员必须穿戴救生衣、系好安全绳，确保人身安全。

（3）检查仪器设备有无污损、变形，仪器旋转是否灵活，信号是否正常，秒表是否准确等。

（4）携带好流量测验记载簿、水位观测记载簿、铅笔等。

（5）测验工作中，应时刻关注水位变化情况，当水位出现上涨趋势时，需立即停止测验，施测人员迅速撤回安全区域。

（6）当河流水深、流速超过规定的限定值时，严禁进行涉水流量测验工作，确保施测人员安全。

4. 走航式ADCP流量测验操作规程

（1）测前准备

主要包括：流量测验前应检查仪器设备是否在检测有效期内，相关鉴定资料及配件是否齐全；检查仪器设备有无污损变形、仪器探头表面有无划痕和附着物等；做好安全准备工作，备好救生衣、救生圈等。

（2）操作基本规程

① 正确牢固安装 ADCP 换能器、星站 GNSS、GNSS 罗经，测量电瓶（电池）电压并连接，检查各连接线情况。

② 打开 ADCP 测流软件，根据现场配置要求录入有关测验参数信息，检查仪器时钟并与电脑同步，查看 ADCP 名称及序列号是否正确。

③ 进行仪器自检，完成后退出，然后对仪器进行罗经校正。观测测前水位，开始测量并记录。选择岸别，输入离岸距离，等待采集 5～10 个有效数据后开始走航。控制船速小于等于流速，测船临近岸边时，测船停止后采集 5～10 个有效数据，结束记录后输入离岸距离，完成上半个测回。重复一次，完成下半个测回测流。

④ 流量测验宜施测两个测回，任一半测回底跟踪（BTM）和 GGA 模式下测量值与平均值的相对误差不应大于 5%，否则应补测同向的一个半测回流量。

⑤ 测验完成后观测水位，使用测流软件回放功能依次回放测量数据，保证数据的完整性、正确性以及参数设置的合理性。对当次流量测验成果进行整理计算并校核，确认测验成果无误后输出测验成果表。当次流量成果点在水位流量关系图上有明显偏离时，应分析原因，必要时及时复测。

⑥ 将测验成果上传至“水文监测”APP，完成资料校审流程。

⑦ 测验完成后进行现场清理，断开电源，拆卸仪器设备和连线，及时清洗换能器，对设备和工具整理装箱，对电瓶进行充电保养。

⑧ 测验人员必须穿着救生衣，确保自身安全。测验人员在作业中应注意观察来往船只、水面漂浮物等情况，确保测验安全。

（3）测验工作流程

① 根据测站生产任务书要求，布置测验任务。

② 做好测前仪器设备、安全生产准备工作。

③ 按技术要求观测施测，现场观测、测量、记录、计算。

④ 加强测验现场分析，坚持“四随”原则，发现问题及时处理或复测。

⑤ 对测验成果校核、分析，相关校核人员完成一校、二校、审核等工序。

⑥ 实测流量报汛的测站，及时完成资料一校，在测验结束后及时报送测验成果。

⑦ 测验成果审核通过后，整理仪器设备，离开测验现场；若测验成果不合理，及时复测验证。

5. 电波流速仪流量测验操作规程

（1）检查准备

① 仪器工具包括电波流速仪、钢卷尺、记载本（表）、2H 铅笔、计算器、救生衣、充电电池、对讲机、油漆等。

② 电波流速仪检查。开机检查，按下 MENU 菜单键，可更改选项、浏览不同的程控功能。按下 SEL 选择键，可选择或更改模式设置。按下 PWR 电源开关中 RCL（回忆）键，可查看前十次测速记录。在 MODE 模式下可选择分辨率。

③ 断面资料：汛前对所测河段进行调查，根据规范选择测流断面，并做好断面测量工作。在桥面上做好起点距零点和测速垂线标记，并设立水尺，在测流的同时便于水位观测。

（2）流速测量

按 PWR 键，打开电源，手持电波流速仪（也可固定在三脚架上）站在测点垂线的桥面上，枪头对准水面，枪口下偏角控制在 45°左右，每条垂线枪口下偏角宜一致，电波流速仪中轴线与水流平行。扣动并松开扳机，显示屏左侧将显示一条闪烁的短线，10 s 后会出现 0～9 共 10 个瞬时流速，最后得到平均流速。依此类推得到下一条垂线水面流速。最后按 PWR 键关机。测量流速的同时观测断面水位。

（3）计算整理

与流速仪测量方法相同，但所得结果是虚流量，需要水面系数率定。有条件时可以用流速仪或 ADCP

同时测流，对比分析得到水面系数；无条件站根据规范选择水面系数，但条件成熟时应立即开展率定。

（4）结束清理

将仪器擦干、充电、装箱。

7.3 环境管理

1. 仪器室管理

水文站应设置仪器室，用于存放水文专业仪器设备，由专人具体管理。仪器室设置应遵循科学、简洁、实用、安全、美观的原则。

（1）仪器室设置醒目的仪器室标志牌，配置防盗和消防器材，减少外界干扰，杜绝安全隐患。

（2）仪器室面积不小于 8 m^2，仪器室应保持干燥、通风、明亮、整洁，地面铺复合地板或地面砖。仪器室的地面及墙面 1.5 m 以下部分，应做防潮处理。

（3）仪器室墙面（体）刷白色涂料，墙面（体）应保持洁白，无漏水纹渍，无乱涂乱画、蜘蛛网、裸露电线。应在仪器室醒目位置悬挂水文站仪器室管理标准等有关规章制度。

（4）仪器室内应设置工作台，工作台内存放各类专业仪器设备档案、仪器设备台账、仪器设备的使用记录、仪器设备的管理维护记录。同时应对设备档案、仪器设备台账、仪器设备的使用记录、仪器设备的管理维护记录进行电子文档保存。

（5）仪器室应保持干燥、通风、明亮、整洁，应在仪器室醒目位置悬挂仪器设备管理制度及仪器二维码。室内要合理布设仪器货架、仪器箱（柜），按照仪器类型和管理优化的原则，划分仪器的存放区。

（6）仪器架采用金属货架标准件组装，长度根据仪器室大小合理选定，高度不低于 2 m，宽为 0.6 m，底层离地面 0.2 m，每层间隔 0.4～0.5 m 摆放仪器。

（7）仪器箱采用塑料周转箱，用于存放没有外包装的器材，参考尺寸为 50 cm×30 cm×40 cm。

（8）仪器柜采用金属文件柜，颜色、高度和货架应合理搭配。

（9）所有仪器设备均要上架入柜，仪器设备按分类编号，贴好标签，定位存放。有仪器箱包装的仪器存放于仪器架上，没有外包装的仪器存放于仪器箱内，不能存放于架内的特殊仪器设备必须安全整齐地单独存放。各种存储方式均应满足专业仪器设备防尘、防潮、防压、防震等要求。

（10）仪器室管理人员全面负责仪器设备的存储、维护、流转、档案记录等方面的工作，每半年要对仪器室进行清点盘存，做好记录。

（11）仪器室管理人员应按水文规范和仪器使用说明书的要求定期对仪器进行检测。

（12）仪器室的仪器设备要定期维护，及时保养，同时做好充电、润滑、防锈、防腐、防尘、防霉等工作，出现故障要及时处理，确保仪器设备处于良好的工作状态。

2. 缆道室管理

（1）缆道室外观应与水文设施、城市景观协调一致，整洁、无破损。

（2）缆道室门应采用成品防盗门，窗户根据需要采用不锈钢、塑钢、铝合金窗，外面宜安装不锈钢防盗网，内墙采用白色乳胶墙面漆，地面采用防滑地面砖、静电地板等，颜色以浅色为主。

（3）水文站缆道室由操作室和绞车机房两部分组成，可采用分离式或一体式结构。操作室结构应牢固，通视条件良好，有利于观察上下游、断面及岸边情况，应保证测流操作时能够监视测流断面铅鱼的运行情况，尽量能观测到平衡锤升降到最高、最低位置。操作室和绞车置于同一房的应对绞车做好隔离保护。

（4）绞车应有可移动式保护罩，顶盖采用 8 mm 透明钢化玻璃以便操作人员观察绞车运行情况，且不影响人工操作绞车，顶盖大小以罩上绞车为宜。绞车无漏油，室内地面应无明显机油、黄油。

（5）室内及进缆道室的工作索应采用外套硬塑保护管全封闭保护，防止漏油污染。

（6）缆道室应有标准配电箱、电源保护箱、仪器箱、工作平台，宜配备仪器柜、空调等。

(7) 缆道测验流速仪等仪器及检修工具入柜,室内其他物品入柜(架)、摆放整齐。

(8) 不得摆放与水文测验无关的物品、已不使用的仪器设备及需报废的物品。

(9) 缆道操作台应保持整洁。

(10) 铅鱼及其停放平台应有反光警示标志。

(11) 缆道房内各电源线应采用阻燃塑料硬管穿线,室内走线全部入地、入墙或套 PVC 管,不外露,走线整齐、美观。

(12) 强电和弱电不能穿在同一线管内,相互间距应超过 400 mm。照明线路、插座、探照灯、空调等均采用铜芯线接入电源保护开关,安装位置应考虑操作方便。

(13) 缆道室内应配置灭火器、救生衣、警示标志等安全设施设备,应有避雷设施。

(14) 应有缆道运行维护记录表。

(15) 规章制度及图表应上墙,大小一致、摆放整齐。图表包括流域位置图、实测大断面图、水位流量关系图、测流方案等;制度包括缆道操作规程、缆道安全生产制度等。图表制作可采用不锈钢外框或其他材料,参考尺寸 50 cm×70 cm 或 60 cm×80 cm(以市州局为单位统一标准)。

3. 水位观测室管理

(1) 水位自记井外井壁(包括栈桥立柱)刷(喷)外墙涂料或贴瓷砖等,与整体颜色协调一致,在井上用红色或其他鲜艳色标注示意历年调查最高洪水位。

(2) 栈桥面采用现浇混凝土,铺设与整体颜色相近的地面砖、大理石等,栏杆采用镂空混凝土、大理石等材料,以美观为宜。

(3) 水位观测室大门采用防盗门或不锈钢定制防盗门。

(4) 水位观测室窗户根据需要采用不锈钢、塑钢、铝合金窗,外宜安装不锈钢防盗网,宜采用表面塑料喷花百页窗帘。

(5) 内墙采用白色乳胶墙面漆,地面采用防滑地面砖,颜色以浅色为主。

(6) 机箱宜镶嵌入墙体或悬挂在墙壁上,下端离地面 1.2～1.5 m。

(7) 室内走线全部入地、入墙或套 PVC 管,走线应整齐、美观。

(8) 室内工具应摆放或悬挂整洁、安全,室内不得摆放与水文测验无关的物品、不使用的仪器设备及需报废的物品。

(9) 测站图框应悬挂于墙上适宜位置,尺寸可采用 50 cm×70 cm 的不锈钢外框,内容包括站码、通信方式及卡号、基高、仪器操作规程等信息。无人值守的水位观测室应有测站沿革图、流域位置图等。

(10) 应根据地形条件设置直立式、矮桩式或倾斜式等人工观读水尺,水尺布设要垂直、牢固、整齐。

(11) 斜坡河岸宜修建混凝土或石质观测踏步,宽度不少于 1.0 m,两边路肩不少于 0.2 m。

(12) 水位井及水尺上下游不少于 2 m 范围内应做浆砌或石砌护坡。

4. 站容站貌管理

水文测站站容站貌应做到外部环境优美,内部卫生整洁,各类标识规范醒目。站房院落干净、整洁、有序、美观。测站工作人员衣着整洁、待人热情、用语文明,具有良好的精神面貌。

(1) 水文标识。水文站站名规范,站牌安装在大门右侧,定期对站牌、观测标识牌等进行清理检查,确保各标识牌干净卫生、完整规范。

(2) 办公场所。室内办公桌椅摆放整齐,窗明几净,各类物品、资料、档案分类清晰,摆放整齐有序;规章制度、规程、方案规格统一、悬挂美观整齐;水文测验基础图表制作上墙,悬挂整齐有序;各区域卫生干净,无卫生死角,配备防灭火器材。

(3) 生活区。宿舍区、食堂、卫生间地面和墙面干净整洁、窗户明亮;厨房各类灶具、厨具、电器、菜架及餐桌等做到摆放整齐、清洁卫生,食品存放安全卫生,厨房无异味;宿舍区床铺、衣物干净整洁、个人物品摆放有序。

5. 观测场管理

(1) 观测场地应保持平整、清洁。应保持观测场排水通畅，避免产生积水。观测场草坪应每周清除杂草，每月5日定期修剪草坪，使其高度保持在20 cm以内，高度均匀，值守观测人员如发现草坪超过规定高度应及时修剪，避免对观测项目产生影响。

(2) 每周对草坪进行浇水养护(6—8月每日养护)，观测时应避免践踏草坪，对破缺草皮应及时修补。冬季应及时对草坪积雪进行清理，避免积雪随风力飘移，对观测项目产生影响。

(3) 对观测场防护设施(门、锁、栅栏等)应定期维护，如损毁，应及时处理。

(4) 观测场四周应空旷平坦，保持气流畅通。每日值守人员进行巡查，观测场四周不应栽种树木或高秆作物，确保雨量器承雨口至障碍物顶部高差2倍距离为保护范围。观测场外围低矮植物应每月5日定期修剪，确保蒸发观测场四周遮挡率小于10%。

6. 测验河段管理

(1) 测验河段内的水文设施标识醒目并设立警示标志。应设立断面界桩和保护标志牌。

(2) 各断面观测道路，应保持整洁通畅。

(3) 测验河段内不得种植高秆作物，影响上下游及左右岸通视，巡查发现在水文监测保护范围内存在危害、干扰、影响水文监测环境的行业应第一时间监督并向上级单位报告相关情况。

(4) 巡查各测验断面水尺桩情况，水尺上有缠绕物影响观测的及时清除，水尺板有破损的应及时更换并引测。

(5) 巡查各测验桩点是否被掩埋、产生破损，水准点保护盖是否完整，池内是否有积水，有以上情况应及时清理，遭受破坏应及时上报并处置。

(6) 测验河段内有挖沙、取土、淘金、倾倒废弃物等影响测站的情况应及时制止并上报。对河段上下游有筑坝、溃口等人类活动的应及时记入水位簿和站务大事记中。

7.4 运行维护

1. 属站巡检

为了增加工作的主动性、协调性，提高工作效率，确保各站点运行正常，需规划好巡检时间和制定巡检任务清单。

(1) 巡检时间规划。属站的巡检工作频次和时间计划应根据实际工作情况、站点设备运行状况进行合理规划。汛前、汛中、汛后应按照《测验任务书》要求规划巡检工作，遇较大洪水时应增加巡检次数。当站点设备出现故障时，应在规定的时间内完成巡检维护。

(2) 巡检任务清单要求。应对每次巡检工作做出详细安排，列出任务清单。主要内容包括巡检项目和具体内容、巡检所需仪器设备、相关图表以及记录记载簿、安全生产器具、人员任务分工等。

(3) 巡检记录总结要求。应做好巡检记录，及时做好总结，优化后期工作。巡检记录、总结资料应及时归档。

2. 水文缆道维护

(1) 钢丝绳的养护要求

① 主索、工作索及其他运行钢丝绳，每年擦油次数为：主索一般每年1次；工作索每年不少于2～3次，经常入水部分应适当增加擦油次数，防止生锈；其他运行钢丝绳每年不少于2～3次。

② 绳索与锚碇接头部分，要特别注意养护，可涂柏油或黄油，并每年至少检查1次。

③ 锚杆与螺旋扣(花兰螺丝)联结处应高出地面,防止积水,绕绳应整齐,不可挤压,并配备足够数量的钢丝夹头。夹头的松紧,以压扁索径的 1/3 左右为度。钢丝绳夹头数目及夹头间距参照表 7-1。

表 7-1 钢丝绳夹头数目及夹头间距

钢丝绳直径(mm)	夹头数目(个)	夹头间距(cm)
10～15	3	8～10
15～20	4～5	12～14
20～30	5～6	15～20

④ 钢丝绳局部损伤,当断股或扭坏不能解开时,可将扭坏损伤部分截去,采用插股编结方法进行维修。钢丝绳接头应尽量减少,接头之间的距离不得小于 5 m。

⑤ 对支架顶部的钢丝绳长年与滑轮接触受到挤压变形者,维修时应做错位处理。

(2) 支架、锚碇的养护维修

① 支架。应定期检查支架基础有无沉陷、架柱有无位移变化、联结螺栓是否松动、混凝土基础有无裂缝等,每年汛前全面检查一次,保证按设计结构不变形。凡有拉线的支架,保证拉线处于拉紧状态,使支架在各方向的拉力均衡。每年应全面检查调整 2～3 次,大洪水期应检查 1～2 次。

② 锚碇。定期检查锚碇有无位移,锚碇附近土壤有无裂纹、崩坍、沉陷现象;钢丝绳夹头是否松动,锚杆是否生锈。锚碇周围应有排水措施,以防止积水。

(3) 驱动设备的养护维修

① 动力设备。柴油机和发电机组。按使用说明书的规定进行技术保养;经常检查电动机发热情况,温升超过 60℃时,应采取降温措施,电动机应接地。发现电动机有异样声响时,应立即停车,检查原因,设法排除。测量完毕后,应切断电源;凡经常与人和物体碰、触的动力线,宜用管套保护,导线接头处必须用绝缘胶布包好。禁止用湿手接触电器设备。

② 绞车。经常保持绞车轴承、转动部件油润及表面清洁。尽量避免超负荷运行,为保证高水测验能正常工作,每年汛前应检修 1 次。

③ 滑轮。经常检查各导向滑轮、游轮、行车轮等运转情况,发现运转不正常应及时检修。滑轮中的轴承要定期检查,若有损坏应及时更换,并保持油润。不允许钢丝绳在滑轮上滑动、擦边、跳槽,若有上述情况存在,应采取措施及时排除。为保证各滑轮正常工作,汛前应全面检修 1 次,洪水测验时应随时监视各滑轮运转情况。

(4) 记录仪表的养护维修

各项记录仪表应存放在干燥、通风、清洁和不受腐蚀气体侵蚀的地方,并应按仪表说明书进行使用和养护。主要电子、电器记录仪表应设置接地装置,防止雷电感应短路而烧坏仪器。

应建立并认真执行必要的维修制度。应根据需要备有一定数量的电子元件和电工器材,以便检修使用。贵重和比较复杂的仪器,应由熟悉此项仪器性能的人员负责使用和维修。测站使用计数器测距法时注意事项如下:

① 使用计数器测距,应对起点距、计数器进行率定比测。

② 垂线的定位误差不得超过河宽的 0.5%,绝对误差不得超过 1 m;超过上述误差范围时,应重新率定。每次测量完毕后,应将行车开回到断面起点距零点处,检查计数器是否回零。当回零误差超过河宽的 1%时,应查明原因,并对测距结果进行改正。

③ 每年应对计数器进行一次比测检验,当主索垂度调整,更换铅鱼、循环索、起重索、传感轮及信号装置时,应及时进行比测率定。

(5) 报废标准

缆道主索、工作索及起重滑轮组钢丝绳等,发现有下列情况之一者应予以报废。

① 钢丝绳每一搓绕节距(钢丝绳拧一周的长度)长度内,断丝根数顺捻(绕)超过 5%,交捻(绕)超过

10%时。

② 钢丝绳中有一整股折断时。

③ 钢丝绳疲劳严重，使用时断丝数目增多很快时。

④ 使用达一定的年限时。

每年对主索擦油时，结合检查并记录断丝、断股、锈蚀、直径变化情况，作为更换主索的参考。

3. ADCP声学多普勒流速剖面仪维护

（1）仪器保管

① 仪器的保管由专人负责，做好仪器使用、保养记录。仪器操作人员在使用过程中负责仪器保管，使用完毕后需交回仪器室，不得放在作业现场或其他不安全地方。

② 仪器箱内需有仪器清单，各类配件、说明书等资料齐全。仪器的电缆线应放在专用箱中且保持自然状态，不应有扭曲变形。仪器所有零件工具应随用随放原处，仪器说明书和档案表应存档。仪器箱应保持干燥，要防潮防水并及时更换干燥剂。

③ 仪器设备应存放于通风干燥处，并应远离有腐蚀性的物质。换能器表面注意保护，不能划伤、碰撞、堆压重物，需要戴保护帽。

④ 仪器长期不用时，应将换能器、电缆、传输电台以及各配件装箱保存，并在一个月左右定期开箱通风、防霉驱潮，以保持仪器良好的工作状态。

⑤ 仪器放置要整齐，不得倒置。

（2）仪器维护

① 探头入水前要注意检查探头与电缆连接处及各个吊环是否已牢固地锁入，防止未锁牢固而掉进河里，测量结束后，探头要用清水冲洗，擦拭干净。防止碱性或腐蚀性物质附在探头表面上。

② 探头在空气中，不要随意开机。在空气中开机时，需用浸水的棉花贴在发射换能器上（将探头电缆插座面朝操作人员的右边）冷却，防止发射换能器烧坏。

③ 仪器的电缆线应防止尖利器具刮伤或刺破现象。拔下插头时，应往外拉，禁止上拉，左右晃动。

④ 初次使用或长期不使用时应对电池进行充电，务必使用本仪器配套的电源适配器进行充电。

⑤ 换能器的正面要防止尖物碰撞，以免换能器破损。

⑥ 野外作业时，应避免传感器长时间暴晒。

（3）声学多普勒流速仪年度检查

声学多普勒流速仪核心部件在其压力容器内，压力容器应每半年检查一次。每年应在汛前定期对声学多普勒流速仪进行一次全面系统的检查。

① 探头检查：检查探头表面有无附着物，若有，则用光滑的软布蘸清水小心拭去；同时检查探头表面有无明显的裂痕或较深的划痕，若有，则需检验是否影响测验精度。

② 防腐蚀部件检查：检查防腐蚀部件的腐蚀程度，是否需要更换新的防腐蚀部件。

③ 电缆（信号）线检查：检查信号线的表面有无破损、是否漏电等。

④ 仪器表面检查：检查仪器表面的防水防锈油漆是否有脱落、划痕等。'

⑤ 密封检查：检查固定螺丝是否松动。

（4）声学多普勒流速仪精度的检测

① 仪器在正式使用前，仪器有较大的硬件、软件升级后，对严重损坏的仪器硬件维修或更新后等情况下，应对声学多普勒流速仪与转子式流速仪进行比测、分析。

② 运行声学多普勒流速仪自检软件，测试声学多普勒流速仪各项功能，以保证仪器的正常工作，将其记录存档。

③ 流量比测：与常规流速仪法比测。声学多普勒流速剖面仪施测4个单测次流量，其算术平均值作为声学多普勒流速剖面仪测得的一次流量，将该流量与流速仪常测法测得流量相比较，结果偏差在±5%范

围内时，仪器可继续使用，若超过上述偏差，应分析查明原因。

④ 对需要施测流速、流向的测站，应进行流速、流向比测。

4. 测绘仪器维护

（1）测绘仪器设备检定校准

① 新购仪器、工具，在使用前应在国家法定计量技术检定机构检定。各种测量仪器使用前后必须进行常规检验校正，定期送到具有资质的部门进行鉴定。鉴定时间不宜超过规定时间，以确保测量的准确和精度。

② 严禁使用未经检验和鉴定、校准不到出厂精度、超过鉴定周期，以及零配件缺损和示值难辨的仪器。按相关规定仪器的检定周期为 1 年，仪器维修后及碰撞后应重新检定后方可使用。按照项目要求定期对仪器进行校准（一般用仪器自带校准功能进行校准），1 个月校准一次。

③ 管理人员负责仪器的检定和校准，制订检定校准计划，在次年检定校准日期前，将仪器交由专业机构进行检定校准。管理人员负责编制《测量仪器检定校准计划》，并按照一览表上的计划日期送检。

（2）仪器保管

① 仪器的保管由专人负责，做好仪器使用、保养记录。仪器操作人员在使用过程中负责仪器保管，使用完毕后需交回仪器室，不得放在作业现场或其他不安全地方。

② 仪器箱内需有仪器清单，各类配件、说明书等资料齐全。仪器箱应保持干燥，要防潮防水并及时更换干燥剂。仪器必须放置在仪器架上或固定位置。

③ 仪器长期不用时，应以一月左右定期取出通风防霉并通电驱潮，以保持仪器良好的工作状态。

④ 仪器放置要整齐，不得倒置。

（3）仪器维护

① 转运时首先把仪器装在仪器箱内，再把仪器箱装在专供转运用的木箱内，并在空隙处填以泡沫、海绵、刨花或其他防震物品。仪器使用前，检查仪器箱背带及提手是否牢固。核对仪器清单，查看各配件、资料是否齐全。注意轻拿轻放、放正、不挤不压。

② 开箱后提取仪器前，要看准仪器在箱内放置的方式和位置，装卸仪器时，必须握住提手，将仪器从仪器箱取出或装入仪器箱时，应握住仪器提手和底座，不可握住显示单元的下部。切不可拿仪器的镜筒，否则会影响内部固定部件，从而降低仪器的精度。应握住仪器的基座部分，或双手握住望远镜支架的下部。仪器用毕，先盖上物镜罩，并擦去表面的灰尘。装箱时各部位要放置妥帖，合上箱盖时应无障碍。

③ 当架设仪器在三脚架上时，尽可能用木制三脚架，在太阳光照射下观测仪器，应给仪器打伞，并带上遮阳罩，以免影响观测精度。在杂乱环境下测量，仪器要有专人守护。当仪器架设在光滑的表面时，要用细绳（或细铅丝）将三脚架三个脚联起来，以防滑倒。

④ 当测站之间距离较远，搬站时应将仪器卸下，装箱后转站。行走前要检查仪器箱是否锁好，检查安全带是否系好。当测站之间距离较近，搬站时可将仪器连同三脚架一起靠在肩上，但仪器要尽量保持直立放置。搬站之前，应检查仪器与脚架的连接是否牢固，搬运时，应用手护住仪器旋转部分，使仪器在搬站过程中不致晃动。

⑤ 仪器任何部分发生故障，不勉强使用，应立即检修，否则会加剧仪器的损坏程度。

⑥ 光学元件应保持清洁，如沾染灰沙，必须用毛刷或柔软的擦镜纸擦掉。禁止用手指抚摸仪器的任何光学元件表面。清洁仪器透镜表面时，先用干净的毛刷扫去灰尘，再用干净的无线棉布沾酒精由透镜中心向外一圈圈地轻轻擦拭。除去仪器箱上的灰尘时切不可使用任何稀释剂或汽油，而应用干净的布块沾中性洗涤剂擦洗。

⑦ 在潮湿环境中工作，作业结束，要用软布擦干仪器表面的水分及灰尘后装箱。回到仪器室后立即开箱取出仪器放于干燥处，彻底晾干后再装箱内。

⑧ 冬天室内、室外温差较大时，仪器搬出室外或搬入室内，应隔一段时间后才能开箱。

(4) 电池保养

电池是测绘仪最重要的部件之一，配备的电池一般为锂电池，电池的好坏、电量的多少决定了外业时间的长短。

① 建议在仪器电源打开期间不要将电池取出，因为此时存储数据可能会丢失，因此应在电源关闭后再装入或取出电池。

② 可充电池可以反复充电使用，但是如果在电池还存有剩余电量的状态下充电，则会缩短电池的工作时间，此时，电池的电压可通过刷新予以复原，从而改善作业时间，充足电的电池放电时间约需 8 h。超过规定的充电时间会缩短电池的使用寿命，应尽量避免。

③ 不要连续进行充电或放电，否则会损坏电池和充电器，如有必要进行充电或放电，则应在停止充电约 30 min 后再使用充电器。

④ 电池剩余容量显示级别与当前的测量模式有关，在角度测量的模式下，电池剩余容量够用，并不能够保证电池在距离测量模式下也能用，因为距离测量模式耗电高于角度测量模式，当从角度模式转换为距离模式时，由于电池容量不足，不时会中止测距。

5. 称重天平维护

(1) 将天平放在稳定的工作台上，避免振动、气流、阳光直射和剧烈的温度波动。

(2) 不要向天平上加载重量超过其称量范围的物体，绝不能用手压称盘或使天平跌落地下，以免损坏天平或使重力传感器的性能发生变化，另外称量一个物体(特别是较重的物体)时一般不要超过 30 s。

(3) 使用去皮功能时，容器和待称物的总重不可大于天平的最大称量。

(4) 保持天平内外清洁，称量的废弃物应及时用刷子小心去除。

(5) 当遇到各种功能键有误无法恢复时，重新开机即可恢复出厂设置。

(6) 在对天平清洗之前，将天平与工作电源断开。

(7) 在清洗时，不能使用强力清洁剂(溶剂类等)，应使用中性清洁剂(肥皂)浸湿的清洁布擦拭(擦拭时不要让液体渗到天平内部)，然后使用干净的清洁布拭干。

7.5 技术与行政审批

7.5.1 水文测站的申报事项

1. 水文测站设立、调整的申报

(1) 申报主体及事项

水文测站(水文站、水位站)设立、调整的申报主体为各勘测局，其中调整包含水文测站的撤销和迁站。

(2) 国家重要水文测站的申报

国家重要水文测站在申请设立和调整时，应先报省级水行政主管部门初审，再将省级水行政主管部门初步审查意见同申报材料一起向国务院水行政主管部门直属水文机构报批。

(3) 国家一般水文测站的申报

国家一般水文测站在申请设立和调整时，将申报材料提交到省级水行政主管部门，由省级水行政主管部门审批后，报国务院水行政主管部门直属水文机构备案。

(4) 专用水文测站的申报

二类站和三类站在申请设立和调整时，将申报材料提交到省级水文机构，由省级水文机构审批。

2. 其他申报事项

(1) 断面变动

国家基本水文站、水位站除基本水尺断面的迁移报省级水文机构审批外，其他水文测站相关断面的变动均由各市州水文机构审定。

(2) 观测项目及测验方式变更

国家基本水文站、水位站测站观测项目的增加和撤销及驻、巡、停、间、校测等测验方式之间的转变，以及测验方法的变更、测验技术革新成果的采用和推广均需报省级水文机构审批。

(3) 水准点变动

国家基本水文站、水位站基本水准点的高程启用、变动需报省水文中心审批，其他站基本水准点、校核水准点的高程启用、变动由各市州水文机构审定。

(4) 观测场所

观测场所(站房、测验设施等)受到损坏时，追责主体为各市州水文机构，损坏程度影响到正常观测时，应报省级水文机构备案；损坏较轻时，各市州水文机构自行恢复即可。

(5) 降水量站

国家基本降水量站的设立、调整的管理权限在省级水文机构，各市州水文机构可根据实际需要对降水量站进行迁移。但若降水量站迁移时需变更站名站码，则应向省级水文机构提出申请。

(6) 其他

泥沙测验方案、自记水位计的比测和采用、堰闸和量水建筑物的率定和采用、水位停测(堰闸、水电站、抽水站关机/关闸期间)、单位水样取样位置的分析和采用、各种系数的分析和采用及测验项目操作规程的制定由各测站报市州水文机构审定后，报省级水文机构备案。

7.5.2 水文测站受工程建设影响事项

1. 事项报告制度

各市州水文机构应及时关注本辖区内水文测站上下游各 20 km 有无工程建设规划，初步判定拟建工程对本水文站水文监测环境及设施的影响，在工程规划阶段就相关情况向省、市、县三级水行政主管部门以及省级水文机构进行报告。

2. 处置方式

若拟建工程为水利工程，各市州水文机构应主动对接工程建设单位以及相应的水行政主管部门，按照《水利部关于推进水利工程配套水文设施建设的指导意见》(水文〔2023〕30 号)以及《湖北省水利厅关于推进水利工程配套水文设施建设的实施意见》(鄂水利函〔2023〕810 号)文件要求进行协商处理。若协商程序难以推进的，建议执行建设工程对水文测站影响评价的审批程序。

其他情况下执行建设工程对水文测站影响评价的审批程序。

3. 审批事项

(1) 审批前提醒事项

拟建工程审批前，各市州水文机构应提醒建设单位委托具有相应等级水文水资源调查评价资质的第三方单位编制该建设工程对水文监测影响的分析评价报告，报请相关水行政主管部门审批，并按相应的批文内容履行赔偿方案后，才可以开工建设，否则该项目属于未批先建。

国家基本水文站的影响分析评价应单独编写报告。专用水文站的影响分析评价可单独编写报告或并入洪水影响评价报告中，若并入洪水影响评价报告，则应在第三方合法水事权益影响章节中具体分析建设工程对涉及的水文测站的影响、补救措施及赔偿方案。因工程建设致使水文测站改建的，所需费用由建设单位承担，水文测站改建后应不低于原标准。审批前，市州水文机构与建设单位就建设工程对水文测站的影响以及补救措施和相关费用应基本达成一致意见，方可上会审查。

（2）审批机构及事项

工程对国家基本水文测站的水文监测环境及设施有影响的，应由工程建设单位报请省级水行政主管部门审批。建设单位应取得省级水行政主管部门印发的工程项目对水文测站影响的批复。

工程对专用水文测站的水文监测环境及设施有影响的，应由工程建设单位报请省级水文机构审定或由市州、县区水行政部门纳入洪水影响评价报告一同审批。

审查单位在组织建设工程对水文站影响分析评价报告（或含水文影响分析评价的洪水影响评价报告）评审时应邀请水文主管部门代表参加并请其出具相关意见，对于工程项目影响到水文测站正常工作时提出的补救措施及赔偿方案应同水文主管部门协商。

（3）水文测站影响维权

工程建设单位在开工建设前未对水文站做影响分析评价或其他不按要求履行审批手续的，由各市州水文机构向当地水行政主管部门移交相关线索或对违法事项进行举报并申请执法；同时将该事项向省级水行政主管部门报告，请省级水行政主管部门进行督办。若在市州水行政主管部门执法和省级水行政主管部门督办下，该工程仍违规建设，则由市州水文机构向当地法院提起民事诉讼。

工程建设单位按照规定履行审批手续，但未按工程批复文件要求（包含补偿事项、截止时间等）赔偿到位的，由市州水文机构向当地法院提起民事诉讼。

7.6 安全生产

1. 安全生产规定

（1）认真落实上级下达的安全生产责任制各项规定。经常性组织职工学习安全生产相关法律法规，增强职工的法治意识和安全生产意识，掌握岗位安全操作技能，牢固树立“安全第一”的思想意识。

（2）定期组织开展安全生产隐患排查，重点对测站防火、防盗、水上作业、高空作业、交通等方面的安全隐患进行排查。应经常性对测验设施、仪器设备、安全器具进行全面大检查和保养，发现问题应及时整改处理并上报上级部门。

（3）涉水临水作业人员，应穿戴救生衣，做好防滑措施，观察周围环境，确保安全；高空作业必须持证上岗，作业时作业人员应系好安全带，佩戴安全帽；桥上测验时，应在测验工作区域设置具有反光功能的警示标志、标识，测验人员应穿戴具有反光功能的救生衣，提示行人、车辆注意安全。

（4）进行缆道测流、野外测验时遇强雷电天气，应停止测验工作，做好安全防护，确保人员安全、测验设施设备安全。

（5）水文测站工作区域应设置警示标志、标识，宜设立保护隔离设施，与周围环境进行隔离，防止其他人员进入，保护水文测验环境安全。

（6）应加强对围栏及台站门锁的安全检查，保证门窗安全牢固，测验完成后及时关门上锁。

（7）测站人员要有安全意识，上班时应检查门、窗有无异常，下班时应断开电器电源，锁好门窗。

（8）认真做好防火工作，办公楼道、档案室、操作室、仪器室、机房等重点部位应按规定配齐消防器材；消防器材、设施要有专人定期检查，不符合规定要求的需及时更换，已配的消防器材不得随意移动，不得在灭火器周围摆放障碍物；办公楼和缆道房的各处通道，严禁堆放杂物和易燃物品。

（9）落实安全生产工作报告制度，做好安全生产隐患排查、整改记录台账工作。

2. 巡检安全规定

（1）属站巡检工作，站长为安全生产第一责任人，每位职工要明确自己的安全生产职责。

（2）对有看护员的站点，要定期进行安全生产教育和提醒，提高看护人员的安全生产意识，约定有关安全生产内容。

（3）严格遵守安全生产制度，严格执行安全操作规程，严格遵守各级部门颁发的安全生产管理办法等。

（4）在巡检工作中进行水位观测、流量测验等涉水测验时，作业人员应穿戴救生衣、涉水裤、胶鞋等安全防护、劳动保护用品。

（5）巡检代步工具，应为租用车辆或单位业务车辆，不得搭乘无营运资质的车辆，巡检前查清路况，规划好巡检路线。

（6）对站点被损毁、被遮挡等情况，应进行现场调查，及时上报并进行恢复。

（7）对有安全隐患的站点，应做好警示标志，并报告上级部门，及时处置。

附录1 水文测站名录及基础信息

附录表1-1 湖北省水文系统一类水文测站——国家基本水文站名录

附录表1-1 湖北省水文系统一类水文测站——国家基本水文站名录

行政区	站数	站名
武汉	3	长轩岭(二)、柳子港、金口
黄石	3	沣源口、富水、龙港(二)
襄阳	9	马良坪、打鼓台、苍坪、马桥、寺坪、开峰峪、挽鱼沟、三道河、董坡(二)
荆州	6	万城、习家口、福田寺、新滩口、新堤(大闸)、沙溪坪
宜昌	11	南阳、古夫、杨林桥(二)、雾渡河、远安、河溶、水布垭、渔峡口、高家堰(二)、渔洋关、聂家河
十堰	8	贾家坊、老码头、竹山、鄂坪、延坝、县河、孤山、房县
孝感	11	安陆(二)、隔蒲潭、草店、花园、东山头、新沟、应城(三)、万福闸、汉川泵站、汉川闸、民乐闸
黄冈	9	红安(二)、麻城、马家潭(二)、罗田(二)、英山、白莲河、落令河(二)、西河驿、官桥
咸宁	6	明水、大屋场、通城(二)、余码头、温泉、十好桥
恩施	9	石板坪、大河边、利川(二)、恩施、宣恩(二)、老渡口、建始城关、来凤、鹤峰
荆门	1	烟墩集
随州	7	澴潭、随州(二)、均川、先觉庙、万店、徐家河、应山(四)
鄂州	1	樊口
天门	6	天门、皂市、罗汉寺、何山闸、东风闸、天门船闸
潜江	2	浩口、田关
神农架	1	松柏(二)
合计	93	

附录表1-2 湖北省水文系统一类水文测站——国家基本水位站名录

附录表1-2 湖北省水文系统一类水文测站——国家基本水位站名录

行政区	站数	站名
武汉	5	青龙咀(二)、黄陂(二)、李家集、南阳、舵落口
黄石	6	黄檀咀、张家湖、大冶(二)、磊山、阳新、富池口
襄阳	2	朱市、沙河

续表

行政区	站数	站名
荆州	3	习家口(长湖)、挖沟咀、大岩咀(库内)
宜昌	1	兴山(二)
孝感	5	卧龙潭、孝感、民乐闸(汉北河)、龙赛湖、五房台(四)
黄冈	8	烟包地(库内)、金沙河(库内)、三河口(库内)、明山(库内)、浮桥河(库内)、大同(库内)、白湖渡、荆竹水库(坝上)
咸宁	2	王家庄、三洲
荆门	3	观音寺(库内二)、刘家石门(库内)、惠亭山(库内)
随州	6	大洪山、吴山、黑屋湾、天河口、封江口、两河口
鄂州	1	梁子镇
合计	42	

附录表 1-3　湖北省水文系统一类水文测站——国家基本降水量站名录

附录表 1-3　湖北省水文系统一类水文测站——国家基本降水量站名录

行政区	站数	站名
武汉	23	阳逻、东湖、中南、徐河、土地堂、五里界、豹子澥、姚家集、张家大湾、夏家寺、滠口、长岭岗、汪家集、挖沟、新洲、少潭河、贺胜桥、法泗洲、汉阳、马沧湖、万松、侏儒山、邓家口
黄石	12	金牛、保安、南练山、殷祖、陈贵、铁山、白沙铺、洋港、下畈、三溪口、木石港、枫林铺
襄阳	59	欧家店、官斗坪、庙坪、玄虎、九里、店垭、峡口、薛家坪、秦坪、板桥、甘溪、巡检、高峰、肖埝、太平、观音堂、北河、团湖、堰垭、金斗、后坪、黄化、白水峪、赵湾、当铺、樊城、石河畈、迴龙河、黑龙集、古城、西排子河、二房营、马张河、罗岗、渭水、田家集、�峪、大坪、长坪、风岭、李庙、花庄、赵家店、石门、武镇、安沟口、云台山、刘后集、孔家湾、飞虎峡、太平、黑清河、港沟、资山、华阳河、椿树湾、清潭、平林、三合店
荆州	20	观音垱、何桥、黄穴、岑河、江北农场、赤湖、秦市、尺八、朱河、峰口、黑石溪、王家桥、曲尺河、岩垱口、冯家窑、申津渡、郑公渡、闸口、黄山头、新沟咀
宜昌	60	石坪、八家湾、陕西营、良斗河、中阳垭、张官店、郑家坪、南阳河、水月寺、峡口、花桥、熊庄河、窑坪、邓村、董家河、樟村坪、古村、望家冲、东风渠、分乡、殷家坪、三岔、黄陵庙、坦荡河、张家口、小溪塔、古老背、茶园寺、泉河、鲁家港、江口、洋坪、分水、当阳、晓坪、淯溪、梓槲坪、槲坪、秀峰桥、河坪、马渡河、五峰、桃山、火烧坪、都镇湾、大堰、郑家榜、堡子、白沙驿、染房坪、王家冲、长乐坪、蒿坪、高桥、毛湖埫、湾潭、康家坪、清水湾、大栗树、仁和坪
十堰	60	庙川、景阳、上津、店子、羊尾、鲍峡、白岩、黄云、三官洞、安家河、马鞍、大柳、曲远河、九道梁、黄家湾、柳林店、桃园、官渡、汇湾、红庙、中峰、秦古、丰坝、洞滨口、杨家扒、蔡家坝、上龛、中坝、宝丰、大坪、安场、门古、陈家铺、关帝庙、大木厂、叶大、十堰、小川、黄莺、肖川、大马、袁家河、西河、老营、盐池河、浪河店、佘家河、汪家河、西蒿坪、土城、黄杨树、木瓜、卧牛、万峪、青峰、秦家墁、南化塘、江湾、梅家铺、凉水河
孝感	23	宣化店、黄陂站、吕王城、河口、夏店、李畈、接官厅、棠棣树店、唐陈、三里城、大新店、姚家店、高家店、滚子河、陈家店、姚家山、白沙铺、青板桥、祝家湾、渔子河、短港、七一桥、同兴集
黄冈	80	华家河、周八家、来家河、东岳庙、古峰岭、詹店、八里湾、朱家大庙、福田河、黄土岗、王福店、刘家河、熊家铺、鲍家楼、西张店、垸店、宋埠、尾斗山、罗家沟、杉林河、龙门河、五朵寨、石磴坳、松子关、胜利、张家畈、栗子关、瓮门关、竹林深、千金坪、黄石河、簰形地、河铺、跨马墩、汤河、长塘坳、凤凰关、骆驼坳、双河口、但店、牛车河、白洋河、长孙堤、桃花冲、草盘地、金华岩、陶家河、新铺街、栗树咀、石头咀、金家铺、瓦寺前、观音山、珠林、兰溪、黄梅坳、田桥、黑沟冲、张家塝、狮子堰、望天畈、花园坳、狮子口、刘河、洗马畈、株林河、张林冲、牛皮坳、象山、四望、梅川、大金、龙坪、童司牌、新开、仙人坝、考田、老祖寺、古角、潘大
咸宁	39	嘉鱼、常收畈、林上、三宝、黄金、大梁、杨芳林、厦铺、楠林桥、通山、官塘、小源口、一天门、横石、中西港、万家、徐家岭、沙店、洪港、赵李桥、麦市、百丈潭、施家垴、琉璃坳、北港、大沙坪、高枧铺、金塘、青山、崇阳、塘口、雨山、沙墩、路口、陆溪口、埠头、黄沙、柏墩、大桥

续表

行政区	站数	站名
恩施	78	鱼龙、建南、谋道、南坪、柏杨、绿葱坡、茶店子、堆子、送子园、万碑、界河、响水河、火烽、红椿沟、毛坝、石栏、盛家坝、小村、忠塘、甲马池、朝阳寺、忠路、文斗、齐跃山、汪营、马前、滴水岩、新板桥、团堡、马者、见天坝、西流水、花场、天窝池、咸丰、龙坪、晓关、桐子营、洗草坝、长潭河、万寨、天鹅池、茅田、檀木垭、当阳坝、三里坝、枫箱坪、鹿渡、南里渡、新塘、椿木营、红土溪、花果坪、官店、龙潭坪、高店子、金果坪、野三关、清泰坪、核桃坪、沙坪、雪落寨、高罗、上洞坪、板栗园、忠堡、革勒车、两河口、大河坝、上寨、卯洞、下坪、中营、燕子坪、太平镇、大坪、五里坪、走马坪
荆门	33	栗溪、安团、五里铺、拾桥、老合台、胡家集、盐池、双河、杨集、客店坡、黄家集、张家集、黄坡、冷水铺、罗家集、荆门、马集、晏店、官桥、长滩、杨家峰、石龙过江、兰家集、钱场、孙家桥、永兴、六房咀、跃进、三阳店、黄家畈、新华、天王寺、石板河
随州	32	草店、花山、飞沙河、长岗、红光、夹沟、石板山、黑龙口、三里岗、尚家店、罗河、青苔镇、花鹿沟、龙脉、厉山、殷家店、高城、浆溪店、岩子河、柳林店、余家店、兴隆、棚子岗、龙泉镇、天子、洛阳店、刘店、武胜关、广水、蔡家河、竹林湾、太平镇
鄂州	2	天井畈、白龙
天门	3	夏家场、乾驿、卢市
潜江	3	龙湾、西大垸、老新
仙桃	4	三伏潭、石垸、彭家场、西流河
神农架	12	阳日湾、九龙池、栏马、洋水、宋洛、田家山、举人坪、九湖坪、红花、水果园、九冲、板桥
合计	543	

附录表1-4　湖北省水文系统一类水文测站——国家地下水站名录

附录表1-4　湖北省水文系统一类水文测站——国家地下水站名录

行政区	站数	站名
武汉	10	前川、三里桥、三店、李集、郑城、金口、法泗、辛安渡、东山、古田
襄阳	15	仙人渡、周洼、黄集、伙牌、龙王、东津、太平店、牛首、欧庙、小河、郑集、吕镇、双沟、七方、琚湾
荆州	56	双龙、纪南、八岭山、九曲桥、关沮、锣场、观音垱、开发区、岑河、滩桥、白马寺、马家寨、熊河、沙岗、普济、横沟、新沟、网市、黄歇口、周老嘴、分盐、福田寺、程集、周口、红城、上车湾、棋盘、尺八、柘木、曹市、万全、黄家口、大同湖、新滩、燕窝、瞿家湾、乌林、龙口、螺山、老城、涴市、八宝、南海、街河市、王家大湖、纸厂河、弥市、毛家港、章庄铺、麻豪口、甘家厂、黄山头、笔架山、高陵、荷伍垱、高基庙
宜昌	5	问安、仙女、高石岗、兴隆山、三桥
孝感	22	护国、李店、巡店、黄滩、东马坊、倒店、云梦、吴铺、肖港、陡岗、西河、朋兴、新铺、园林、祝站、金余、新堰、韩集、新河、回龙、沉湖、西江
黄冈	11	马曹庙、回龙山、路口、洗马、丁司垱、兰溪、株林、彭思、梅川、余川、苦竹
咸宁	4	潘家湾、渡普、赤马港、余家桥
荆门	12	洪岭、拾回桥、后港、毛李、雷坪、胡集、洋梓、南湖、皮集、红金、马良、京山
随州	3	厉山、淅河、陈巷
鄂州	2	蒲团、杜山
天门	24	皂市、胡市、佛子山、石河、九真、拖市、渔薪、黄潭、杨林街道、卢市、净潭、多宝、蒋湖、张港、汪场、竟陵、小板、马湾、干驿、岳口、横林、彭市、麻洋、多祥
潜江	13	高石碑、王场、积玉口、浩口、熊口、龙湾、张金、老新、竹根滩、泰丰、杨市、总口、渔洋
仙桃	18	郑场、毛嘴、三伏潭、胡场、干河、沙咀、龙华山、长埫口、剅河、郭河、张沟、彭家场、西流河、陈场、通海口、沔城、杨林尾、沙湖
合计	195	

附录表 1-5　湖北省水文系统一类水文测站——国家水质站名录

附录表 1-5　湖北省水文系统一类水文测站——国家水质站名录

行政区	站数	站名
武汉	32	汉南、沌口、堤角、阳逻、白沙洲、平湖门、余家头、港东、金口、鲁湖、汤逊湖、郭郑湖、长轩岭、黄陂城关、夏家寺、梅店水库、李家集、柳子港、郑城大桥、道观河、余家台、杨家湾、琴断口、宗关、后官湖、江夏水厂、金口水厂、新武湖水厂、白鹤嘴水厂、黄陂水厂、汪套水厂、刘集水厂
黄石	12	黄石港、四门、富池口、上巢、富水水库、十里湖、王英水库、保安湖、磁湖、大冶、磊山、网湖
襄阳	18	马良坪水文站、沉河滩、傅家寨、老河口、五水厂、闸口、宜城水厂、彦家洲、马桥、开峰峪、挽鱼沟、三道河、孔湾、朱集、程河、董坡、格垒咀、米公水厂
荆州	17	城南、柳林洲、北门口、五码口、监利二水厂、长江新堤、万城、习家口、福田寺、新滩口、大口、官墩、新江口、大岩咀、斗湖堤、新堤(大闸)、南湖水厂
宜昌	23	茅坪、葛洲坝库首、兴山水文(一)、南阳、峡口、观音堂电站、猇亭、七星台、水布垭、隔河岩水库首、宜都水厂(清江)、渔洋关、西北口水库库首、雾渡河、小溪塔大桥、远安、巩河水库首、河溶、官庄、鲁家港水库、渔峡口、西坝水厂、宜都水厂(长江)
十堰	7	丹江口水库、鄂坪水库、小漩、黄龙滩水库、马家河水库、白岩河、耿家垭子
孝感	15	徐家、解放山、隔蒲潭、孝感、陆山、沦河 1、万福闸、徐家口、新沟(闸下)、汈汊湖、新沟(闸上)、观音岩、花园、汉江分水、城南水厂
黄冈	25	团风自来水厂、李家洲、江北船厂、蕲州、李顶武、红安、金沙河、麻城、浮桥河水库、明山、三河口、马家潭、尤河咀、罗田、天堂、英山、白莲河、落令河、西河驿、大同、官桥、垅坪水库、凤凰关、白莲河大水厂、黄冈二水厂
咸宁	9	神龙坪水库、隽水大桥、陆水水库、青山水库、十好桥、三湖连江水库、斧头湖、大屋场、潘家湾
恩施	13	石板坪、利川(二)、大龙潭、恩施、龙洞水库、建始(二)、忠路、吊二岩、两河口、孙家坝、江口、大沱、大龙潭水库坝前
荆门	10	荆门二水厂、烟墩、后港、胡集、皇庄、李市、客店、惠亭水库、高关 1、长滩
随州	14	淮河镇、飞沙河、茅茨畈、澴潭、随州、徐家河、均川、万店、先觉庙、郑家河、应山、何家湾、封江口、杨家庙
鄂州	4	三江口、鄂城、梁子镇、樊口
天门	4	岳口、皂市、拖市、肖山
潜江	7	西湾、兴隆、泽口、大王庙、渔洋、杨林口、红旗码头
仙桃	4	小寺垸、何湾、纯良、新生
神农架	1	宋洛
合计	215	

附录表 1-6　湖北省水文系统一类水文测站——国家水生态站名录

附录表 1-6　湖北省水文系统一类水文测站——国家水生态站名录

行政区	站数	站名
宜昌	18	东支干流(天福庙二级站下游)、古夫、黄马河(杨树口电站取水坝)、马家河平水村、南阳、七角坪、晒旗河入河口、上湾、天福庙水库库首、天福庙水库库尾、西北口水库库首、西北口水库库尾、峡口、小溪塔水文站、兴山水文、玄庙观水库库首、玄庙观水库库尾、竹园河
十堰	6	白岩河、观音、贾家坊、六官坪、土门水库、五里河
恩施	10	大龙潭、大沙坝、恩施、红鹤坝、利川(二)、琵琶滩、清江源、西门大桥、月亮田、州水利局
合计	34	

附录表 1-7　湖北省水文系统二类水文测站——专用水文站名录

附录表 1-7　湖北省水文系统二类水文测站——专用水文站名录

行政区	站数	站名
黄石	7	柯家渡、三溪镇、洛元、小箕铺、罗桥、木港镇、汪畈
襄阳	9	石花、石桥、雷河(二)、古驿、埠口、张家集、宜城、清河店、欧庙
荆州	5	涴水(坝下)、焦山河、黄山头、螺山泵站、高潭口
宜昌	15	建阳坪、魏家畈、高坝洲、官垱、湾潭、安福寺、泗溪、枝城镇、桥边、五峰、晒鼓坪、三界、玄庙、桔颂、联棚
十堰	11	纸槽、三台、八亩地、浪河(二)、田畈、桦栎岗、高泉、关防、五里河、竹溪、武当山
孝感	5	杨林、王店、中洲桥、南屏闸、河口桥
黄冈	4	阎家河、刘河、株林、刘元
咸宁	5	新店、菖蒲港、三溪、杨堡、铁柱岭
恩施	9	铁炉、江坪河、鸡公洞、姚家坪、龙凤坝、丁寨、忠路、安抚司、洞坪
荆门	3	拾桥、杨家峰、宋河
随州	3	广水、厉山、新城
鄂州	3	磨刀矶、高河、花湖
天门	1	沉湖南
潜江	3	积玉口、总口、万福河闸
仙桃	2	彭场、杜家台闸
神农架	3	猫儿观、木鱼、钱家湾
合计	88	

附录表 1-8　湖北省水文系统二类水文测站——专用水位站名录

附录表 1-8　湖北省水文系统二类水文测站——专用水位站名录

行政区	站数	站名
武汉	8	南湖、索河、武湖北湖闸、严西湖、严东湖、东湖、青龙咀(三)、新河口闸
黄石	6	李河、冠塘、下桥、老街、新街、门楼
襄阳	5	鱼梁洲、南渠、秦咀、莺河二库、吕镇
荆州	9	太湖港、法华寺、港关、狮子口、闸口(虎渡河)、江波渡、团山、北口、唐咀
宜昌	7	龚家桥、小溪塔、车溪、旧县、凤山、花林寺、榔坪
十堰	2	双柏、泥沟
孝感	4	彭店、云梦闸、星火、魏家冲
黄冈	12	华家河、下店河、胜利、雷溪河、洗马畈、凤凰关、王家店、如意河、童司牌、火莲畈、芭茅河、考田
恩施	8	接龙桥、北门、龙洞(库内)、车坝(库内)、沙道沟、咸丰、燕子桥(库内)、芭蕉河二级(库内)
荆门	5	林家港、温峡口(库内)、高关、皮集、永隆
鄂州	1	三山湖
天门	2	净潭、水陆李
仙桃	2	鱼嘴、郭兴口
合计	71	

附录表 1-9　湖北省水文系统二类水文测站——专用降水量站名录

附录表 1-9　湖北省水文系统二类水文测站——专用降水量站名录

行政区	站数	站名
武汉	15	中南二路、武东路、武东、东湖村、西湾村、琴断口、消泗、水洪、后湖乡、常青路、走马岭、北湖港、东山、柏泉、九峰
黄石	12	黄颡口、下陆、灵乡、黄金山、浮屠街、排市、王英镇、陶港、还地桥、胡六、大王、后山
襄阳	41	田家坡、百峰、东塆、峡峪河、青龙寨、雷坪、东巩、老河口、紫金、仙人渡、望佛山、邓家坡、大湾、官坊、西河、曹家坡、茨河、隆中、孟楼、伙牌、张湾、峪山、王集、南营、板桥店、邓林、百蜂坪、堰沟、胡营、石桩河、清河、双柏、李垱、千沟坡、讴乐、乔庄、宋王、双沟、王城、兴隆、琚湾
荆州	38	桃花山、新厂、小河口、大垸、团山、绣林、上津湖泵站、藕池、杨厂、斗湖堤、南平、毛家港、涴市、小南海泵站、沙道观、川店、李埠、八岭山、紫荆、九曲桥、马家寨、郝穴、六合垸、人民大垸、容城、白螺、龚场、周沟、府场、瞿家湾、洪狮渔场、万全街道、小港、老湾、黄家口、大同湖、大沙湖、燕窝
宜昌	67	玉泉寺、湘坪、萝卜园、凉风、姜家庙、大老林、泄滩、雾龙洞、屈原、太平溪、唐家坝、柏木坪、天柱山、杨树河、上洋、落步淌、三涧溪、土城、朱市街、百家坪、鸦鹊岭、善溪冲、顾家店、火山口、鹿苑寺、石头店、玉泉河、邵家畈、枝柘坪、麻池、白氏坪、磨市、郭家山、店子坪、树空坪、高岚、王家台、焦家山、大米山、下堡坪、宜都、三合、三斗坪、石碑、胡家畈、官道河、石子岭、袁家冲、汤渡河、张家场、榨坊河、隔家咀、宋家嘴、土门、董市、太坪寺、茅坪场、马鞍山、洪庙、曲溪、平水、周坪、三桥、半月、白鹿庄、谢家坪、姚店
十堰	62	丁家坪、椒园、孙家湾、牌楼、两岔河、卧龙岗、塔园、板桥、何家院、上营、南北峰、沉溪河、香口、有水沟、龙潭、双桥、高泉、杨寺庙、青龙、柳树坪、瓦沧、百里、王家厂、泉溪、溜口、洛河、石底河、周家院、高子河、桃花山、葛洞口、楠柴沟、白玉河、水田坪、杨家坝、仙家坪、巨峪河、水坪、兴旺、官坪、新路、板桥铺、花果、兰家岗、岔河、居峪、白桑关、六步桥、营子、许家棚、习家店、寨河、八仙观、饶祖铺、火光、蔡家庄、塘溪沟、花楼门、清河、化家河、东溪、石鼓
孝感	21	四姑、曾店、伍洛、下辛店、东马坊、柳林、花西、陡山、观音岩、双峰、东西杨、毛陈、闵集、田店、郎君、麻河、韩集、分水、南河、汈东、马鞍
黄冈	57	两道桥、桃花、虎形地、岐亭、大石板、十三庙、竹瓦、七冲、余堰、六神港、福主庙、胡坪、燕毛、横车、尤墩、东古城、肖家坳、大灵、花桥、余川、大河、柳林、檀树岗、二程、觅儿寺、太平桥、大河铺、张广河、碧绿河、易家畈、中驿、夫子河、淋山河、龟山、匡河、三店、贾庙、堵城、关口、太平、黄河厂、茅山、八里湖、石佛寺、苦竹、蔡山、分路、小池、蔡家大湾、张师脑、七道河、瓦屋湾、东庄畈、方桥、朱冲、陈荣、六新冲
咸宁	18	贺胜桥、杨坪、下泉、梅田、青峰、余家桥、盘石、清水塘、方山、葵山、白石、马家湾、兴隆岭、舒桥、九垅、小沙坪、蔡家、横沟桥
恩施	34	鱼木寨、袁家扁、黄金洞、荷花、十字路、活龙坪、官屋基、燕子口、崔坝、青花、三胡、吕坪、社潭溪、三岔口、板场、大路坝、老屋基、平阳坝、龙马、代陈沟、白果坝、草坝、坪坝营、南北镇、小河、北佳、荆竹、蛇盘溪、桂花、施家坝、碾坪、桥头坝、支井河、金鸡口
荆门	22	天星、姚河、高阳、龙泉、草场、青桥、毛李、杨家集、杨桥、建泉、贺集、坪坝、东桥、旧口、莲山、曹武、九峰、八字门、清泉、汤林、沈集、柳门口
随州	12	淮河店、聂家山头、唐王、万福店、狮子湾、淅河、马坪、吴店、万店镇、何店镇、黄家畈、骆店
鄂州	9	徐家桥、洋澜湖、燕矶、杨叶、泽林、大雄、夏畈、太和、毛铺
天门	8	拖市、佛子山、黄潭、蒋场、新堰、岳口、麻洋、小板
潜江	5	兴隆、董店闸、张金、高场、渔洋
仙桃	9	徐鸳、毛嘴、余脑、高台、张沟、麻港、杨林尾、沙湖、下查埠
神农架	12	碑湾、黄宝坪、刘家湾、前进、兴隆寺、龙口、马鹿场、长坊、红河、徐家庄、老君山、神农坛
合计	442	

附录表 1-10　湖北省水文系统二类水文测站——专用墒情站名录

附录表 1-10　湖北省水文系统二类水文测站——专用墒情站名录

行政区	站数	站名
武汉	4	柳子港、长轩岭、金口、白湖
黄石	2	军垦农场、还地桥

续表

行政区	站数	站名
襄阳	9	枣阳、长堰、王集、徐家寨、三道河、石花、古城、董坡、黄集
荆州	4	闸口、新堤、江北农场、八宝
宜昌	4	河溶、仁和坪、黄粮、高坝洲
十堰	6	观音、小南沟、小茯岭、圩坪寺、擂鼓、房县
孝感	7	花园、应城、草店、云梦、安陆、孝南、汉川
黄冈	6	红安、麻城、马家潭、罗田、蕲春、武穴
咸宁	3	十好桥、清水沟、郭李
恩施	3	恩施、利川、来凤
荆门	3	团林、双河、孙桥
随州	4	浙河、尚市、马坪、广水
鄂州	1	天井畈
天门	2	黄潭、新堰
潜江	1	田关
仙桃	1	郑场
神农架	1	松柏
合计	61	

附录表 1-11　湖北省水文系统二类水文测站——专用地下水站名录

附录表 1-11　湖北省水文系统二类水文测站——专用地下水站名录

行政区	站数	站名
黄石	1	东湖新村
襄阳	3	黑清河、董坡、枣阳
荆州	4	习家口、赤湖、新堤、闸口
宜昌	2	江口、淯溪
孝感	4	应城、施家湾、卧龙、仙女山
咸宁	2	马鞍山、横沟
荆门	1	罗家集
鄂州	1	天井畈
天门	1	岳口
潜江	1	田关
合计	20	

附录表 1-12　湖北省水文系统二类水文测站——专用水质站名录

附录表 1-12　湖北省水文系统二类水文测站——专用水质站名录

行政区	站数	站名
武汉	22	汉口江滩、工业港、北湖闸、葛店、梁子湖、南湖、沙湖、庙湖、汤菱湖、磨山风景区、水果湖、府河大桥、后湖、涨渡湖、墨水湖、沉湖、余氏墩水厂、阳逻水厂、武汉舵落口水质自动监测站、武汉市黄陂区滠水(院基寺)水源地水质自动监测站、武汉蔡甸水质自动监测站、武汉举水河水质自动监测站

续表

行政区	站数	站名
黄石	6	风波港、富池大闸、三山湖、蔡贤水库、黄石花湖水质自动监测站、王英水库水质自动监测站
襄阳	14	鱼梁洲、余家湖、胡家营、朱市、华阳河水库、琚湾、张家集、刘桥水库、北郊水库、清河口、齐岗水库、谷城水厂、谷城县汉江水源地水质自动监测站、襄阳白家湾水质自动监测站
荆州	16	观音寺、关沮口、施墩河口、茶坛岛、蓝田三期、杨家垱、沙溪坪、汪家汊、弥市、黄山头、藕池、浙明洲1、芝麻坪、北横堤、公安三水厂、荆州郢都水质自动监测站
宜昌	5	宜昌、北门垭、当阳、招徕河、宜昌西北口水质自动监测站
十堰	19	观音、土门水库、黄柿、房县、水帘洞、回船、潘口水库、野人湖水库、泉水湾、汉江集团水厂、桦栎岗、黄家院、孤山水文站、曲远河店、淘沟河、武当山、浪河(二)、六里坪三合堰官山水库水质自动监测站、十堰市马家河水库水源地水质自动监测站
孝感	8	赵家畈、安陆、阳平、明家潭、应城、金盆水库、短港水库、孝感市观音岩水库水源地水质自动监测站
黄冈	14	田镇、武穴大闸、黄土岗、闵集大桥、团风、黄州、兰溪、罗田水厂、金沙河城南、罗田凤凰关水库水源地水质自动监测站、金沙河水质自动监测站、黄梅县垅坪水库水质自动监测站、罗田天堂水库水源地水质自动监测站、蕲河水质自动监测站
咸宁	16	铁柱港、崇阳、芳世湾、车埠、南川水库、一号桥、窑咀、西凉湖、厦铺(通山)、横石、湄港、洪港、黄盖湖、杨堡、石矶头、青山水库浮标船水质自动监测站
恩施	18	神农溪码头、西门大桥、柿子坝、大沙坝、盐井坳、七里坪、二小、老渡口、野三河、长顺水库、朝阳寺水库、鹤峰、鹤峰(下)、沙道沟、来凤、卯洞、建南、喻家河水库
荆门	10	中山、荆门、马良、磷矿、八字门水库、沙洋、高关水质自动监测站、钟祥汉江水源地水质自动监测站、京山市石龙水库水质自动监测站、荆门烟墩集水质自动监测站
随州	4	厉山、广水、许家冲、随州先觉庙水质自动监测站
鄂州	5	燕矶、葛华水厂、凤凰台水厂、鄂州雨台山水厂水源地水质自动监测站、葛华水质自动监测站
天门	2	天门、天门市汉江水源地水质自动监测站
仙桃	1	仙桃三水厂水质自动监测站
合计	160	

附录表1-13　湖北省水文系统二类水文测站——专用水生态站名录

附录表1-13　湖北省水文系统二类水文测站——专用水生态站名录

市州	站数	站名
武汉	20	东湖吹笛景区、郭郑湖、后官湖1、后官湖10、后官湖2、后官湖3、后官湖4、后官湖5、后官湖6、后官湖7、后官湖8、后官湖9、梁子湖、梁子湖10、梁子湖8、梁子湖9、庙湖(武汉)、磨山风景区、水果湖、汤菱湖
黄石	11	保安湖、磁湖、富水、富水水库、十里湖、网湖1、网湖2、网湖3、朱婆湖1、朱婆湖2、朱婆湖3
襄阳	11	白水峪、北郊水库、东郊水库、华阳河水库、琚湾、刘桥水库、南河镇、寺坪、西排子河1、西排子河2、西排子河3
荆州	16	茶坛岛、大口、东湾村、高潮村、关沮口、官墩、胡家垱、蓝田三期、李家庄、庙湖(荆州)、三墩村、施墩河口、挖沟咀、刁家口、新阳、张兵咀
宜昌	2	葛洲坝库首、官庄
十堰	4	丹江口水库、黄龙滩水库、三里坪水库、寺坪水库
孝感	9	汈汊湖、府河国家湿地公园、府河细鳞鲴国家级水产种质资源保护区、湖北孝感朱湖国家湿地公园、解放山、龙赛湖出口、龙赛湖入口、龙赛湖细鳞鲴翘嘴鲌国家级水产种质资源保护区、云梦涢水国家湿地公园
黄冈	9	白莲河、白莲河水库1、白莲河水库2、白莲河水库3、白莲河水库4、兰溪、龙感湖、桃花冲、英山
咸宁	15	斧头湖、富水1、富水2、富水3、富水水库1、富水水库10、富水水库2、富水水库3、富水水库4、富水水库5、富水水库6、富水水库7、富水水库8、富水水库9、三湖连江水库
恩施	8	洞坪、高乐山、龙洞水库、龙坪水库、桐子营水库、宣恩贡水河、忠建河上游、忠建河中游

续表

市州	站数	站名
荆门	5	后港、刘岭、毛李水厂、孟家咀、双店渠节制闸
随州	7	白云湖、先觉庙、徐家河簸箕湾、徐家河横冲、徐家河花园、徐家河龙泉、徐家河余店
鄂州	7	梁子湖1、梁子湖2、梁子湖3、梁子镇、梁子湖5、梁子湖6、梁子湖7
天门	1	张家大湖
潜江	1	返湾湖
仙桃	5	五湖1、五湖2、五湖3、仙桃沙湖湿地、小寺垸
神农架	13	大九湖1号湖、大九湖2号湖、大九湖3号湖、大九湖4号湖、大九湖5号湖、大九湖6号湖、大九湖7号湖、大九湖8号湖、大九湖9号湖、官门山、红花坪、龙潭嘴水库、盘水
合计	144	

附录表1-14　湖北省水文系统三类水文测站——专用水文站名录

附录表1-14　湖北省水文系统三类水文测站——专用水文站名录

行政区	站数	站名
襄阳	7	保康、庙滩、大李沟、东津、涌泉、安集、枣阳
荆州	7	柳港闸、荆州泵站、朱家渡、上闸、申津渡、玉湖闸、新沟泵站
宜昌	18	松林坪、龙王山、良斗河、寒溪口、文武、草埠湖、沙坪、百里洲、石板堰、马渡河、三房坪、文化、刘坪、当阳、窑湾、陕西营、分乡、招徕河
十堰	7	长滩、双湾、黑虎、莲花、三官殿、野人谷、淘沟河
孝感	9	孛畈街、伍洛桥、三汊、堰口、双桥、张万、会馆、双龙桥、凤凰台
黄冈	9	七里坪、王福店、浮桥河、木子店、黄州、浠水、青石、白湖渡、黄梅
咸宁	7	通羊、湄港、横石潭、嘉鱼、雷骆、赤马港、汀泗桥
恩施	20	阎家坪、大庙、高罗、纳吉滩、小溪口、陇里、金银溪、高拱桥、三孔桥、大龙潭、李家河、岩洞寺、南河、青狮峡、太阳河、连珠大桥、观音塘、江口、堰坪、头道水
荆门	9	李市、丰乐、陈安、石桥驿、客店坡、北新集、红金、马良闸、京山
随州	4	何店、陈巷、安居、草店镇
鄂州	2	薛家沟、新港
天门	3	老龙堤闸、华严湖、沉湖北
潜江	3	魏桥、关山、徐李闸
仙桃	4	楼子台、郭河、周帮、余场
神农架	1	两河口
合计	110	

附录表1-15　湖北省水文系统三类水文测站——专用水位站名录

附录表1-15　湖北省水文系统三类水文测站——专用水位站名录

行政区	站数	站名
武汉	28	北湖、北洋桥、罗家港、沙湖、黄家湖、青菱湖、南阳(二)、梁子湖闸、后官湖、北太子湖、龙阳湖、三角湖、挖口、黄陵矶闸、周家山、周湾、黄孝河明渠、后湖泵站、金银湖、四合庄、挖沟(二)、武湖桥头、冯家集、后湖、合丰、夏家寺、梅店、道观河
黄石	2	青山湖、青港湖

续表

行政区	站数	站名
襄阳	31	庙坪、鸡冠河、江山、谢湾、黄龙潭、罗坪、石河畈、黑龙堰、赵冲、竹林桥、柳堰集、渭水、李庙、董集、吴店、五口、官沟、孔湾、南河、熊河、西排子河、石门、云台山、白水峪、孟桥川、过渡湾、回龙河、潭口、黑清河、华阳河、红水河
荆州	29	横沟市、观音垱、何桥、渡佛寺、樊桥、沙岗、桐梓湖、万店、峰口、汉河、乌林、二分场、里甲口、闸口(总排渠)、沙厂、万城闸、彭家河滩、观音寺闸、颜家台闸、子贝渊闸、下新河闸、小港湖闸、张大口闸、北河水库、斑竹垱、黄泗咀、郑公渡、卷桥水库、万家坝
宜昌	14	王家垭、道路坪、小溪口、新生、普溪河、南村坪、紫阳、水府庙、新场、九道河、马家冲、张家口、津洋口、熊渡
十堰	9	土门水库、曲远河店、官渡(二)、孔雀、九道梁、洪坪、杨柳、紫薇岛、郑家
孝感	6	农三、复兴、喻家闸、新堰闸、福星、庙头
黄冈	18	杉林河、天堂二级、跨马墩、东安河、响水潭、但店、庙河、白洋河、回龙一、遗爱湖、长孙堤、红花、占河、红石桥、梅川、古角、严家闸、下新
咸宁	13	高桥、大路、闯王、黄沙铺、杨林、厦铺、获洲、庄前、港口、龙潭、赵李桥、麦市、金塘
恩施	17	建南、梅子水、万福河、田寨河(库内)、朝阳寺(库内)、福宝山(库内)、峡口塘(库内)、云龙河(库内)、永红(库内)、狮子关(库内)、四十二坝(库内)、野三河(库内)、新峡(库内)、高桥、湖坪、喻家河水库、江坪河水库
荆门	15	马头寨、古林、新桥、后港(长湖)、双河、洋梓、长寿、黄坡、花竹、长滩、姜畈、罗店、长湖(后港)、黎坪、唐台
随州	4	淮河镇、唐县镇、龙泉镇、武胜关
鄂州	5	严家湖、五四湖、梧桐湖、红莲湖、石桥
天门	1	刘家河
潜江	3	竺场、沱口、杨市
仙桃	3	余场(节制闸)、老里仁口、庆丰
神农架	1	野马河
合计	199	

附录表 1-16 湖北省水文系统三类水文测站——专用降水量站名录

附录表 1-16 湖北省水文系统三类水文测站——专用降水量站名录

行政区	站数	站名
武汉	15	左岭、火官村、沿江路、新生路、黄鹤楼、沌口、徐湾、常福、玉贤、二七、红旗渠路、三阳路江滩、长丰、汉正街、辛安渡
黄石	1	金山店
襄阳	36	段江、塔子坪、两峪、龙坪、柏树岗、双坪、洪山嘴、官山、大横溪、砂坪、刘家坪、黄土岭、盛康、安坪、黄集、龙王、黄龙、尹集、小河、郑集、新街、流水、龙凤、简家河、凉泉、窦家冲、谭湾、璞河、黄家岗、杨垱、程河、刘集、刘升、新市、余岗、邢川
荆州	41	九合垸、三洲、马山、纪南、牌坊、普济、汪桥、程集、荒湖、周老嘴、毛市、分盐、网市、桥市、柘木、上车湾、汴河、曹市、戴家场、白庙、沙口、龙口、陈店、万家、西斋、八宝、南海、王家大湖、新江口、纸厂河、共青团水库、狮子口、斑竹垱、孟家溪、甘家厂、埠河、夹竹园、裕公、陈币桥、高陵、大港口泵站
宜昌	14	饶坡、隆康路、运河、宜昌商场、宜昌东站、五一广场、中心医院、临江溪、河心公园、平湖社区、均瑶广场、卷桥河、市水文局、夷陵区水利局
十堰	67	一天门、槐树、王家庄、大王沟、柏林、陈湾、陈家庄、双庙、老龙庙、康家坪、小河、平原、石人河、杨家湾、白泉、箭流铺、瓦房坪、小禾田、公祖、小河口、中场、油房、上高桥、马家坝、向新、黄土梁、八道关、大桥、安河塘、花竹、下坝、取宝洞、明家梁、龙滩、东河、南坝、东河、张家湾、长坪、茅塔寺、挡鱼、阳坪、薛家、姚坪、柳树林、相公、老庄、堰河、杨溪铺、安阳、锅厂、顾家岗、廖家、大沟、蒿坪、袁家院、瓦房河、土关垭、三岔、古泉、葛坪河、阳坪、梛口、左溪寺、腰庄、郧县、六里坪
孝感	21	丰店、刘集、云梦城关、道桥、三合、东新、芳畈、卫店、周巷、邹岗、肖港、新铺、杨店、陈河、赵畈、天鹅、里潭、刘家隔、西江、城隍、回龙

续表

行政区	站数	站名
咸宁	16	港路、泉港、三源、畅周、塘湖、大坪、梓木、大竹园、黄土磅、木家、大屋口、中伙铺、万家山、官塘驿、高升、向阳湖
恩施	29	大水井、红砂、黄泥塘、沙溪、长堰塘、花椒坪、洗马坪、景阳、庙坪、纺车溪、牡丹坪、南渡江、咸盈、铜厂坡、杨柳池、芭蕉、雅池坝、凤凰沟、罗溪坝、官渡口、立志坪、大峡谷、白马塘、茅坝塘、村荒、清湖、青堡、猫子山、三岔
荆门	33	铁坪、马河、沙洋、团林、双喜、曾集、樊桥、纪山、铜钱山、龙峪、九里岗、象河、峡卡河、磷矿、赵泉河、陈家湾、双庙畈、军营、杨畈、革集、柴湖、石牌、田家冲、麻城、绿水堰、杨家畈、大观桥、五三、汀河、绿林、王家山、后港、太阳寺
随州	12	王家湾、小林、上棚、钟家、新街、尚市、陈巷镇、郭家湾、杨家店、东杨家、新独屋、李店
天门	7	渔薪、石河、石堰口、汪场、横林、马湾、张家大湖
潜江	5	王场、运粮湖、熊口、园林、竹根滩
仙桃	7	新河、通海口、沔城、夏市、袁市、五湖渔场、黄越
神农架	3	温水、红坪、官门山
合计	307	

附录表1-17　湖北省水文系统一类水文测站——国家基本水文站基础信息表

附录表1-17　湖北省水文系统一类水文测站——国家基本水文站基础信息表

序号	站名	测站编码	河名	站址	行政区
1	长轩岭(二)	61609100	滠水	湖北省武汉市长轩岭街道董家河湾	武汉
2	柳子港	61612400	举水	湖北省武汉市凤凰镇庙岗山村	武汉
3	金口	61716000	金水	湖北省武汉市金口街道金水闸	武汉
4	沣源口	61605600	大冶湖	湖北省黄石市河口镇	黄石
5	富水	61606600	富水	湖北省黄石市阳新县龙港镇富水	黄石
6	龙港(二)	61608000	龙港河	湖北省黄石市阳新县龙港镇龙港村	黄石
7	马良坪	60904000	沮河	湖北省襄阳市保康县马良镇西坪村	襄阳
8	打鼓台	60909000	漳河	湖北省襄阳市南漳县东巩镇铁家垭村	襄阳
9	苍坪	60914000	茅坪河	湖北省襄阳市南漳县东巩镇苍坪村	襄阳
10	马桥	61909800	南河	湖北省襄阳市保康县马桥镇马桥水电站	襄阳
11	寺坪	61910000	南河	湖北省襄阳市保康县寺坪镇寺坪水电站	襄阳
12	开峰峪	61910100	南河	湖北省襄阳市保康县过渡湾镇过渡湾村	襄阳
13	挽鱼沟	61917500	蛮河	湖北省襄阳市南漳县李庙镇鱼泉河村	襄阳
14	三道河	61918000	蛮河	湖北省襄阳市南漳县城关镇三道河水库	襄阳
15	董坡(二)	62010500	唐白河	湖北省襄阳市刘集街道大桥村	襄阳
16	万城	60908500	沮漳河	湖北省荆州市荆州区李埠镇万城村	荆州
17	刁家口	61015000	总干渠	湖北省荆州市沙市区观音垱镇刁口村	荆州
18	福田寺	61016100	总干渠	湖北省荆州市监利市福田寺镇	荆州
19	新滩口	61016400	总干渠	湖北省荆州市洪湖市新滩口镇大兴岭村	荆州
20	新堤(大闸)	61018500	洪湖	湖北省荆州市洪湖市螺山镇新联村	荆州
21	沙溪坪	61500900	澬水	湖北省荆州市松滋市刘家场镇沙溪坪村	荆州
22	南阳	60514362	南阳河	湖北省宜昌市兴山县昭君镇昭君村	宜昌

续表

序号	站名	测站编码	河名	站址	行政区
23	古夫	60514290	古夫河	湖北省宜昌市兴山县古夫镇深渡河村	宜昌
24	杨林桥(二)	60514370	九湾溪	湖北省宜昌市秭归县杨林桥镇杨林桥村	宜昌
25	雾渡河	60903000	雾渡河	湖北省宜昌市雾渡河镇茅坪河社区	宜昌
26	远安	60906000	沮河	湖北省宜昌市远安县鸣凤镇栖凤社区	宜昌
27	河溶	60908000	沮漳河	湖北省宜昌市当阳市河溶镇观基寺村	宜昌
28	水布垭	61002800	清江	湖北省宜昌市长阳土家族自治县渔峡口镇龙池村	宜昌
29	渔峡口	61003000	清江	湖北省宜昌市长阳土家族自治县渔峡口镇渔坪村	宜昌
30	高家堰(二)	61010000	丹水	湖北省宜昌市长阳土家族自治县高家堰镇高家堰村	宜昌
31	渔洋关	61010500	渔洋河	湖北省宜昌市五峰土家族自治县渔洋关镇曹家坪村	宜昌
32	聂家河	61011000	渔洋河	湖北省宜昌市宜都市聂家河镇聂家河村	宜昌
33	贾家坊	61901000	天河	湖北省十堰市郧西县城关镇天河坪村	十堰
34	老码头	61902200	官渡河	湖北省十堰市竹山县官渡镇	十堰
35	竹山	61902400	堵河	湖北省十堰市竹山县城关镇西关	十堰
36	鄂坪	61903100	汇湾河	湖北省十堰市竹溪县鄂坪乡西湾村	十堰
37	延坝	61904200	竹溪河	湖北省十堰市竹溪县水坪镇板桶梁村	十堰
38	县河	61904600	县河	湖北省十堰市竹溪县县河镇	十堰
39	孤山	61907500	官山河	湖北省十堰市丹江口市官山镇孤山村	十堰
40	房县	61913000	马栏河	湖北省十堰市房县城关镇八里村	十堰
41	安陆(二)	62200800	涢水	湖北省孝感市安陆市解放山水电站	孝感
42	隔蒲潭	62201400	涢水	湖北省孝感市云梦县隔蒲镇	孝感
43	草店	62205400	澴水	湖北省孝感市大悟县城关镇草店	孝感
44	花园	62205600	澴水	湖北省孝感市孝昌县花园镇	孝感
45	东山头	62206600	沦水	湖北省孝感市孝南区东山头闸	孝感
46	新沟	62207200	汉北河	湖北省孝感市汉川市新沟闸	孝感
47	应城(三)	62209400	大富水	湖北省孝感市应城市城中街道	孝感
48	万福闸	62212200	沉湖	湖北省孝感市汉川市万福闸	孝感
49	汉川泵站	62212400	泵站河	湖北省孝感市汉川市城关镇	孝感
50	汉川闸	62212600	新河	湖北省孝感市汉川市城关镇	孝感
51	民乐闸	62212800	民乐渠	湖北省孝感市汉川市民乐闸	孝感
52	红安(二)	61610400	倒水	湖北省黄冈市红安县城关镇下祁家畈	黄冈
53	麻城	61612200	举水	湖北省黄冈市麻城市鼓楼街道办事处凉亭	黄冈
54	马家潭(二)	61615580	巴水	湖北省黄冈市团风县上巴河镇	黄冈
55	罗田(二)	61616000	长河	湖北省黄冈市罗田县凤山镇	黄冈
56	英山	61617400	浠水	湖北省黄冈市英山县温泉镇上河摆巷	黄冈
57	白莲河	61617800	浠水	湖北省黄冈市浠水县白莲河镇	黄冈
58	落令河(二)	61618410	西河	湖北省黄冈市英山县孔家坊乡八仙畈	黄冈

续表

序号	站名	测站编码	河名	站址	行政区
59	西河驿	61619600	蕲水	湖北省黄冈市蕲春县漕河镇罗州城	黄冈
60	官桥	62800200	武山湖	湖北省黄冈市武穴市刊江街道办事处官桥	黄冈
61	明水	61606350	富水	湖北省咸宁市通山县通羊镇李渡村	咸宁
62	大屋场	61607600	四都河	湖北省咸宁市通山县厦铺镇大屋场	咸宁
63	通城(二)	61707000	隽水	湖北省咸宁市通城县隽水镇	咸宁
64	余码头	61711000	余码河	湖北省咸宁市嘉鱼县潘家湾镇余码头	咸宁
65	温泉	61712950	淦河	湖北省咸宁市咸安区温泉办事处	咸宁
66	十好桥	61713000	淦河	湖北省咸宁市咸安区浮山陈家湾	咸宁
67	石板坪	60514050	沿渡河	湖北省恩施州巴东县沿渡河镇石板坪	恩施
68	大河边	60810500	唐岩河	湖北省恩施州咸丰县高乐山镇大河边	恩施
69	利川(二)	61000500	清江	湖北省恩施州利川市都亭办事处林家村	恩施
70	恩施	61002000	清江	湖北省恩施州恩施市小渡船	恩施
71	宣恩(二)	61006500	忠建河	湖北省恩施州宣恩县珠山镇	恩施
72	老渡口	61007200	马水河	湖北省恩施州恩施市沙地乡老渡口	恩施
73	建始城关	61007490	米水河	湖北省恩施州建始县业州镇	恩施
74	来凤	61311900	酉水	湖北省恩施州来凤县翔凤镇	恩施
75	鹤峰	61401600	溇水	湖北省恩施州鹤峰县容美镇	恩施
76	烟墩集	60917000	漳河水库	湖北省荆门市漳河镇	荆门
77	澴潭	62200400	涢水	湖北省随州市随县澴潭镇柏树岗社区	随州
78	随州(二)	62200600	涢水	湖北省随州市西城办事处文峰社区	随州
79	均川	62202700	均川	湖北省随州市随县均川镇九龙观村	随州
80	先觉庙	62203800	浆溪店河	湖北省随州市万店镇先觉庙村	随州
81	万店	62203900	漂水	湖北省随州市万店镇龙头湾村	随州
82	徐家河	62204800	徐家河	湖北省随州市广水市长岭镇日光村	随州
83	应山(四)	62206000	应山河	湖北省随州市广水市应山办事处曹塘角社区	随州
84	樊口	61602000	新港	湖北省鄂州市武昌大道大闸村	鄂州
85	天门	62206900	汉北河	湖北省天门市竟陵办事处江河村	天门
86	皂市	62208300	溾水	湖北省天门市皂市镇	天门
87	罗汉寺	62211000	总干渠	湖北省天门市多宝镇罗汉寺闸	天门
88	何山闸	62211200	天南长渠	湖北省天门市张港镇何山闸	天门
89	东风闸	62211400	东风支渠	湖北省天门市蒋场镇彭刘村	天门
90	天门船闸	62211600	天门河	湖北省天门市竟陵办事处	天门
91	浩口	61016500	西荆河	湖北省潜江市浩口镇	潜江
92	田关	61019500	田关河	湖北省潜江市周矶镇田关闸	潜江
93	松柏(二)	61912600	青阳河	湖北省神农架林区松柏镇龙沟村	神农架

附录表 1-18　湖北省水文系统一类水文测站——国家基本水位站基础信息表

附录表 1-18　湖北省水文系统一类水文测站——国家基本水位站基础信息表

序号	站名	测站编码	河名	站址	行政区
1	青龙咀(二)	61600500	汤逊湖	湖北省武汉市东湖开发区茅店村	武汉
2	黄陂(二)	61609400	滠水	湖北省武汉市黄陂区前川街道	武汉
3	李家集	61610600	倒水	湖北省武汉市新洲区李集街道	武汉
4	南阳	61718000	鲁湖	湖北省武汉市金口街道马蹄口	武汉
5	舵落口	61804800	汉江	湖北省武汉市硚口区易家墩	武汉
6	黄檀咀	61603000	保安湖	湖北省黄石市大冶市保安镇黄檀咀	黄石
7	张家湖	61603800	张家湖	湖北省黄石市儿童公园内	黄石
8	大冶(二)	61604000	大冶湖	湖北省黄石市大冶市城关镇大桥	黄石
9	磊山	61604200	大冶湖	湖北省黄石市汪仁镇磊山	黄石
10	阳新	61607000	富水	湖北省黄石市阳新县兴国镇	黄石
11	富池口	61607220	富水	湖北省黄石市阳新县富池口镇	黄石
12	朱市	61918300	蛮河	湖北省襄阳市宜城市小河镇朱市社区	襄阳
13	沙河	62019400	沙河	湖北省襄阳市枣阳市鹿头镇沙河水库	襄阳
14	习家口(长湖)	61014500	长湖	湖北省荆州市沙市区观音垱镇三洲村	荆州
15	挖沟咀	61018000	洪湖	湖北省荆州市洪湖市滨湖办事处洪湖渔场	荆州
16	大岩咀(库内)	61501000	沲水	湖北省荆州市松滋市沲水镇大岩咀社区	荆州
17	兴山(二)	60514295	香溪	湖北省宜昌市兴山县昭君镇昭君村	宜昌
18	卧龙潭	62201800	府澴河	湖北省孝感市孝南区卧龙乡卧龙潭村	孝感
19	孝感	62205800	澴水	湖北省孝感市书院街汪家窑	孝感
20	民乐闸(汉北河)	62207000	汉北河	湖北省孝感市汉川市民乐闸	孝感
21	龙赛湖	62208600	龙赛湖	湖北省孝感市应城市义和镇龙赛湖闸	孝感
22	五房台(四)	62210800	汈汊湖	湖北省孝感市汉川市汈汊湖养殖场五房台	孝感
23	烟包地(库内)	61610810	烟宝地河	湖北省黄冈市红安县烟宝地水库	黄冈
24	金沙河(库内)	61611010	金沙河	湖北省黄冈市红安县金沙河水库	黄冈
25	三河口(库内)	61612610	阎家河	湖北省黄冈市麻城市三河口水库	黄冈
26	明山(库内)	61613010	白杲河	湖北省黄冈市麻城市明山水库	黄冈
27	浮桥河(库内)	61614210	浮桥河	湖北省黄冈市麻城市浮桥河水库	黄冈
28	大同(库内)	61619410	蕲水	湖北省黄冈市蕲春县大同水库	黄冈
29	白湖渡	62800700	太白湖	湖北省黄冈市黄梅县濯港镇白湖渡	黄冈
30	荆竹水库(坝上)	62802000	荆竹河	湖北省黄冈市武穴市荆竹水库	黄冈
31	王家庄	61712000	西凉湖	湖北省咸宁市嘉鱼县渡普镇王家庄	咸宁
32	三洲	61714000	斧头湖	湖北省咸宁市嘉鱼县渡普镇三洲	咸宁
33	观音寺(库内二)	60911010	漳河水库	湖北省荆门市漳河镇李家洲	荆门
34	刘家石门(库内)	62207610	寨子河	湖北省荆门市钟祥市刘家石门水库	荆门
35	惠亭山(库内)	62208010	溾水	湖北省荆门市京山市惠亭水库	荆门
36	大洪山	62200200	涢水	湖北省随州市随县洪山镇寺山村	随州

续表

序号	站名	测站编码	河名	站址	行政区
37	吴山	62202400	溠水	湖北省随州市随县吴山镇联中村	随州
38	黑屋湾	62202600	溠水	湖北省随州市随县新街镇河源店村	随州
39	天河口	62203000	封江口河	湖北省随州市随县殷店镇天河口	随州
40	封江口	62203200	封江口河	湖北省随州市随县厉山镇明华村	随州
41	两河口	62204200	两河口河	湖北省随州市万店镇红石岗村	随州
42	梁子镇	61602600	梁子湖	湖北省鄂州市梁子镇梁子岛	鄂州

附录表 1-19　湖北省水文系统一类水文测站——国家基本降水量站基础信息表

附录表 1-19　湖北省水文系统一类水文测站——国家基本降水量站基础信息表

序号	站名	测站编码	站址	行政区
1	阳逻	61620600	湖北省武汉市新洲区阳逻街	武汉
2	东湖	61621100	湖北省武汉市洪山区鲁磨路	武汉
3	中南	61621500	湖北省武汉市武昌区付家坡	武汉
4	徐河	61621700	湖北省武汉市舒安街道陈大行村	武汉
5	土地堂	61621800	湖北省武汉市马龙泉街道群建村	武汉
6	五里界	61621900	湖北省武汉市江夏区五里界镇	武汉
7	豹子澥	61622200	湖北省武汉市豹澥街道豹澥中学	武汉
8	姚家集	61635600	湖北省武汉市蔡店街道姚家集镇	武汉
9	张家大湾	61635800	湖北省武汉市蔡店街道士冲村	武汉
10	夏家寺	61636200	湖北省武汉市长堰街夏家寺水库	武汉
11	滠口	61636600	湖北省武汉市滠口街民生闸	武汉
12	长岭岗	61636800	湖北省武汉市蔡榨街道官河村	武汉
13	汪家集	61640000	湖北省武汉市汪集镇农科所	武汉
14	挖沟	61640200	湖北省武汉市双柳街挖沟镇	武汉
15	新洲	61645000	湖北省武汉市邾城街人民路	武汉
16	少潭河	61645400	湖北省武汉市新集镇道观河水库管理处	武汉
17	贺胜桥	61751000	湖北省武汉市山坡街道万家垴	武汉
18	法泗洲	61752000	湖北省武汉市法泗镇菱米村	武汉
19	汉阳	62133000	湖北省武汉市蔡甸区新庙街	武汉
20	马沧湖	62134000	湖北省武汉市汉阳区动物园	武汉
21	万松	62249900	湖北省武汉市江汉区万松园路	武汉
22	侏儒山	62251800	湖北省武汉市侏儒镇堤防所	武汉
23	邓家口	62252000	湖北省武汉市邓南街道周家岭	武汉
24	金牛	61621400	湖北省黄石市大冶市金牛镇	黄石
25	保安	61622400	湖北省黄石市大冶市保安镇民主街	黄石
26	南练山	61622500	湖北省黄石市大冶市黄金湖乡南练山	黄石
27	殷祖	61622800	湖北省黄石市大冶市殷祖镇	黄石

续表

序号	站名	测站编码	站址	行政区
28	陈贵	61622900	湖北省黄石市大冶市陈贵镇陈贵村	黄石
29	铁山	61623000	湖北省黄石市铁山区友爱街二村	黄石
30	白沙铺	61623400	湖北省黄石市阳新县白沙镇	黄石
31	洋港	61628200	湖北省黄石市阳新县洋港镇	黄石
32	下畈	61628600	湖北省黄石市阳新县胡桥乡下畈	黄石
33	三溪口	61629800	湖北省黄石市阳新县三溪镇	黄石
34	木石港	61630200	湖北省黄石市阳新县木港镇	黄石
35	枫林铺	61630400	湖北省黄石市阳新县枫林镇	黄石
36	欧家店	60932000	湖北省襄阳市保康县歇马镇欧店村	襄阳
37	官斗坪	60932500	湖北省襄阳市保康县歇马镇金桥沟村	襄阳
38	庙坪	60933000	湖北省襄阳市保康县歇马镇庙坪村	襄阳
39	玄虎	60933500	湖北省襄阳市保康县歇马镇玄虎村	襄阳
40	九里	60934000	湖北省襄阳市保康县歇马镇简槽村	襄阳
41	店垭	60935000	湖北省襄阳市保康县店垭镇老街村	襄阳
42	峡口	60935500	湖北省襄阳市南漳县巡检镇峡口村	襄阳
43	薛家坪	60939000	湖北省襄阳市南漳县薛坪镇薛家坪村	襄阳
44	秦坪	60939200	湖北省襄阳市南漳县薛坪镇秦坪村	襄阳
45	板桥	60939500	湖北省襄阳市南漳县板桥镇新集村	襄阳
46	甘溪	60940000	湖北省襄阳市南漳县巡检镇甘溪村	襄阳
47	巡检	60940500	湖北省襄阳市南漳县巡检镇巡检司村	襄阳
48	高峰	60942000	湖北省襄阳市南漳县肖堰镇高坪村	襄阳
49	肖埝	60942500	湖北省襄阳市南漳县肖堰镇肖家堰村	襄阳
50	太平	60943000	湖北省襄阳市南漳县肖堰镇太平村	襄阳
51	观音堂	61941200	湖北省襄阳市谷城县紫金镇观音堂村	襄阳
52	北河	61941600	湖北省襄阳市谷城县石花镇潭口水库	襄阳
53	团湖	61942000	湖北省襄阳市谷城县冷集镇梁家畈村	襄阳
54	堰垭	61943000	湖北省襄阳市保康县马桥镇堰垭村	襄阳
55	金斗	61943300	湖北省襄阳市保康县马桥镇金斗村	襄阳
56	后坪	61946600	湖北省襄阳市保康县后坪镇后坪村	襄阳
57	黄化	61946700	湖北省襄阳市保康县黄堡镇雷家岭村	襄阳
58	白水峪	61947200	湖北省襄阳市谷城县南河镇白水峪水电站	襄阳
59	赵湾	61947300	湖北省襄阳市谷城县赵湾乡腰儿坪村	襄阳
60	当铺	61947700	湖北省襄阳市谷城县盛康镇当铺村	襄阳
61	樊城	61948000	湖北省襄阳市七里河办事处陈营居委会	襄阳
62	石河畈	61948300	湖北省襄阳市太平店镇石河畈水库	襄阳
63	迴龙河	61948500	湖北省襄阳市卧龙镇迴龙河水库	襄阳
64	黑龙集	61949300	湖北省襄阳市石桥镇黑龙集社区	襄阳

续表

序号	站名	测站编码	站址	行政区
65	古城	61949500	湖北省襄阳市老河口市孟楼镇杨岗村	襄阳
66	西排子河	61949700	湖北省襄阳市石桥镇西排子河水库	襄阳
67	二房营	61949900	湖北省襄阳市老河口市张集镇二房营村	襄阳
68	马张河	61951300	湖北省襄阳市黄集镇马张河水库	襄阳
69	罗岗	61951600	湖北省襄阳市黄集镇罗岗水库	襄阳
70	渭水	61951800	湖北省襄阳市欧庙镇渭水水库	襄阳
71	田家集	61952200	湖北省襄阳市宜城市板桥店镇莺河一库水库	襄阳
72	峠峪	61952600	湖北省襄阳市保康县黄堡镇峠峪村	襄阳
73	大坪	61952800	湖北省襄阳市南漳县长坪镇柳湖村	襄阳
74	长坪	61953000	湖北省襄阳市南漳县长坪镇东园村	襄阳
75	风岭	61953200	湖北省襄阳市南漳县薛坪镇八里川村	襄阳
76	李庙	61953600	湖北省襄阳市南漳县李庙镇全家湾村	襄阳
77	花庄	61954000	湖北省襄阳市南漳县肖堰镇花庄水库	襄阳
78	赵家店	61954400	湖北省襄阳市南漳县李庙镇赵店村	襄阳
79	石门	61954800	湖北省襄阳市南漳县九集镇石门水库	襄阳
80	武镇	61955000	湖北省襄阳市南漳县武安镇小洲子村	襄阳
81	安沟口	61955200	湖北省襄阳市南漳县肖堰镇陈家榜村	襄阳
82	云台山	61955400	湖北省襄阳市南漳县武安镇云台山水库	襄阳
83	刘后集	61955800	湖北省襄阳市宜城市刘猴镇小南河水库	襄阳
84	孔家湾	61956200	湖北省襄阳市宜城市孔湾镇杜岗村	襄阳
85	飞虎峡	61956400	湖北省襄阳市宜城市流水镇马集村	襄阳
86	太平	62058100	湖北省襄阳市枣阳市太平镇李岗村	襄阳
87	黑清河	62058200	湖北省襄阳市程河镇黑清河水库	襄阳
88	港沟	62058500	湖北省襄阳市古驿镇孙寨村	襄阳
89	资山	62058600	湖北省襄阳市枣阳市王城镇圣龙山村	襄阳
90	华阳河	62058700	湖北省襄阳市枣阳市兴隆镇华阳河水库	襄阳
91	椿树湾	62058800	湖北省襄阳市枣阳市吴店镇椿树湾	襄阳
92	清潭	62058900	湖北省襄阳市枣阳市清潭镇清潭水库	襄阳
93	平林	62059100	湖北省襄阳市枣阳市平林镇余咀村	襄阳
94	三合店	62059300	湖北省襄阳市枣阳市新市镇前湾村	襄阳
95	观音垱	61049000	湖北省荆州市沙市区观音垱镇	荆州
96	何桥	61051000	湖北省荆州市沙市区观音垱镇何桥村	荆州
97	黄穴	61053500	湖北省荆州市监利市黄歇口镇宗桥村	荆州
98	岑河	61054000	湖北省荆州市沙市区岑河镇岑河村	荆州
99	江北农场	61054500	湖北省荆州市江陵县江北农场	荆州
100	赤湖	61055000	湖北省荆州市江陵县白马寺镇长河村	荆州
101	秦市	61055500	湖北省荆州市江陵县秦市乡砖井村	荆州

续表

序号	站名	测站编码	站址	行政区
102	尺八	61057000	湖北省荆州市监利市尺八镇	荆州
103	朱河	61057500	湖北省荆州市监利市朱河镇	荆州
104	峰口	61058000	湖北省荆州市洪湖市峰口镇	荆州
105	黑石溪	61520200	湖北省荆州市松滋市老城镇	荆州
106	王家桥	61520600	湖北省荆州市松滋市王家桥镇民主村	荆州
107	曲尺河	61521200	湖北省荆州市松滋市卸甲坪乡曲尺河村	荆州
108	岩垱口	61522000	湖北省荆州市松滋市杨林市镇杨林市社区	荆州
109	冯家窑	61522100	湖北省荆州市松滋市刘家场镇胡家台村	荆州
110	申津渡	61522300	湖北省荆州市公安县狮子口镇申津渡村	荆州
111	郑公渡	61522500	湖北省荆州市公安县章庄铺镇高桥村	荆州
112	闸口	61522800	湖北省荆州市公安县闸口镇榨岭新村	荆州
113	黄山头	61522900	湖北省荆州市公安县黄山头镇	荆州
114	新沟咀	62250200	湖北省荆州市监利市新沟镇	荆州
115	石坪	60538800	湖北省宜昌市秭归县两河镇香龙村	宜昌
116	八家湾	60538900	湖北省宜昌市秭归县磨坪乡一篮村	宜昌
117	陕西营	60539000	湖北省宜昌市秭归县沙镇溪镇三星店村	宜昌
118	良斗河	60539200	湖北省宜昌市秭归县水田坝乡上坝村	宜昌
119	中阳垭	60539350	湖北省宜昌市兴山县古夫镇中阳垭村	宜昌
120	张官店	60539410	湖北省宜昌市兴山县榛子乡幸福村	宜昌
121	郑家坪	60539450	湖北省宜昌市兴山县古夫镇郑家坪村	宜昌
122	南阳河	60539600	湖北省宜昌市兴山县南阳镇营盘村	宜昌
123	水月寺	60539850	湖北省宜昌市兴山县水月寺镇水月寺村	宜昌
124	峡口	60539900	湖北省宜昌市兴山县峡口镇龚家村	宜昌
125	花桥	60539950	湖北省宜昌市秭归县九湾溪镇石柱村	宜昌
126	熊庄河	60539960	湖北省宜昌市秭归县杨林桥镇西洋坪村	宜昌
127	窑坪	60539980	湖北省宜昌市秭归县杨林桥镇眉毛山村	宜昌
128	邓村	60540100	湖北省宜昌市邓村乡邓村坪村	宜昌
129	董家河	60920500	湖北省宜昌市樟村坪镇黄家台村	宜昌
130	樟村坪	60921000	湖北省宜昌市樟村坪镇丁家河村	宜昌
131	古村	60921500	湖北省宜昌市樟村坪镇黄马河村	宜昌
132	望家冲	60922000	湖北省宜昌市远安县嫘祖镇望家村	宜昌
133	东风渠	60923500	湖北省宜昌市分乡镇金竹村	宜昌
134	分乡	60924000	湖北省宜昌市分乡镇王家冲村	宜昌
135	殷家坪	60924500	湖北省宜昌市樟村坪镇殷家坪村	宜昌
136	三岔	60925000	湖北省宜昌市樟村坪镇秦家坪村	宜昌
137	黄陵庙	60925500	湖北省宜昌市雾渡河镇马卧泥村	宜昌
138	坦荡河	60926000	湖北省宜昌市雾渡河镇龚家河村	宜昌

续表

序号	站名	测站编码	站址	行政区
139	张家口	60927000	湖北省宜昌市黄花镇张家口村	宜昌
140	小溪塔	60927500	湖北省宜昌市小溪塔街道南村坪村	宜昌
141	古老背	60928500	湖北省宜昌市猇亭区云盘村	宜昌
142	茶园寺	60930000	湖北省宜昌市宜都市松木坪镇彭家桥村	宜昌
143	泉河	60930500	湖北省宜昌市当阳市王店镇史店村	宜昌
144	鲁家港	60931200	湖北省宜昌市枝江市仙女镇仙女村	宜昌
145	江口	60931500	湖北省宜昌市枝江市马家店街道永收垸村	宜昌
146	洋坪	60936000	湖北省宜昌市远安县洋坪镇洋坪村	宜昌
147	分水	60936500	湖北省宜昌市远安县嫘祖镇苟家垭村	宜昌
148	当阳	60938500	湖北省宜昌市当阳市玉阳街道新民村	宜昌
149	晓坪	60945000	湖北省宜昌市远安县茅坪场镇晓坪村	宜昌
150	淯溪	60948000	湖北省宜昌市当阳市淯溪镇胜利村	宜昌
151	梓榔坪	61040800	湖北省宜昌市长阳土家族自治县榔坪镇梓榔坪村	宜昌
152	榔坪	61041000	湖北省宜昌市长阳土家族自治县榔坪镇榔坪村	宜昌
153	秀峰桥	61041200	湖北省宜昌市长阳土家族自治县榔坪镇秀峰桥村	宜昌
154	河坪	61041800	湖北省宜昌市五峰土家族自治县采花乡长茂司村	宜昌
155	马渡河	61042000	湖北省宜昌市五峰土家族自治县付家堰镇白庙村	宜昌
156	五峰	61042200	湖北省宜昌市五峰土家族自治县五峰镇石梁司村	宜昌
157	桃山	61042400	湖北省宜昌市长阳土家族自治县资丘镇桃山村	宜昌
158	火烧坪	61042500	湖北省宜昌市长阳土家族自治县火烧坪乡青树包村	宜昌
159	都镇湾	61042600	湖北省宜昌市长阳土家族自治县鸭子口镇厚浪砣村	宜昌
160	大堰	61042800	湖北省宜昌市长阳土家族自治县大堰乡大堰村	宜昌
161	郑家榜	61043000	湖北省宜昌市长阳土家族自治县津洋口镇郑家榜村	宜昌
162	堡子	61043200	湖北省宜昌市长阳土家族自治县贺家坪镇堡子村	宜昌
163	白沙驿	61043400	湖北省宜昌市长阳土家族自治县贺家坪镇白沙驿村	宜昌
164	染房坪	61043600	湖北省宜昌市长阳土家族自治县高家堰镇魏家洲村	宜昌
165	王家冲	61044600	湖北省宜昌市五峰土家族自治县渔洋关镇火田坑村	宜昌
166	长乐坪	61044800	湖北省宜昌市五峰土家族自治县长乐坪镇洞口村	宜昌
167	蒿坪	61045000	湖北省宜昌市五峰土家族自治县渔洋关镇安山村	宜昌
168	高桥	61045200	湖北省宜昌市五峰土家族自治县长乐坪镇月山村	宜昌
169	毛湖埫	61045600	湖北省宜昌市宜都市王家畈乡毛湖埫村	宜昌
170	湾潭	61423900	湖北省宜昌市五峰土家族自治县湾潭镇湾潭村	宜昌
171	康家坪	61426200	湖北省宜昌市五峰土家族自治县五峰镇长坡村	宜昌
172	清水湾	61520700	湖北省宜昌市五峰土家族自治县渔洋关镇清水湾村	宜昌
173	大栗树	61520900	湖北省宜昌市五峰土家族自治县仁和坪镇大栗树村	宜昌
174	仁和坪	61521100	湖北省宜昌市五峰土家族自治县仁和坪镇仁和坪村	宜昌
175	庙川	61833600	湖北省十堰市郧西县湖北口回族乡庙川村	十堰

续表

序号	站名	测站编码	站址	行政区
176	景阳	61833700	湖北省十堰市郧西县景阳乡雷家坪村	十堰
177	上津	61834700	湖北省十堰市郧西县上津镇	十堰
178	店子	61834750	湖北省十堰市郧西县店子镇铁山寺村	十堰
179	羊尾	61922000	湖北省十堰市郧西县羊尾镇	十堰
180	鲍峡	61922400	湖北省十堰市郧阳区鲍峡镇	十堰
181	白岩	61923200	湖北省十堰市郧西县香口乡白岩河村	十堰
182	黄云	61923400	湖北省十堰市郧西县香口乡黄云铺村	十堰
183	三官洞	61924000	湖北省十堰市郧西县安家乡三官洞林场	十堰
184	安家河	61924400	湖北省十堰市郧西县安家河村	十堰
185	马鞍	61924800	湖北省十堰市郧西县马鞍镇下川村	十堰
186	大柳	61925600	湖北省十堰市郧阳区大柳镇	十堰
187	曲远河	61925800	湖北省十堰市郧阳区青曲镇曲远河店村	十堰
188	九道梁	61926200	湖北省十堰市房县九道乡卸甲坪村	十堰
189	黄家湾	61926600	湖北省十堰市竹山县柳林乡民主村	十堰
190	柳林店	61926800	湖北省十堰市竹山县柳林乡屏峰村	十堰
191	桃园	61927400	湖北省十堰市竹溪县桃源乡羊角洞村	十堰
192	官渡	61928200	湖北省十堰市竹山县官渡镇	十堰
193	汇湾	61930000	湖北省十堰市竹溪县汇湾镇小河口村	十堰
194	红庙	61930200	湖北省十堰市竹溪县龙坝乡红庙村	十堰
195	中峰	61930300	湖北省十堰市竹溪县蒋家堰镇	十堰
196	秦古	61930700	湖北省十堰市竹山县秦古镇双河村	十堰
197	丰坝	61930800	湖北省十堰市竹溪县县河镇小田村	十堰
198	洞滨口	61930900	湖北省十堰市竹溪县丰溪镇洞滨口村	十堰
199	杨家扒	61931100	湖北省十堰市竹溪县泉溪镇杨家扒综合农场	十堰
200	蔡家坝	61931200	湖北省十堰市竹溪县天宝乡蔡家坝村	十堰
201	上龛	61931600	湖北省十堰市房县上龛乡范家垭村	十堰
202	中坝	61932000	湖北省十堰市房县中坝乡下坝村	十堰
203	宝丰	61932800	湖北省十堰市竹山县宝丰镇张家台	十堰
204	大坪	61933800	湖北省十堰市房县门古寺镇大坪村	十堰
205	安场	61934200	湖北省十堰市房县门古寺镇安场村	十堰
206	门古	61934600	湖北省十堰市房县门古寺镇	十堰
207	陈家铺	61935000	湖北省十堰市房县窑淮镇陈家铺村	十堰
208	关帝庙	61935800	湖北省十堰市竹山县双台乡渔塘村	十堰
209	大木厂	61936200	湖北省十堰市房县大木厂镇	十堰
210	叶大	61936400	湖北省十堰市郧阳区叶大镇	十堰
211	十堰	61937200	湖北省十堰市茅箭区二堰街办锦秀园社区	十堰
212	小川	61937400	湖北省十堰市大川镇小川村	十堰

续表

序号	站名	测站编码	站址	行政区
213	黄莺	61937800	湖北省十堰市丹江口市蒿坪镇蒿坪村	十堰
214	肖川	61938000	湖北省十堰市丹江口市均县镇方家沟村	十堰
215	大马	61938400	湖北省十堰市房县土城镇大河湾村	十堰
216	袁家河	61938600	湖北省十堰市丹江口市官山镇袁家河村	十堰
217	西河	61938800	湖北省十堰市丹江口市官山镇西河村	十堰
218	老营	61939600	湖北省十堰市丹江口市武当山旅游经济特区老营社区	十堰
219	盐池河	61939800	湖北省十堰市丹江口市盐池河镇盐池河村	十堰
220	浪河店	61940000	湖北省十堰市丹江口市浪河镇	十堰
221	佘家河	61941000	湖北省十堰市房县沙河乡佘家河村	十堰
222	汪家河	61944200	湖北省十堰市房县化龙堰镇庄坊村	十堰
223	西蒿坪	61944600	湖北省十堰市房县野人谷镇西蒿坪村	十堰
224	土城	61944840	湖北省十堰市房县土城镇	十堰
225	黄杨树	61945200	湖北省十堰市房县白鹤镇黄杨村	十堰
226	木瓜	61945600	湖北省十堰市房县野人谷镇木瓜村	十堰
227	卧牛	61945800	湖北省十堰市房县青峰镇卧牛观村	十堰
228	万峪	61946000	湖北省十堰市房县万峪河乡中院村	十堰
229	青峰	61946200	湖北省十堰市房县尹吉甫镇双湾村	十堰
230	秦家塅	62031200	湖北省十堰市郧阳区南化塘镇秦家塅村	十堰
231	南化塘	62031400	湖北省十堰市郧阳区南化塘镇	十堰
232	江湾	62031800	湖北省十堰市郧阳区南化塘镇江湾村	十堰
233	梅家铺	62032000	湖北省十堰市郧阳区梅铺镇	十堰
234	凉水河	62039150	湖北省十堰市丹江口市凉水河镇	十堰
235	宣化店	50224150	湖北省孝感市大悟县宣化店镇	孝感
236	黄陂站	61633600	湖北省孝感市大悟县黄站镇锅铺湾	孝感
237	吕王城	61633800	湖北省孝感市大悟县吕王镇	孝感
238	河口	61634200	湖北省孝感市大悟县河口镇	孝感
239	夏店	61635400	湖北省孝感市大悟县夏店镇	孝感
240	孛畈	62231400	湖北省孝感市安陆市孛畈镇孛畈	孝感
241	接官厅	62231600	湖北省孝感市安陆市接官乡接官街	孝感
242	棠棣树店	62232000	湖北省孝感市安陆市棠棣镇	孝感
243	唐陈	62232200	湖北省孝感市云梦县倒店乡唐陈	孝感
244	三里城	62233400	湖北省孝感市大悟县界牌水库	孝感
245	大新店	62233600	湖北省孝感市大悟县大新镇殷家埂村	孝感
246	姚家店	62233800	湖北省孝感市大悟县东新乡姚家店村	孝感
247	高家店	62234000	湖北省孝感市大悟县高店乡高家湾村	孝感
248	滚子河	62234400	湖北省孝感市大悟县芳畈镇新屋畈村	孝感
249	陈家店	62236600	湖北省孝感市安陆市陈店乡	孝感

续表

序号	站名	测站编码	站址	行政区
250	姚家山	62237200	湖北省孝感市孝昌县青山乡移祖湾	孝感
251	白沙铺	62237600	湖北省孝感市孝昌县白沙镇周童村	孝感
252	青板桥	62238200	湖北省孝感市孝昌县芦管乡庄上湾	孝感
253	祝家湾	62238600	湖北省孝感市孝南区祝站镇	孝感
254	渔子河	62242800	湖北省孝感市应城市渔子河水库	孝感
255	短港	62246400	湖北省孝感市应城市短港水库	孝感
256	七一桥	62248600	湖北省孝感市汉川市播义乡鲜鱼村	孝感
257	同兴集	62251600	湖北省孝感市汉川市丁集乡黄家湾	孝感
258	华家河	61634000	湖北省黄冈市红安县华家河镇	黄冈
259	周八家	61637200	湖北省黄冈市红安县七里坪镇周八家	黄冈
260	来家河	61637900	湖北省黄冈市红安县七里坪镇来家河	黄冈
261	东岳庙	61638000	湖北省黄冈市红安县七里坪镇八角庙	黄冈
262	古峰岭	61638200	湖北省黄冈市红安县七里坪镇火连畈	黄冈
263	詹店	61639200	湖北省黄冈市红安县高桥镇	黄冈
264	八里湾	61639400	湖北省黄冈市红安县八里湾镇	黄冈
265	朱家大庙	61640400	湖北省黄冈市麻城市福田河镇小界岭	黄冈
266	福田河	61640600	湖北省黄冈市麻城市福田河镇垭枫树	黄冈
267	黄土岗	61640800	湖北省黄冈市麻城市黄土岗镇英山畈	黄冈
268	王福店	61641200	湖北省黄冈市麻城市乘马岗镇王福店	黄冈
269	刘家河	61642000	湖北省黄冈市麻城市三河口镇刘家河	黄冈
270	熊家铺	61642200	湖北省黄冈市麻城市龟山镇熊家铺	黄冈
271	鲍家楼	61642800	湖北省黄冈市麻城市盐田河镇三合湾	黄冈
272	西张店	61643200	湖北省黄冈市麻城市顺河镇西张店	黄冈
273	垸店	61643600	湖北省黄冈市麻城市顺河镇垸店	黄冈
274	宋埠	61644200	湖北省黄冈市麻城市宋埠镇	黄冈
275	尾斗山	61644400	湖北省黄冈市红安县尾斗山水库	黄冈
276	罗家沟	61645800	湖北省黄冈市团风县团风镇罗家沟电排站	黄冈
277	杉林河	61646000	湖北省黄冈市麻城市木子店镇杉林河	黄冈
278	龙门河	61646400	湖北省黄冈市麻城市木子店镇博士坳	黄冈
279	五朵寨	61646600	湖北省黄冈市麻城市木子店镇游家冲	黄冈
280	石磴坳	61646800	湖北省黄冈市麻城市木子店镇石磴坳	黄冈
281	松子关	61647000	湖北省黄冈市罗田县胜利镇邵家畈	黄冈
282	胜利	61647400	湖北省黄冈市罗田县胜利镇洛家畈	黄冈
283	张家畈	61647600	湖北省黄冈市麻城市张家畈镇新街	黄冈
284	栗子关	61647800	湖北省黄冈市罗田县九资河镇邱家湾	黄冈
285	瓮门关	61648000	湖北省黄冈市罗田县九资河镇瓮门关	黄冈
286	竹林深	61648200	湖北省黄冈市罗田县九资河镇竹林深	黄冈

续表

序号	站名	测站编码	站址	行政区
287	千金坪	61648400	湖北省黄冈市罗田县九资河镇千金坪林场	黄冈
288	黄石河	61648600	湖北省黄冈市罗田县九资河镇七娘山	黄冈
289	簰形地	61648800	湖北省黄冈市罗田县河铺镇簰形地	黄冈
290	河铺	61649000	湖北省黄冈市罗田县河铺镇	黄冈
291	跨马墩	61649400	湖北省黄冈市罗田县跨马墩水库	黄冈
292	汤河	61649600	湖北省黄冈市罗田县大河岸镇汤河	黄冈
293	长塘坳	61649800	湖北省黄冈市罗田县凤山镇白杨冲	黄冈
294	凤凰关	61650000	湖北省黄冈市罗田县凤凰关水库	黄冈
295	骆驼坳	61650400	湖北省黄冈市罗田县骆驼坳镇卢家坳	黄冈
296	双河口	61650600	湖北省黄冈市罗田县大崎乡黄土岭	黄冈
297	但店	61650800	湖北省黄冈市团风县但店镇	黄冈
298	牛车河	61651200	湖北省黄冈市团风县牛车河水库	黄冈
299	白洋河	61651400	湖北省黄冈市浠水县白洋河水库	黄冈
300	长孙堤	61652000	湖北省黄冈市黄州区南湖街道办事处	黄冈
301	桃花冲	61652200	湖北省黄冈市英山县桃花冲林场	黄冈
302	草盘地	61653200	湖北省黄冈市英山县草盘地镇	黄冈
303	金华岩	61653400	湖北省黄冈市英山县雷家店镇	黄冈
304	陶家河	61653600	湖北省黄冈市英山县陶家河乡陶家河	黄冈
305	新铺街	61653890	湖北省黄冈市英山县杨柳湾镇新铺街	黄冈
306	栗树咀	61654200	湖北省黄冈市英山县石头咀镇栗树咀	黄冈
307	石头咀	61654400	湖北省黄冈市英山县石头咀镇	黄冈
308	金家铺	61654600	湖北省黄冈市英山县金家铺镇	黄冈
309	瓦寺前	61655200	湖北省黄冈市英山县南河镇二分湾	黄冈
310	观音山	61655400	湖北省黄冈市罗田县匡河镇九口塘	黄冈
311	珠林	61655600	湖北省黄冈市浠水县绿杨乡珠林	黄冈
312	兰溪	61656200	湖北省黄冈市浠水县兰溪镇鲇鱼尾	黄冈
313	黄梅坳	61656400	湖北省黄冈市蕲春县黄梅坳水库	黄冈
314	田桥	61656600	湖北省黄冈市蕲春县檀林镇田家湾	黄冈
315	黑沟冲	61656900	湖北省黄冈市蕲春县黑沟冲水库	黄冈
316	张家塝	61657000	湖北省黄冈市蕲春县张塝变电站	黄冈
317	狮子堰	61657100	湖北省黄冈市蕲春县狮子堰水库	黄冈
318	望天畈	61657200	湖北省黄冈市蕲春县青石镇	黄冈
319	花园坳	61657400	湖北省黄冈市蕲春县花园水库	黄冈
320	狮子口	61657500	湖北省黄冈市蕲春县狮子镇	黄冈
321	刘河	61657600	湖北省黄冈市蕲春县刘河镇	黄冈
322	洗马畈	61657700	湖北省黄冈市浠水县洗马镇洗马畈	黄冈
323	株林河	61657800	湖北省黄冈市蕲春县株林镇	黄冈

续表

序号	站名	测站编码	站址	行政区
324	张林冲	61658200	湖北省黄冈市蕲春县张林冲水库	黄冈
325	牛皮坳	61658800	湖北省黄冈市蕲春县蕲州镇八里湖农场	黄冈
326	象山	61659000	湖北省黄冈市武穴市大法寺镇李边	黄冈
327	四望	62820050	湖北省黄冈市武穴市四望镇新庙	黄冈
328	梅川	62820150	湖北省黄冈市武穴市梅川水库	黄冈
329	大金	62820200	湖北省黄冈市武穴市大金水库	黄冈
330	龙坪	62820300	湖北省黄冈市武穴市龙坪镇朝阳	黄冈
331	童司牌	62820350	湖北省黄冈市武穴市童司牌大闸	黄冈
332	新开	62820400	湖北省黄冈市黄梅县新开镇	黄冈
333	仙人坝	62820500	湖北省黄冈市武穴市仙人坝水库	黄冈
334	考田	62820550	湖北省黄冈市黄梅县永安水库	黄冈
335	老祖寺	62820700	湖北省黄冈市黄梅县苦竹乡老祖寺	黄冈
336	古角	62820800	湖北省黄冈市黄梅县古角水库	黄冈
337	潘大	62820950	湖北省黄冈市黄梅县独山镇张福	黄冈
338	嘉鱼	61620400	湖北省咸宁市嘉鱼县鱼岳镇	咸宁
339	常收畈	61621200	湖北省咸宁市咸安区大幕乡常收	咸宁
340	林上	61624020	湖北省咸宁市通山县厦铺镇林上村	咸宁
341	三宝	61624040	湖北省咸宁市通山县厦铺镇三宝村	咸宁
342	黄金	61624060	湖北省咸宁市通山县厦铺镇黄金村	咸宁
343	大梁	61624400	湖北省咸宁市通山县厦铺镇藕塘村	咸宁
344	杨芳林	61624800	湖北省咸宁市通山县杨芳林乡	咸宁
345	厦铺	61625000	湖北省咸宁市通山县厦铺镇	咸宁
346	楠林桥	61625200	湖北省咸宁市通山县楠林桥镇徐家	咸宁
347	通山	61625600	湖北省咸宁市通山县通羊镇	咸宁
348	官塘	61625800	湖北省咸宁市通山县大畈镇官塘村	咸宁
349	小源口	61626000	湖北省咸宁市通山县闯王镇小源村	咸宁
350	一天门	61626250	湖北省咸宁市通山县九宫山镇一天门	咸宁
351	横石	61626600	湖北省咸宁市通山县九宫山镇横石潭	咸宁
352	中西港	61626800	湖北省咸宁市通山县九宫山镇中西港	咸宁
353	万家	61627000	湖北省咸宁市通山县黄沙铺镇万家	咸宁
354	徐家岭	61627200	湖北省咸宁市通山县黄沙铺镇	咸宁
355	沙店	61627500	湖北省咸宁市通山县洪港镇沙店村	咸宁
356	洪港	61627600	湖北省咸宁市通山县洪港镇	咸宁
357	赵李桥	61722000	湖北省咸宁市赤壁市赵李桥镇	咸宁
358	麦市	61725500	湖北省咸宁市通城县麦市镇	咸宁
359	百丈潭	61726000	湖北省咸宁市通城县马港镇百丈潭水库	咸宁
360	施家塅	61726500	湖北省咸宁市通城县马港镇施家塅	咸宁

续表

序号	站名	测站编码	站址	行政区
361	琉璃坳	61727000	湖北省咸宁市通城县五里镇琉璃坳	咸宁
362	北港	61728500	湖北省咸宁市通城县北港镇	咸宁
363	大沙坪	61730500	湖北省咸宁市崇阳县沙坪镇大沙坪	咸宁
364	高枧铺	61732000	湖北省咸宁市崇阳县高枧乡高枧铺	咸宁
365	金塘	61732500	湖北省咸宁市崇阳县金塘镇	咸宁
366	青山	61733000	湖北省咸宁市崇阳县青山镇青山水库	咸宁
367	崇阳	61734000	湖北省咸宁市崇阳县天城镇	咸宁
368	塘口	61735000	湖北省咸宁市崇阳县港口乡塘口村	咸宁
369	雨山	61736000	湖北省咸宁市崇阳县路口镇雨山村	咸宁
370	沙墩	61737000	湖北省咸宁市崇阳县路口镇田心村	咸宁
371	路口	61738000	湖北省咸宁市崇阳县路口镇	咸宁
372	陆溪口	61740500	湖北省咸宁市嘉鱼县陆溪镇	咸宁
373	埠头	61745000	湖北省咸宁市赤壁市神山镇埠头	咸宁
374	黄沙	61745500	湖北省咸宁市赤壁市官塘驿镇黄沙水库	咸宁
375	柏墩	61748000	湖北省咸宁市咸安区桂花镇柏墩	咸宁
376	大桥	61749500	湖北省咸宁市咸安区汀泗桥镇大桥	咸宁
377	鱼龙	60534400	湖北省恩施州利川市汪营镇鱼龙	恩施
378	建南	60534450	湖北省恩施州利川市建南镇建南	恩施
379	谋道	60534600	湖北省恩施州利川市谋道镇谋道	恩施
380	南坪	60534800	湖北省恩施州利川市南坪乡南坪	恩施
381	柏杨	60534850	湖北省恩施州利川市柏杨镇柏杨	恩施
382	绿葱坡	60537900	湖北省恩施州巴东县绿葱坡镇	恩施
383	茶店子	60537950	湖北省恩施州巴东县茶店镇	恩施
384	堆子	60538200	湖北省恩施州巴东县沿渡河镇杨家坝	恩施
385	送子园	60538300	湖北省恩施州巴东县沿渡河镇送子园	恩施
386	万碑	60538400	湖北省恩施州巴东县沿渡河镇茅圩坪	恩施
387	界河	60538450	湖北省恩施州巴东县沿渡河镇界河包上	恩施
388	响水河	60538600	湖北省恩施州巴东县溪丘湾乡溪丘湾	恩施
389	火烽	60538650	湖北省恩施州巴东县官渡口镇火烽坪	恩施
390	红椿沟	60848000	湖北省恩施州利川市元堡乡红椿	恩施
391	毛坝	60848100	湖北省恩施州利川市毛坝镇沙坝	恩施
392	石栏	60848400	湖北省恩施州恩施市盛家坝乡石栏	恩施
393	盛家坝	60848500	湖北省恩施州恩施市盛家坝乡盛家坝	恩施
394	小村	60848800	湖北省恩施州咸丰县小村乡小村	恩施
395	忠塘	60848900	湖北省恩施州咸丰县尖山乡忠塘村	恩施
396	甲马池	60849000	湖北省恩施州咸丰县甲马池镇甲马池村	恩施
397	朝阳寺	60849200	湖北省恩施州咸丰县朝阳寺镇	恩施

续表

序号	站名	测站编码	站址	行政区
398	忠路	60851300	湖北省恩施州利川市忠路镇主坝	恩施
399	文斗	60851400	湖北省恩施州利川市文斗镇文斗	恩施
400	齐跃山	61020500	湖北省恩施州利川市谋道镇店子垭口	恩施
401	汪营	61021000	湖北省恩施州利川市汪营镇苏家桥	恩施
402	马前	61022000	湖北省恩施州利川市凉雾乡马前	恩施
403	滴水岩	61024000	湖北省恩施州利川市柏杨镇见天	恩施
404	新板桥	61024500	湖北省恩施州恩施市板桥镇	恩施
405	团堡	61025000	湖北省恩施州利川市团堡镇团堡	恩施
406	马者	61025500	湖北省恩施州恩施市屯堡乡马者	恩施
407	见天坝	61026000	湖北省恩施州恩施市白果乡见天坝	恩施
408	西流水	61027000	湖北省恩施州恩施市龙凤镇西流水	恩施
409	花场	61028100	湖北省恩施州恩施市芭蕉乡火铺塘	恩施
410	天窝池	61028900	湖北省恩施州恩施市白果乡白牛坡	恩施
411	咸丰	61029500	湖北省恩施州咸丰县高乐山镇大坝	恩施
412	龙坪	61030000	湖北省恩施州咸丰县高乐山镇龙坪村	恩施
413	晓关	61030500	湖北省恩施州宣恩县晓关乡下坝村	恩施
414	桐子营	61031000	湖北省恩施州宣恩县晓关乡桐子营村	恩施
415	洗草坝	61031500	湖北省恩施州宣恩县椒园镇桂花村	恩施
416	长潭河	61032500	湖北省恩施州宣恩县长潭河乡细纱坪村	恩施
417	万寨	61033000	湖北省恩施州宣恩县贡茶乡大河村	恩施
418	天鹅池	61033500	湖北省恩施州建始县茅田乡天鹅池	恩施
419	茅田	61034000	湖北省恩施州建始县茅田乡茅田	恩施
420	檀木垭	61034500	湖北省恩施州建始县业州镇檀木垭	恩施
421	当阳坝	61034700	湖北省恩施州建始县业州镇当阳坝	恩施
422	三里坝	61035500	湖北省恩施州建始县三里坝乡三里坝	恩施
423	枫箱坪	61036000	湖北省恩施州恩施市太阳河乡枫香坪	恩施
424	麃渡	61036500	湖北省恩施州恩施市柏杨坪乡官渡河	恩施
425	南里渡	61037500	湖北省恩施州恩施市崔坝镇南里渡	恩施
426	新塘	61038000	湖北省恩施州恩施市新塘乡王家湾	恩施
427	椿木营	61038400	湖北省恩施州宣恩县椿木营乡袁家坡	恩施
428	红土溪	61038600	湖北省恩施州恩施市红土乡帅家垭	恩施
429	花果坪	61038800	湖北省恩施州建始县花坪乡花果坪	恩施
430	官店	61039000	湖北省恩施州建始县官店镇官店	恩施
431	龙潭坪	61039200	湖北省恩施州建始县龙坪乡龙潭坪	恩施
432	高店子	61039400	湖北省恩施州建始县高坪乡高店子	恩施
433	金果坪	61039800	湖北省恩施州巴东县金果坪乡金果坪	恩施
434	野三关	61040000	湖北省恩施州巴东县野三关镇	恩施

续表

序号	站名	测站编码	站址	行政区
435	清泰坪	61040200	湖北省恩施州巴东县清泰坪镇清泰坪	恩施
436	核桃坪	61040600	湖北省恩施州巴东县鼓楼乡核桃坪	恩施
437	沙坪	61334150	湖北省恩施州宣恩县沙道沟镇沙坪村	恩施
438	雪落寨	61334250	湖北省恩施州宣恩县沙道沟镇雪落寨林业村	恩施
439	高罗	61334300	湖北省恩施州宣恩县高罗乡莱园子村	恩施
440	上洞坪	61334400	湖北省恩施州宣恩县李家河乡上洞坪村	恩施
441	板栗园	61334450	湖北省恩施州宣恩县李家河乡板栗园村	恩施
442	忠堡	61334500	湖北省恩施州咸丰县忠堡镇忠堡村	恩施
443	革勒车	61334850	湖北省恩施州来凤县革勒乡岩板上村	恩施
444	两河口	61334950	湖北省恩施州来凤县大河镇两河口村	恩施
445	大河坝	61335050	湖北省恩施州来凤县大河镇黑家坝村	恩施
446	上寨	61335200	湖北省恩施州来凤县绿水乡梅子树村	恩施
447	卯洞	61335300	湖北省恩施州来凤县百福司镇梅子坳村	恩施
448	下坪	61422800	湖北省恩施州鹤峰县下坪乡下坪村	恩施
449	中营	61422900	湖北省恩施州鹤峰县中营乡中营村	恩施
450	燕子坪	61423200	湖北省恩施州鹤峰县燕子乡燕子村	恩施
451	太平镇	61423400	湖北省恩施州鹤峰县太平乡唐家村	恩施
452	大坪	61423500	湖北省恩施州鹤峰县容美镇朱家山村	恩施
453	五里坪	61423800	湖北省恩施州鹤峰县五里乡紫荆村	恩施
454	走马坪	61424100	湖北省恩施州鹤峰县走马镇古城村	恩施
455	栗溪	60945500	湖北省荆门市栗溪镇栗溪村	荆门
456	安团	60946600	湖北省荆门市漳河镇安团村	荆门
457	五里铺	61046000	湖北省荆门市沙洋县五里镇严店村	荆门
458	拾桥	61046500	湖北省荆门市沙洋县拾桥镇	荆门
459	老合台	61047500	湖北省荆门市沙洋县后港镇蛟尾社区	荆门
460	胡家集	61956800	湖北省荆门市钟祥市胡集镇	荆门
461	盐池	61957200	湖北省荆门市石桥驿镇盐池社区	荆门
462	双河	61957800	湖北省荆门市钟祥市双河镇	荆门
463	杨集	61958200	湖北省荆门市京山市杨集镇	荆门
464	客店坡	61958500	湖北省荆门市钟祥市客店镇邵集村	荆门
465	黄家集	61958800	湖北省荆门市钟祥市东桥镇黄集村	荆门
466	张家集	61958900	湖北省荆门市钟祥市张集镇	荆门
467	黄坡	61959000	湖北省荆门市钟祥市黄坡水库	荆门
468	冷水铺	62122000	湖北省荆门市钟祥市冷水镇	荆门
469	罗家集	62123000	湖北省荆门市钟祥市罗集镇曙光村	荆门
470	荆门	62124000	湖北省荆门市城郊	荆门
471	马集	62127000	湖北省荆门市沙洋县沈集镇雨林村	荆门

续表

序号	站名	测站编码	站址	行政区
472	晏店	62232800	湖北省荆门市京山市坪坝镇九里村	荆门
473	官桥	62239000	湖北省荆门市京山市孙桥镇官桥村	荆门
474	长滩	62239600	湖北省荆门市钟祥市长滩镇金星村	荆门
475	杨家峰	62240000	湖北省荆门市京山市杨峰镇	荆门
476	石龙过江	62240100	湖北省荆门市京山市石龙水库	荆门
477	兰家集	62240400	湖北省荆门市京山市石龙镇仙女村	荆门
478	钱场	62241800	湖北省荆门市京山市钱场镇钱场村	荆门
479	孙家桥	62242000	湖北省荆门市京山市孙桥镇	荆门
480	永兴	62242500	湖北省荆门市京山市永兴镇	荆门
481	六房咀	62243200	湖北省荆门市京山市绿林镇六房咀村	荆门
482	跃进	62243600	湖北省荆门市京山市绿林镇全力村	荆门
483	三阳店	62244200	湖北省荆门市京山市三阳镇	荆门
484	黄家畈	62245400	湖北省荆门市京山市宋河镇鲍河村	荆门
485	新华	62245600	湖北省荆门市京山市杨集镇三口堰村	荆门
486	天王寺	62245800	湖北省荆门市京山市新市镇天王村	荆门
487	石板河	62246000	湖北省荆门市京山市罗店镇石板河村	荆门
488	草店	50221400	湖北省随州市随县草店镇岳家湾村	随州
489	花山	50223150	湖北省随州市广水市郝店镇花山村	随州
490	飞沙河	50223200	湖北省随州市广水市蔡河镇白果村	随州
491	长岗	62220200	湖北省随州市随县长岗镇绿林	随州
492	红光	62221000	湖北省随州市随县洪山镇周家湾村	随州
493	夹沟	62221400	湖北省随州市随县澴潭镇柳林河村	随州
494	石板山	62221600	湖北省随州市随县澴潭镇刘庙村	随州
495	黑龙口	62222600	湖北省随州市随县万福镇玉皇村	随州
496	三里岗	62223200	湖北省随州市随县三里岗镇三里岗	随州
497	尚家店	62223400	湖北省随州市随县三里岗镇尚家店村	随州
498	罗河	62223800	湖北省随州市随县均川镇圆通寺村	随州
499	青苔镇	62224400	湖北省随州市随县万和镇青苔村	随州
500	花鹿沟	62224600	湖北省随州市随县万和镇冷岗村	随州
501	龙脉	62225600	湖北省随州市随县尚市镇龙脉村	随州
502	厉山	62225800	湖北省随州市随县厉山镇文昌阁	随州
503	殷家店	62226400	湖北省随州市随县殷店镇双桥	随州
504	高城	62226800	湖北省随州市随县高城镇高城	随州
505	浆溪店	62227000	湖北省随州市广水市吴店镇浆溪店村	随州
506	岩子河	62227200	湖北省随州市随县殷店镇岩子河村	随州
507	柳林店	62228200	湖北省随州市随县柳林镇大堰角村	随州
508	余家店	62228800	湖北省随州市广水市余店镇余店村	随州

续表

序号	站名	测站编码	站址	行政区
509	兴隆	62229000	湖北省随州市广水市余店镇兴隆	随州
510	棚子岗	62229200	湖北省随州市广水市马坪镇棚子岗村	随州
511	龙泉镇	62229600	湖北省随州市广水市关庙镇龙泉村	随州
512	天子	62230000	湖北省随州市广水市关庙镇天子	随州
513	洛阳店	62231200	湖北省随州市洛阳镇洛阳店	随州
514	刘店	62232600	湖北省随州市随县柳林镇古城畈村	随州
515	武胜关	62234800	湖北省随州市广水市武胜关镇孝子店村	随州
516	广水	62235000	湖北省随州市广水市广水办事处中山社区	随州
517	蔡家河	62235400	湖北省随州市广水市蔡河镇杨家湾村	随州
518	竹林湾	62235600	湖北省随州市广水市十里办事处宝林村	随州
519	太平镇	62236400	湖北省随州市广水市太平乡太平村	随州
520	天井畈	61622300	湖北省鄂州市长港农场天井畈	鄂州
521	白龙	61622700	湖北省鄂州市白龙水库	鄂州
522	夏家场	62241000	湖北省天门市拖市镇夏场村	天门
523	乾驿	62248000	湖北省天门市乾驿镇小河村	天门
524	卢市	62249000	湖北省天门市卢市镇北河村	天门
525	龙湾	61052000	湖北省潜江市龙湾镇竺场村	潜江
526	西大垸	61052500	湖北省潜江市西大垸农场二分场	潜江
527	老新	61053000	湖北省潜江市老新镇文安村	潜江
528	三伏潭	62250600	湖北省仙桃市三伏潭镇康王村	仙桃
529	石垸	62251000	湖北省仙桃市通海口镇采桑村	仙桃
530	彭家场	62251200	湖北省仙桃市彭场镇	仙桃
531	西流河	62251400	湖北省仙桃市西流河镇西南村	仙桃
532	九湖坪	61926000	湖北省神农架林区九湖乡大九湖村	神农架
533	举人坪	61927600	湖北省神农架林区红坪镇红举村	神农架
534	田家山	61942200	湖北省神农架林区红坪镇红河村	神农架
535	宋洛	61942400	湖北省神农架林区宋洛乡宋洛村	神农架
536	阳日湾	61942600	湖北省神农架林区阳日镇阳日村	神农架
537	九龙池	61942650	湖北省神农架林区松柏镇八角庙村	神农架
538	栏马	61942750	湖北省神农架林区松柏镇八角庙村	神农架
539	泮水	61942800	湖北省神农架林区松柏镇盘水村	神农架
540	红花	60539500	湖北省神农架林区木鱼镇红花坪村	神农架
541	水果园	60539300	湖北省神农架林区新华镇桃坪村	神农架
542	九冲	60539550	湖北省神农架林区木鱼镇九冲村	神农架
543	板桥	60538100	湖北省神农架林区下谷坪乡水田梁子	神农架

附录表 1-20　湖北省水文系统一类水文测站——国家地下水站基础信息表

附录表 1-20　湖北省水文系统一类水文测站——国家地下水站基础信息表

序号	站名	测站编码	站址	行政区
1	前川	61660010	湖北省武汉市黄陂区前川街道西寺大道 178 号	武汉
2	三里桥	61660020	湖北省武汉市黄陂区三里桥街道长堤村占家寨湾	武汉
3	三店	61661010	湖北省武汉市新洲区三店街道柳溪村	武汉
4	李集	61661020	湖北省武汉市新洲区李集街道徐沟村六组	武汉
5	邾城	61661030	湖北省武汉市新洲区邾城街道陶刘村	武汉
6	金口	61761010	湖北省武汉市江夏区金口街道马蹄口村	武汉
7	法泗	61761020	湖北省武汉市江夏区法泗街道八塘村六组	武汉
8	辛安渡	62270010	湖北省武汉市东西湖区辛安渡街道试验站	武汉
9	东山	62270020	湖北省武汉市东西湖区东山街道巨龙社区	武汉
10	古田	62271010	湖北省武汉市硚口区长丰街道古田一路 70 号	武汉
11	仙人渡	61960010	湖北省襄阳市老河口市仙人渡镇黄营村 2 组	襄阳
12	周洼	61961010	湖北省襄阳市襄州区石桥镇周洼村 5 组	襄阳
13	黄集	61961020	湖北省襄阳市襄州区黄集镇陶家村十组	襄阳
14	伙牌	61961030	湖北省襄阳市襄州区伙牌镇上张村八组	襄阳
15	龙王	61961040	湖北省襄阳市襄州区龙王镇四甲村二组	襄阳
16	东津	61961050	湖北省襄阳市襄州区东津镇刘店村四组	襄阳
17	太平店	61962010	湖北省襄阳市樊城区太平店镇上茶庵村 1 组	襄阳
18	牛首	61962020	湖北省襄阳市樊城区牛首镇中号村 7 组	襄阳
19	欧庙	61963010	湖北省襄阳市襄城区欧庙镇柳林桥村 6 组	襄阳
20	小河	61964010	湖北省襄阳市宜城市小河镇荣河村 4 组	襄阳
21	郑集	61964020	湖北省襄阳市宜城市郑集镇长湖村 4 组	襄阳
22	吕镇	62062010	湖北省襄阳市襄州区古驿镇吕镇村 1 组	襄阳
23	双沟	62062020	湖北省襄阳市襄州区双沟镇金营村 3 组	襄阳
24	七方	62063010	湖北省襄阳市枣阳市七方镇东汪营村 1 组	襄阳
25	琚湾	62063020	湖北省襄阳市枣阳市琚湾镇芦坡村二组西乡	襄阳
26	双龙	60961010	湖北省荆州市荆州区马山镇双龙村三组 8 号	荆州
27	纪南	61061010	湖北省荆州市荆州区纪南镇九店村二组 59 号	荆州
28	八岭山	61061020	湖北省荆州市荆州区八岭山镇马跑泉村十组 18 号	荆州
29	九曲桥	61062010	湖北省荆州市沙市区解放路街道共青路九曲桥水文局院内	荆州
30	关沮	61062020	湖北省荆州市沙市区关沮镇银湖工业园	荆州
31	锣场	61062030	湖北省荆州市沙市区锣场镇政府	荆州
32	观音垱	61062040	湖北省荆州市沙市区观音垱镇坮林村 4 组	荆州
33	开发区	61062050	湖北省荆州市沙市区朝阳路街道开发区内	荆州
34	岑河	61062060	湖北省荆州市沙市区岑河镇洪山村 7 组	荆州
35	滩桥	61064010	湖北省荆州市江陵县滩桥镇高兴村 11 组	荆州
36	白马寺	61064020	湖北省荆州市江陵县白马寺镇长河村 8 组	荆州

续表

序号	站名	测站编码	站址	行政区
37	马家寨	61064030	湖北省荆州市江陵县马家寨乡高渊村 2 组 15 号	荆州
38	熊河	61064040	湖北省荆州市江陵县熊河镇熊堤村 5 组 20 号	荆州
39	沙岗	61064050	湖北省荆州市江陵县沙岗镇沙岗村 5 组 12 号	荆州
40	普济	61064060	湖北省荆州市江陵县普济镇古树村 5 组	荆州
41	横沟	61065010	湖北省荆州市石首市横沟市镇挖子口村 10 组 5 号	荆州
42	新沟	61066010	湖北省荆州市监利市新沟镇新红村 9 组 25 号	荆州
43	网市	61066020	湖北省荆州市监利市网市镇网市村	荆州
44	黄歇口	61066030	湖北省荆州市监利市黄歇口镇西干村	荆州
45	周老嘴	61066040	湖北省荆州市监利市周老嘴镇施家村 4 组	荆州
46	分盐	61066050	湖北省荆州市监利市分盐镇牛老村 1 组	荆州
47	福田寺	61066060	湖北省荆州市监利市福田寺镇付家村 1 组	荆州
48	程集	61066070	湖北省荆州市监利市程集镇河岭村 1 组	荆州
49	周口	61066080	湖北省荆州市监利市汪桥镇周口村 3 组	荆州
50	红城	61066090	湖北省荆州市监利市红城乡姜铺村 4 组	荆州
51	上车湾	61066100	湖北省荆州市监利市上车湾镇周门寺村 2 组	荆州
52	棋盘	61066110	湖北省荆州市监利市棋盘乡棋盘村	荆州
53	尺八	61066120	湖北省荆州市监利市尺八镇高雄村 11 组	荆州
54	柘木	61066130	湖北省荆州市监利市柘木乡聂河村 7 组 6 号	荆州
55	曹市	61067010	湖北省荆州市洪湖市曹市镇吴口村 3 组	荆州
56	万全	61067020	湖北省荆州市洪湖市万全镇万全街道 1 组	荆州
57	黄家口	61067030	湖北省荆州市洪湖市黄家口镇颜台村	荆州
58	大同湖	61067040	湖北省荆州市洪湖市大同湖管理区六分厂永富村	荆州
59	新滩	61067050	湖北省荆州市洪湖市新滩镇回风亭村 104 号	荆州
60	燕窝	61067060	湖北省荆州市洪湖市燕窝镇调源村 1 组	荆州
61	瞿家湾	61067070	湖北省荆州市洪湖市瞿家湾镇月池村 7 组	荆州
62	乌林	61067080	湖北省荆州市洪湖市乌林镇田家岭	荆州
63	龙口	61067090	湖北省荆州市洪湖市龙口镇堤街村 3 组	荆州
64	螺山	61067100	湖北省荆州市洪湖市螺山镇新联村 6 组 27 号	荆州
65	老城	61560010	湖北省荆州市松滋市老城镇凤凰岗 13 组	荆州
66	涴市	61560020	湖北省荆州市松滋市涴市镇双潭村	荆州
67	八宝	61560030	湖北省荆州市松滋市八宝镇白水淌村 14 组 26 号	荆州
68	南海	61560040	湖北省荆州市松滋市南海镇拉家渡村	荆州
69	街河市	61560050	湖北省荆州市松滋市街河市镇苦竹寺村 11 组	荆州
70	王家大湖	61560060	湖北省荆州市松滋市纸厂河镇大湖村 2 组 34 号	荆州
71	纸厂河	61560070	湖北省荆州市松滋市纸厂河镇大沟口村 5 组 44 号	荆州
72	弥市	61562010	湖北省荆州市荆州区弥市镇漳泊渔场 1 组 20 号	荆州
73	毛家港	61564010	湖北省荆州市公安县毛家港镇官沟白马垱 3 组	荆州

续表

序号	站名	测站编码	站址	行政区
74	章庄铺	61564120	湖北省荆州市公安县章庄铺镇章庄村1组	荆州
75	麻豪口	61564130	湖北省荆州市公安县麻豪口镇郑河村3组	荆州
76	甘家厂	61564140	湖北省荆州市公安县甘厂镇东升村15组	荆州
77	黄山头	61564150	湖北省荆州市公安县黄山头镇金牛村1组	荆州
78	笔架山	61566010	湖北省荆州市石首市笔架山街道易家铺村7组	荆州
79	高陵	61566020	湖北省荆州市石首市高陵镇农村福利院	荆州
80	荷伍垱	61566030	湖北省荆州市石首市高基庙镇荷伍垱村2组	荆州
81	高基庙	61566040	湖北省荆州市石首市高基庙镇水利管理站	荆州
82	问安	60960010	湖北省宜昌市枝江市问安镇方家畈村7组	宜昌
83	仙女	60960020	湖北省宜昌市枝江市仙女镇仙女村2组44号	宜昌
84	高石岗	60960030	湖北省宜昌市枝江市董市镇高石岗村	宜昌
85	兴隆山	60960040	湖北省宜昌市枝江市七星台镇兴隆山村	宜昌
86	三桥	60960050	湖北省宜昌市枝江市百里洲镇三桥村	宜昌
87	护国	62263010	湖北省孝感市安陆市府城街道护国村水文局院内	孝感
88	李店	62263020	湖北省孝感市安陆市李店镇七汪村村民委员会	孝感
89	巡店	62263030	湖北省孝感市安陆市巡店镇政府大院内	孝感
90	黄滩	62264010	湖北省孝感市应城市黄滩镇大樊村小徐湾	孝感
91	东马坊	62264020	湖北省孝感市应城市东马坊街道府河管理段	孝感
92	倒店	62265010	湖北省孝感市云梦县倒店乡塘陈村9组	孝感
93	云梦	62265020	湖北省孝感市云梦县城关镇西王村	孝感
94	吴铺	62265030	湖北省孝感市云梦县吴铺镇张马村6组	孝感
95	肖港	62266010	湖北省孝感市孝南区肖港镇建二村党员群众服务中心	孝感
96	陡岗	62266020	湖北省孝感市孝南区陡岗镇联村水厂内	孝感
97	西河	62266030	湖北省孝感市孝南区西河镇华丰村赵湾23号	孝感
98	朋兴	62266040	湖北省孝感市孝南区朋兴乡新集村千湖鹤都小区附近	孝感
99	新铺	62266050	湖北省孝感市孝南区新铺镇徐山村	孝感
100	园林	62266060	湖北省孝感市孝南区广场街道园林路66号水文局	孝感
101	祝站	62266070	湖北省孝感市孝南区祝站镇戚光村牌坊湾	孝感
102	金余	62266080	湖北省孝感市孝南区祝站镇金余村	孝感
103	新堰	62269010	湖北省孝感市汉川市新堰镇冯新村	孝感
104	韩集	62269020	湖北省孝感市汉川市韩集乡水利管理站	孝感
105	新河	62269030	湖北省孝感市汉川市新河镇水利管理站	孝感
106	回龙	62269040	湖北省孝感市汉川市回龙镇水利管理站	孝感
107	沉湖	62269050	湖北省孝感市汉川市沉湖镇水利管理站	孝感
108	西江	62269060	湖北省孝感市汉川市西江乡水利管理站	孝感
109	马曹庙	61662010	湖北省黄冈市团风县马曹庙镇天意大酒店	黄冈
110	回龙山	61662020	湖北省黄冈市团风县回龙山镇崔家铺村	黄冈

续表

序号	站名	测站编码	站址	行政区
111	路口	61663010	湖北省黄冈市黄州区路口镇舒家塆	黄冈
112	洗马	61664010	湖北省黄冈市浠水县洗马镇姜堰村	黄冈
113	丁司垱	61664020	湖北省黄冈市浠水县丁司垱镇桂花园	黄冈
114	兰溪	61664030	湖北省黄冈市浠水县兰溪镇陈家弄社区	黄冈
115	株林	61665010	湖北省黄冈市蕲春县株林镇矿山村	黄冈
116	彭思	61665020	湖北省黄冈市蕲春县彭思镇方岗村彭思镇福利院	黄冈
117	梅川	61666010	湖北省黄冈市武穴市梅川镇岳山村	黄冈
118	余川	62860010	湖北省黄冈市武穴市余川镇周国村张寨院	黄冈
119	苦竹	62861010	湖北省黄冈市黄梅县苦竹乡梅狮岭村	黄冈
120	潘家湾	61760010	湖北省咸宁市嘉鱼县潘家湾镇四邑村	咸宁
121	渡普	61760020	湖北省咸宁市嘉鱼县渡普镇渡普村 5 组	咸宁
122	赤马港	61762010	湖北省咸宁市赤壁市赤马港街道杨泗庙村 9 组	咸宁
123	余家桥	61762020	湖北省咸宁市赤壁市余家桥乡余家桥村 7 组	咸宁
124	洪岭	61060010	湖北省荆门市沙洋县沙洋镇洪岭社区	荆门
125	拾回桥	61060020	湖北省荆门市沙洋县拾回桥镇水务服务中心	荆门
126	后港	61060030	湖北省荆门市沙洋县后港镇塘台村 5 组	荆门
127	毛李	61060040	湖北省荆门市沙洋县毛李镇毛李村 7 组	荆门
128	雷坪	61965010	湖北省荆门市东宝区石桥驿镇雷坪村 7 组	荆门
129	胡集	61966010	湖北省荆门市钟祥市胡集镇下集村 6 组	荆门
130	洋梓	61966020	湖北省荆门市钟祥市洋梓镇洋梓村 2 组	荆门
131	南湖	62160010	湖北省荆门市钟祥市南湖原种场水文局院内	荆门
132	皮集	62160020	湖北省荆门市钟祥市石牌镇皮集村村委会	荆门
133	红金	62160030	湖北省荆门市钟祥市石牌镇红金村 1 组 65 号	荆门
134	马良	62161010	湖北省荆门市沙洋县马良镇花立村 7 组	荆门
135	京山	62267010	湖北省荆门市京山市永隆镇水务管理局	荆门
136	厉山	62260010	湖北省随州市曾都区北郊街道龚家棚村	随州
137	淅河	62261010	湖北省随州市曾都区淅河镇大庙村 6 组	随州
138	陈巷	62262010	湖北省随州市广水市陈巷镇旭升村 8 组	随州
139	蒲团	61667010	湖北省鄂州市华容区蒲团乡郭垱村	鄂州
140	杜山	61668010	湖北省鄂州市鄂城区杜山镇杜家山村	鄂州
141	皂市	62268010	湖北省天门市皂市镇吴家湾 28 号	天门
142	胡市	62268020	湖北省天门市胡市镇水厂院内	天门
143	佛子山	62268030	湖北省天门市佛子山镇政府院内	天门
144	石河	62268040	湖北省天门市石家河镇政府院内	天门
145	九真	62268050	湖北省天门市九真镇张庙村 14 组	天门
146	拖市	62268060	湖北省天门市拖市镇水利管理站	天门
147	渔薪	62268070	湖北省天门市渔薪镇龙华中学	天门

续表

序号	站名	测站编码	站址	行政区
148	黄潭	62268080	湖北省天门市黄潭镇变电站	天门
149	杨林街道	62268090	湖北省天门市杨林街道庙新村 2 组	天门
150	卢市	62268100	湖北省天门市卢市镇新机关大院东北角	天门
151	净潭	62268110	湖北省天门市净潭乡福利院净沙路 56 号	天门
152	多宝	62268120	湖北省天门市多宝镇双桥村委会	天门
153	蒋湖	62268130	湖北省天门市蒋湖农场总场红军西路 70 号	天门
154	张港	62268140	湖北省天门市张港镇何山闸	天门
155	汪场	62268150	湖北省天门市汪场镇初级中学	天门
156	竟陵	62268160	湖北省天门市竟陵街道汇桥大道 29 号	天门
157	小板	62268170	湖北省天门市小板镇江台村民委员会	天门
158	马湾	62268180	湖北省天门市马湾镇财政管理所	天门
159	干驿	62268190	湖北省天门市干驿镇九岭村 4 组高湾	天门
160	岳口	62268200	湖北省天门市岳口镇福利院内	天门
161	横林	62268210	湖北省天门市横林镇高台村 4 组	天门
162	彭市	62268220	湖北省天门市彭市镇清水村 6 组	天门
163	麻洋	62268230	湖北省天门市麻洋镇派出所	天门
164	多祥	62268240	湖北省天门市多祥镇郭洲村 6—55	天门
165	高石碑	61063010	湖北省潜江市高石碑镇水利管理站	潜江
166	王场	61063020	湖北省潜江市王场镇水利管理站	潜江
167	积玉口	61063030	湖北省潜江市积玉口镇荆幺河流域水利管理站	潜江
168	浩口	61063040	湖北省潜江市浩口镇水文站	潜江
169	熊口	61063050	湖北省潜江市熊口镇水利管理站	潜江
170	龙湾	61063060	湖北省潜江市龙湾镇郑家湖村委会	潜江
171	张金	61063070	湖北省潜江市张金镇甩桥闸管站	潜江
172	老新	61063080	湖北省潜江市老新镇蔡家岭	潜江
173	竹根滩	62272010	湖北省潜江市竹根滩镇水利管理站	潜江
174	泰丰	62272020	湖北省潜江市泰丰街道水文局	潜江
175	杨市	62272030	湖北省潜江市杨市街道佘口闸管站	潜江
176	总口	62272040	湖北省潜江市总口镇六支渠泵站	潜江
177	渔洋	62272050	湖北省潜江市渔洋镇苏湖流域水利管理站	潜江
178	郑场	62273010	湖北省仙桃市郑场镇水利管理站	仙桃
179	毛嘴	62273020	湖北省仙桃市毛嘴镇水利管理站	仙桃
180	三伏潭	62273030	湖北省仙桃市三伏潭镇夏市村委会	仙桃
181	胡场	62273040	湖北省仙桃市胡场镇福利院	仙桃
182	干河	62273050	湖北省仙桃市干河街道王老口村民委员会	仙桃
183	沙咀	62273060	湖北省仙桃市沙咀街道水文局	仙桃
184	龙华山	62273070	湖北省仙桃市龙华山街道福利院	仙桃

续表

序号	站名	测站编码	站址	行政区
185	长埫口	62273080	湖北省仙桃市长埫口镇竹叶村委会	仙桃
186	剅河	62273090	湖北省仙桃市剅河镇便民服务大厅	仙桃
187	郭河	62273100	湖北省仙桃市郭河镇邵湾村委会	仙桃
188	张沟	62273110	湖北省仙桃市张沟镇三同村黄鳝交易市场	仙桃
189	彭家场	62273120	湖北省仙桃市彭场镇中岭社区党员群众服务中心	仙桃
190	西流河	62273130	湖北省仙桃市西流河镇杜窑村 9 组	仙桃
191	陈场	62273140	湖北省仙桃市陈场镇九合垸原种场	仙桃
192	通海口	62273150	湖北省仙桃市通海口镇桂花台村委会	仙桃
193	沔城	62273160	湖北省仙桃市沔城回族镇湖口弦泵站	仙桃
194	杨林尾	62273170	湖北省仙桃市杨林尾镇向花村委会	仙桃
195	沙湖	62273180	湖北省仙桃市沙湖镇泵站宿舍	仙桃

附录表 1-21　湖北省水文系统一类水文测站——国家水质站基础信息表

附录表 1-21　湖北省水文系统一类水文测站——国家水质站基础信息表

序号	站名	站址	水体类型	测站类别	全国重点水质站	国家重要水源地站	长江流域集中式饮用水水源地站	水源地站	行政区
1	汉南	湖北省武汉市汉南区纱帽街道	河流	人工监测站		√	√	√	武汉
2	沌口	湖北省武汉市蔡甸区军山街道	河流	人工监测站		√	√	√	武汉
3	堤角	湖北省武汉市江岸区丹水池街道	河流	人工监测站	√	√	√	√	武汉
4	阳逻	湖北省武汉市新洲区阳逻开发区	河流	人工监测站		√		√	武汉
5	白沙洲	湖北省武汉市洪山区青菱街道	河流	人工监测站		√	√	√	武汉
6	平湖门	湖北省武汉市武昌区中华路街道	河流	人工监测站		√		√	武汉
7	余家头	湖北省武汉市武昌区杨园街道	河流	人工监测站		√	√	√	武汉
8	港东	湖北省武汉市青山区红钢城街道	河流	人工监测站	√	√	√	√	武汉
9	金口	湖北省武汉市江夏区金口街道	河流	人工监测站	√				武汉
10	鲁湖	湖北省武汉市江夏区安山街道	湖泊	人工监测站	√				武汉
11	汤逊湖	湖北省武汉市江夏区经济开发区庙山	湖泊	人工监测站	√				武汉
12	郭郑湖	湖北省武汉市武昌区东湖风景区街道	湖泊	人工监测站	√				武汉
13	长轩岭	湖北省武汉市黄陂区长轩岭街道	河流	人工监测站	√				武汉
14	黄陂城关	湖北省武汉市黄陂区前川街道	河流	人工监测站	√	√		√	武汉
15	夏家寺	湖北省武汉市黄陂区木兰乡	水库	人工监测站	√				武汉
16	梅店水库	湖北省武汉市黄陂区长轩岭街道	水库	人工监测站	√				武汉
17	李家集	湖北省武汉市新洲区李集街道	河流	人工监测站	√				武汉
18	柳子港	湖北省武汉市新洲区凤凰镇	河流	人工监测站	√				武汉
19	邾城大桥	湖北省武汉市新洲区邾城街道	河流	人工监测站	√	√	√	√	武汉
20	道观河	湖北省武汉市新洲区道观河风景旅游区	水库	人工监测站	√				武汉

续表

序号	站名	站址	水体类型	测站类别	全国重点水质站	国家重要水源地站	长江流域集中式饮用水水源地站	水源地站	行政区
21	余家台	湖北省武汉市蔡甸区张湾街道	河流	人工监测站	√	√		√	武汉
22	杨家湾	湖北省武汉市蔡甸区蔡甸街道	河流	人工监测站		√		√	武汉
23	琴断口	湖北省武汉市汉阳区永丰街道	河流	人工监测站		√	√	√	武汉
24	宗关	湖北省武汉市硚口区宗关街道	河流	人工监测站	√	√	√	√	武汉
25	后官湖	湖北省武汉市蔡甸区大集街道	湖泊	人工监测站	√				武汉
26	江夏水厂	湖北省武汉市江夏区金口街道	河流	人工监测站	√	√		√	武汉
27	金口水厂	湖北省武汉市江夏区金港新区	河流	人工监测站			√	√	武汉
28	新武湖水厂	湖北省武汉市洪山区天兴乡	河流	人工监测站			√	√	武汉
29	白鹤嘴水厂	湖北省武汉市东西湖区慈惠街道	河流	人工监测站			√	√	武汉
30	黄陂水厂	湖北省武汉市黄陂区前川街道	河流	人工监测站			√	√	武汉
31	汪套水厂	湖北省武汉市新洲区三店街道	河流	人工监测站			√	√	武汉
32	刘集水厂	湖北省武汉市新洲区邾城街道	河流	人工监测站			√	√	武汉
33	黄石港	湖北省黄石市黄石港区社区管委会	河流	人工监测站	√	√	√	√	黄石
34	四门	湖北省黄石市西塞山区社区管委会	河流	人工监测站		√		√	黄石
35	富池口	湖北省黄石市阳新县富池镇	河流	人工监测站	√				黄石
36	上巢	湖北省黄石市阳新县富池镇	河流	人工监测站	√				黄石
37	富水水库	湖北省黄石市阳新县龙港镇	水库	人工监测站	√				黄石
38	十里湖	湖北省黄石市阳新县综合农场	河流	人工监测站	√	√		√	黄石
39	王英水库	湖北省黄石市阳新县王英镇	水库	人工监测站	√	√	√	√	黄石
40	保安湖	湖北省黄石市大冶市保安镇	湖泊	人工监测站	√				黄石
41	磁湖	湖北省黄石市黄石港区社区管委会	湖泊	人工监测站	√				黄石
42	大冶	湖北省黄石市大冶市东岳路街道	湖泊	人工监测站	√				黄石
43	磊山	湖北省黄石市大冶市汪仁镇	湖泊	人工监测站	√				黄石
44	网湖	湖北省黄石市阳新县陶港镇	湖泊	人工监测站	√				黄石
45	马良坪水文站	湖北省襄阳市保康县马良镇	河流	人工监测站	√				襄阳
46	沉河滩	湖北省襄阳市南漳县巡检镇	河流	人工监测站	√				襄阳
47	傅家寨	湖北省襄阳市老河口市洪山嘴镇	河流	人工监测站	√				襄阳
48	老河口	湖北省襄阳市老河口市酂阳街道	河流	人工监测站	√		√	√	襄阳
49	五水厂	湖北省襄阳市樊城区柿铺街道	河流	人工监测站	√	√	√	√	襄阳
50	闸口	湖北省襄阳市襄城区昭明街道	河流	人工监测站			√	√	襄阳
51	宜城水厂	湖北省襄阳市宜城市小河镇	河流	人工监测站	√		√	√	襄阳
52	彦家洲	湖北省襄阳市谷城县紫金镇	河流	人工监测站	√				襄阳
53	马桥	湖北省襄阳市保康县马桥镇	河流	人工监测站	√	√		√	襄阳
54	开峰峪	湖北省襄阳市保康县过渡湾镇	河流	人工监测站	√				襄阳
55	挽鱼沟	湖北省襄阳市南漳县李庙镇	河流	人工监测站	√				襄阳

续表

序号	站名	站址	水体类型	测站类别	全国重点水质站	国家重要水源地站	长江流域集中式饮用水水源地站	水源地站	行政区
56	三道河	湖北省襄阳市南漳县城关镇	水库	人工监测站	√			√	襄阳
57	孔湾	湖北省襄阳市宜城市郑集镇	河流	人工监测站	√				襄阳
58	朱集	湖北省襄阳市襄州区朱集镇	河流	人工监测站	√				襄阳
59	程河	湖北省襄阳市襄州区程河镇	河流	人工监测站	√				襄阳
60	董坡	湖北省襄阳市襄州区刘集	河流	人工监测站	√				襄阳
61	格垒咀	湖北省襄阳市谷城县城关镇	河流	人工监测站		√		√	襄阳
62	米公水厂	湖北省襄阳市樊城区米公街道	河流	人工监测站			√	√	襄阳
63	城南	湖北省荆州市荆州区城南街道	河流	人工监测站		√	√	√	荆州
64	柳林洲	湖北省荆州市沙市区朝阳街道	河流	人工监测站	√	√	√	√	荆州
65	北门口	湖北省荆州市石首市笔架山街道	河流	人工监测站			√	√	荆州
66	五码口	湖北省荆州市石首市桃花山镇	河流	人工监测站	√				荆州
67	监利二水厂	湖北省荆州市监利市容城镇	河流	人工监测站	√		√	√	荆州
68	长江新堤	湖北省荆州市洪湖市新堤街道	河流	人工监测站	√		√	√	荆州
69	万城	湖北省荆州市荆州区李埠镇	河流	人工监测站	√				荆州
70	习家口	湖北省荆州市沙市区观音垱镇	湖泊	人工监测站	√				荆州
71	福田寺	湖北省荆州市监利市福田寺镇	河流	人工监测站	√				荆州
72	新滩口	湖北省荆州市洪湖市新滩镇	河流	人工监测站	√				荆州
73	大口	湖北省荆州市洪湖市滨湖街道	湖泊	人工监测站	√				荆州
74	官墩	湖北省荆州市洪湖市滨湖街道	湖泊	人工监测站	√				荆州
75	新江口	湖北省荆州市松滋市老城镇	河流	人工监测站	√			√	荆州
76	大岩咀	湖北省荆州市松滋市涴水镇	水库	人工监测站	√		√	√	荆州
77	斗湖堤	湖北省荆州市公安县斗湖堤镇	河流	人工监测站	√			√	荆州
78	新堤(大闸)	湖北省荆州市洪湖市新堤街道	河流	人工监测站	√				荆州
79	南湖水厂	湖北省荆州市沙市区解放街道	河流	人工监测站			√	√	荆州
80	茅坪	湖北省宜昌市秭归县茅坪镇	河流型水库	人工监测站	√			√	宜昌
81	葛洲坝库首	湖北省宜昌市西陵区夜明珠街道	河流型水库	人工监测站	√			√	宜昌
82	兴山水文(一)	湖北省宜昌市兴山县古夫镇	河流	人工监测站	√				宜昌
83	南阳	湖北省宜昌市兴山县南阳镇	河流	人工监测站	√				宜昌
84	峡口	湖北省宜昌市兴山县峡口镇	河流	人工监测站	√				宜昌
85	观音堂电站	湖北省宜昌市秭归县梅家河乡	河流	人工监测站	√				宜昌
86	猇亭	湖北省宜昌市宜都市红花套镇	河流	人工监测站	√				宜昌
87	七星台	湖北省宜昌市枝江市七星台镇	河流	人工监测站	√				宜昌
88	水布垭	湖北省宜昌市长阳土家族自治县渔峡口镇	河流	人工监测站	√				宜昌
89	隔河岩水库首	湖北省宜昌市长阳土家族自治县龙舟坪镇	河流型水库	人工监测站	√			√	宜昌
90	宜都水厂(清江)	湖北省宜昌市宜都市陆城街道	河流	人工监测站	√	√		√	宜昌

续表

序号	站名	站址	水体类型	测站类别	全国重点水质站	国家重要水源地站	长江流域集中式饮用水水源地站	水源地站	行政区
91	渔洋关	湖北省宜昌市五峰土家族自治县渔洋关镇	河流	人工监测站	√				宜昌
92	西北口水库库首	湖北省宜昌市夷陵区雾渡河镇	河流型水库	人工监测站	√			√	宜昌
93	雾渡河	湖北省宜昌市夷陵区雾渡河镇	河流	人工监测站	√				宜昌
94	小溪塔大桥	湖北省宜昌市夷陵区小溪塔街道	河流	人工监测站	√				宜昌
95	远安	湖北省宜昌市远安县鸣凤镇	河流	人工监测站	√				宜昌
96	巩河水库首	湖北省宜昌市当阳市庙前镇	水库	人工监测站	√	√	√	√	宜昌
97	河溶	湖北省宜昌市当阳市河溶镇	河流	人工监测站	√				宜昌
98	官庄	湖北省宜昌市夷陵区小溪塔街道	水库	人工监测站	√	√	√	√	宜昌
99	鲁家港水库	湖北省宜昌市枝江市仙女镇	水库	人工监测站	√	√		√	宜昌
100	渔峡口	湖北省宜昌市长阳土家族自治县渔峡口镇	河流	人工监测站	√				宜昌
101	西坝水厂	湖北省宜昌市西陵区西坝街道	河流型水库	人工监测站			√	√	宜昌
102	宜都水厂(长江)	湖北省宜昌市宜都市陆城街道	河流	人工监测站			√	√	宜昌
103	丹江口水库	湖北省十堰市丹江口市丹赵路街道	水库	人工监测站		√		√	十堰
104	鄂坪水库	湖北省十堰市竹溪县鄂坪乡	河流型水库	人工监测站	√				十堰
105	小漩	湖北省十堰市竹山县潘口乡	河流型水库	人工监测站	√				十堰
106	黄龙滩水库	湖北省十堰市张湾区黄龙镇	水库	人工监测站	√	√	√	√	十堰
107	马家河水库	湖北省十堰市茅箭区武当路街道	水库	人工监测站	√	√		√	十堰
108	白岩河	湖北省十堰市郧西县土门镇	河流	人工监测站	√			√	十堰
109	耿家垭子	湖北省十堰市郧阳区城关镇	河流	人工监测站			√	√	十堰
110	徐家	湖北省孝感市安陆市洑水镇	河流	人工监测站	√				孝感
111	解放山	湖北省孝感市安陆市府城街道	水库	人工监测站	√			√	孝感
112	隔蒲潭	湖北省孝感市云梦县隔蒲潭镇	河流	人工监测站	√				孝感
113	孝感	湖北省孝感市孝南区毛陈镇	河流	人工监测站	√				孝感
114	陡山	湖北省孝感市孝昌县陡山乡	河流	人工监测站	√				孝感
115	沦河 1	湖北省孝感市孝南区朱湖	河流	人工监测站	√				孝感
116	万福闸	湖北省孝感市汉川市沉湖镇	河流	人工监测站	√				孝感
117	徐家口	湖北省孝感市汉川市经济技术开发区	河流	人工监测站			√	√	孝感
118	新沟(闸下)	湖北省孝感市汉川市新河镇	河流	人工监测站	√		√	√	孝感
119	汈汊湖	湖北省孝感市汉川市汈汊湖养殖场	湖泊	人工监测站	√				孝感
120	新沟(闸上)	湖北省孝感市汉川市新河镇	河流	人工监测站	√				孝感
121	观音岩	湖北省孝感市孝昌县小悟乡	水库	人工监测站	√	√		√	孝感
122	花园	湖北省孝感市孝昌县花园镇	河流	人工监测站	√				孝感
123	汉江分水	湖北省孝感市汉川市分水镇	河流	人工监测站			√	√	孝感
124	城南水厂	湖北省孝感市汉川市城隍镇	河流	人工监测站			√	√	孝感
125	团风自来水厂	湖北省黄冈市团风县团风镇	河流	人工监测站	√			√	黄冈

续表

序号	站名	站址	水体类型	测站类别	全国重点水质站	国家重要水源地站	长江流域集中式饮用水水源地站	水源地站	行政区
126	李家洲	湖北省黄冈市黄州区禹王街道	河流	人工监测站	√				黄冈
127	江北船厂	湖北省黄冈市黄州区东湖街道	河流	人工监测站			√	√	黄冈
128	蕲州	湖北省黄冈市蕲春县蕲州镇	河流	人工监测站	√			√	黄冈
129	李顶武	湖北省黄冈市武穴市武穴街道	河流	人工监测站	√		√	√	黄冈
130	红安	湖北省黄冈市红安县城关镇	河流	人工监测站	√				黄冈
131	金沙河	湖北省黄冈市红安县城关镇	水库	人工监测站	√	√		√	黄冈
132	麻城	湖北省黄冈市麻城市鼓楼	河流	人工监测站	√				黄冈
133	浮桥河水库	湖北省黄冈市麻城市中馆驿镇	水库	人工监测站	√		√	√	黄冈
134	明山	湖北省黄冈市麻城市白果镇	水库	人工监测站	√			√	黄冈
135	三河口	湖北省黄冈市麻城市三河口镇	水库	人工监测站	√			√	黄冈
136	马家潭	湖北省黄冈市团风县上巴河镇	河流	人工监测站	√	√		√	黄冈
137	尢河咀	湖北省黄冈市罗田县三里畈镇	河流	人工监测站		√		√	黄冈
138	罗田	湖北省黄冈市罗田县凤山镇	河流	人工监测站	√				黄冈
139	天堂	湖北省黄冈市罗田县九资河镇	水库	人工监测站	√	√		√	黄冈
140	英山	湖北省黄冈市英山县温泉镇	河流	人工监测站	√			√	黄冈
141	白莲河	湖北省黄冈市浠水县白莲镇	河流型水库	人工监测站	√	√		√	黄冈
142	落令河	湖北省黄冈市罗田县匡河镇	河流	人工监测站	√				黄冈
143	西河驿	湖北省黄冈市蕲春县横车镇	河流	人工监测站	√	√	√	√	黄冈
144	大同	湖北省黄冈市蕲春县大同镇	水库	人工监测站	√			√	黄冈
145	官桥	湖北省黄冈市武穴市武穴街道	湖泊	人工监测站	√				黄冈
146	垅坪水库	湖北省黄冈市黄梅县五祖镇	水库	人工监测站	√	√	√	√	黄冈
147	凤凰关	湖北省黄冈市罗田县凤山镇	水库	人工监测站	√	√	√	√	黄冈
148	白莲河大水厂	湖北省黄冈市浠水县白莲镇	河流型水库	人工监测站			√	√	黄冈
149	黄冈二水厂	湖北省黄冈市黄州区禹王街道	河流	人工监测站			√	√	黄冈
150	神龙坪水库	湖北省咸宁市通城县马港镇	水库	人工监测站	√			√	咸宁
151	隽水大桥	湖北省咸宁市通城县隽水镇	河流	人工监测站	√				咸宁
152	陆水水库	湖北省咸宁市赤壁市蒲圻街道	水库	人工监测站			√	√	咸宁
153	青山水库	湖北省咸宁市崇阳县青山镇	水库	人工监测站	√			√	咸宁
154	十好桥	湖北省咸宁市咸安区浮山街道	河流	人工监测站	√				咸宁
155	三湖连江水库	湖北省咸宁市嘉鱼县鱼岳镇	水库	人工监测站	√				咸宁
156	斧头湖	湖北省咸宁市嘉鱼县渡普镇	湖泊	人工监测站	√				咸宁
157	大屋场	湖北省咸宁市通山县厦铺镇	河流	人工监测站	√				咸宁
158	潘家湾	湖北省咸宁市嘉鱼县潘家湾镇	河流	人工监测站	√		√	√	咸宁
159	石板坪	湖北省恩施州巴东县沿渡河镇	河流	人工监测站	√				恩施
160	利川(二)	湖北省恩施州利川市都亭街道	河流	人工监测站	√				恩施

续表

序号	站名	站址	水体类型	测站类别	全国重点水质站	国家重要水源地站	长江流域集中式饮用水水源地站	水源地站	行政区
161	大龙潭	湖北省恩施州恩施市屯堡乡	河流型水库	人工监测站	√	√		√	恩施
162	恩施	湖北省恩施州恩施市舞阳坝街道	河流	人工监测站	√				恩施
163	龙洞水库	湖北省恩施州宣恩县珠山镇	水库	人工监测站	√			√	恩施
164	建始(二)	湖北省恩施州建始县业州镇	河流	人工监测站	√				恩施
165	忠路	湖北省恩施州利川市忠路镇	河流	人工监测站	√				恩施
166	吊二岩	湖北省恩施州利川市文斗镇	河流	人工监测站	√				恩施
167	两河口	湖北省恩施州咸丰县尖山乡	河流	人工监测站	√				恩施
168	孙家坝	湖北省恩施州咸丰县朝阳寺镇	河流	人工监测站	√				恩施
169	江口	湖北省恩施州鹤峰县铁炉乡	河流	人工监测站	√				恩施
170	大沱	湖北省恩施州巴东县官渡口镇	河流	人工监测站	√				恩施
171	大龙潭水库坝前	湖北省恩施州恩施市小渡船街道	河流型水库	人工监测站			√	√	恩施
172	荆门二水厂	湖北省荆门市东宝区漳河镇	水库	人工监测站		√	√	√	荆门
173	烟墩	湖北省荆门市东宝区漳河镇	水库	人工监测站	√				荆门
174	后港	湖北省荆门市沙洋县后港镇	湖泊	人工监测站	√				荆门
175	胡集	湖北省荆门市钟祥市胡集镇	河流	人工监测站	√				荆门
176	皇庄	湖北省荆门市钟祥市郢中街道	河流	人工监测站	√	√	√	√	荆门
177	李市	湖北省荆门市沙洋县李市镇	河流	人工监测站	√			√	荆门
178	客店	湖北省荆门市钟祥市温峡水库	水库	人工监测站	√				荆门
179	惠亭水库	湖北省荆门市京山市新市镇	水库	人工监测站	√		√	√	荆门
180	高关 1	湖北省荆门市京山市宋河镇	水库	人工监测站	√				荆门
181	长滩	湖北省荆门市钟祥市长滩镇	河流	人工监测站	√				荆门
182	淮河镇	湖北省随州市随县淮河镇	河流	人工监测站	√				随州
183	飞沙河	湖北省随州市广水市蔡河镇	水库	人工监测站	√	√		√	随州
184	茅茨畈	湖北省随州市随县洪山镇	河流型水库	人工监测站	√			√	随州
185	澴潭	湖北省随州市随县澴潭镇	河流型水库	人工监测站	√			√	随州
186	随州	湖北省随州市经济开发区	河流	人工监测站	√				随州
187	徐家河	湖北省随州市广水市长岭镇	水库	人工监测站	√				随州
188	均川	湖北省随州市随县均川镇	河流	人工监测站	√				随州
189	万店	湖北省随州市曾都区万店镇	河流	人工监测站	√				随州
190	先觉庙	湖北省随州市曾都区万店镇	水库	人工监测站	√	√		√	随州
191	郑家河	湖北省随州市曾都区洛阳镇	水库	人工监测站	√				随州
192	应山	湖北省随州市广水市应山街道	河流	人工监测站	√				随州
193	何家湾	湖北省随州市曾都区万店镇	水库	人工监测站			√	√	随州
194	封江口	湖北省随州市随县厉山镇	水库	人工监测站			√	√	随州
195	杨家庙	湖北省随州市广水市长岭镇	水库	人工监测站			√	√	随州

续表

序号	站名	站址	水体类型	测站类别	全国重点水质站	国家重要水源地站	长江流域集中式饮用水水源地站	水源地站	行政区
196	三江口	湖北省鄂州市华容区段店镇	河流	人工监测站	√				鄂州
197	鄂城	湖北省鄂州市鄂城区古楼街道	河流	人工监测站	√	√	√	√	鄂州
198	梁子镇	湖北省鄂州市梁子湖区生态管理区	湖泊	人工监测站	√				鄂州
199	樊口	湖北省鄂州市经济开发区	河流	人工监测站	√				鄂州
200	岳口	湖北省天门市岳口镇	河流	人工监测站	√	√	√	√	天门
201	皂市	湖北省天门市皂市镇	河流	人工监测站	√				天门
202	拖市	湖北省天门市拖市镇	河流	人工监测站	√				天门
203	肖山	湖北省天门市胡市镇	河流	人工监测站	√				天门
204	西湾	湖北省潜江市浩口镇	河流	人工监测站	√				潜江
205	兴隆	湖北省潜江市高石碑镇	河流型水库	人工监测站	√				潜江
206	泽口	湖北省潜江市经济开发区	河流	人工监测站	√		√	√	潜江
207	大王庙	湖北省潜江市竹根滩镇	河流	人工监测站	√				潜江
208	渔洋	湖北省潜江市渔洋镇	河流	人工监测站	√				潜江
209	杨林口	湖北省潜江市泰丰街道	河流	人工监测站	√				潜江
210	红旗码头	湖北省潜江市王场镇	河流	人工监测站			√	√	潜江
211	小寺垸	湖北省仙桃市干河街道	河流	人工监测站	√		√	√	仙桃
212	何湾	湖北省仙桃市龙华山街道	河流	人工监测站	√				仙桃
213	纯良	湖北省仙桃市沙湖镇	河流	人工监测站	√				仙桃
214	新生	湖北省仙桃市龙华山街道	河流	人工监测站			√	√	仙桃
215	宋洛	湖北省神农架林区宋洛乡	河流	人工监测站	√				神农架

附录表 1-22　湖北省水文系统一类水文测站——国家水生态站基础信息表

附录表 1-22　湖北省水文系统一类水文测站——国家水生态站基础信息表

序号	监测断面名称	监测断面位置	所在水系	河流、湖库名称	监测断面级别	行政区
1	古夫	湖北省宜昌市兴山县古夫镇	长江上游区	香溪河东支	国家级	宜昌
2	黄马河（杨树口电站取水坝）	湖北省宜昌市夷陵区樟村坪镇	长江中游区上段	黄柏河	国家级	宜昌
3	马家河平水村	湖北省宜昌市兴山县古夫镇	长江上游区	香溪河东支	国家级	宜昌
4	南阳	湖北省宜昌市兴山县南阳镇	长江上游区	香溪河	国家级	宜昌
5	七角坪	湖北省宜昌市兴山县古夫镇	长江上游区	香溪河东支	国家级	宜昌
6	晒旗河入河口	湖北省宜昌市远安县嫘祖镇	长江中游区上段	黄柏河	国家级	宜昌
7	天福庙水库库首	湖北省宜昌市远安县嫘祖镇	长江中游区上段	黄柏河、天福庙水库	国家级	宜昌
8	天福庙水库库尾	湖北省宜昌市远安县嫘祖镇	长江中游区上段	黄柏河、天福庙水库	国家级	宜昌
9	西北口水库库首	湖北省宜昌市夷陵区雾渡河镇	长江中游区上段	黄柏河、西北口水库	国家级	宜昌

续表

序号	监测断面名称	监测断面位置	所在水系	河流、湖库名称	监测断面级别	行政区
10	西北口水库库尾	湖北省宜昌市夷陵区雾渡河镇	长江中游区上段	黄柏河、西北口水库	国家级	宜昌
11	峡口	湖北省宜昌市兴山县峡口镇	长江上游区	香溪河	国家级	宜昌
12	小溪塔水文站	湖北省宜昌市夷陵区经济开发区	长江中游区上段	黄柏河	国家级	宜昌
13	兴山水文	湖北省宜昌市兴山县古夫镇	长江上游区	香溪河东支	国家级	宜昌
14	玄庙观水库库首	湖北省宜昌市远安县嫘祖镇	长江中游区上段	黄柏河、玄庙观水库	国家级	宜昌
15	玄庙观水库库尾	湖北省宜昌市远安县嫘祖镇	长江中游区上段	黄柏河、玄庙观水库	国家级	宜昌
16	竹园河	湖北省宜昌市兴山县古夫镇	长江上游区	竹园河	国家级	宜昌
17	东支干流（天福庙二级站下游）	湖北省宜昌市远安县嫘祖镇	长江中游区上段	黄柏河	国家级	宜昌
18	白岩河	湖北省十堰市郧西县土门镇	汉江区（汉江中游水系）	天河、天河水库	国家级	十堰
19	观音	湖北省十堰市郧西县观音镇	汉江区（汉江中游水系）	天河	国家级	十堰
20	贾家坊	湖北省十堰市郧西县城关镇	汉江区（汉江中游水系）	天河	国家级	十堰
21	六官坪	湖北省十堰市郧西县土门镇	汉江区（汉江中游水系）	天河	国家级	十堰
22	土门水库	湖北省十堰市郧西县土门镇	汉江区（汉江中游水系）	汇河、土门水库	国家级	十堰
23	五里河	湖北省十堰市郧西县城关镇	汉江区（汉江中游水系）	五里河	国家级	十堰
24	大龙潭	湖北省恩施州恩施市屯堡乡	清江、内荆河水系	清江、大龙潭水库	国家级	恩施
25	大沙坝	湖北省恩施州恩施市舞阳坝街道	清江、内荆河水系	清江	国家级	恩施
26	恩施	湖北省恩施州恩施市小渡船街道	清江、内荆河水系	清江	国家级	恩施
27	红鹤坝	湖北省恩施州利川市汪营镇	清江、内荆河水系	清江	国家级	恩施
28	利川(二)	湖北省恩施州利川市都亭街道	清江、内荆河水系	清江	国家级	恩施
29	琵琶滩	湖北省恩施州利川市东城街道	清江、内荆河水系	清江	国家级	恩施
30	清江源	湖北省恩施州利川市汪营镇	清江、内荆河水系	清江	国家级	恩施
31	西门大桥	湖北省恩施州利川市都亭街道	清江、内荆河水系	清江	国家级	恩施
32	月亮田	湖北省恩施州恩施市舞阳坝街道	清江、内荆河水系	龙洞河	国家级	恩施
33	州水利局	湖北省恩施州恩施市舞阳坝街道	清江、内荆河水系	龙洞河	国家级	恩施
34	上湾	湖北省神农架林区新华镇	长江上游区	香溪河东支	国家级	神农架

附录表 1-23　湖北省水文系统二类水文测站——专用水文站基础信息表

附录表 1-23　湖北省水文系统二类水文测站——专用水文站基础信息表

序号	站名	测站编码	河名	站址	行政区
1	柯家渡	61604100	大港	湖北省黄石市大冶市罗家桥街办桃花村柯家渡	黄石
2	罗桥	61604300	三里七港	湖北省黄石市大冶市罗家桥街办新进村罗金大桥	黄石
3	小箕铺	61604400	牛皮港	湖北省黄石市大冶市大箕铺镇小箕铺村李奇湾	黄石

续表

序号	站名	测站编码	河名	站址	行政区
4	三溪镇	61608200	三溪河	湖北省黄石市阳新县三溪镇三溪口	黄石
5	汪畈	61608220	冠塘港	湖北省黄石市阳新县三溪镇冠塘村汪畈	黄石
6	洛元	61608310	牧羊河	湖北省黄石市阳新县排市镇洛元村周家堡	黄石
7	木港镇	61608330	木港	湖北省黄石市阳新县木港镇周家	黄石
8	石花	61909550	北河	湖北省襄阳市谷城县石花镇余家店村	襄阳
9	石桥	61915500	清河	湖北省襄阳市襄州区石桥镇自修路 15 号	襄阳
10	清河店	61915050	清河	湖北省襄阳市高新区米庄镇清河店	襄阳
11	宜城	61803550	汉江	湖北省襄阳市宜城市鄢城街道办事处窑湾居委会	襄阳
12	欧庙	61915900	渭水	湖北省襄阳市欧庙镇潼口村二组村	襄阳
13	雷河(二)	61918500	蛮河	湖北省襄阳市宜城市雷河镇和平村	襄阳
14	古驿	62011920	白河	湖北省襄阳市古驿镇乔吕村	襄阳
15	埠口	62016500	唐河	湖北省襄阳市程河镇埠口村	襄阳
16	张家集	62018900	滚河	湖北省襄阳市襄州区张家集镇张集村 2 组	襄阳
17	焦山河	61502280	民建渠	湖北省荆州市石首市东升镇小湖口泵站	荆州
18	淹水(坝下)	61501080	淹水	湖北省荆州市松滋市淹水镇西火路	荆州
19	黄山头	61501750	分洪总排渠	湖北省荆州市公安县黄山头镇肖家咀村	荆州
20	螺山泵站	61016140	螺山总排渠	湖北省荆州市洪湖市螺山镇螺山泵站	荆州
21	高潭口	61016180	排涝河	湖北省荆州市洪湖市黄家口镇高潭口泵站	荆州
22	高坝洲	61004750	清江	湖北省宜昌市宜都市五眼泉镇鸡头山村	宜昌
23	安福寺	60903760	玛瑙河	湖北省宜昌市枝江市安福寺镇安福寺村	宜昌
24	官垱	60918020	漳河	湖北省宜昌市当阳市河溶镇官垱村	宜昌
25	建阳坪	60514350	高岚河	湖北省宜昌市兴山县峡口镇建阳坪村	宜昌
26	泗溪	60519020	茅坪河	湖北省宜昌市秭归县茅坪镇泗溪村	宜昌
27	枝城镇	60903685	九道河	湖北省宜昌市宜都市枝城镇大雁村	宜昌
28	桥边	60903410	桥边河	湖北省宜昌市桥边镇白马溪村	宜昌
29	五峰	61042200	天池河	湖北省宜昌市五峰土家族自治县五峰镇石梁司村	宜昌
30	晒鼓坪	61009800	沿头溪	湖北省宜昌市长阳土家族自治县龙舟坪镇两河口村	宜昌
31	湾潭	61423900	湾潭河	湖北省宜昌市五峰土家族自治县湾潭镇龙桥村	宜昌
32	三界	60519400	下牢溪	湖北省宜昌市小溪塔镇姜家庙村	宜昌
33	玄庙	60900500	黄柏河	湖北省宜昌市远安县嫘祖镇玄庙村	宜昌
34	魏家畈	60903620	柏临河	湖北省宜昌市伍家岗区伍家乡灵宝村	宜昌
35	桔颂	60519080	三溪	湖北省宜昌市秭归县茅坪镇桔颂居委会 1 组	宜昌
36	联棚	60903413	谭家河	湖北省宜昌市联棚乡联棚	宜昌
37	关防	61813105	仙河	湖北省十堰市郧西县关防乡关防铺村	十堰
38	桦栎岗	61900010	将军河	湖北省十堰市郧阳区鲍峡镇桦栎岗村	十堰
39	五里河	61901305	五里河	湖北省十堰市郧西县城关镇四堰坪村	十堰
40	纸槽	61901350	大麦峪河	湖北省十堰市郧西县观音镇纸槽村	十堰

续表

序号	站名	测站编码	河名	站址	行政区
41	竹溪	61902750	龙王河	湖北省十堰市竹溪县水坪镇船形寨村	十堰
42	高泉	61903040	公祖河	湖北省十堰市竹溪县向坝乡高泉村	十堰
43	三台	61905850	北星河	湖北省十堰市竹山县楼台乡三台村	十堰
44	八亩地	61906200	神定河	湖北省十堰市张湾区八亩地村	十堰
45	武当山	61907700	剑河	湖北省十堰市武当山经济旅游开发区溜西门村	十堰
46	浪河(二)	61907980	浪河	湖北省十堰市丹江口市浪河镇银梦湖村	十堰
47	田畈	62007110	滔河	湖北省十堰市郧阳区南化塘镇关帝庙村	十堰
48	河口桥	61609000	滠水	湖北省孝感市大悟县河口镇陈楼村	孝感
49	杨林	62200900	漳水	湖北省孝感市云梦县清明河乡沿河村杨林湾	孝感
50	王店	62206500	应山河	湖北省孝感市孝昌县王店镇王店社区	孝感
51	中洲桥	62210610	南支河	湖北省孝感市汉川市中洲农场东升村	孝感
52	南屏闸	62212300	夏新河	湖北省孝感市汉川市马口镇	孝感
53	阎家河	61612900	阎家河	湖北省黄冈市麻城市阎家河镇叶家塆	黄冈
54	刘河	61619830	狮子河	湖北省黄冈市蕲春县刘河镇莱垸	黄冈
55	株林	61619700	株林河	湖北省黄冈市蕲春县株林镇宋塘	黄冈
56	刘元	62800300	梅川河	湖北省黄冈市武穴市四望镇刘元	黄冈
57	杨堡	61602835	高桥河	湖北省咸宁市咸安区双溪桥镇杨堡村	咸宁
58	新店	61701002	新店河	湖北省咸宁市赤壁市新店镇雨亭村	咸宁
59	菖蒲港	61701900	菖蒲港	湖北省咸宁市通城县隽水镇菖蒲港	咸宁
60	铁柱岭	61707350	铁柱港	湖北省咸宁市通城县隽水镇铁柱村	咸宁
61	三溪	61708980	高堤河	湖北省咸宁市崇阳县白霓镇三溪村	咸宁
62	洞坪	61006800	忠建河	湖北省恩施州宣恩县万寨乡向家村	恩施
63	铁炉	61402080	大典河	湖北省恩施州鹤峰县铁炉乡碉堡村	恩施
64	江坪河	61401950	溇水	湖北省恩施州鹤峰县走马镇李桥村	恩施
65	鸡公洞	61401700	官庄河	湖北省恩施州鹤峰县容美镇龙井村	恩施
66	姚家坪	61001700	清江	湖北省恩施州恩施市屯堡乡马者村	恩施
67	龙凤坝	61004960	带水河	湖北省恩施州恩施市龙凤镇小龙潭村	恩施
68	丁寨	60813000	曲江	湖北省恩施州咸丰县丁寨乡鱼塘坪村	恩施
69	忠路	60814000	郁江	湖北省恩施州利川市忠路镇农科村	恩施
70	安抚司	61312995	怯道河	湖北省恩施州来凤县百福司镇怯道河村	恩施
71	拾桥	61012600	拾桥河	湖北省荆门市沙洋县拾桥镇桥河村二组	荆门
72	杨家峰	62207640	天门河	湖北省荆门市屈家岭管理区永隆镇杨家峰村	荆门
73	宋河	62209300	大富水	湖北省荆门市京山市宋河镇黄家畈村	荆门
74	新城	62017700	三夹河	湖北省随州市随县新城镇韩河村	随州
75	广水	62205300	广水河	湖北省随州市广水市广水街道办事处中山	随州
76	厉山	62203500	溮水	湖北省随州市随县厉山镇文昌阁	随州
77	花湖	61603700	花家湖	湖北省鄂州市花湖镇冉山村梅家桥	鄂州

续表

序号	站名	测站编码	河名	站址	行政区
78	磨刀矶	61601900	梁子湖	湖北省鄂州市梁子湖区磨刀矶节制闸管理处	鄂州
79	高河	61602500	高桥河	湖北省鄂州市梁子湖区涂家垴镇天山村张晨湾	鄂州
80	沉湖南	62211900	沉湖南干渠	湖北省天门市多祥镇郭洲村	天门
81	万福河闸	61015300	万福河	湖北省潜江市龙湾镇旭光村	潜江
82	积玉口	61016600	上西荆河	湖北省潜江市积玉口镇花亭村	潜江
83	总口	62213020	城南河	湖北省潜江市总口农场陈张台村	潜江
84	彭场	62213400	通顺河	湖北省仙桃市彭场镇马沟村	仙桃
85	杜家台闸	62213700	杜家台分洪道	湖北省仙桃市龙华山办事处杜家台村	仙桃
86	猫儿观	60514270	香溪河	湖北省神农架林区新华镇猫儿观村	神农架
87	木鱼	60514335	南阳河	湖北省神农架林区木鱼镇木鱼村	神农架
88	钱家湾	61912000	苦水河	湖北省神农架林区阳日镇钱家湾村	神农架

附录表1-24　湖北省水文系统二类水文测站——专用水位站基础信息表

附录表1-24　湖北省水文系统二类水文测站——专用水位站基础信息表

序号	站名	测站编码	河名	站址	行政区
1	严西湖	61601510	严西湖	湖北省武汉市洪山区星岭路邹家村	武汉
2	严东湖	61601550	严东湖	湖北省武汉市洪山区花山石头矶	武汉
3	东湖	61601200	东湖	湖北省武汉市武昌区东湖海洋世界露天泳场	武汉
4	南湖	61600400	南湖	湖北省武汉市洪山区南湖大道南湖大桥	武汉
5	青龙咀(三)	61600550	汤逊湖	湖北省武汉市江夏区江夏大道海悦天地	武汉
6	新河口闸	61714800	斧头湖	湖北省武汉市江夏区法泗镇新河村	武汉
7	索河	62212840	索子长河	湖北省武汉市蔡甸区索河镇丁湾村	武汉
8	武湖北湖闸	61609452	武湖	湖北省武汉市新洲区武湖街大咀湾	武汉
9	李河	61603900	大港	湖北省黄石市大冶市陈贵镇李河村	黄石
10	门楼	61608010	龙港河	湖北省黄石市阳新县龙港镇门楼村	黄石
11	老街	61608100	三溪河	湖北省黄石市阳新县三溪镇老街	黄石
12	新街	61608210	蔡贤港	湖北省黄石市阳新县王英镇新街村	黄石
13	下桥	61608305	牧羊河	湖北省黄石市阳新县排市镇下桥村	黄石
14	冠塘	61608225	冠塘港	湖北省黄石市阳新县三溪镇冠塘村王中蔡	黄石
15	鱼梁洲	61803420	汉江	湖北省襄阳市樊城区鱼梁洲	襄阳
16	南渠	61914980	襄水河	湖北省襄阳市襄城区南渠	襄阳
17	秦咀	61915850	淳河	湖北省襄阳市襄州区峪山镇秦咀水库	襄阳
18	莺河二库	61916400	莺河	湖北省襄阳市宜城市板桥店镇莺河二库水库	襄阳
19	吕镇	62018540	港沟	湖北省襄阳市襄州区古驿镇吕镇村	襄阳
20	法华寺	61501085	淤水	湖北省荆州市公安县狮子口镇法华寺泵站	荆州
21	港关	61501300	松东河	湖北省荆州市公安县南平镇港关大桥	荆州
22	狮子口	61500420	松西河	湖北省荆州市公安县狮子口镇	荆州

续表

序号	站名	测站编码	河名	站址	行政区
23	闸口(虎渡河)	61501570	虎渡河	湖北省荆州市公安县闸口镇	荆州
24	江波渡	61502250	藕池河(东支)	湖北省荆州市石首市高基庙镇江波渡闸	荆州
25	团山	61501900	藕池河(中支)	湖北省荆州市石首市团山镇	荆州
26	北口	62213220	东荆河	湖北省荆州市监利市网市镇北口闸	荆州
27	唐咀	62213260	东荆河	湖北省荆州市洪湖市大同湖管理区唐咀	荆州
28	太湖港	61013300	太湖港	湖北省荆州市荆州区马山镇梅花湾村	荆州
29	龚家桥	60514240	良斗河	湖北省宜昌市兴山县高桥乡龚家桥村	宜昌
30	小溪塔	60902000	黄柏河	湖北省宜昌市小溪塔镇南村坪村	宜昌
31	车溪	60903400	桥边河	湖北省宜昌市土城乡车溪村	宜昌
32	旧县	60908700	鹿苑河	湖北省宜昌市远安县旧县镇董家村	宜昌
33	凤山	60908710	宝华寺河	湖北省宜昌市远安县鸣凤镇凤山村	宜昌
34	花林寺	60908720	三道河	湖北省宜昌市远安县花林寺镇花林寺村	宜昌
35	榔坪	61041000	咸池河	湖北省宜昌市长阳土家族自治县榔坪镇榔坪村	宜昌
36	双柏	61912800	马栏河	湖北省十堰市房县军店镇双柏村	十堰
37	泥沟	61924410	大泥河	湖北省十堰市郧西县涧池乡涧池村	十堰
38	魏家冲	50202245	竹竿河	湖北省孝感市大悟县宣化店镇杨桥村	孝感
39	云梦闸	62201900	新河(县河)	湖北省孝感市云梦县沙河乡周许村前周湾	孝感
40	星火	62202150	滚子河	湖北省孝感市孝南区天仙南路星火村	孝感
41	彭店	61634400	上西大河	湖北省孝感市大悟县彭店乡彭店水库	孝感
42	华家河	61600590	华家河	湖北省黄冈市红安县华家河镇	黄冈
43	火莲畈	61610900	倒水	湖北省黄冈市红安县火莲畈水库	黄冈
44	下店河	61611100	下店河	湖北省黄冈市红安县永河镇	黄冈
45	芭茅河	61612580	芭茅河	湖北省黄冈市麻城市黄土岗镇芭茅河水库	黄冈
46	胜利	61615290	胜利河	湖北省黄冈市罗田县胜利镇	黄冈
47	凤凰关	61616060	深水河	湖北省黄冈市罗田县凤凰关水库	黄冈
48	王家店	61616300	朱道士河	湖北省黄冈市黄州区陈策楼镇	黄冈
49	如意河	61618800	如意河	湖北省黄冈市英山县南河镇	黄冈
50	洗马畈	61619300	株林河	湖北省黄冈市浠水县洗马镇	黄冈
51	雷溪河	61619900	雷溪河	湖北省黄冈市蕲春县漕河镇七里桥	黄冈
52	童司牌	62800240	官桥大港	湖北省黄冈市武穴市童司牌大闸	黄冈
53	考田	62800500	大河	湖北省黄冈市黄梅县永安水库	黄冈
54	北门	61002010	清江	湖北省恩施州恩施市六角亭办事处清江桥西	恩施
55	车坝(库内)	61004951	车坝河	湖北省恩施州恩施市屯堡乡罗针田村	恩施
56	咸丰	61006300	忠建河	湖北省恩施州咸丰县高乐山镇白水村	恩施
57	龙洞(库内)	61006451	忠建河	湖北省恩施州宣恩县珠山镇上湖塘居委会	恩施
58	沙道沟	61312830	酉水	湖北省恩施州宣恩县沙道镇沿河西路	恩施
59	接龙桥	61312930	老虎洞河	湖北省恩施州来凤县翔凤镇桂花树村	恩施

续表

序号	站名	测站编码	河名	站址	行政区
60	燕子桥(库内)	61401591	溇水	湖北省恩施州鹤峰县容美镇庙湾村	恩施
61	芭蕉河二级(库内)	61401751	官庄河	湖北省恩施州鹤峰县容美镇大溪村	恩施
62	林家港	60915000	漳河水库(明渠)	湖北省荆门市漳河镇三化村	荆门
63	温峡口(库内)	61919710	激河	湖北省荆门市钟祥市温峡口水库	荆门
64	皮集	62101010	竹皮河	湖北省荆门市钟祥市石牌镇皮集村	荆门
65	永隆	62207680	天门河	湖北省荆门市京山市永隆镇老街渡口	荆门
66	高关	62208800	大富水	湖北省荆门市京山市高关水库	荆门
67	三山湖	61602700	三山湖	湖北省鄂州市鄂城区三山村	鄂州
68	水陆李	62206950	汉北河	湖北省天门市胡市镇汝龙村	天门
69	净潭	62211700	天门河	湖北省天门市净潭乡东湖村	天门
70	郭兴口	62213340	皇河	湖北省仙桃市胡场镇下麻村	仙桃
71	鱼嘴	61804715	汉江	湖北省仙桃市长埫口镇何坝村	仙桃

附录表 1-25　湖北省水文系统二类水文测站——专用降水量站基础信息表

附录表 1-25　湖北省水文系统二类水文测站——专用降水量站基础信息表

序号	站名	测站编码	站址	行政区
1	中南二路	61620450	湖北省武汉市武昌区中南路水利厅	武汉
2	武东路	61621146	湖北省武汉市青山区武东村村委会	武汉
3	北湖港	61620540	湖北省武汉市青山区北湖农场	武汉
4	武东	61621140	湖北省武汉市洪山区武东街道办事处	武汉
5	东湖村	61620525	湖北省武汉市洪山区洪山乡东湖村	武汉
6	九峰	61621155	湖北省武汉市洪山区九峰街道九峰渠	武汉
7	西湾村	61621510	湖北省武汉市洪山区青菱乡西湾村	武汉
8	琴断口	62133450	湖北省武汉市汉阳区琴断口街街道办	武汉
9	消泗	62251580	湖北省武汉市蔡甸区消泗乡乡政府	武汉
10	水洪	62251550	湖北省武汉市汉南区水洪乡乡政府	武汉
11	后湖乡	62249940	湖北省武汉市江岸区后湖乡乡政府	武汉
12	常青路	62249930	湖北省武汉市江汉区常青公园管理处	武汉
13	东山	62249865	湖北省武汉市东西湖区东山街办事处	武汉
14	柏泉	62249855	湖北省武汉市东西湖区柏泉街办事处	武汉
15	走马岭	62249850	湖北省武汉市东西湖区走马岭乡政府	武汉
16	排市	61629300	湖北省黄石市阳新县排市镇排市村	黄石
17	黄颡口	61630550	湖北省黄石市阳新县黄颡口镇吸水口村	黄石
18	王英镇	61629605	湖北省黄石市阳新县王英镇王英村	黄石
19	下陆	61622740	湖北省黄石市下陆区东方山街办园门水库	黄石
20	灵乡	61622760	湖北省黄石市大冶市灵乡镇灵乡村	黄石
21	黄金山	61623420	湖北省黄石市黄金山开发区明意湾	黄石

续表

序号	站名	测站编码	站址	行政区
22	浮屠街	61629900	湖北省黄石市阳新县浮屠街镇浮屠街	黄石
23	陶港	61630300	湖北省黄石市阳新县陶港北正村	黄石
24	还地桥	61622450	湖北省黄石市大冶市还地桥镇马石村	黄石
25	胡六	61629650	湖北省黄石市大冶市殷祖镇铜坑湾	黄石
26	大王	61623440	湖北省黄石市阳新县大王镇港西村	黄石
27	后山	61628900	湖北省黄石市阳新县排市镇阚家垄	黄石
28	田家坡	60933600	湖北省襄阳市保康县两峪乡东湾村	襄阳
29	百峰	60934200	湖北省襄阳市保康县歇马镇百峰办事处	襄阳
30	东塆	60934550	湖北省襄阳市保康县两峪镇东塆村	襄阳
31	峡峪河	60935100	湖北省襄阳市保康县两峪镇峡峪河村	襄阳
32	青龙寨	60938900	湖北省襄阳市南漳县薛坪镇龙王冲村	襄阳
33	雷坪	60940300	湖北省襄阳市南漳县板桥镇雷坪老湾村	襄阳
34	东巩	60943500	湖北省襄阳市南漳县东巩镇东巩办事处	襄阳
35	老河口	61940680	湖北省襄阳市老河口市城关镇中山公园	襄阳
36	紫金	61941500	湖北省襄阳市谷城县紫金镇花园村	襄阳
37	仙人渡	61942190	湖北省襄阳市老河口市仙人渡镇黄家庄村	襄阳
38	望佛山	61943250	湖北省襄阳市保康县马桥镇望佛山村	襄阳
39	邓家坡	61946460	湖北省襄阳市保康县寺坪镇邓家坡村	襄阳
40	大湾	61946690	湖北省襄阳市保康县黄堡镇大湾村	襄阳
41	官坊	61947100	湖北省襄阳市谷城县紫金镇油坊坪村	襄阳
42	西河	61947250	湖北省襄阳市谷城县赵湾乡西河方家坪村	襄阳
43	曹家坡	61947600	湖北省襄阳市谷城县盛康镇小沟村	襄阳
44	茨河	61947940	湖北省襄阳市谷城县茨河镇黄家街	襄阳
45	隆中	61948600	湖北省襄阳市襄城区隆中风景区	襄阳
46	孟楼	61949400	湖北省襄阳市老河口市孟楼镇孟楼社区	襄阳
47	伙牌	61951380	湖北省襄阳市伙牌镇部营村	襄阳
48	张湾	61951500	湖北省襄阳市张湾街道钻石名城	襄阳
49	峪山	61951700	湖北省襄阳市峪山镇椅子湾	襄阳
50	王集	61951900	湖北省襄阳市宜城市王集镇方阁村	襄阳
51	南营	61951960	湖北省襄阳市宜城市城关镇南营办事处	襄阳
52	板桥店	61952300	湖北省襄阳市宜城市板桥店镇板桥店村	襄阳
53	邓林	61952500	湖北省襄阳市宜城市流水镇邓林农场	襄阳
54	百蜂坪	61952550	湖北省襄阳市保康县黄堡镇百蜂坪村	襄阳
55	堰沟	61953080	湖北省襄阳市南漳县李庙镇堰沟村	襄阳
56	胡营	61953900	湖北省襄阳市南漳县城关镇胡家营	襄阳
57	石桩河	61954840	湖北省襄阳市南漳县李庙镇石桩河村	襄阳
58	清河	61954950	湖北省襄阳市南漳县城关镇清河农场	襄阳

续表

序号	站名	测站编码	站址	行政区
59	双柏	61955650	湖北省襄阳市南漳县武安镇双柏村	襄阳
60	李垱	61955850	湖北省襄阳市宜城市刘猴镇李家垱	襄阳
61	千沟坡	61956100	湖北省襄阳市宜城市雷河镇千沟坡	襄阳
62	讴乐	61956350	湖北省襄阳市宜城市流水镇讴乐社区	襄阳
63	乔庄	62051300	湖北省襄阳市古驿镇乔庄村	襄阳
64	宋王	62058180	湖北省襄阳市枣阳市七方镇宋王村	襄阳
65	双沟	62058350	湖北省襄阳市双沟镇郑张村	襄阳
66	王城	62058580	湖北省襄阳市枣阳市王城镇王九路121号	襄阳
67	兴隆	62058750	湖北省襄阳市枣阳市兴隆镇星火街新鑫社区43号	襄阳
68	琚湾	62059650	湖北省襄阳市枣阳市琚湾镇一中校内	襄阳
69	桃花山	61523050	湖北省荆州市石首市桃花山镇古井口村	荆州
70	新厂	60951800	湖北省荆州市石首市新厂镇民主街水利管理所	荆州
71	大垸	60951820	湖北省荆州市石首市大垸镇新建路4号水利管理所	荆州
72	小河口	60951860	湖北省荆州市石首市小河口镇连心大道128号水利管理所	荆州
73	人民大垸	60951900	湖北省荆州市监利市人民大垸农场蛟子河泵站	荆州
74	川店	61048000	湖北省荆州市荆州区川店镇李家咀二级站	荆州
75	紫荆	61048200	湖北省荆州市荆州区川店镇古松村水厂	荆州
76	八岭山	61048300	湖北省荆州市荆州区八岭山镇八宝水库	荆州
77	李埠	61048350	湖北省荆州市荆州区李埠镇李埠东街22号镇政府	荆州
78	九曲桥	61048400	湖北省荆州市沙市区共青路18号水文局大院	荆州
79	六合垸	61054600	湖北省荆州市江陵县六合垸管理区沿河大道105号水管站	荆州
80	马家寨	61054700	湖北省荆州市江陵县马家寨乡中心路水管站	荆州
81	郝穴	61055200	湖北省荆州市江陵县郝穴镇江陵大道134号水利局	荆州
82	周沟	61056100	湖北省荆州市监利市周老嘴镇陈沱村一组管理段	荆州
83	容城	61056150	湖北省荆州市监利市容城镇沿江路西11号水利局	荆州
84	龚场	61056350	湖北省荆州市监利市龚场镇复兴路105号镇政府	荆州
85	白螺	61057100	湖北省荆州市监利市白螺镇沙洪路8号镇政府	荆州
86	府场	61057800	湖北省荆州市洪湖市府场镇府郭路2号水管站	荆州
87	瞿家湾	61058100	湖北省荆州市洪湖市瞿家湾镇瞿家湾泵站	荆州
88	万全街道	61058200	湖北省荆州市洪湖市万全镇五合垸泵站	荆州
89	洪狮渔场	61058250	湖北省荆州市洪湖市滨湖办事处洪狮泵站	荆州
90	小港	61058300	湖北省荆州市洪湖市小港管理区经蔺路水管站	荆州
91	黄家口	61058600	湖北省荆州市洪湖市黄家口镇南套沟泵站	荆州
92	老湾	61058700	湖北省荆州市洪湖市老湾乡民簇路水管站	荆州
93	大同湖	61058900	湖北省荆州市洪湖市大同湖管理区中干渠路人民政府	荆州
94	大沙湖	61059100	湖北省荆州市洪湖市大沙农场大沙湖泵站	荆州
95	燕窝	61059200	湖北省荆州市洪湖市燕窝镇民生路1号水管站	荆州

续表

序号	站名	测站编码	站址	行政区
96	小南海泵站	61521250	湖北省荆州市松滋市南海镇永合村小南海泵站	荆州
97	涴市	61522610	湖北省荆州市松滋市涴市镇沿江路49号水利站	荆州
98	沙道观	61522630	湖北省荆州市松滋市沙道观镇民道街77号水利站	荆州
99	南平	61522650	湖北省荆州市公安县南平镇港关大桥	荆州
100	斗湖堤	61522720	湖北省荆州市公安县斗湖堤水管所	荆州
101	毛家港	61522730	湖北省荆州市公安县毛家港水管所	荆州
102	杨厂	61522760	湖北省荆州市公安县杨厂镇中码头水厂	荆州
103	藕池	61522860	湖北省荆州市公安县藕池镇城乡水厂	荆州
104	团山	61523200	湖北省荆州市石首市团山镇水管站	荆州
105	绣林	61523300	湖北省荆州市石首市绣林街办沿江路196号水利局	荆州
106	上津湖泵站	61523400	湖北省荆州市石首市东升镇上津湖泵站	荆州
107	玉泉寺	60908880	湖北省宜昌市当阳市玉阳镇穿心店村	宜昌
108	郭家山	60539480	湖北省宜昌市兴山县黄粮镇郭家山	宜昌
109	湘坪	60539650	湖北省宜昌市兴山县南阳镇湘坪	宜昌
110	店子坪	60539560	湖北省宜昌市兴山县南阳镇店子坪	宜昌
111	萝卜园	60539580	湖北省宜昌市兴山县南阳镇萝卜园	宜昌
112	树空坪	60539825	湖北省宜昌市兴山县水月寺镇树空坪	宜昌
113	高岚	60539835	湖北省宜昌市兴山县水月寺镇高岚	宜昌
114	王家台	60539830	湖北省宜昌市兴山县水月寺镇王家台	宜昌
115	凉风	60539815	湖北省宜昌市兴山县水月寺镇凉风	宜昌
116	姜家庙	60519950	湖北省宜昌市小溪塔镇姜家庙	宜昌
117	焦家山	60540290	湖北省宜昌市小溪塔镇焦家山	宜昌
118	大米山	60540235	湖北省宜昌市乐天溪镇大米山	宜昌
119	下堡坪	60540225	湖北省宜昌市下堡坪乡下堡坪	宜昌
120	大老林	60540220	湖北省宜昌市邓村乡新华	宜昌
121	宜都	60929010	湖北省宜昌市宜都市陆城镇中笔社区	宜昌
122	泄滩	60538730	湖北省宜昌市秭归县泄滩镇陈家湾村	宜昌
123	三合	60539820	湖北省宜昌市兴山县水月寺镇三合村	宜昌
124	雾龙洞	60539840	湖北省宜昌市兴山县黄粮镇黄粮坪村	宜昌
125	屈原	60539920	湖北省宜昌市秭归县屈原镇龙马溪村	宜昌
126	太平溪	60540150	湖北省宜昌市太平溪镇太平溪村	宜昌
127	三斗坪	60540205	湖北省宜昌市三斗坪镇园艺村	宜昌
128	唐家坝	60540245	湖北省宜昌市乐天溪镇下岸村	宜昌
129	石碑	60540250	湖北省宜昌市三斗坪镇南沱村	宜昌
130	柏木坪	60540270	湖北省宜昌市龙泉镇柏木坪村	宜昌
131	天柱山	60540280	湖北省宜昌市小溪塔镇姜家庙村	宜昌
132	胡家畈	60903800	湖北省宜昌市枝江市安福寺镇胡家畈村	宜昌

续表

序号	站名	测站编码	站址	行政区
133	官道河	60908840	湖北省宜昌市当阳市玉泉办事处官道河水库管理处	宜昌
134	杨树河	60917500	湖北省宜昌市当阳市庙前镇杨树河水库	宜昌
135	石子岭	60918000	湖北省宜昌市枝江市问安镇方家畈村	宜昌
136	袁家冲	60922800	湖北省宜昌市分乡镇插旗村	宜昌
137	上洋	60926600	湖北省宜昌市黄花乡白洋坪村	宜昌
138	汤渡河	60926700	湖北省宜昌市小溪塔镇下坪村	宜昌
139	张家场	60927200	湖北省宜昌市小溪塔镇陈淌坪村	宜昌
140	落步淌	60928200	湖北省宜昌市土城乡落步淌村	宜昌
141	三涧溪	60928210	湖北省宜昌市土城乡三涧溪村	宜昌
142	土城	60928220	湖北省宜昌市土城乡土城村	宜昌
143	朱市街	60928230	湖北省宜昌市点军镇朱市街村	宜昌
144	榨坊河	60928240	湖北省宜昌市龙泉镇雷家畈村	宜昌
145	隔家咀	60928250	湖北省宜昌市龙泉镇柏家坪村	宜昌
146	百家坪	60928260	湖北省宜昌市龙泉镇柏家坪村	宜昌
147	宋家嘴	60928270	湖北省宜昌市龙泉镇宋家嘴村	宜昌
148	土门	60928280	湖北省宜昌市龙泉镇车站村	宜昌
149	鸦鹊岭	60928300	湖北省宜昌市鸦鹊岭镇田家畈村	宜昌
150	善溪冲	60928700	湖北省宜昌市枝江市白洋镇朱家冲村	宜昌
151	顾家店	60928720	湖北省宜昌市枝江市顾家店镇马蹄垱村	宜昌
152	火山口	60930650	湖北省宜昌市枝江市安福寺镇火山口村	宜昌
153	董市	60930800	湖北省宜昌市枝江市董市镇福星村	宜昌
154	太坪寺	60935800	湖北省宜昌市远安县河口乡河口村	宜昌
155	鹿苑寺	60936600	湖北省宜昌市远安县旧县镇鹿苑村	宜昌
156	茅坪场	60936800	湖北省宜昌市远安县茅坪场镇茅坪场村	宜昌
157	石头店	60937800	湖北省宜昌市远安县花林寺镇三孔村	宜昌
158	玉泉河	60938400	湖北省宜昌市当阳市玉阳镇玉泉村	宜昌
159	邵家畈	60947800	湖北省宜昌市当阳市淯溪镇水田湾村	宜昌
160	马鞍山	60948300	湖北省宜昌市当阳市庙前镇鞍山村	宜昌
161	洪庙	60948800	湖北省宜昌市当阳市淯溪镇洪锦村	宜昌
162	枝柘坪	61040560	湖北省宜昌市长阳土家族自治县渔峡口镇枝柘坪村	宜昌
163	曲溪	61042560	湖北省宜昌市长阳土家族自治县资丘镇陈家坪村	宜昌
164	麻池	61042580	湖北省宜昌市长阳土家族自治县都镇湾镇麻池村	宜昌
165	白氏坪	61044300	湖北省宜昌市长阳土家族自治县龙舟坪镇白氏坪村	宜昌
166	磨市	61044380	湖北省宜昌市长阳土家族自治县磨市镇救师口村	宜昌
167	姚店	61045860	湖北省宜昌市宜都市姚家店乡刘家嘴村	宜昌
168	平水	60539380	湖北省宜昌市兴山县古夫镇平水村	宜昌
169	周坪	60539970	湖北省宜昌市秭归县九湾溪镇周坪村	宜昌

续表

序号	站名	测站编码	站址	行政区
170	三桥	60937500	湖北省宜昌市当阳市干溪镇三桥村	宜昌
171	半月	60949100	湖北省宜昌市当阳市半月镇先锋村	宜昌
172	白鹿庄	61042100	湖北省宜昌市五峰土家族自治县长乐坪镇白鹿庄村	宜昌
173	谢家坪	61042300	湖北省宜昌市五峰土家族自治县五峰镇谢家坪村	宜昌
174	丁家坪	61833610	湖北省十堰市郧西县湖北口回族乡丁家坪村	十堰
175	椒园	61833820	湖北省十堰市郧西县景阳乡椒园村	十堰
176	孙家湾	61834665	湖北省十堰市郧西县上津镇孙家湾村	十堰
177	牌楼	61834770	湖北省十堰市郧西县店子镇牌楼村	十堰
178	两岔河	61834810	湖北省十堰市郧西县六郎乡两岔河村	十堰
179	卧龙岗	61834820	湖北省十堰市郧西县夹河镇卧龙岗村	十堰
180	塔园	61905900	湖北省十堰市竹山县楼台乡塔园村	十堰
181	板桥	61922100	湖北省十堰市郧西县羊尾镇板桥村	十堰
182	何家院	61922300	湖北省十堰市郧阳区鲍峡镇马龙河村	十堰
183	上营	61922650	湖北省十堰市郧西县涧池乡上营村	十堰
184	南北峰	61922700	湖北省十堰市郧阳区五峰乡南北峰村	十堰
185	沉溪河	61923100	湖北省十堰市郧西县香口乡沉溪河村	十堰
186	香口	61923450	湖北省十堰市郧西县香口乡上香口村	十堰
187	有水沟	61924500	湖北省十堰市郧西县安家乡有水沟村	十堰
188	龙潭	61924900	湖北省十堰市郧西县土门镇龙潭村	十堰
189	双桥	61926720	湖北省十堰市竹溪县向坝乡双桥村	十堰
190	高泉	61926760	湖北省十堰市竹溪县向坝乡高泉村	十堰
191	杨寺庙	61927500	湖北省十堰市竹溪县桃园乡杨寺庙村	十堰
192	青龙	61927700	湖北省十堰市房县上龛乡青龙村	十堰
193	柳树坪	61928050	湖北省十堰市竹溪县桃园乡中坝村	十堰
194	瓦沧	61928100	湖北省十堰市竹溪县桃园乡瓦沧村	十堰
195	百里	61928180	湖北省十堰市竹山县官渡镇百里河村	十堰
196	王家厂	61928450	湖北省十堰市房县中坝乡王家厂村	十堰
197	泉溪	61929900	湖北省十堰市竹溪县泉溪镇泉溪村	十堰
198	溜口	61929980	湖北省十堰市竹溪县汇湾镇溜口村	十堰
199	洛河	61930480	湖北省十堰市竹溪县水坪镇洛河村	十堰
200	石底河	61930540	湖北省十堰市竹山县得胜镇石底河村	十堰
201	周家院	61930720	湖北省十堰市竹山县竹坪乡周家院村	十堰
202	高子河	61930920	湖北省十堰市竹溪县丰溪镇高子河村	十堰
203	桃花山	61930940	湖北省十堰市竹溪县丰溪镇桃花山村	十堰
204	葛洞口	61931140	湖北省十堰市竹溪县天宝乡葛洞口村	十堰
205	楠柴沟	61931300	湖北省十堰市竹溪县兵营镇迷魂阵林场	十堰
206	白玉河	61931700	湖北省十堰市房县上龛乡白玉河村	十堰

续表

序号	站名	测站编码	站址	行政区
207	水田坪	61932540	湖北省十堰市竹山县宝丰镇水田坪村	十堰
208	杨家坝	61933260	湖北省十堰市竹山县溢水镇杨家坝村	十堰
209	仙家坪	61934000	湖北省十堰市房县门古镇仙家坪村	十堰
210	巨峪河	61934740	湖北省十堰市房县门古寺镇巨峪河村	十堰
211	水坪	61935600	湖北省十堰市竹山县双台乡水坪村	十堰
212	兴旺	61935920	湖北省十堰市竹山县楼台乡兴旺村	十堰
213	官坪	61936000	湖北省十堰市竹山县楼台乡官坪村	十堰
214	新路	61936050	湖北省十堰市房县大木厂镇新路村	十堰
215	板桥铺	61936300	湖北省十堰市房县大木厂镇板桥铺村	十堰
216	花果	61936700	湖北省十堰市张湾区花果街办	十堰
217	兰家岗	61937040	湖北省十堰市郧阳区柳陂镇兰家岗村	十堰
218	岔河	61937060	湖北省十堰市郧阳区杨溪镇岔河村	十堰
219	居峪	61937215	湖北省十堰市郧阳区安阳镇居峪河村	十堰
220	白桑关	61937225	湖北省十堰市郧阳区白桑关镇白桑关村	十堰
221	六步桥	61937240	湖北省十堰市丹江口市习家店镇左绞村	十堰
222	营子	61937520	湖北省十堰市茅箭区大川镇营子村	十堰
223	许家棚	61937670	湖北省十堰市鸳鸯乡许家村	十堰
224	习家店	61937780	湖北省十堰市丹江口市习家店镇习家店村	十堰
225	寨河	61938300	湖北省十堰市丹江口市均县镇寨河村	十堰
226	八仙观	61939650	湖北省十堰市丹江口市武当山特区八仙观村	十堰
227	饶祖铺	61939750	湖北省十堰市丹江口市丁家营镇饶祖铺	十堰
228	火光	61940900	湖北省十堰市房县沙河乡火光村	十堰
229	蔡家庄	61944250	湖北省十堰市房县军店镇蔡家庄村	十堰
230	塘溪沟	61944320	湖北省十堰市房县城关镇塘溪沟村	十堰
231	花楼门	61944380	湖北省十堰市房县土城镇花楼门村	十堰
232	清河	61946100	湖北省十堰市房县青峰镇清河村	十堰
233	化家河	62031500	湖北省十堰市郧阳区大柳乡化家河村	十堰
234	东溪	62031700	湖北省十堰市郧阳区南化塘镇东溪沟村	十堰
235	石鼓	62039120	湖北省十堰市丹江口市石鼓镇石鼓村	十堰
236	四姑	61634100	湖北省孝感市大悟县四姑镇民主路1号	孝感
237	曾店	62232300	湖北省孝感市云梦县曾店镇曾店社区府前路1号	孝感
238	伍洛	62233100	湖北省孝感市云梦县伍洛镇新胜村马坊湾	孝感
239	下辛店	62233500	湖北省孝感市云梦县下辛店镇铁北路	孝感
240	东马坊	62233900	湖北省孝感市应城市东马坊街道曹大新湾126号	孝感
241	柳林	62234300	湖北省孝感市大悟县阳平镇开发路8号	孝感
242	花西	62236500	湖北省孝感市孝昌县花西乡汪岗村	孝感
243	陡山	62236900	湖北省孝感市孝昌县陡山乡抱庵村	孝感

续表

序号	站名	测站编码	站址	行政区
244	观音岩	62237100	湖北省孝感市孝昌县小悟乡黄湾村	孝感
245	双峰	62237900	湖北省孝感市孝昌县双峰山管委会	孝感
246	东西杨	62238300	湖北省孝感市孝南区东西杨村乾坤大道 123 号	孝感
247	毛陈	62238700	湖北省孝感市孝南区毛陈镇汉丹街 100 号	孝感
248	闵集	62239100	湖北省孝感市临空经济区闵集乡长湖路 21 号	孝感
249	田店	62246100	湖北省孝感市应城市田店镇文明街 45 号	孝感
250	郎君	62246500	湖北省孝感市应城市郎君镇团结路特 8 号	孝感
251	麻河	62246900	湖北省孝感市汉川市麻河镇沿河路 26 号	孝感
252	韩集	62249100	湖北省孝感市汉川市韩集乡水厂路 28 号	孝感
253	分水	62249700	湖北省孝感市汉川市分水镇文昌阁社区 1 号	孝感
254	南河	62251320	湖北省孝感市汉川市南河乡南河正街 35 号	孝感
255	汈东	62251700	湖北省孝感市汉川市汈东农场汈东村 16 号	孝感
256	马鞍	62251900	湖北省孝感市汉川市马鞍乡马鞍大道 150 号	孝感
257	两道桥	61639000	湖北省黄冈市红安县杏花乡两道桥张河村	黄冈
258	桃花	61638900	湖北省黄冈市红安县永河镇福利院	黄冈
259	虎形地	61641300	湖北省黄冈市麻城市顺河镇虎形地水库	黄冈
260	岐亭	61644250	湖北省黄冈市麻城市岐亭镇福利院	黄冈
261	大石板	61645250	湖北省黄冈市麻城市夫子河镇大石板水库	黄冈
262	十三庙	61650500	湖北省黄冈市浠水县团陂镇华桂福利院	黄冈
263	竹瓦	61651850	湖北省黄冈市浠水县竹瓦镇	黄冈
264	七冲	61652100	湖北省黄冈市浠水县巴河镇七冲村	黄冈
265	余堰	61655960	湖北省黄冈市浠水县清泉镇余堰村	黄冈
266	六神港	61656100	湖北省黄冈市浠水县兰溪镇六神港村	黄冈
267	福主庙	61656300	湖北省黄冈市浠水县散花镇福主庙村	黄冈
268	胡坪	61657650	湖北省黄冈市蕲春县刘河镇胡坪村	黄冈
269	燕毛	61657850	湖北省黄冈市蕲春县洗马镇燕毛村	黄冈
270	横车	61658100	湖北省黄冈市蕲春县横车镇三店村	黄冈
271	尤墩	62820760	湖北省黄冈市黄梅县杉木乡福利院	黄冈
272	东古城	61646100	湖北省黄冈市麻城市木子店镇	黄冈
273	肖家坳	61649500	湖北省黄冈市罗田县白庙河乡肖家坳	黄冈
274	大灵	61651450	湖北省黄冈市浠水县大灵乡	黄冈
275	花桥	62820340	湖北省黄冈市武穴市花桥镇	黄冈
276	余川	62820460	湖北省黄冈市武穴市余川镇	黄冈
277	大河	62820560	湖北省黄冈市黄梅县大河镇	黄冈
278	柳林	62820790	湖北省黄冈市黄梅县柳林乡	黄冈
279	檀树岗	61610700	湖北省黄冈市红安县七里坪镇檀树岗水库	黄冈
280	二程	61639100	湖北省黄冈市红安县二程镇	黄冈

续表

序号	站名	测站编码	站址	行政区
281	觅儿寺	61639600	湖北省黄冈市红安县觅儿镇	黄冈
282	太平桥	61639700	湖北省黄冈市红安县太平桥镇	黄冈
283	大河铺	61612560	湖北省黄冈市麻城市乘马岗镇大河铺水库	黄冈
284	张广河	61641600	湖北省黄冈市麻城市三河口镇张广河	黄冈
285	碧绿河	61612700	湖北省黄冈市麻城市三河口镇碧绿河水库	黄冈
286	易家畈	61643900	湖北省黄冈市麻城市乘马岗镇	黄冈
287	中驿	61644300	湖北省黄冈市麻城市中驿镇	黄冈
288	夫子河	61645260	湖北省黄冈市麻城市夫子河镇	黄冈
289	淋山河	61645650	湖北省黄冈市团风县淋山河镇	黄冈
290	龟山	61647200	湖北省黄冈市麻城市龟山乡铺头坳水库	黄冈
291	匡河	61649100	湖北省黄冈市罗田县匡河镇	黄冈
292	三店	61650900	湖北省黄冈市浠水县关口镇	黄冈
293	贾庙	61651100	湖北省黄冈市团风县贾庙乡	黄冈
294	堵城	61651920	湖北省黄冈市团风县堵城	黄冈
295	关口	61655920	湖北省黄冈市浠水县关口镇	黄冈
296	太平	61657250	湖北省黄冈市蕲春县太平水库	黄冈
297	黄河厂	61658400	湖北省黄冈市蕲春县黄河厂水库	黄冈
298	茅山	61656450	湖北省黄冈市蕲春县彭思镇茅山	黄冈
299	八里湖	61658700	湖北省黄冈市蕲春县八里湖农场	黄冈
300	石佛寺	62820310	湖北省黄冈市武穴市石佛寺镇	黄冈
301	苦竹	62820770	湖北省黄冈市黄梅县苦竹乡	黄冈
302	蔡山	62820410	湖北省黄冈市黄梅县蔡山镇	黄冈
303	分路	62820420	湖北省黄冈市黄梅县分路镇	黄冈
304	小池	62820650	湖北省黄冈市黄梅县小池镇	黄冈
305	蔡家大湾	61645350	湖北省黄冈市麻城市白果镇蔡家大湾村	黄冈
306	张狮脑	61645300	湖北省黄冈市麻城市白果镇张狮脑村	黄冈
307	七道河	61649300	湖北省黄冈市罗田县三里畈镇赵家套村	黄冈
308	瓦屋湾	61654500	湖北省黄冈市英山县金家铺镇李家山村	黄冈
309	东庄畈	61653700	湖北省黄冈市英山县土门河乡东庄畈村	黄冈
310	方桥	61655000	湖北省黄冈市英山县方家咀乡方家咀街	黄冈
311	朱冲	61656850	湖北省黄冈市蕲春县檀林镇檀林村	黄冈
312	陈荣	61658600	湖北省黄冈市蕲春县赤东镇陈云水库管理处	黄冈
313	六新冲	61657150	湖北省黄冈市蕲春县张榜镇六新冲村	黄冈
314	贺胜桥	61621250	湖北省咸宁市咸安区贺胜桥镇	咸宁
315	杨坪	61626300	湖北省咸宁市通山县闯王镇杨坪	咸宁
316	下泉	61626900	湖北省咸宁市通山县慈口乡下泉村	咸宁
317	梅田	61628880	湖北省咸宁市通山县黄沙铺镇梅田村	咸宁

续表

序号	站名	测站编码	站址	行政区
318	青峰	61722100	湖北省咸宁市赤壁市茶庵岭镇青石桥村	咸宁
319	余家桥	61722210	湖北省咸宁市赤壁市余家桥乡余家桥	咸宁
320	盘石	61725000	湖北省咸宁市通城县麦市镇盘石村	咸宁
321	清水塘	61730310	湖北省咸宁市通城县四庄乡清水塘	咸宁
322	小沙坪	61731300	湖北省咸宁市崇阳县石城镇神口村	咸宁
323	方山	61731520	湖北省咸宁市崇阳县石城镇方山	咸宁
324	葵山	61734550	湖北省咸宁市崇阳县港口乡葵山	咸宁
325	蔡家	61739000	湖北省咸宁市崇阳县白霓桥镇蔡家	咸宁
326	白石	61739830	湖北省咸宁市赤壁市茶庵岭镇白石	咸宁
327	马家湾	61739900	湖北省咸宁市赤壁市中伙铺镇董家岭村	咸宁
328	兴隆岭	61742060	湖北省咸宁市嘉鱼县官桥镇廖家桥	咸宁
329	舒桥	61746300	湖北省咸宁市嘉鱼县官桥镇舒桥	咸宁
330	九垅	61747360	湖北省咸宁市咸安区桂花镇九垅	咸宁
331	横沟桥	61750600	湖北省咸宁市咸安区横沟桥镇群力村	咸宁
332	鱼木寨	60534630	湖北省恩施州利川市谋道镇鱼木寨农科村	恩施
333	袁家扁	60537850	湖北省恩施州巴东县茶店子镇袁家村	恩施
334	黄金洞	60848200	湖北省恩施州咸丰县黄金洞乡黄金洞村	恩施
335	坪坝营	60848980	湖北省恩施州咸丰县坪坝营镇坪坝营村	恩施
336	荷花	60851280	湖北省恩施州利川市沙溪乡荷花村	恩施
337	十字路	60851350	湖北省恩施州利川市文斗镇金龙村	恩施
338	活龙坪	60851370	湖北省恩施州咸丰县活龙坪乡活龙坪村	恩施
339	官屋基	61022600	湖北省恩施州利川市凉雾乡官屋村	恩施
340	燕子口	61023800	湖北省恩施州利川市团堡镇茅田村	恩施
341	崔坝	61035700	湖北省恩施州恩施市崔坝镇崔坝社区	恩施
342	青花	61039305	湖北省恩施州建始县高坪镇青里坝村	恩施
343	三胡	61334580	湖北省恩施州来凤县三胡乡大塘村	恩施
344	吕坪	61423840	湖北省恩施州鹤峰县容美镇吕坪村	恩施
345	南北镇	61423880	湖北省恩施州鹤峰县走马镇北镇村	恩施
346	社潭溪	61334900	湖北省恩施州来凤县大河镇社潭溪村	恩施
347	三岔口	61423320	湖北省恩施州鹤峰县太平乡三岔口村	恩施
348	板场	61031100	湖北省恩施州宣恩县万寨乡板场村	恩施
349	大路坝	60849090	湖北省恩施州咸丰县大路坝区工委大路坝村	恩施
350	老屋基	60851250	湖北省恩施州利川市忠路镇双河村	恩施
351	小河	60851260	湖北省恩施州利川市忠路镇向阳村	恩施
352	平阳坝	60538565	湖北省恩施州巴东县溪丘湾乡平阳坝村	恩施
353	龙马	61026900	湖北省恩施州恩施市龙凤坝镇龙马村	恩施
354	代陈沟	61034900	湖北省恩施州建始县业州镇代陈沟村	恩施

续表

序号	站名	测站编码	站址	行政区
355	白果坝	60848600	湖北省恩施州咸丰县高乐山镇白果坝村	恩施
356	草坝	60848570	湖北省恩施州宣恩县晓关乡草坝村	恩施
357	碾坪	60538655	湖北省恩施州巴东县官渡口镇碾坪村	恩施
358	蛇盘溪	60849080	湖北省恩施州咸丰县唐崖镇燕朝村	恩施
359	桥头坝	61033100	湖北省恩施州恩施市白杨坪乡桥头坝	恩施
360	施家坝	61033600	湖北省恩施州建始县长梁乡江家垭村	恩施
361	桂花	61034750	湖北省恩施州建始县长梁乡桂花树村	恩施
362	支井河	61039650	湖北省恩施州巴东县大支坪乡支井河村	恩施
363	金鸡口	61039700	湖北省恩施州鹤峰县邬阳乡金鸡口村	恩施
364	荆竹	61335210	湖北省恩施州来凤县百福司镇荆竹堡村	恩施
365	北佳	61423150	湖北省恩施州鹤峰县中营镇龙家湾村	恩施
366	天星	61957210	湖北省荆门市东宝区仙居乡天星村	荆门
367	姚河	60945550	湖北省荆门市东宝区栗溪镇姚河自来水厂	荆门
368	高阳	61046050	湖北省荆门市沙洋县高阳镇水管站	荆门
369	龙泉	61046100	湖北省荆门市掇刀区团林镇龙泉水库	荆门
370	草场	61046540	湖北省荆门市沙洋县五里铺草场水厂	荆门
371	青桥	61046560	湖北省荆门市沙洋县曾集镇青桥村	荆门
372	毛李	61047200	湖北省荆门市沙洋县毛李镇自来水厂	荆门
373	杨家集	61956590	湖北省荆门市钟祥市丰乐镇杨集村	荆门
374	汤林	61956610	湖北省荆门市钟祥市长寿镇汤林村	荆门
375	杨桥	61956620	湖北省荆门市钟祥市九里回族乡杨桥村	荆门
376	建泉	61957250	湖北省荆门市东宝区子陵铺镇建泉水库	荆门
377	清泉	62122100	湖北省荆门市钟祥市冷水铺镇清泉村	荆门
378	贺集	62124400	湖北省荆门市钟祥市石牌镇贺集水管站	荆门
379	沈集	62127200	湖北省荆门市沙洋县沈集镇公平村	荆门
380	坪坝	62232750	湖北省荆门市京山市坪坝镇	荆门
381	东桥	62239200	湖北省荆门市钟祥市东桥镇东桥村	荆门
382	柳门口	62239650	湖北省荆门市京山市石龙镇柳门口村	荆门
383	旧口	62239660	湖北省荆门市钟祥市旧口镇东方红村	荆门
384	莲山	62242410	湖北省荆门市京山市新市镇莲山村	荆门
385	曹武	62242550	湖北省荆门市京山市曹武镇水管站	荆门
386	九峰	62245450	湖北省荆门市京山市三阳店镇九峰村	荆门
387	八字门	62245500	湖北省荆门市京山市新市镇八字门水库	荆门
388	淮河店	50220422	湖北省随州市随县淮河镇淮河店	随州
389	聂家山头	62055580	湖北省随州市随县万和镇聂家山头	随州
390	唐王	62222200	湖北省随州市随县吴山镇唐王店	随州
391	万福店	62222700	湖北省随州市随县万福镇万福店	随州

续表

序号	站名	测站编码	站址	行政区
392	狮子塆	62224300	湖北省随州市随县万和镇狮子塆	随州
393	浙河	62226050	湖北省随州市浙河镇云龙街	随州
394	马坪	62226250	湖北省随州市广水市马坪镇军山	随州
395	吴店	62226900	湖北省随州市广水市吴店镇双乡村	随州
396	万店镇	62227950	湖北省随州市万店镇万店	随州
397	何店镇	62228350	湖北省随州市何店镇王家河	随州
398	黄家畈	62232710	湖北省随州市洛阳镇黄家畈	随州
399	骆店	62236250	湖北省随州市广水市骆店乡骆店	随州
400	徐家桥	61621430	湖北省鄂州市梁子湖区涂镇乡公友镇	鄂州
401	洋澜湖	61622640	湖北省鄂州市鄂城区洋澜湖电排站	鄂州
402	燕矶	61622650	湖北省鄂州市鄂城区燕矶镇水厂	鄂州
403	杨叶	61622720	湖北省鄂州市鄂城区杨叶镇杨叶村六组	鄂州
404	泽林	61622660	湖北省鄂州市鄂城区泽林镇十一组	鄂州
405	大雄	61622550	湖北省鄂州市华容区庙岭镇大雄村十二组	鄂州
406	夏畈	61622630	湖北省鄂州市华容区韩畈村夏畈	鄂州
407	太和	61621460	湖北省鄂州市梁子湖区太和镇福利院	鄂州
408	毛铺	61621350	湖北省鄂州市梁子湖区太和镇东边朱村	鄂州
409	拖市	62241300	湖北省天门市拖市镇水管站	天门
410	佛子山	62241500	湖北省天门市佛子山镇水管站	天门
411	黄潭	62241620	湖北省天门市黄潭镇水管站	天门
412	蒋场	62247520	湖北省天门市蒋场镇水管站	天门
413	新堰	62247600	湖北省天门市新堰镇水管站	天门
414	岳口	62247700	湖北省天门市岳口镇荷花村	天门
415	麻洋	62248200	湖北省天门市麻洋镇彭麻泵站	天门
416	小板	62248810	湖北省天门市小板镇镇政府	天门
417	兴隆	61050100	湖北省潜江市高石碑镇钟长路	潜江
418	董店闸	61050300	湖北省潜江市积玉口镇董店村	潜江
419	张金	61051800	湖北省潜江市张金镇建设路	潜江
420	高场	62250080	湖北省潜江市高场办事处高家场村	潜江
421	渔洋	62250300	湖北省潜江市渔洋镇新李家台村	潜江
422	徐鸳	62250520	湖北省仙桃市郑场镇徐鸳村	仙桃
423	毛嘴	62250540	湖北省仙桃市毛嘴镇王滩村	仙桃
424	余脑	62250580	湖北省仙桃市剅河镇余脑村	仙桃
425	麻港	62250650	湖北省仙桃市胡场镇麻港办事处	仙桃
426	高台	62250700	湖北省仙桃市陈场镇高台村	仙桃
427	张沟	62250900	湖北省仙桃市张沟镇张沟村	仙桃
428	杨林尾	62251150	湖北省仙桃市杨林尾镇涉垸村	仙桃

续表

序号	站名	测站编码	站址	行政区
429	下查埠	62251350	湖北省仙桃市西流河镇华严阁村	仙桃
430	沙湖	62251450	湖北省仙桃市沙湖镇新口村	仙桃
431	碑湾	61926050	湖北省神农架林区九湖镇落羊河村	神农架
432	黄宝坪	61926120	湖北省神农架林区红坪镇板仓村	神农架
433	刘家湾	61942300	湖北省神农架林区宋洛乡盘龙村	神农架
434	前进	61942350	湖北省神农架林区宋洛乡盘龙村	神农架
435	神农坛	60514330	湖北省神农架林区木鱼镇神农坛村	神农架
436	兴隆寺	60538020	湖北省神农架林区下谷坪乡兴隆寺村	神农架
437	龙口	60539305	湖北省神农架林区新华镇龙口村	神农架
438	马鹿场	60539308	湖北省神农架林区新华镇马鹿场村	神农架
439	长坊	60539312	湖北省神农架林区宋洛乡长坊村	神农架
440	红河	60539315	湖北省神农架林区宋洛乡红河村	神农架
441	徐家庄	60539318	湖北省神农架林区宋洛乡徐家庄林场	神农架
442	老君山	60539335	湖北省神农架林区木鱼镇老君山村	神农架

附录表 1-26　湖北省水文系统二类水文测站——专用墒情站基础信息表

附录表 1-26　湖北省水文系统二类水文测站——专用墒情站基础信息表

序号	站名	测站编码	水系	站址	行政区
1	柳子港	616A6150	举水	湖北省武汉市新洲区龙丘大街	武汉
2	长轩岭	616A4000	滠水	湖北省武汉市黄陂区王家河街大湾连村	武汉
3	金口	617A8125	金水	湖北省武汉市江夏区金口街道金水闸	武汉
4	白湖	616A4010	汉江	湖北省武汉市蔡甸区白湖生态农业示范园	武汉
5	军垦农场	616A0320	富水	湖北省黄石市阳新县军垦农场三分场钟家湖社区	黄石
6	还地桥	616A0600	还地桥港	湖北省黄石市大冶市还地桥镇煤矿村	黄石
7	枣阳	620A9875	沙河	湖北省襄阳市枣阳市中兴大道 S216 号叶庄村	襄阳
8	长堰	620A9880	滚河	湖北省襄阳市枣阳市琚湾镇郑岗村	襄阳
9	王集	619A8000	汉江	湖北省襄阳市宜城市王集镇观音村	襄阳
10	徐家寨	619A8500	杨叉河	湖北省襄阳市南漳县九集镇秋家洼村	襄阳
11	三道河	619A8450	蛮河	湖北省襄阳市南漳县九集镇丹阳大道 288 号	襄阳
12	石花	620A8570	北河	湖北省襄阳市谷城县石花镇后畈村	襄阳
13	古城	619A7357	西排子河	湖北省襄阳市老河口市孟楼镇杨岗村	襄阳
14	董坡	620A9600	唐白河	湖北省襄阳市襄州区张湾街道	襄阳
15	黄集	619A1340	清河	湖北省襄阳市襄州区黄集镇	襄阳
16	闸口	615A0700	虎渡河	湖北省荆州市公安县闸口镇榨岭新村	荆州
17	新堤	610A9625	洪湖	湖北省荆州市洪湖市新堤街道花园村	荆州
18	江北农场	610A0100	长江	湖北省荆州市江陵县江北农场陈湾村	荆州
19	八宝	615A0705	长江	湖北省荆州市松滋市八宝镇东岳村	荆州

续表

序号	站名	测站编码	水系	站址	行政区
20	河溶	609A7250	沮漳河	湖北省宜昌市当阳市河溶镇观基寺村	宜昌
21	仁和坪	610A6100	渔洋河	湖北省宜昌市五峰土家族自治县仁和坪镇升子坪村	宜昌
22	黄粮	610A6110	香溪河	湖北省宜昌市兴山县黄粮镇黄粮居委会	宜昌
23	高坝洲	610A6125	清江	湖北省宜昌市宜都市五眼泉镇鸡头山村	宜昌
24	观音	619A1150	天河	湖北省十堰市郧西县观音镇观音村 8 组	十堰
25	小南沟	619A1300	竹溪河	湖北省十堰市竹溪县中峰镇小南沟村	十堰
26	小茯岭	619A1310	炭沟河	湖北省十堰市丹江口市习家店镇小茯岭村良种场	十堰
27	圩坪寺	619A1650	圩坪河	湖北省十堰市郧阳区谭家湾镇圩坪寺村	十堰
28	擂鼓	619A3400	田家河	湖北省十堰市竹山县擂鼓镇金岭村	十堰
29	房县	619A4500	马栏河	湖北省十堰市房县城关镇八里村	十堰
30	花园	622A4200	澴河	湖北省孝感市孝昌县花园镇徐河村	孝感
31	应城	622A6550	大富水	湖北省孝感市应城市城北办事处赵畈村	孝感
32	草店	622A3200	澴河	湖北省孝感市大悟县城关镇草店	孝感
33	云梦	622A6500	府河	湖北省孝感市云梦县倒店乡唐陈村	孝感
34	安陆	622A5400	府河	湖北省孝感市安陆市府河大道 57 号	孝感
35	孝南	622A4300	杨店河	湖北省孝感市孝南区三汊镇东桥村	孝感
36	汉川	622A7450	新河	湖北省孝感市汉川市里潭乡联光村	孝感
37	红安	616A4600	倒水	湖北省黄冈市红安县杏花乡嶂山村	黄冈
38	麻城	616A4800	举水	湖北省黄冈市麻城市龙池桥办事处松鹤社区	黄冈
39	马家潭	616A7900	巴水	湖北省黄冈市团风县上巴河镇马家潭村	黄冈
40	罗田	616A5000	巴水	湖北省黄冈市罗田县骆驼坳镇徐家垸村	黄冈
41	蕲春	616A9500	蕲水	湖北省黄冈市蕲春县横车镇华山村	黄冈
42	武穴	628A0062	武山湖	湖北省黄冈市武穴市大法寺镇步塘村	黄冈
43	十好桥	617A7500	淦河	湖北省咸宁市咸安区双溪桥镇杨堡村	咸宁
44	清水沟	617A5001	西凉湖	湖北省咸宁市嘉鱼县渡普镇王家庄村	咸宁
45	郭李	617A4500	淦河	湖北省咸宁市咸安区官埠桥镇郭李村	咸宁
46	恩施	610A1875	清江	湖北省恩施州恩施市龙凤镇二坡村	恩施
47	利川	610A1865	清江	湖北省恩施州利川市团堡镇安乐坪村	恩施
48	来凤	613A3675	酉水	湖北省恩施州来凤县绿水镇茅坝村	恩施
49	团林	610A6700	桥河	湖北省荆门市掇刀区团林镇陈集村	荆门
50	双河	619A7000	双河	湖北省荆门市钟祥市双河镇南棚村	荆门
51	孙桥	622A9000	溾水	湖北省荆门市京山市孙桥镇余家沙坡村	荆门
52	淅河	622A1500	涢水	湖北省随州市曾都区淅河镇魏家畈村	随州
53	尚市	622A1800	杜家河	湖北省随州市随县尚市镇尚市村	随州
54	马坪	622A2750	涢水	湖北省随州市广水市马坪镇胡家岩村	随州
55	广水	622A3500	广水河	湖北省随州市广水市广水街道坨子村	随州
56	天井畈	616A0575	长港	湖北省鄂州市鄂城区长港镇夏沟村	鄂州

续表

序号	站名	测站编码	水系	站址	行政区
57	黄潭	622A6900	汉北河	湖北省天门市黄潭镇新华村	天门
58	新堰	622A7200	天南长渠	湖北省天门市岳口镇新堰乡	天门
59	田关	610A7625	田关河	湖北省潜江市周矶办事处工农村	潜江
60	郑场	622A6800	通北河	湖北省仙桃市郑场镇同兴村	仙桃
61	松柏	619A5712	青阳河	湖北省神农架林区松柏镇龙沟村	神农架

附录表 1-27 湖北省水文系统二类水文测站——专用地下水站基础信息表

附录表 1-27 湖北省水文系统二类水文测站——专用地下水站基础信息表

序号	站名	测站编码	站址	行政区
1	东湖新村	61661800	湖北省黄石市阳新县韦源口镇东湖新村	黄石
2	黑清河	62079100	湖北省襄阳市襄州区程河镇王营村 3 组	襄阳
3	董坡	62079200	湖北省襄阳市襄州区张湾街道大桥村	襄阳
4	枣阳	62079750	湖北省襄阳市枣阳市环城街道新华工业园	襄阳
5	习家口	61074750	湖北省荆州市沙市区观音垱镇习口村 6 组	荆州
6	赤湖	61077500	湖北省荆州市江陵县白马寺镇长河村 8 组	荆州
7	新堤	61079250	湖北省荆州市洪湖市新堤街道人民路 142 号	荆州
8	闸口	61561400	湖北省荆州市公安县闸口镇榨岭村 19 组 3 号	荆州
9	江口	60965750	湖北省宜昌市枝江市马家店镇江口村	宜昌
10	淯溪	60974000	湖北省宜昌市当阳市淯溪镇胜利村	宜昌
11	应城	62264005	湖北省孝感市应城市城北街道古盐路气象局院内	孝感
12	施家湾	62266500	湖北省孝感市云梦县隔蒲潭镇政府院内	孝感
13	卧龙	62268850	湖北省孝感市孝南区卧龙乡卧龙潭村	孝感
14	仙女山	62274900	湖北省孝感市汉川市仙女山街道水文勘测队院内	孝感
15	马鞍山	61773500	湖北省咸宁市嘉鱼县新街镇何家畈村	咸宁
16	横沟	61775250	湖北省咸宁市咸安区横沟镇孙祠村 6 组	咸宁
17	罗家集	62274010	湖北省荆门市钟祥市旧口镇罗集村	荆门
18	天井畈	61661150	湖北省鄂州市鄂城区长港镇峒山村	鄂州
19	岳口	62268205	湖北省天门市岳口镇保安桥村 5 组	天门
20	田关	61075250	湖北省潜江市周矶镇工农村 2 组	潜江

附录表 1-28 湖北省水文系统二类水文测站——专用水质站基础信息表

附录表 1-28 湖北省水文系统二类水文测站——专用水质站基础信息表

序号	站名	站址	水体类型	测站类别	水源地站	行政区
1	汉口江滩	湖北省武汉市江岸区四唯街道	河流	人工监测站		武汉
2	工业港	湖北省武汉市青山区武钢集团公司	河流	人工监测站		武汉
3	北湖闸	湖北省武汉市洪山区八吉府街道	河流	人工监测站		武汉
4	葛店	湖北省武汉市洪山区左岭街道	河流	人工监测站	√	武汉

续表

序号	站名	站址	水体类型	测站类别	水源地站	行政区
5	梁子湖	湖北省武汉市江夏区流芳街道	湖泊	人工监测站		武汉
6	南湖	湖北省武汉市洪山区珞南街道	湖泊	人工监测站		武汉
7	沙湖	湖北省武汉市武昌区徐家棚街道	湖泊	人工监测站		武汉
8	庙湖	湖北省武汉市洪山区东湖风景区街道	湖泊	人工监测站		武汉
9	汤菱湖	湖北省武汉市武昌区东湖风景区街道	湖泊	人工监测站		武汉
10	磨山风景区	湖北省武汉市武昌区东湖风景区街道	湖泊	人工监测站		武汉
11	水果湖	湖北省武汉市武昌区水果湖街道	湖泊	人工监测站		武汉
12	府河大桥	湖北省武汉市江岸区后湖街道	河流	人工监测站		武汉
13	后湖	湖北省武汉市黄陂区盘龙城经济开发区	湖泊	人工监测站		武汉
14	涨渡湖	湖北省武汉市新洲区双柳街道	湖泊	人工监测站		武汉
15	墨水湖	湖北省武汉市汉阳区江堤街道	湖泊	人工监测站		武汉
16	沉湖	湖北省武汉市蔡甸区消泗乡	湖泊	人工监测站		武汉
17	余氏墩水厂	湖北省武汉市东西湖区慈惠街道	河流	人工监测站	√	武汉
18	阳逻水厂	湖北省武汉市新洲区双柳街道	河流	人工监测站	√	武汉
19	武汉舵落口水质自动监测站	湖北省武汉市硚口区易家街道	河流	自动监测站	√	武汉
20	武汉市黄陂区滠水(院基寺)水源地水质自动监测站	湖北省武汉市黄陂区长轩岭街道	水库	自动监测站	√	武汉
21	武汉蔡甸水质自动监测站	湖北省武汉市蔡甸区蔡甸街道	河流	自动监测站	√	武汉
22	武汉举水河水质自动监测站	湖北省武汉市新洲区邾城街道	河流	自动监测站	√	武汉
23	风波港	湖北省黄石市西塞山区西塞山工业园区	河流	人工监测站		黄石
24	富池大闸	湖北省黄石市阳新县富池镇	河流	人工监测站		黄石
25	三山湖	湖北省黄石市鄂城区泽林镇	湖泊	人工监测站		黄石
26	蔡贤水库	湖北省黄石市阳新县王英镇	水库	人工监测站		黄石
27	黄石花湖水质自动监测站	湖北省黄石市黄石港区花湖镇	河流	自动监测站	√	黄石
28	王英水库水质自动监测站	湖北省黄石市阳新县王英镇	水库	自动监测站	√	黄石
29	鱼梁洲	湖北省襄阳市樊城区鱼梁洲开发区	河流	人工监测站		襄阳
30	余家湖	湖北省襄阳市襄城区余家湖街道	河流	人工监测站		襄阳
31	胡家营	湖北省襄阳市南漳县城关镇	河流	人工监测站		襄阳
32	朱市	湖北省襄阳市宜城市小河镇	河流	人工监测站		襄阳
33	华阳河水库	湖北省襄阳市枣阳市兴隆镇	水库	人工监测站		襄阳
34	琚湾	湖北省襄阳市枣阳市琚湾镇	河流	人工监测站		襄阳
35	张家集	湖北省襄阳市襄州区张家集镇	河流	人工监测站		襄阳
36	刘桥水库	湖北省襄阳市枣阳市环城街道	水库	人工监测站	√	襄阳
37	北郊水库	湖北省襄阳市枣阳市环城街道	水库	人工监测站	√	襄阳
38	清河口	湖北省襄阳市樊城区清河口街道	河流	人工监测站		襄阳
39	齐岗水库	湖北省襄阳市老河口市薛集镇	河流	人工监测站		襄阳
40	谷城水厂	湖北省襄阳市谷城县冷集镇	河流	人工监测站	√	襄阳
41	谷城县汉江水源地水质自动监测站	湖北省襄阳市谷城县冷集镇	河流	自动监测站	√	襄阳

续表

序号	站名	站址	水体类型	测站类别	水源地站	行政区
42	襄阳白家湾水质自动监测站	湖北省襄阳市樊城区柿铺街道	河流	自动监测站	√	襄阳
43	观音寺	湖北省荆州市江陵县滩桥镇	河流	人工监测站		荆州
44	关沮口	湖北省荆州市沙市区关沮镇	湖泊	人工监测站		荆州
45	施墩河口	湖北省荆州市洪湖市滨湖街道	湖泊	人工监测站		荆州
46	茶坛岛	湖北省荆州市洪湖市滨湖街道	湖泊	人工监测站		荆州
47	蓝田三期	湖北省荆州市洪湖市滨湖街道	湖泊	人工监测站		荆州
48	杨家垱	湖北省荆州市公安县章庄铺镇	河流	人工监测站		荆州
49	沙溪坪	湖北省荆州市松滋市刘家场镇	河流	人工监测站		荆州
50	汪家汊	湖北省荆州市公安县章庄铺镇	河流	人工监测站		荆州
51	弥市	湖北省荆州市荆州区弥市镇	河流	人工监测站		荆州
52	黄山头	湖北省荆州市公安县黄山头镇	河流	人工监测站		荆州
53	藕池	湖北省荆州市公安县藕池镇	河流	人工监测站		荆州
54	浙明洲1	湖北省荆州市石首市久合垸乡	河流	人工监测站		荆州
55	芝麻坪	湖北省荆州市石首市团山寺镇	河流	人工监测站		荆州
56	北横堤	湖北省荆州市石首市高陵镇	河流	人工监测站		荆州
57	公安三水厂	湖北省荆州市公安县斗湖堤镇	河流	人工监测站	√	荆州
58	荆州郢都水质自动监测站	湖北省荆州市荆州区城南街道	河流	自动监测站	√	荆州
59	宜昌	湖北省宜昌市西陵区云集街道	河流	人工监测站		宜昌
60	北门垭	湖北省宜昌市远安县洋坪镇	河流	人工监测站		宜昌
61	当阳	湖北省宜昌市当阳市坝陵街道	河流	人工监测站		宜昌
62	招徕河	湖北省宜昌市长阳土家族自治县渔峡口镇	河流	人工监测站		宜昌
63	宜昌西北口水质自动监测站	湖北省宜昌市夷陵区雾渡河镇	河流型水库	自动监测站	√	宜昌
64	观音	湖北省十堰市郧西县观音镇	河流	人工监测站		十堰
65	土门水库	湖北省十堰市郧西县土门镇	水库	人工监测站	√	十堰
66	黄柿	湖北省十堰市郧阳区南化塘镇	河流	人工监测站		十堰
67	房县	湖北省十堰市房县尹吉甫镇	河流	人工监测站		十堰
68	水帘洞	湖北省十堰市张湾区汉江路街道	河流	人工监测站		十堰
69	回船	湖北省十堰市茅箭区鸳鸯乡	河流	人工监测站		十堰
70	潘口水库	湖北省十堰市竹山县上庸镇	水库	人工监测站	√	十堰
71	野人湖水库	湖北省十堰市房县野人谷镇	水库	人工监测站	√	十堰
72	泉水湾	湖北省十堰市房县红塔镇	河流	人工监测站	√	十堰
73	汉江集团水厂	湖北省十堰市丹江口市大坝路街道	水库	人工监测站	√	十堰
74	桦栎岗	湖北省十堰市郧阳区鲍峡镇	河流	人工监测站		十堰
75	黄家院	湖北省十堰市张湾区柏林镇	河流	人工监测站		十堰
76	孤山水文站	湖北省十堰市丹江口市官山镇	河流	人工监测站		十堰
77	曲远河店	湖北省十堰市郧阳区青曲镇	河流	人工监测站		十堰
78	淘沟河	湖北省十堰市郧阳区安阳镇	河流	人工监测站		十堰

续表

序号	站名	站址	水体类型	测站类别	水源地站	行政区
79	武当山	湖北省十堰市丹江口市武当山特区	河流	人工监测站		十堰
80	浪河(二)	湖北省十堰市丹江口市浪河镇	河流	人工监测站		十堰
81	六里坪三合堰官山水库水质自动监测站	湖北省十堰市丹江口市六里坪镇	水库	自动监测站	√	十堰
82	十堰市马家河水库水源地水质自动监测站	湖北省十堰市茅箭区武当路街道	水库	自动监测站	√	十堰
83	赵家畈	湖北省孝感市大悟县宣化店镇	河流	人工监测站		孝感
84	安陆	湖北省孝感市安陆市南城街道	河流	人工监测站		孝感
85	阳平	湖北省孝感市大悟县阳平镇	河流	人工监测站		孝感
86	明家潭	湖北省孝感市广水市太平乡	河流	人工监测站		孝感
87	应城	湖北省孝感市应城市城中街道	河流	人工监测站		孝感
88	金盆水库	湖北省孝感市孝昌县小河镇	水库	人工监测站	√	孝感
89	短港水库	湖北省孝感市应城市杨河镇	水库	人工监测站	√	孝感
90	孝感市观音岩水库水源地水质自动监测站	湖北省孝感市孝昌县小河镇	水库	自动监测站	√	孝感
91	田镇	湖北省黄冈市武穴市田镇街道	河流	人工监测站	√	黄冈
92	武穴大闸	湖北省黄冈市武穴市龙坪镇	河流	人工监测站		黄冈
93	黄土岗	湖北省黄冈市麻城市黄土岗镇	河流	人工监测站		黄冈
94	闵集大桥	湖北省黄冈市麻城市南湖	河流	人工监测站		黄冈
95	团风	湖北省黄冈市团风县团风镇	河流	人工监测站		黄冈
96	黄州	湖北省黄冈市浠水县巴河镇	河流	人工监测站		黄冈
97	兰溪	湖北省黄冈市浠水县兰溪镇	河流	人工监测站		黄冈
98	罗田水厂	湖北省黄冈市罗田县凤山镇	河流	人工监测站	√	黄冈
99	金沙河城南	湖北省黄冈市红安县城关镇	水库	人工监测站	√	黄冈
100	罗田凤凰关水库水源地水质自动监测站	湖北省黄冈市罗田县凤山镇	水库	自动监测站	√	黄冈
101	金沙河水质自动监测站	湖北省黄冈市红安县城关镇	水库	自动监测站	√	黄冈
102	黄梅县垅坪水库水质自动监测站	湖北省黄冈市黄梅县换刀岭村	水库	自动监测站	√	黄冈
103	罗田天堂水库水源地水质自动监测站	湖北省黄冈市罗田县九资河	水库	自动监测站	√	黄冈
104	蕲河水质自动监测站	湖北省黄冈市蕲春县漕河镇	河流	自动监测站	√	黄冈
105	铁柱港	湖北省咸宁市通城县隽水镇	河流	人工监测站		咸宁
106	崇阳	湖北省咸宁市崇阳县天城镇	河流	人工监测站		咸宁
107	芳世湾	湖北省咸宁市崇阳县天城镇	河流	人工监测站		咸宁
108	车埠	湖北省咸宁市赤壁市车埠镇	河流	人工监测站		咸宁
109	南川水库	湖北省咸宁市咸安区桂花镇	水库	人工监测站		咸宁
110	一号桥	湖北省咸宁市咸安区马桥镇	河流	人工监测站	√	咸宁
111	窑咀	湖北省咸宁市咸安区官埠桥镇	河流	人工监测站		咸宁
112	西凉湖	湖北省咸宁市嘉鱼县潘家湾镇	湖泊	人工监测站		咸宁

续表

序号	站名	站址	水体类型	测站类别	水源地站	行政区
113	厦铺(通山)	湖北省咸宁市通山县厦铺镇	河流	人工监测站		咸宁
114	横石	湖北省咸宁市通山县九宫山镇	河流	人工监测站		咸宁
115	湄港	湖北省咸宁市通山县通羊镇	河流	人工监测站		咸宁
116	洪港	湖北省咸宁市通山县洪港镇	河流	人工监测站		咸宁
117	黄盖湖	湖北省咸宁市赤壁市黄盖湖镇	湖泊	人工监测站		咸宁
118	杨堡	湖北省咸宁市咸安区双溪桥镇	河流	人工监测站		咸宁
119	石矶头	湖北省咸宁市嘉鱼县鱼岳镇	河流	人工监测站	√	咸宁
120	青山水库浮标船水质自动监测站	湖北省咸宁市崇阳县青山镇	水库	自动监测站	√	咸宁
121	神农溪码头	湖北省恩施州巴东县沿渡河镇	河流	人工监测站		恩施
122	西门大桥	湖北省恩施州利川市都亭街道	河流	人工监测站	√	恩施
123	柿子坝	湖北省恩施州恩施市舞阳坝街道	河流	人工监测站		恩施
124	大沙坝	湖北省恩施州恩施市六角亭街道	河流	人工监测站		恩施
125	盐井坳	湖北省恩施州咸丰县高乐山镇	河流	人工监测站		恩施
126	七里坪	湖北省恩施州建始县业州镇	河流	人工监测站	√	恩施
127	二小	湖北省恩施州建始县业州镇	河流	人工监测站		恩施
128	老渡口	湖北省恩施州恩施市沙地乡	河流	人工监测站		恩施
129	野三河	湖北省恩施州建始县高坪镇	河流	人工监测站		恩施
130	长顺水库	湖北省恩施州利川市文斗镇	河流型水库	人工监测站		恩施
131	朝阳寺水库	湖北省恩施州咸丰县朝阳寺镇	水库	人工监测站		恩施
132	鹤峰	湖北省恩施州鹤峰县容美镇	河流	人工监测站		恩施
133	鹤峰(下)	湖北省恩施州鹤峰县容美镇	河流	人工监测站		恩施
134	沙道沟	湖北省恩施州宣恩县沙道沟镇	河流	人工监测站		恩施
135	来凤	湖北省恩施州来凤县翔凤镇	河流	人工监测站		恩施
136	卯洞	湖北省恩施州来凤县百福司镇	河流	人工监测站		恩施
137	建南	湖北省恩施州利川市建南镇	河流	人工监测站		恩施
138	喻家河水库	湖北省恩施州恩施市龙凤镇	水库	人工监测站	√	恩施
139	中山	湖北省荆门市钟祥市磷矿镇	河流	人工监测站		荆门
140	荆门	湖北省荆门市掇刀区白庙街道	河流	人工监测站		荆门
141	马良	湖北省荆门市沙洋县马良镇	河流	人工监测站		荆门
142	磷矿	湖北省荆门市钟祥市双河镇	河流	人工监测站		荆门
143	八字门水库	湖北省荆门市京山市新市镇	水库	人工监测站	√	荆门
144	沙洋	湖北省荆门市沙洋县沙洋镇	河流	人工监测站	√	荆门
145	高关水质自动监测站	湖北省荆门市京山市宋河镇	水库	自动监测站	√	荆门
146	钟祥汉江水源地水质自动监测站	湖北省荆门市钟祥市郢中街道	河流	自动监测站	√	荆门
147	京山市石龙水库水质自动监测站	湖北省荆门市京山市石龙镇	水库	自动监测站	√	荆门
148	荆门烟墩集水质自动监测站	湖北省荆门市东宝区漳河镇	水库	自动监测站	√	荆门
149	厉山	湖北省随州市随县厉山镇	河流	人工监测站		随州

续表

序号	站名	站址	水体类型	测站类别	水源地站	行政区
150	广水	湖北省随州市广水市武胜关镇	河流	人工监测站		随州
151	许家冲	湖北省随州市广水市蔡河镇	水库	人工监测站	√	随州
152	随州先觉庙水质自动监测站	湖北省随州市曾都区万店镇	水库	自动监测站	√	随州
153	燕矶	湖北省鄂州市鄂城区燕矶镇	河流	人工监测站		鄂州
154	葛华水厂	湖北省鄂州市华容区段店镇	河流	人工监测站	√	鄂州
155	凤凰台水厂	湖北省鄂州市鄂城区凤凰街道	河流	人工监测站	√	鄂州
156	鄂州雨台山水厂水源地水质自动监测站	湖北省鄂州市鄂城区西山街道	河流	自动监测站	√	鄂州
157	葛华水质自动监测站	湖北省鄂州市华容区华容镇	河流	自动监测站	√	鄂州
158	天门	湖北省天门市竟陵街道	河流	人工监测站		天门
159	天门市汉江水源地水质自动监测站	湖北省天门市岳口镇	河流	自动监测站	√	天门
160	仙桃三水厂水质自动监测站	湖北省仙桃市干河街道	河流	自动监测站	√	仙桃

附录表 1-29　湖北省水文系统二类水文测站——专用水生态站基础信息表

附录表 1-29　湖北省水文系统二类水文测站——专用水生态站基础信息表

序号	监测断面名称	监测断面位置	所在水系	河流、湖库名称	监测断面级别	行政区
1	东湖吹笛景区	湖北省武汉市洪山区东湖风景区街道	长江中游区下段	东湖	省级	武汉
2	郭郑湖	湖北省武汉市武昌区东湖风景区街道	长江中游区下段	东湖	省级	武汉
3	后官湖 1	湖北省武汉市蔡甸区大集街道	汉江区(汈汊湖、东荆河水系)	后官湖	省级	武汉
4	后官湖 10	湖北省武汉市蔡甸区沌阳街道	汉江区(汈汊湖、东荆河水系)	后官湖	省级	武汉
5	后官湖 2	湖北省武汉市蔡甸区后官湖生态宜居新城	汉江区(汈汊湖、东荆河水系)	后官湖	省级	武汉
6	后官湖 3	湖北省武汉市蔡甸区玉贤镇	汉江区(汈汊湖、东荆河水系)	后官湖	省级	武汉
7	后官湖 4	湖北省武汉市蔡甸区沌阳街道	汉江区(汈汊湖、东荆河水系)	后官湖	省级	武汉
8	后官湖 5	湖北省武汉市蔡甸区沌阳街道	汉江区(汈汊湖、东荆河水系)	打鼓渡河、后官湖	省级	武汉
9	后官湖 6	湖北省武汉市蔡甸区玉贤镇	汉江区(汈汊湖、东荆河水系)	后官湖	省级	武汉
10	后官湖 7	湖北省武汉市蔡甸区玉贤镇	汉江区(汈汊湖、东荆河水系)	后官湖	省级	武汉
11	后官湖 8	湖北省武汉市蔡甸区玉贤镇	汉江区(汈汊湖、东荆河水系)	后官湖	省级	武汉
12	后官湖 9	湖北省武汉市蔡甸区玉贤镇	汉江区(汈汊湖、东荆河水系)	后官湖	省级	武汉
13	梁子湖	湖北省武汉市江夏区流芳街道	长江中游区下段	梁子湖	省级	武汉
14	梁子湖 10	湖北省武汉市江夏区经济开发区梁子湖风景区	长江中游区下段	梁子湖	省级	武汉
15	梁子湖 8	湖北省武汉市江夏区经济开发区梁子湖风景区	长江中游区下段	梁子湖	省级	武汉
16	梁子湖 9	湖北省武汉市江夏区经济开发区梁子湖风景区	长江中游区下段	梁子湖	省级	武汉
17	庙湖(武汉)	湖北省武汉市洪山区东湖风景区街道	长江中游区下段	东湖	省级	武汉
18	磨山风景区	湖北省武汉市武昌区东湖风景区街道	长江中游区下段	东湖	省级	武汉

续表

序号	监测断面名称	监测断面位置	所在水系	河流、湖库名称	监测断面级别	行政区
19	水果湖	湖北省武汉市武昌区水果湖街道	长江中游区下段	东湖	省级	武汉
20	汤菱湖	湖北省武汉市武昌区东湖风景区街道	长江中游区下段	东湖	省级	武汉
21	保安湖	湖北省黄石市大冶市保安镇	长江中游区下段	保安湖	省级	黄石
22	磁湖	湖北省黄石市黄石港区社区管委会	长江中游区下段	磁湖	省级	黄石
23	富水	湖北省黄石市阳新县枫林镇	长江中游区下段	富水	省级	黄石
24	富水水库	湖北省黄石市阳新县龙港镇	长江中游区下段	富水、富水水库	省级	黄石
25	十里湖	湖北省黄石市阳新县综合农场	长江中游区下段	富水	省级	黄石
26	网湖 1	湖北省黄石市阳新县陶港镇	长江中游区下段	网湖	省级	黄石
27	网湖 2	湖北省黄石市阳新县综合农场	长江中游区下段	网湖	省级	黄石
28	网湖 3	湖北省黄石市阳新县陶港镇	长江中游区下段	网湖	省级	黄石
29	朱婆湖 1	湖北省黄石市阳新县枫林镇	长江中游区下段	朱婆湖	省级	黄石
30	朱婆湖 2	湖北省黄石市阳新县富池镇	长江中游区下段	朱婆湖	省级	黄石
31	朱婆湖 3	湖北省黄石市阳新县富池镇	长江中游区下段	朱婆湖	省级	黄石
32	白水峪	湖北省襄阳市谷城县南河镇	汉江区(汉江中游水系)	南河、白水峪水库	省级	襄阳
33	北郊水库	湖北省襄阳市枣阳市环城街道	汉江区(丹江、唐白河水系)	北郊河、北郊水库	省级	襄阳
34	东郊水库	湖北省襄阳市枣阳市环城街道	汉江区(丹江、唐白河水系)	华阳河、东郊水库	省级	襄阳
35	华阳河水库	湖北省襄阳市枣阳市兴隆镇	汉江区(丹江、唐白河水系)	华阳河、华阳河水库	省级	襄阳
36	琚湾	湖北省襄阳市枣阳市琚湾镇	汉江区(丹江、唐白河水系)	滚河	省级	襄阳
37	刘桥水库	湖北省襄阳市枣阳市环城街道	汉江区(丹江、唐白河水系)	黑清河、刘桥水库	省级	襄阳
38	南河镇	湖北省襄阳市谷城县南河镇	汉江区(汉江中游水系)	南河	省级	襄阳
39	寺坪	湖北省襄阳市保康县寺坪镇	汉江区(汉江中游水系)	南河、寺坪水库	省级	襄阳
40	西排子河 1	湖北省襄阳市襄州区石桥镇	汉江区(汉江中游水系)	西排子河、西排子河水库	省级	襄阳
41	西排子河 2	湖北省襄阳市老河口市薛集镇	汉江区(汉江中游水系)	西排子河、西排子河水库	省级	襄阳
42	西排子河 3	湖北省襄阳市老河口市张集镇	汉江区(汉江中游水系)	西排子河、西排子河水库	省级	襄阳
43	茶坛岛	湖北省荆州市洪湖市滨湖街道	清江、内荆河水系	洪湖	省级	荆州
44	大口	湖北省荆州市洪湖市滨湖街道	清江、内荆河水系	洪湖	省级	荆州
45	东湾村	湖北省荆州市洪湖市滨湖街道	清江、内荆河水系	洪湖	省级	荆州
46	高潮村	湖北省荆州市监利市棋盘乡	清江、内荆河水系	洪湖	省级	荆州
47	关沮口	湖北省荆州市沙市区关沮镇	清江、内荆河水系	长湖	省级	荆州
48	官墩	湖北省荆州市洪湖市滨湖街道	清江、内荆河水系	洪湖	省级	荆州
49	胡家垱	湖北省荆州市沙市区观音垱镇	清江、内荆河水系	长湖	省级	荆州

续表

序号	监测断面名称	监测断面位置	所在水系	河流、湖库名称	监测断面级别	行政区
50	蓝田三期	湖北省荆州市洪湖市滨湖街道	清江、内荆河水系	洪湖	省级	荆州
51	李家庄	湖北省荆州市洪湖市滨湖街道	清江、内荆河水系	洪湖	省级	荆州
52	庙湖(荆州)	湖北省荆州市荆州区郢城镇	清江、内荆河水系	长湖	省级	荆州
53	三墩村	湖北省荆州市监利市汴河镇	清江、内荆河水系	洪湖	省级	荆州
54	施墩河口	湖北省荆州市洪湖市滨湖街道	清江、内荆河水系	洪湖	省级	荆州
55	挖沟咀	湖北省荆州市洪湖市滨湖街道	清江、内荆河水系	洪湖	省级	荆州
56	习家口	湖北省荆州市沙市区观音垱镇	清江、内荆河水系	长湖	省级	荆州
57	新阳	湖北省荆州市沙市区锣场镇	清江、内荆河水系	长湖	省级	荆州
58	张兵咀	湖北省荆州市沙市区观音垱镇	清江、内荆河水系	长湖	省级	荆州
59	葛洲坝库首	湖北省宜昌市西陵区夜明珠街道	长江干流	长江、葛洲坝水库	省级	宜昌
60	官庄	湖北省宜昌市夷陵区小溪塔街道	长江中游区上段	柏临河、官庄水库	省级	宜昌
61	丹江口水库	湖北省十堰市丹江口市丹赵路街道	汉江区(丹江、唐白河水系)	汉江、丹江口水库	省级	十堰
62	黄龙滩水库	湖北省十堰市张湾区黄龙镇	汉江区(汉江中游水系)	堵河、黄龙滩水库	省级	十堰
63	三里坪水库	湖北省十堰市房县野人谷镇	汉江区(汉江中游水系)	南河、三里坪水库	省级	十堰
64	寺坪水库	湖北省十堰市房县青峰镇	汉江区(汉江中游水系)	南河、寺坪水库	省级	十堰
65	汈汊湖	湖北省孝感市汉川市汈汊湖养殖场	汉江区(汈汊湖、东荆河水系)	汈汊湖	省级	孝感
66	府河国家湿地公园	湖北省孝感市安陆市府城街道	汉江区(汈汊湖、东荆河水系)	府澴河	省级	孝感
67	府河细鳞鲴国家级水产种质资源保护区	湖北省孝感市安陆市南城街道	汉江区(汈汊湖、东荆河水系)	府澴河	省级	孝感
68	湖北孝感朱湖国家湿地公园	湖北省孝感市孝南区毛陈镇	汉江区(汈汊湖、东荆河水系)	府澴河	省级	孝感
69	解放山	湖北省孝感市安陆市府城街道	汉江区(汈汊湖、东荆河水系)	府澴河、解放山水库	省级	孝感
70	龙赛湖出口	湖北省孝感市应城市义和镇	汉江区(汈汊湖、东荆河水系)	龙赛湖	省级	孝感
71	龙赛湖入口	湖北省孝感市应城市义和镇	汉江区(汈汊湖、东荆河水系)	龙赛湖	省级	孝感
72	龙赛湖细鳞鲴翘嘴鲌国家级水产种质资源保护区	湖北省孝感市应城市义和镇	汉江区(汈汊湖、东荆河水系)	龙赛湖	省级	孝感
73	云梦涢水国家湿地公园	湖北省孝感市云梦县城关镇	汉江区(汈汊湖、东荆河水系)	府澴河	省级	孝感
74	白莲河	湖北省黄冈市浠水县白莲镇	长江中游区下段	浠水、白莲河水库	省级	黄冈
75	白莲河水库 1	湖北省黄冈市英山县方家咀乡	长江中游区下段	浠水、白莲河水库	省级	黄冈
76	白莲河水库 2	湖北省黄冈市罗田县匡河镇	长江中游区下段	浠水、白莲河水库	省级	黄冈

续表

序号	监测断面名称	监测断面位置	所在水系	河流、湖库名称	监测断面级别	行政区
77	白莲河水库 3	湖北省黄冈市浠水县绿杨乡	长江中游区下段	浠水、白莲河水库	省级	黄冈
78	白莲河水库 4	湖北省黄冈市浠水县白莲镇	长江中游区下段	浠水、白莲河水库	省级	黄冈
79	兰溪	湖北省黄冈市浠水县兰溪镇	长江中游区下段	浠水	省级	黄冈
80	龙感湖	湖北省黄冈市黄梅县下新镇	华阳河、皖河、白兔河水系	龙感湖	省级	黄冈
81	桃花冲	湖北省黄冈市英山县桃花冲林场	长江中游区下段	浠水	省级	黄冈
82	英山	湖北省黄冈市英山县温泉镇	长江中游区下段	浠水	省级	黄冈
83	斧头湖	湖北省咸宁市嘉鱼县渡普镇	陆水、金水水系	斧头湖	省级	咸宁
84	富水 1	湖北省咸宁市通山县通羊镇	长江中游区下段	富水、望江岭水库	省级	咸宁
85	富水 2	湖北省咸宁市通山县厦铺镇	长江中游区下段	富水	省级	咸宁
86	富水 3	湖北省咸宁市通山县厦铺镇	长江中游区下段	富水	省级	咸宁
87	富水水库 1	湖北省咸宁市通山县慈口乡	长江中游区下段	富水、富水水库	省级	咸宁
88	富水水库 10	湖北省咸宁市通山县慈口乡	长江中游区下段	富水、富水水库	省级	咸宁
89	富水水库 2	湖北省咸宁市通山县大畈镇	长江中游区下段	富水、富水水库	省级	咸宁
90	富水水库 3	湖北省咸宁市通山县慈口乡	长江中游区下段	富水、富水水库	省级	咸宁
91	富水水库 4	湖北省咸宁市通山县大畈镇	长江中游区下段	富水、富水水库	省级	咸宁
92	富水水库 5	湖北省咸宁市通山县大畈镇	长江中游区下段	富水、富水水库	省级	咸宁
93	富水水库 6	湖北省咸宁市通山县大畈镇	长江中游区下段	富水、富水水库	省级	咸宁
94	富水水库 7	湖北省咸宁市通山县大畈镇	长江中游区下段	富水、富水水库	省级	咸宁
95	富水水库 8	湖北省咸宁市通山县慈口乡	长江中游区下段	富水、富水水库	省级	咸宁
96	富水水库 9	湖北省咸宁市通山县大畈镇	长江中游区下段	富水、富水水库	省级	咸宁
97	三湖连江水库	湖北省咸宁市嘉鱼县鱼岳镇	陆水、金水水系	三湖连江水库	省级	咸宁
98	洞坪	湖北省恩施州宣恩县长潭河侗族乡	清江、内荆河水系	忠建河、洞坪水库	省级	恩施
99	官坝(高乐山)	湖北省恩施州咸丰县高乐山镇	清江、内荆河水系	忠建河	省级	恩施
100	龙洞水库	湖北省恩施州宣恩县珠山镇	清江、内荆河水系	忠建河、龙洞水库	省级	恩施
101	龙坪(龙坪水库)	湖北省恩施州咸丰县高乐山镇	清江、内荆河水系	忠建河	省级	恩施
102	桐子营水库	湖北省恩施州宣恩县晓关侗族乡	清江、内荆河水系	忠建河、桐子营电站水库	省级	恩施
103	上湖塘(宣恩贡水河)	湖北省恩施州宣恩县珠山镇	清江、内荆河水系	忠建河	省级	恩施
104	太平(忠建河上游)	湖北省恩施州咸丰县高乐山镇	清江、内荆河水系	忠建河	省级	恩施
105	老寨(忠建河中游)	湖北省恩施州咸丰县高乐山镇	清江、内荆河水系	忠建河	省级	恩施
106	后港	湖北省荆门市沙洋县后港镇	清江、内荆河水系	长湖	省级	荆门
107	刘岭	湖北省荆门市沙洋县毛李镇	清江、内荆河水系	长湖	省级	荆门
108	毛李水厂	湖北省荆门市沙洋县后港镇	清江、内荆河水系	长湖	省级	荆门
109	孟家咀	湖北省荆门市沙洋县后港镇	清江、内荆河水系	长湖	省级	荆门

续表

序号	监测断面名称	监测断面位置	所在水系	河流、湖库名称	监测断面级别	行政区
110	双店渠节制闸	湖北省荆门市沙洋县毛李镇	清江、内荆河水系	长湖	省级	荆门
111	白云湖	湖北省随州市曾都区南郊街道	汉江区(汈汊湖、东荆河水系)	府澴河、白云湖水库	省级	随州
112	先觉庙	湖北省随州市曾都区万店镇	汉江区(汈汊湖、东荆河水系)	浆溪店河、先觉庙水库	省级	随州
113	徐家河簸箕湾	湖北省随州市广水市马坪镇	汉江区(汈汊湖、东荆河水系)	徐家河、徐家河水库	省级	随州
114	徐家河横冲	湖北省随州市广水市长岭镇	汉江区(汈汊湖、东荆河水系)	徐家河、徐家河水库	省级	随州
115	徐家河花园	湖北省随州市广水市长岭镇	汉江区(汈汊湖、东荆河水系)	徐家河、徐家河水库	省级	随州
116	徐家河龙泉	湖北省随州市广水市长岭镇	汉江区(汈汊湖、东荆河水系)	徐家河、徐家河水库	省级	随州
117	徐家河余店	湖北省随州市广水市马坪镇	汉江区(汈汊湖、东荆河水系)	徐家河、徐家河水库	省级	随州
118	梁子湖 1	湖北省鄂州市梁子湖区涂家垴镇	长江中游区下段	梁子湖(涂镇湖)	省级	鄂州
119	梁子湖 2	湖北省鄂州市梁子湖区涂家垴镇	长江中游区下段	梁子湖	省级	鄂州
120	梁子湖 3	湖北省鄂州市梁子湖区梁子生态管理区(镇)	长江中游区下段	梁子湖	省级	鄂州
121	梁子湖 5	湖北省鄂州市梁子湖区梁子生态管理区(镇)	长江中游区下段	梁子湖(后海湖)	省级	鄂州
122	梁子湖 6	湖北省鄂州市梁子湖区梁子生态管理区(镇)	长江中游区下段	梁子湖	省级	鄂州
123	梁子湖 7	湖北省鄂州市梁子湖区梁子生态管理区(镇)	长江中游区下段	梁子湖	省级	鄂州
124	梁子镇	湖北省鄂州市梁子湖区梁子生态管理区(镇)	长江中游区下段	梁子湖	省级	鄂州
125	张家大湖	湖北省天门市九真镇	汉江区(汈汊湖、东荆河水系)	张家湖	省级	天门
126	返湾湖	湖北省潜江市后湖管理区	清江、内荆河水系	返湾湖	省级	潜江
127	五湖 1	湖北省仙桃市五湖渔场	汉江区(汈汊湖、东荆河水系)	五湖	省级	仙桃
128	五湖 2	湖北省仙桃市五湖渔场	汉江区(汈汊湖、东荆河水系)	五湖	省级	仙桃
129	五湖 3	湖北省仙桃市沙湖镇	汉江区(汈汊湖、东荆河水系)	五湖	省级	仙桃
130	仙桃沙湖湿地	湖北省仙桃市沙湖镇	汉江区(汈汊湖、东荆河水系)	五湖	省级	仙桃
131	小寺坑	湖北省仙桃市干河街道	汉江区(汈汊湖、东荆河水系)	汉江	省级	仙桃
132	官门山	湖北省神农架林区木鱼镇	长江上游区	香溪河	省级	神农架
133	红花坪	湖北省神农架林区木鱼镇	长江上游区	香溪河	省级	神农架
134	大九湖 1 号湖	湖北省神农架林区大九湖镇	汉江区(汉江中游水系)	大九湖	省级	神农架
135	大九湖 2 号湖	湖北省神农架林区大九湖镇	汉江区(汉江中游水系)	大九湖	省级	神农架
136	大九湖 3 号湖	湖北省神农架林区大九湖镇	汉江区(汉江中游水系)	大九湖	省级	神农架
137	大九湖 4 号湖	湖北省神农架林区大九湖镇	汉江区(汉江中游水系)	大九湖	省级	神农架
138	大九湖 5 号湖	湖北省神农架林区大九湖镇	汉江区(汉江中游水系)	大九湖	省级	神农架

续表

序号	监测断面名称	监测断面位置	所在水系	河流、湖库名称	监测断面级别	行政区
139	大九湖6号湖	湖北省神农架林区大九湖镇	汉江区(汉江中游水系)	大九湖	省级	神农架
140	大九湖7号湖	湖北省神农架林区大九湖镇	汉江区(汉江中游水系)	大九湖	省级	神农架
141	大九湖8号湖	湖北省神农架林区大九湖镇	汉江区(汉江中游水系)	大九湖	省级	神农架
142	大九湖9号湖	湖北省神农架林区大九湖镇	汉江区(汉江中游水系)	大九湖	省级	神农架
143	龙潭嘴水库	湖北省神农架林区宋洛乡	汉江区(汉江中游水系)	南河、龙潭嘴水库	省级	神农架
144	盘水	湖北省神农架林区宋洛乡	汉江区(汉江中游水系)	南河	省级	神农架

附录表1-30　湖北省水文系统三类水文测站——专用水文站基础信息表

附录表1-30　湖北省水文系统三类水文测站——专用水文站基础信息表

序号	站名	测站编码	河名	站址	行政区
1	保康	61914206	清溪河	湖北省襄阳市保康县城关镇封银岩村	襄阳
2	庙滩	61914700	黄畈河	湖北省襄阳市谷城县庙滩镇张庄村	襄阳
3	大李沟	61915750	大李沟	湖北省襄阳市王寨街办衡庄村	襄阳
4	东津	61915800	淳河	湖北省襄阳市襄州区东津镇淳河店村	襄阳
5	涌泉	61919040	清凉河	湖北省襄阳市南漳县城关镇涌泉开发区	襄阳
6	安集	61919080	黑河	湖北省襄阳市南漳县武安镇武家咀村	襄阳
7	枣阳	62019700	沙河	湖北省襄阳市枣阳市环城街办张湾村	襄阳
8	柳港闸	60908450	柳港河	湖北省荆州市荆州区菱角湖农场柳港闸	荆州
9	荆州泵站	61013400	太湖港	湖北省荆州市荆州区郢城镇	荆州
10	朱家渡	60919000	蛟子河	湖北省荆州市石首市横沟市镇朱家渡村	荆州
11	上闸	61500250	庙河	湖北省荆州市松滋市老城镇天星市村	荆州
12	申津渡	61501090	内澧河	湖北省荆州市公安县狮子口镇申津渡村	荆州
13	玉湖闸	61501280	尹新河	湖北省荆州市公安县毛家港镇玉湖闸	荆州
14	新沟泵站	61015800	监新河	湖北省荆州市监利市新沟镇新沟泵站	荆州
15	松林坪	61010200	渔洋河	湖北省宜昌市五峰土家族自治县渔洋关镇曹家坪村松林坪	宜昌
16	龙王山	60514160	梅家河	湖北省宜昌市秭归县梅家河乡龙王山村	宜昌
17	良斗河	60539200	良斗河	湖北省宜昌市秭归县水田坝乡上坝村	宜昌
18	寒溪口	60514320	响水河	湖北省宜昌市兴山县古夫镇寒溪口村	宜昌
19	文武	60514358	南阳河	湖北省宜昌市兴山县南阳镇文武村	宜昌
20	草埠湖	60918600	百里长渠	湖北省宜昌市当阳市草埠湖镇张闸村	宜昌
21	沙坪	60540230	乐天溪	湖北省宜昌市乐天溪镇腰棚子村	宜昌
22	百里洲	60903870	百里洲渠	湖北省宜昌市枝江市百里洲镇新闸村	宜昌
23	石板堰	60905500	沮河	湖北省宜昌市远安县洋坪镇马渡河村	宜昌
24	马渡河	61042000	泗杨溪	湖北省宜昌市五峰土家族自治县付家堰乡清泉村	宜昌
25	三房坪	61011100	小河	湖北省宜昌市五峰土家族自治县渔洋关镇三房坪村	宜昌
26	文化	60514260	童庄河	湖北省宜昌市秭归县郭家坝镇文化村	宜昌

续表

序号	站名	测站编码	河名	站址	行政区
27	刘坪	61009600	谢家河	湖北省宜昌市长阳土家族自治县鸭子口乡刘坪村	宜昌
28	当阳	60938500	玉泉河	湖北省宜昌市当阳市玉阳镇穿心店村	宜昌
29	窑湾	60908040	百里长渠	湖北省宜昌市当阳市玉阳镇白龙村	宜昌
30	陕西营	60514200	清港河	湖北省宜昌市秭归县梅家河乡尤家湾村	宜昌
31	分乡	60901000	黄柏河	湖北省宜昌市夷陵区分乡镇王家冲村	宜昌
32	招徕河	61008500	泗渡河	湖北省宜昌市长阳土家族自治县渔峡口镇招徕河村	宜昌
33	长滩	61902850	泉河	湖北省十堰市竹溪县兵营乡长滩村	十堰
34	双湾	61904800	深河	湖北省十堰市竹山县深河乡双湾村	十堰
35	黑虎	61904900	苦桃河	湖北省十堰市竹山县麻家渡镇黑虎村	十堰
36	莲花	61905800	霍河	湖北省十堰市竹山县城关镇莲花村	十堰
37	三官殿	61908118	安乐河	湖北省十堰市丹江口市三官殿街办三官殿村	十堰
38	野人谷	61913400	大河	湖北省十堰市房县野人谷镇沙坪村	十堰
39	淘沟河	61937235	巨家河	湖北省十堰市郧阳区白桑关镇淘沟河村	十堰
40	孛畈街	62201300	清水河	湖北省孝感市安陆市孛畈镇孛畈街	孝感
41	伍洛桥	62201700	县河	湖北省孝感市云梦县伍洛镇大张村张家大湾	孝感
42	三汊	62202100	杨店河	湖北省孝感市孝南区三汊镇五一村	孝感
43	堰口	62205350	大悟河	湖北省孝感市孝昌县小河镇堰口村	孝感
44	双桥	62205500	晏家河	湖北省孝感市孝昌县开发区双桥村	孝感
45	张万	62208700	引水河	湖北省孝感市应城市义和镇张万村张万湾	孝感
46	会馆	50201991	竹竿河	湖北省孝感市大悟县宣化店镇会馆村	孝感
47	双龙桥	62201100	涢山河	湖北省孝感市安陆市府城街道办事处双龙桥社区	孝感
48	凤凰台	62201500	凤凰河	湖北省孝感市临空经济区闵集乡凤凰台村	孝感
49	七里坪	61610100	七里坪河	湖北省黄冈市红安七里坪镇张家塆	黄冈
50	王福店	61612500	跳石河	湖北省黄冈市麻城市乘马岗镇	黄冈
51	浮桥河	61614210	浮桥河	湖北省黄冈市麻城市浮桥河水库	黄冈
52	木子店	61615300	木子店河	湖北省黄冈市麻城市木子店镇	黄冈
53	黄州	61616600	长河	湖北省黄冈市黄州区城东开发区	黄冈
54	浠水	61617950	浠水	湖北省黄冈市浠水县清泉镇四级电站	黄冈
55	青石	61619500	蕲水	湖北省黄冈市蕲春县青石镇	黄冈
56	白湖渡	62800700	梅济港	湖北省黄冈市黄梅县濯港镇白湖渡	黄冈
57	黄梅	62820850	下河	湖北省黄冈市黄梅县杉木乡	黄冈
58	通羊	61606160	通山河	湖北省咸宁市通山县通羊镇	咸宁
59	湄港	61607610	湄港	湖北省咸宁市通山县通羊镇湄港村	咸宁
60	横石潭	61607850	横石河	湖北省咸宁市通山县九宫山镇横石	咸宁
61	嘉鱼	61620400	陆码河	湖北省咸宁市嘉鱼县鱼岳镇南门湖	咸宁
62	雷骆	61703200	青山河	湖北省咸宁市崇阳县青山镇雷骆村	咸宁
63	赤马港	61709150	赤马港	湖北省咸宁市赤壁市赤马港街办	咸宁

续表

序号	站名	测站编码	河名	站址	行政区
64	汀泗桥	61710980	汀泗河	湖北省咸宁市咸安区汀泗桥镇	咸宁
65	阎家坪	61007800	马尾沟	湖北省恩施州恩施市新塘乡下塘坪村	恩施
66	大庙	61000900	流料河	湖北省恩施州恩施市沐抚办事处大庙村	恩施
67	高罗	61312920	龙河	湖北省恩施州宣恩县高罗镇下坝村	恩施
68	纳吉滩	61312870	酉水	湖北省恩施州来凤县百福司镇梅子坳村	恩施
69	小溪口	61006980	马水河	湖北省恩施州建始县业州镇小溪口水库	恩施
70	陇里	61006950	马水河	湖北省恩施州建始县长梁乡陇里村	恩施
71	金银溪	61006000	金银溪	湖北省恩施州恩施市芭蕉乡王家村	恩施
72	高拱桥	61005950	芭蕉河	湖北省恩施州恩施市芭蕉乡高拱桥村	恩施
73	三孔桥	61004970	龙洞河	湖北省恩施州恩施市舞阳办事处三孔桥	恩施
74	大龙潭	61001900	清江	湖北省恩施州恩施市小渡船办事处大龙潭村	恩施
75	李家河	61312928	板栗园	湖北省恩施州宣恩县李家河镇波螺河村	恩施
76	岩洞寺	61003900	忠孝河	湖北省恩施州利川市东城办事处理智坳良种场社区	恩施
77	南河	60811148	南河	湖北省恩施州咸丰县唐崖镇南河村	恩施
78	青狮峡	60811146	青狮河	湖北省恩施州咸丰县唐崖镇乡桂花村	恩施
79	太阳河	61007550	太阳河	湖北省恩施州恩施市太阳河乡太阳河社区	恩施
80	连珠大桥	61002050	清江	湖北省恩施州恩施市六角亭办事处谭家坝村	恩施
81	观音塘	60811578	龙咀河	湖北省恩施州咸丰县活龙坪乡观音塘村	恩施
82	江口	60811572	郁江	湖北省恩施州利川市沙溪乡江口村	恩施
83	堰坪	61401545	溇水	湖北省恩施州鹤峰县下坪乡堰坪村	恩施
84	头道水	61401548	唐家河	湖北省恩施州鹤峰县中营镇头道水	恩施
85	李市	61016580	西荆河	湖北省荆门市沙洋县李市镇西荆河堤防管理段	荆门
86	丰乐	61919330	丰乐河	湖北省荆门市钟祥市丰乐镇丰乐村一组	荆门
87	陈安	61919450	浰河	湖北省荆门市钟祥市双河镇夏冲村	荆门
88	石桥驿	61919455	象河	湖北省荆门市东宝区石桥驿镇	荆门
89	客店坡	61919600	激河	湖北省荆门市钟祥市客店镇邵集村九组	荆门
90	北新集	61919760	激河	湖北省荆门市钟祥市郢中镇直河村	荆门
91	红金	62102000	竹皮河	湖北省荆门市钟祥市石牌镇红金村	荆门
92	马良闸	62104000	马集河	湖北省荆门市沙洋县马良镇水闸村二组	荆门
93	京山	62208200	溾水	湖北省荆门市京山市新市镇南河二桥	荆门
94	何店	62204500	浪河	湖北省随州市何店镇浪河村	随州
95	陈巷	62206350	四五湾河	湖北省随州市广水市陈巷镇吉阳村	随州
96	安居	62200500	涢水	湖北省随州市随县安居镇安南山村	随州
97	草店镇	50201281	游河	湖北省随州市随县草店镇金锣山村	随州
98	薛家沟	61603600	薛家沟	湖北省鄂州市经济开发区农机修理厂	鄂州
99	新港	61602710	三山湖	湖北省鄂州市鄂城区三山湖节制闸管理处	鄂州
100	老龙堤闸	62207960	东河	湖北省天门市石河镇老龙堤闸	天门

续表

序号	站名	测站编码	河名	站址	行政区
101	华严湖	62211750	华严湖排水河	湖北省天门市干驿镇华严湖	天门
102	沉湖北	62211850	沉湖北干渠	湖北省天门市干驿镇夹洲村	天门
103	魏桥	61015200	新干渠	湖北省潜江市张金镇魏桥村	潜江
104	关山	61015400	龙湖河	湖北省潜江市白鹭湖农场关山分场关家台村	潜江
105	徐李闸	61015600	东干渠	湖北省潜江市老新镇徐李村	潜江
106	楼子台	62213345	排湖电排河	湖北省仙桃市干河办事处楼子台村	仙桃
107	郭河	62213350	通州河	湖北省仙桃市郭河镇郭河居委会	仙桃
108	周帮	62213750	长港河	湖北省仙桃市长埫口镇朱家台村	仙桃
109	余场	62213380	纳河	湖北省仙桃市沙湖镇余场村	仙桃
110	两河口	61909750	南河	湖北省神农架林区宋洛乡宋洛村	神农架

附录表 1-31　湖北省水文系统三类水文测站——专用水位站基础信息表

附录表 1-31　湖北省水文系统三类水文测站——专用水位站基础信息表

序号	站名	测站编码	河名	站址	行政区
1	北湖	61601400	北湖	湖北省武汉市青山区北湖路	武汉
2	北洋桥	61601204	东湖	湖北省武汉市青山区北洋桥	武汉
3	罗家港	61601203	东湖	湖北省武汉市武昌区临江大道罗家港排水站	武汉
4	沙湖	61600600	沙湖	湖北省武汉市武昌区秦园路沙湖公园	武汉
5	黄家湖	61600560	黄家湖	湖北省武汉市洪山区黄家湖路湖北中医药大学	武汉
6	青菱湖	61600570	青菱湖	湖北省武汉市洪山区青菱河路武汉白沙洲强力经贸产业园	武汉
7	南阳(二)	61717500	鲁湖	湖北省武汉市江夏区金口街道南阳村	武汉
8	梁子湖闸	61602550	梁子湖	湖北省武汉市江夏区大屋陈街牛山湖大闸	武汉
9	后官湖	62214000	后官湖	湖北省武汉市武汉经济技术开发区高湖渔场	武汉
10	北太子湖	62214400	北太子湖	湖北省武汉市经济开发区土地湖桥	武汉
11	龙阳湖	62214100	龙阳湖	湖北省武汉市汉阳区汉阳大道三江华宇物流公司	武汉
12	三角湖	62214300	三角湖	湖北省武汉市汉阳区东风大道新民闸西	武汉
13	挖口	62213670	黄丝河	湖北省武汉市蔡甸区消泗乡九沟村	武汉
14	黄陵矶闸	62213691	通顺河	湖北省武汉市蔡甸区军山镇黄陵矶	武汉
15	周家山	62213650	马影河	湖北省武汉市蔡甸区军山街蚂蚁闸	武汉
16	周湾	62213900	新民河	湖北省武汉市经济开发区大集街新民小区	武汉
17	黄孝河明渠	62206710	黄孝河	湖北省武汉市江岸区竹叶山铁路桥金桥	武汉
18	后湖泵站	62206721	黄孝河	湖北省武汉市江岸区后湖泵站三期拦污栅	武汉
19	金银湖	62206700	金银湖	湖北省武汉市东西湖区金银湖街办银桥	武汉
20	四合庄	61614500	沙河	湖北省武汉市新洲区辛冲街双桥村	武汉
21	挖沟(二)	61611210	涨渡湖	湖北省武汉市新洲区双柳街渡涨湖渔场	武汉
22	武湖桥头	61609451	武湖	湖北省武汉市新洲区武湖街桥头村	武汉
23	冯家集	61610500	倒水	湖北省武汉市新洲区仓阜街冯集村	武汉

续表

序号	站名	测站编码	河名	站址	行政区
24	后湖	62206720	后湖	湖北省武汉市黄陂区滠口街后湖泵站	武汉
25	合丰	61609900	下石港河	湖北省武汉市黄陂区罗汉寺街合丰村	武汉
26	夏家寺	61609810	夏家寺河	湖北省武汉市黄陂区夏家寺水库	武汉
27	梅店	61609700	梅店河	湖北省武汉市黄陂区梅店水库	武汉
28	道观河	61615000	道观河	湖北省武汉市新洲区道观河水库	武汉
29	青山湖	61603810	青山湖	湖北省黄石市黄石港区黄石大道青山湖	黄石
30	青港湖	61603820	青港湖	湖北省黄石市黄石港区大泉路青山湖	黄石
31	庙坪	60903900	沮河	湖北省襄阳市保康县歇马镇庙坪村	襄阳
32	鸡冠河	60908600	鸡冠河	湖北省襄阳市保康县马良镇鸡冠河村	襄阳
33	江山	61908200	苏家河	湖北省襄阳市老河口市洪山嘴镇江山机械厂	襄阳
34	谢湾	61909700	盐池河	湖北省襄阳市谷城县五山镇谢湾村	襄阳
35	黄龙潭	61909740	茅拉河	湖北省襄阳市谷城县五山镇黄龙潭水库	襄阳
36	罗坪	61914400	黄土河	湖北省襄阳市谷城县盛康镇罗坪村	襄阳
37	石河畈	61914900	石河畈沟	湖北省襄阳市太平店镇石河畈水库	襄阳
38	黑龙堰	61914960	黑龙沟	湖北省襄阳市牛首镇黑龙堰水库	襄阳
39	赵冲	61914970	杨叉河	湖北省襄阳市襄城区卧龙镇赵冲水库	襄阳
40	竹林桥	61915540	蒿堰河	湖北省襄阳市老河口市竹林桥镇竹林桥村	襄阳
41	柳堰集	61915700	柳堰河	湖北省襄阳市襄州区石桥镇柳堰集水库	襄阳
42	渭水	61915880	渭水河	湖北省襄阳市欧庙镇渭水水库	襄阳
43	李庙	61918700	白洛河	湖北省襄阳市南漳县李庙镇全家湾村	襄阳
44	董集	61919220	碑河	湖北省襄阳市宜城市刘猴镇董集村	襄阳
45	吴店	62018590	滚河	湖北省襄阳市枣阳市吴店镇大桥村	襄阳
46	五口	62019300	昆河	湖北省襄阳市枣阳市吴店镇五口村	襄阳
47	官沟	62058450	官沟河	湖北省襄阳市双沟镇官沟水库	襄阳
48	孔湾	61918600	蛮河	湖北省襄阳市宜城市孔湾镇孔湾大桥	襄阳
49	南河	61910310	南河	湖北省襄阳市谷城县南河镇南河电站	襄阳
50	熊河	62059200	熊河	湖北省襄阳市枣阳市熊集镇熊河水库	襄阳
51	西排子河	61949700	西排子河	湖北省襄阳市石桥镇西排子河水库	襄阳
52	石门	61919010	清凉河	湖北省襄阳市南漳县九集镇石门水库	襄阳
53	云台山	61919210	黑河	湖北省襄阳市南漳县武安镇云台山水库	襄阳
54	白水峪	61910200	南河	湖北省襄阳市谷城县南河镇白水峪水电站	襄阳
55	孟桥川	61940700	孟桥川	湖北省襄阳市老河口市袁冲乡孟桥川水库	襄阳
56	过渡湾	61910101	南河	湖北省襄阳市保康县过渡湾镇过渡湾水库	襄阳
57	回龙河	61948500	迴龙河	湖北省襄阳市襄城区卧龙镇迴龙河水库	襄阳
58	潭口	61909010	北河	湖北省襄阳市谷城县石花镇潭口水库	襄阳
59	黑清河	62058200	黑清河	湖北省襄阳市襄州区程河镇黑清河水库	襄阳
60	华阳河	62058700	华阳河	湖北省襄阳市枣阳市兴隆镇华阳河水库	襄阳

续表

序号	站名	测站编码	河名	站址	行政区
61	红水河	61915600	红水河	湖北省襄阳市襄州区龙王镇红水河水库	襄阳
62	横沟市	60919005	蛟子河	湖北省荆州市石首市横沟市镇挖子口村	荆州
63	观音垱	61015040	天井剅渠	湖北省荆州市沙市区观音垱镇刁口村	荆州
64	何桥	61015060	豉湖渠	湖北省荆州市沙市区观音垱镇何桥村	荆州
65	渡佛寺	61015080	渡佛寺渠	湖北省荆州市江陵县三湖管理区渡佛寺闸	荆州
66	樊桥	61015140	曾大河	湖北省荆州市江陵县白马寺镇樊桥村	荆州
67	沙岗	61015160	五岔河	湖北省荆州市江陵县沙岗镇中堤村	荆州
68	桐梓湖	61016130	螺山总排渠	湖北省荆州市监利市棋盘乡桐梓湖村	荆州
69	万店	61016170	排涝河	湖北省荆州市洪湖市万全镇万店村	荆州
70	峰口	61016210	峰白河	湖北省荆州市洪湖市峰口镇大公村	荆州
71	汊河	61016240	内荆河	湖北省荆州市洪湖市汊河镇潭子村	荆州
72	乌林	61016300	总干渠	湖北省荆州市洪湖市乌林镇硚口村	荆州
73	二分场	61017040	北新河	湖北省荆州市江陵县江北农场二分场	荆州
74	里甲口	61501526	里甲口电排渠	湖北省荆州市荆州区弥市镇里甲口村	荆州
75	闸口（总排渠）	61501705	荆江分洪总排渠	湖北省荆州市公安县闸口镇	荆州
76	沙厂	61501720	东清河	湖北省荆州市公安县麻豪口镇沙厂村	荆州
77	万城闸	61013200	万城闸引水渠	湖北省荆州市荆州区李埠镇万城闸	荆州
78	彭家河滩	61017400	西干渠	湖北省荆州市江陵县白马寺镇彭家河滩闸	荆州
79	观音寺闸	61017000	观中渠	湖北省荆州市江陵县滩桥镇观音寺闸	荆州
80	颜家台闸	61017100	颜中渠	湖北省荆州市江陵县郝穴镇颜家台闸	荆州
81	子贝渊闸	61016160	子贝渊河	湖北省荆州市洪湖市瞿家湾镇月池村	荆州
82	下新河闸	61016150	下新河	湖北省荆州市洪湖市沙口镇郭岭村	荆州
83	小港湖闸	61018100	洪湖	湖北省荆州市洪湖市汊河镇小港村	荆州
84	张大口闸	61018200	洪湖	湖北省荆州市洪湖市滨湖办事处乘风村	荆州
85	北河水库	61520250	新河	湖北省荆州市松滋市斯家场镇北河水库	荆州
86	斑竹垱	61501250	松东河	湖北省荆州市公安县斑竹垱镇	荆州
87	黄泗咀	61501350	松东河	湖北省荆州市公安县甘家厂乡青石碑	荆州
88	郑公渡	61500450	松西河	湖北省荆州市公安县章庄铺镇郑公渡集镇	荆州
89	卷桥水库	61501150	界溪河	湖北省荆州市公安县章庄铺镇卷桥水库	荆州
90	万家坝	62213240	东荆河	湖北省荆州市洪湖市峰口镇万家坝闸	荆州
91	王家垭	60514220	锣鼓洞河	湖北省宜昌市秭归县两河口镇王家垭村	宜昌
92	道路坪	60514368	野马洞河	湖北省宜昌市兴山县水月寺镇道路坪村	宜昌
93	小溪口	60515000	百岁溪	湖北省宜昌市太平溪镇小溪口村	宜昌
94	新生	60519200	高家溪	湖北省宜昌市三斗坪镇新生村	宜昌
95	普溪河	60902060	普溪河	湖北省宜昌市分乡镇普溪河村	宜昌
96	南村坪	60903200	鄢家河	湖北省宜昌市小溪塔镇南村坪村	宜昌
97	紫阳	60903460	石堰河	湖北省宜昌市桥边镇偏岩村	宜昌

续表

序号	站名	测站编码	河名	站址	行政区
98	水府庙	60903600	柏临河	湖北省宜昌市龙泉镇水府庙村	宜昌
99	新场	60903650	后河	湖北省宜昌市鸦鹊岭镇新场村	宜昌
100	九道河	60903680	九道河	湖北省宜昌市宜都市枝城镇九道河村	宜昌
101	马家冲	60903810	玛瑙河	湖北省宜昌市枝江市董市镇马家冲村	宜昌
102	张家口	60927000	雾渡河	湖北省宜昌市黄花乡张家口村	宜昌
103	津洋口	61010100	丹水	湖北省宜昌市长阳土家族自治县龙舟坪镇邓家坝村	宜昌
104	熊渡	61010800	渔洋河	湖北省宜昌市宜都市聂家河镇聂家河村	宜昌
105	土门水库	61901200	汇河	湖北省十堰市郧西县土门镇土门村	十堰
106	曲远河店	61901650	曲远河	湖北省十堰市郧阳区青曲镇曲远河店村	十堰
107	官渡(二)	61902270	官渡河	湖北省十堰市竹山县官渡镇百里河村	十堰
108	孔雀	61902860	泉河	湖北省十堰市竹溪县天宝乡孔雀村	十堰
109	九道梁	61903020	官渡河	湖北省十堰市房县九道乡九道梁村	十堰
110	洪坪	61903030	洪坪河	湖北省十堰市竹山县柳林乡洪坪村	十堰
111	杨柳	61906000	代山沟	湖北省十堰市郧阳区叶大乡杨柳村	十堰
112	紫薇岛	61906850	马家河	湖北省十堰市茅箭区马家河紫薇岛	十堰
113	郑家	62031400	赵河	湖北省十堰市郧阳区南化塘镇郑家村	十堰
114	农三	62205700	陈家河	湖北省孝感市孝南区肖港镇农三村	孝感
115	复兴	62205900	复兴河	湖北省孝感市孝南区卧龙乡复兴村	孝感
116	喻家闸	62209500	老县河(小富水)	湖北省孝感市应城市黄滩镇喻家村	孝感
117	新堰闸	62210650	北支河	湖北省孝感市汉川市新堰镇良湾村	孝感
118	福星	62212180	军垦河	湖北省孝感市汉川市沉湖镇福星村	孝感
119	庙头	62212320	庙五河	湖北省孝感市汉川市庙头镇杂姓村	孝感
120	杉林河	61615100	巴水	湖北省黄冈市麻城市木子店镇杉林河水库	黄冈
121	天堂二级	61615820	新昌河	湖北省黄冈市罗田县九资河镇天堂二级电站	黄冈
122	跨马墩	61615900	长河	湖北省黄冈市罗田县跨马墩水库	黄冈
123	东安河	61616050	汤河	湖北省黄冈市罗田县白庙河乡东安河水库	黄冈
124	响水潭	61616100	五桂河	湖北省黄冈市团风县响水潭水库	黄冈
125	但店	61616200	五桂河	湖北省黄冈市团风县但店镇	黄冈
126	庙河	61616150	溢流河	湖北省黄冈市团风县但店镇庙河水库	黄冈
127	白洋河	61616250	白洋河	湖北省黄冈市浠水县白洋河水库	黄冈
128	回龙一	61616500	鹞子湖	湖北省黄冈市团风县回龙镇回龙一水库	黄冈
129	遗爱湖	61616800	长河	湖北省黄冈市黄州区赤壁街道办事处	黄冈
130	长孙堤	61616900	长江	湖北省黄冈市黄州区南湖街道办事处	黄冈
131	红花	61617100	东河	湖北省黄冈市英山县草盘镇红花水库	黄冈
132	占河	61617000	东河	湖北省黄冈市英山县占河水库	黄冈
133	红石桥	61619850	株林河	湖北省黄冈市蕲春县红石桥水库	黄冈
134	梅川	62800400	梅川河	湖北省黄冈市武穴市梅川水库	黄冈

续表

序号	站名	测站编码	河名	站址	行政区
135	古角	62802210	古角河	湖北省黄冈市黄梅县古角水库	黄冈
136	严家闸	62801100	龙感湖	湖北省黄冈市龙感湖管理区严家闸	黄冈
137	下新	62801200	龙感湖	湖北省黄冈市黄梅县下新镇	黄冈
138	高桥	61602830	高桥河	湖北省咸宁市咸安区高桥镇	咸宁
139	大路	61606150	通山河	湖北省咸宁市通山县大路乡余长畈村	咸宁
140	闯王	61607450	横石河	湖北省咸宁市通山县闯王镇宝石村	咸宁
141	黄沙铺	61607620	黄沙河	湖北省咸宁市通山县黄沙铺镇	咸宁
142	杨林	61607680	洪港	湖北省咸宁市通山县洪港镇杨林村	咸宁
143	厦铺	61625000	厦铺河	湖北省咸宁市通山县厦铺镇	咸宁
144	获洲	61702800	陆水	湖北省咸宁市崇阳县石城镇获洲村	咸宁
145	庄前	61708800	铁柱港	湖北省咸宁市通城县北港镇庄前村	咸宁
146	港口	61708970	高堤河	湖北省咸宁市崇阳县港口乡游家村	咸宁
147	龙潭	61714500	龙潭河	湖北省咸宁市咸安区浮山办事处	咸宁
148	赵李桥	61722000	新店河	湖北省咸宁市赤壁市赵李桥镇	咸宁
149	麦市	61725500	菖蒲港	湖北省咸宁市通城县麦市镇	咸宁
150	金塘	61732500	青山河	湖北省咸宁市崇阳县金塘镇	咸宁
151	建南	60513460	磨刀溪	湖北省恩施州利川市建南镇黄金村	恩施
152	梅子水	60513640	长滩河	湖北省恩施州利川市柏杨镇沿河村	恩施
153	万福河	60514020	万石河	湖北省恩施州巴东县茶店子镇蒿坪村	恩施
154	田寨河(库内)	60810941	唐岩河	湖北省恩施州咸丰县高乐山镇老里坝村	恩施
155	朝阳寺(库内)	60811001	唐岩河	湖北省恩施州咸丰县朝阳寺镇周家坝村	恩施
156	福宝山(库内)	60811560	郁江	湖北省恩施州利川市汪营镇福宝山开发区	恩施
157	峡口塘(库内)	60811582	郁江	湖北省恩施州利川市文斗镇堡上村	恩施
158	云龙河(库内)	61000801	流料河	湖北省恩施州恩施市沐抚办事处云龙河水库	恩施
159	永红(库内)	61005145	高桥坝河	湖北省恩施州恩施市白果乡永红水库	恩施
160	狮子关(库内)	61006551	洪家河	湖北省恩施州宣恩县珠山镇狮子关村	恩施
161	四十二坝(库内)	61007451	米水河	湖北省恩施州建始县业州镇苏家坪村	恩施
162	野三河(库内)	61008102	野三河	湖北省恩施州建始县高坪镇金家岩	恩施
163	新峡(库内)	61312951	新峡河	湖北省恩施州来凤县旧司乡大坝村	恩施
164	高桥	61312965	老峡河	湖北省恩施州来凤县旧司乡高桥村	恩施
165	湖坪	61401580	石槽河	湖北省恩施州鹤峰县燕子镇湖坪村	恩施
166	喻家河水库	61004990	喻家河	湖北省恩施州恩施市龙凤镇喻家河	恩施
167	江坪河水库	61401955	溇水	湖北省恩施州鹤峰县走马镇李桥村	恩施
168	马头寨	60912000	漳河	湖北省荆门市漳河镇新建村	荆门
169	古林	61013390	鲍河	湖北省荆门市沙洋县十里铺镇古林村	荆门
170	新桥	61013395	拾桥河	湖北省荆门市沙洋县十里铺镇新桥村	荆门
171	后港(长湖)	61014000	长湖	湖北省荆门市沙洋县后港镇金山村八组	荆门

续表

序号	站名	测站编码	河名	站址	行政区
172	双河	61919400	浰河	湖北省荆门市钟祥市双河镇双河大桥	荆门
173	洋梓	61919750	激河	湖北省荆门市钟祥市洋梓镇万年寺大桥	荆门
174	长寿	61919780	长寿河	湖北省荆门市钟祥市长寿镇政府院内	荆门
175	黄坡	61959000	长寿河	湖北省荆门市钟祥市黄坡水库	荆门
176	花竹	62100500	竹皮河	湖北省荆门市东宝区牌楼镇花竹村	荆门
177	长滩	62207620	天门河	湖北省荆门市钟祥市长滩镇长滩大桥	荆门
178	姜畈	62207750	季河	湖北省荆门市屈家岭管理区姜畈村	荆门
179	罗店	62209350	大富水	湖北省荆门市京山市罗店镇	荆门
180	长湖(后港)	61014005	长湖	湖北省荆门市沙洋县后港镇新村	荆门
181	黎坪	61014015	龙垱河	湖北省荆门市沙洋县后港镇黎坪村	荆门
182	唐台	61014010	唐林河	湖北省荆门市沙洋县后港镇唐台村	荆门
183	淮河镇	50200005	碾子庄河	湖北省随州市随县淮河镇龙泉村	随州
184	唐县镇	62202500	溠水	湖北省随州市随县唐县镇新桥村	随州
185	龙泉镇	62205000	龙泉河	湖北省随州市广水市关庙镇龙泉村	随州
186	武胜关	62205100	广水河	湖北省随州市广水市武胜关镇孝子店村	随州
187	严家湖	61603620	严家湖	湖北省鄂州市庙岭镇栈咀村严家湖	鄂州
188	五四湖	61603610	鸭儿湖	湖北省鄂州市华容区蒲团乡	鄂州
189	梧桐湖	61603430	梧桐湖	湖北省鄂州市华容区庙岭镇长林朱村	鄂州
190	红莲湖	61603440	红莲湖	湖北省鄂州市华容区庙岭镇扇子湖农场	鄂州
191	石桥	61603770	石桥水库	湖北省鄂州市鄂城区汀祖镇石桥村	鄂州
192	刘家河	62211950	刘家河	湖北省天门市多祥镇刘家河泵站	天门
193	竺场	61015350	万福河	湖北省潜江市龙湾镇竺场村	潜江
194	沱口	61015650	东干渠	湖北省潜江市老新镇沱口村	潜江
195	杨市	62213050	城南河	湖北省潜江市杨市办事处潭子口村	潜江
196	余场(节制闸)	62213385	沙湖电排河	湖北省仙桃市沙湖镇余场村	仙桃
197	老里仁口	62213330	洛江河	湖北省仙桃市袁市办事处老里仁口村	仙桃
198	庆丰	62213360	玉带河	湖北省仙桃市张沟镇庆丰村	仙桃
199	野马河	61909650	粉青河	湖北省神农架林区红坪镇温水村	神农架

附录表1-32　湖北省水文系统三类水文测站——专用降水量站基础信息表

附录表1-32　湖北省水文系统三类水文测站——专用降水量站基础信息表

序号	站名	测站编码	站址	行政区
1	左岭	61621165	湖北省武汉市洪山区左岭镇镇政府	武汉
2	火官村	61620535	湖北省武汉市青山区武钢集团火官村	武汉
3	沿江路	61620530	湖北省武汉市青山区沿江大道38号	武汉
4	新生路	61620520	湖北省武汉市武昌区新生路特1号	武汉
5	黄鹤楼	61620510	湖北省武汉市武昌区黄鹤楼路2号	武汉

续表

序号	站名	测站编码	站址	行政区
6	沌口	62133160	湖北省武汉市开发区沌口街街道办	武汉
7	徐湾	62133200	湖北省武汉市汉阳区徐湾	武汉
8	常福	62252100	湖北省武汉市蔡甸区常福镇镇政府	武汉
9	玉贤	62252150	湖北省武汉市蔡甸区玉贤镇镇政府	武汉
10	二七	62249910	湖北省武汉市江岸区二七路街道办	武汉
11	红旗渠路	62249915	湖北省武汉市江汉区红旗渠路 4 号	武汉
12	三阳路江滩	62249920	湖北省武汉市江岸区汉口江滩中控室	武汉
13	长丰	62249925	湖北省武汉市硚口区长丰乡政府	武汉
14	汉正街	62249935	湖北省武汉市硚口区汉正街街道办事处	武汉
15	辛安渡	62249860	湖北省武汉市东西湖区辛安渡街办事处	武汉
16	金山店	61622850	湖北省黄石市大冶市金山店镇金山店村	黄石
17	段江	60934100	湖北省襄阳市保康县马良镇段江村	襄阳
18	塔子坪	60934300	湖北省襄阳市保康县马良镇塔子坪村	襄阳
19	两峪	60934700	湖北省襄阳市保康县马良镇两峪村	襄阳
20	龙坪	60938800	湖北省襄阳市保康县龙坪镇龙坪村	襄阳
21	柏树岗	60940200	湖北省襄阳市南漳县肖堰镇柏树岗村	襄阳
22	双坪	60943300	湖北省襄阳市南漳县东巩镇双坪村	襄阳
23	洪山嘴	61940640	湖北省襄阳市老河口市洪山嘴镇洪山嘴	襄阳
24	官山	61941300	湖北省襄阳市谷城县五山镇黄垭村	襄阳
25	大横溪	61942900	湖北省襄阳市保康县马桥镇大横溪村	襄阳
26	砂坪	61946440	湖北省襄阳市保康县寺坪镇峡口村	襄阳
27	刘家坪	61946650	湖北省襄阳市保康县后坪镇刘家坪村	襄阳
28	黄土岭	61946730	湖北省襄阳市保康县城关镇黄土岭村	襄阳
29	盛康	61947550	湖北省襄阳市谷城县赵湾乡左庙村	襄阳
30	安坪	61947920	湖北省襄阳市谷城县庙滩镇郭峪村	襄阳
31	黄集	61951340	湖北省襄阳市黄集镇黄集村	襄阳
32	龙王	61951460	湖北省襄阳市龙王镇杨楼村	襄阳
33	黄龙	61951650	湖北省襄阳市黄龙镇明湾村	襄阳
34	尹集	61951750	湖北省襄阳市尹集镇大胡家庙	襄阳
35	小河	61951940	湖北省襄阳市宜城市小河镇新华村	襄阳
36	郑集	61952150	湖北省襄阳市宜城市郑集镇皇城村	襄阳
37	新街	61952450	湖北省襄阳市宜城市新街镇	襄阳
38	流水	61952520	湖北省襄阳市宜城市流水镇南郊	襄阳
39	龙凤	61952900	湖北省襄阳市南漳县长坪镇龙凤村	襄阳
40	简家河	61953450	湖北省襄阳市南漳县李庙镇庄庙乡	襄阳
41	凉泉	61953950	湖北省襄阳市南漳县城关镇凉泉村	襄阳
42	窦家冲	61954880	湖北省襄阳市南漳县九集镇窦家冲	襄阳

续表

序号	站名	测站编码	站址	行政区
43	谭湾	61955880	湖北省襄阳市宜城市小河镇谭湾水库	襄阳
44	璞河	61956300	湖北省襄阳市宜城市郑集镇璞河社区	襄阳
45	黄家岗	61956550	湖北省襄阳市宜城市流水镇黄岗村	襄阳
46	杨垱	62058050	湖北省襄阳市枣阳市杨垱镇西街办事处	襄阳
47	程河	62058250	湖北省襄阳市程河镇常庄村	襄阳
48	刘集	62058570	湖北省襄阳市双沟镇武营村	襄阳
49	刘升	62058650	湖北省襄阳市枣阳市刘升镇王湾村一组	襄阳
50	新市	62059450	湖北省襄阳市枣阳市新市镇新一村四组	襄阳
51	余岗	61951480	湖北省襄阳市樊城区团山镇樊魏路	襄阳
52	邢川	62017820	湖北省襄阳市枣阳市新市镇周楼村	襄阳
53	九合垸	60951840	湖北省荆州市石首市九合垸乡西江波渡街水利管理所	荆州
54	三洲	60951950	湖北省荆州市监利市三洲镇中心街 4 号水管站	荆州
55	马山	61048100	湖北省荆州市荆州区马山镇马中路村镇银行	荆州
56	纪南	61048150	湖北省荆州市荆州区纪南镇纪南村纪南闸	荆州
57	牌坊	61048250	湖北省荆州市荆州区纪南镇牌坊泵站	荆州
58	普济	61055100	湖北省荆州市江陵县普济镇后新路水管站	荆州
59	汪桥	61055550	湖北省荆州市监利市汪桥镇沙洪路 220 号水管站	荆州
60	程集	61055580	湖北省荆州市监利市程集镇永兴路 37 号水管站	荆州
61	荒湖	61056000	湖北省荆州市监利市荒湖农场主干东路 4 号水利站	荆州
62	周老嘴	61056120	湖北省荆州市监利市周老嘴镇隆兴路 64 号镇政府	荆州
63	毛市	61056200	湖北省荆州市监利市毛市镇沿河路 1 号四湖管理段	荆州
64	分盐	61056250	湖北省荆州市监利市分盐镇振兴路 10 号镇政府	荆州
65	网市	61056300	湖北省荆州市监利市网市镇网市大道 73 号镇政府	荆州
66	桥市	61057200	湖北省荆州市监利市桥市镇津桥路 1 号镇政府	荆州
67	柘木	61057300	湖北省荆州市监利市柘木乡柘天路 38 号乡政府	荆州
68	上车湾	61057600	湖北省荆州市监利市半路堤泵站	荆州
69	汴河	61057700	湖北省荆州市监利市汴河镇沿河路 24 号水管站	荆州
70	曹市	61057850	湖北省荆州市洪湖市曹市镇石桥泵站	荆州
71	戴家场	61057900	湖北省荆州市洪湖市戴家场镇代市路 1 号水管站	荆州
72	白庙	61057950	湖北省荆州市洪湖市峰口镇东荆北路 66 号管理段	荆州
73	沙口	61058150	湖北省荆州市洪湖市沙口镇友谊路 64 号水管站	荆州
74	龙口	61058800	湖北省荆州市洪湖市龙口镇龙口电排站	荆州
75	陈店	61520220	湖北省荆州市松滋市陈店镇石桥水库	荆州
76	万家	61520240	湖北省荆州市松滋市万家乡新铺子村	荆州
77	西斋	61520400	湖北省荆州市松滋市沲水镇花园洲村	荆州
78	八宝	61520620	湖北省荆州市松滋市八宝镇长安路 19 号镇政府	荆州
79	南海	61520640	湖北省荆州市松滋市南海镇建设街 378 号水利站	荆州

续表

序号	站名	测站编码	站址	行政区
80	王家大湖	61521360	湖北省松滋市王家大湖农场场部	荆州
81	新江口	61521380	湖北省荆州市松滋市八宝镇大桥社区谢家渡外滩	荆州
82	纸厂河	61522040	湖北省荆州市松滋市纸厂河镇飞仙观村	荆州
83	共青团水库	61522600	湖北省荆州市松滋市纸厂河镇共青团水库	荆州
84	狮子口	61522620	湖北省荆州市公安县狮子口镇法华寺泵站	荆州
85	班竹垱	61522640	湖北省荆州市公安县斑竹垱镇斑竹垱社区	荆州
86	孟家溪	61522660	湖北省荆州市公安县孟家溪镇西街水管所	荆州
87	甘家厂	61522680	湖北省荆州市公安县甘家厂乡自来水厂	荆州
88	埠河	61522700	湖北省荆州市公安县埠河镇水德寺村	荆州
89	夹竹园	61522740	湖北省荆州市公安县河道分局夹竹园堤防管理段	荆州
90	裕公	61522840	湖北省荆州市公安县章田寺毛家水厂	荆州
91	陈币桥	61523000	湖北省荆州市石首市南口镇陈币桥泵站	荆州
92	高陵	61523100	湖北省荆州市石首市高陵镇杨溥路 6 号水管站	荆州
93	大港口泵站	61523500	湖北省荆州市石首市调关镇大港口泵站	荆州
94	饶坡	61042700	湖北省宜昌市长阳土家族自治县鸭子口乡刘坪	宜昌
95	隆康路	60902140	湖北省宜昌市西陵区隆康路 15 号隆康路电信城门口	宜昌
96	运河	60902120	湖北省宜昌市伍家岗区沿江大道 161 号运河出口	宜昌
97	宜昌商场	60902740	湖北省宜昌市西陵区云集路宜昌商场 BRT 入口附近	宜昌
98	宜昌东站	60902760	湖北省宜昌市城东大道和桔城路交叉口	宜昌
99	五一广场	60902753	湖北省宜昌市伍家岗区伍临路广场入口处	宜昌
100	中心医院	60902160	湖北省宜昌市伍家岗区夷陵大道 183 号	宜昌
101	临江溪	60903630	湖北省宜昌市伍家岗区伍临路临江溪大桥桥头	宜昌
102	河心公园	60902080	湖北省宜昌市夷陵区集锦路小溪塔街道办事处对面	宜昌
103	平湖社区	60902560	湖北省宜昌市夷陵区平云一路	宜昌
104	均瑶广场	60902500	湖北省宜昌市西陵区西陵一路 51 号均瑶广场	宜昌
105	卷桥河	60903430	湖北省宜昌市点军区江南路 138 号	宜昌
106	市水文局	60902750	湖北省宜昌市伍家岗区东山大道 241 号	宜昌
107	夷陵区水利局	60902550	湖北省宜昌市夷陵区发展大道 149 号夷陵区水利局	宜昌
108	一天门	61833620	湖北省十堰市郧西县关防乡一天门村	十堰
109	槐树	61834720	湖北省十堰市郧西县槐树林特场槐树村	十堰
110	王家庄	61834780	湖北省十堰市郧西县上津镇王家庄村	十堰
111	大王沟	61834830	湖北省十堰市郧西县夹河镇大王沟村	十堰
112	柏林	61906100	湖北省十堰市张湾区柏林镇柏林村	十堰
113	陈湾	61922200	湖北省十堰市郧阳区鲍峡镇陈湾村	十堰
114	陈家庄	61922600	湖北省十堰市郧阳区胡家营镇两河口村	十堰
115	双庙	61923050	湖北省十堰市郧西县土门镇双庙村	十堰
116	老龙庙	61923250	湖北省十堰市郧西县香口乡老龙庙村	十堰

续表

序号	站名	测站编码	站址	行政区
117	康家坪	61924450	湖北省十堰市郧西县安家乡康家坪村	十堰
118	小河	61924550	湖北省十堰市郧西县安家乡小河村	十堰
119	平原	61924850	湖北省十堰市郧西县土门镇平原村	十堰
120	石人河	61925350	湖北省十堰市郧西县河夹镇石人河村	十堰
121	杨家湾	61925400	湖北省十堰市郧西县河夹镇杨家湾村	十堰
122	白泉	61925500	湖北省十堰市郧阳区大柳乡白泉村	十堰
123	箭流铺	61925700	湖北省十堰市郧西县河夹镇箭流铺村	十堰
124	瓦房坪	61926150	湖北省十堰市房县九道乡九道梁村	十堰
125	小禾田	61926740	湖北省十堰市竹溪县向坝乡小禾田村	十堰
126	公祖	61926900	湖北省十堰市竹山县柳林乡公祖村	十堰
127	小河口	61927650	湖北省十堰市房县九道乡小河口村	十堰
128	中场	61928140	湖北省十堰市竹山县官渡镇中场村	十堰
129	油房	61928300	湖北省十堰市房县上龛乡油房村	十堰
130	上高桥	61929750	湖北省十堰市竹溪县鄂坪乡上高桥村	十堰
131	马家坝	61929940	湖北省十堰市竹溪县泉溪镇马家坝村	十堰
132	向新	61930050	湖北省十堰市竹溪县汇湾镇向新村	十堰
133	黄土梁	61930510	湖北省十堰市竹山县大庙乡黄土梁村	十堰
134	八道关	61930560	湖北省十堰市竹山县得胜镇八道关村	十堰
135	大桥	61930580	湖北省十堰市竹山县得胜镇大桥村	十堰
136	安河塘	61930730	湖北省十堰市竹山县竹坪乡安河塘村	十堰
137	花竹	61930740	湖北省十堰市竹山县得胜镇花竹村	十堰
138	下坝	61930960	湖北省十堰市竹溪县丰溪镇下坝村	十堰
139	取宝洞	61931296	湖北省十堰市竹溪县天宝乡取宝洞村	十堰
140	明家梁	61931360	湖北省十堰市竹溪县兵营镇明家梁村	十堰
141	龙滩	61931800	湖北省十堰市房县上龛乡龙滩村	十堰
142	东河	61932560	湖北省十堰市竹山县宝丰镇东河村	十堰
143	南坝	61933500	湖北省十堰市竹山县上庸镇南坝村	十堰
144	东河	61934700	湖北省十堰市房县门古寺镇东河村	十堰
145	张家湾	61934760	湖北省十堰市房县门古寺镇张家湾村	十堰
146	长坪	61935020	湖北省十堰市竹山县文峰乡长坪村	十堰
147	茅塔寺	61935650	湖北省十堰市竹山县双台乡茅塔寺村	十堰
148	挡鱼	61935940	湖北省十堰市竹山县楼台乡挡鱼村	十堰
149	阳坪	61935960	湖北省十堰市房县窑淮镇阳坪村	十堰
150	薛家	61935980	湖北省十堰市房县姚坪乡薛家村	十堰
151	姚坪	61936020	湖北省十堰市房县姚坪乡姚坪村	十堰
152	柳树林	61936250	湖北省十堰市房县大木厂镇三元村	十堰
153	相公	61936650	湖北省十堰市西沟乡相公村	十堰

续表

序号	站名	测站编码	站址	行政区
154	老庄	61936850	湖北省十堰市黄龙镇老庄村	十堰
155	堰河	61936950	湖北省十堰市郧阳区城关镇堰河村	十堰
156	杨溪铺	61937150	湖北省十堰市郧阳区杨溪铺镇杨溪铺村	十堰
157	安阳	61937220	湖北省十堰市郧阳区安阳镇安阳村	十堰
158	锅厂	61937250	湖北省十堰市茅箭区大川镇锅厂村	十堰
159	顾家岗	61937650	湖北省十堰市茅箭区顾家岗	十堰
160	廖家	61937680	湖北省十堰市茅塔乡廖家村	十堰
161	大沟	61937740	湖北省十堰市丹江口市习家店镇左绞村	十堰
162	蒿坪	61937900	湖北省十堰市丹江口市蒿坪镇蒿坪村	十堰
163	袁家院	61939300	湖北省十堰市丹江口市武当山特区袁家院村	十堰
164	瓦房河	61939700	湖北省十堰市丹江口市武当山特区瓦房河村	十堰
165	土关垭	61940250	湖北省十堰市丹江口市土关垭镇土关垭村	十堰
166	三岔	61944000	湖北省十堰市房县窑淮镇三岔村	十堰
167	古泉	61944280	湖北省十堰市房县野人谷镇古泉村	十堰
168	葛坪河	61944350	湖北省十堰市房县土城镇葛坪河村	十堰
169	阳坪	61945900	湖北省十堰市房县青峰镇阳坪村	十堰
170	榔口	61946300	湖北省十堰市房县榔口乡榔口村	十堰
171	左溪寺	62031650	湖北省十堰市郧阳区大柳乡左溪寺村	十堰
172	腰庄	62031900	湖北省十堰市郧阳区谭山镇腰庄村	十堰
173	郧县	61937000	湖北省十堰市郧阳区城关镇	十堰
174	六里坪	61939200	湖北省十堰市丹江口市六里坪镇	十堰
175	丰店	50224060	湖北省孝感市大悟县丰店镇府前街 1 号	孝感
176	刘集	61634300	湖北省孝感市大悟县刘集镇刘集村城北桥头	孝感
177	云梦城关	62232500	湖北省孝感市云梦县城关镇城南开发路 4 号	孝感
178	道桥	62233300	湖北省孝感市云梦县道桥镇复兴村南北横堤湾	孝感
179	三合	62233700	湖北省孝感市应城市三合镇北正街 57 号	孝感
180	东新	62234100	湖北省孝感市大悟县东新乡东新街道政府路 12 号	孝感
181	芳畈	62234500	湖北省孝感市大悟县芳畈镇芳畈街特 1 号	孝感
182	卫店	62236700	湖北省孝感市孝昌县卫店镇卫店社区	孝感
183	周巷	62237300	湖北省孝感市孝昌县周巷镇周巷社区	孝感
184	邹岗	62237550	湖北省孝感市孝昌县邹岗镇邹岗村	孝感
185	肖港	62238100	湖北省孝感市孝南区肖港镇永乐村八汉洼水库	孝感
186	新铺	62238500	湖北省孝感市孝南区新铺镇新发大道 366 号	孝感
187	杨店	62238900	湖北省孝感市孝南区杨店镇桃花驿大道 51 号	孝感
188	陈河	62242900	湖北省孝感市应城市陈河镇中街 173 号	孝感
189	赵畈	62246300	湖北省孝感市应城市城北街道办事处赵畈村赵畈湾 388 号	孝感
190	天鹅	62246700	湖北省孝感市应城市天鹅镇阁老村夹河沟泵站	孝感

续表

序号	站名	测站编码	站址	行政区
191	里潭	62248900	湖北省孝感市汉川市里潭乡新正街 140 号	孝感
192	刘家隔	62249500	湖北省孝感市汉川市刘家隔镇西寺村小罗泵站	孝感
193	西江	62251220	湖北省孝感市汉川市西江乡庙北路 32 号	孝感
194	城隍	62251500	湖北省孝感市汉川市城隍镇文卫路 5 号	孝感
195	回龙	62251750	湖北省孝感市汉川市回龙镇回皂路 50 号	孝感
196	港路	61625030	湖北省咸宁市通山县楠林桥镇港路	咸宁
197	泉港	61625060	湖北省咸宁市通山县通羊镇泉港	咸宁
198	三源	61627530	湖北省咸宁市通山县洪港镇三源	咸宁
199	畅周	61628080	湖北省咸宁市通山县燕厦乡湖畔村	咸宁
200	塘湖	61725680	湖北省咸宁市通城县塘湖镇黄家冲	咸宁
201	大坪	61729400	湖北省咸宁市通城县大坪乡东冲	咸宁
202	梓木	61730800	湖北省咸宁市崇阳县青山镇回头村	咸宁
203	大竹园	61731000	湖北省咸宁市崇阳县石城镇石门村	咸宁
204	黄土磅	61733500	湖北省咸宁市崇阳县桂花泉镇黄土磅	咸宁
205	木家	61739300	湖北省咸宁市崇阳县天城镇洪下村	咸宁
206	大屋口	61739700	湖北省咸宁市赤壁市官塘驿镇双丘村	咸宁
207	中伙铺	61739840	湖北省咸宁市赤壁市中伙铺镇中伙铺	咸宁
208	万家山	61740300	湖北省咸宁市赤壁市车埠镇勤俭村	咸宁
209	官塘驿	61745905	湖北省咸宁市赤壁市官塘驿镇	咸宁
210	高升	61747150	湖北省咸宁市咸安区桂花镇	咸宁
211	向阳湖	61750900	湖北省咸宁市咸安区向阳湖镇向阳湖农场	咸宁
212	大水井	60534880	湖北省恩施州利川市柏杨坝镇大水井村	恩施
213	红砂	60538520	湖北省恩施州巴东县沿渡河镇红砂村	恩施
214	黄泥塘	60851290	湖北省恩施州利川市沙溪乡黄泥村	恩施
215	沙溪	60851360	湖北省恩施州利川市沙溪乡江口村	恩施
216	长堰塘	61021501	湖北省恩施州利川市南坪乡长乐村	恩施
217	花椒坪	61023200	湖北省恩施州利川市元堡乡花坪村	恩施
218	洗马坪	61032200	湖北省恩施州宣恩县长潭河乡洗马坪村	恩施
219	景阳	61038880	湖北省恩施州建始县景阳镇郑家坦村	恩施
220	庙坪	61039655	湖北省恩施州巴东县野三关镇庙坪	恩施
221	纺车溪	61335070	湖北省恩施州来凤县大河镇纺车溪村	恩施
222	牡丹坪	61335350	湖北省恩施州来凤县大河镇牡丹坪村	恩施
223	南渡江	61423700	湖北省恩施州鹤峰县五里乡水泉村	恩施
224	咸盈	61039680	湖北省恩施州鹤峰县燕子镇咸盈村	恩施
225	铜厂坡	60849055	湖北省恩施州咸丰县尖山乡铜厂坡村	恩施
226	杨柳池	61039890	湖北省恩施州巴东县金果坪乡杨柳池村	恩施
227	芭蕉	61028300	湖北省恩施州恩施市芭蕉乡野鸡滩村	恩施

续表

序号	站名	测站编码	站址	行政区
228	雅池坝	61038700	湖北省恩施州建始县官店镇雅池坝村	恩施
229	凤凰沟	60534610	湖北省恩施州利川市建南镇凤凰沟村	恩施
230	罗溪坝	60538561	湖北省恩施州巴东县沿渡河镇罗溪坝村	恩施
231	官渡口	60538660	湖北省恩施州巴东县官渡口镇官渡口村	恩施
232	立志坪	60538680	湖北省恩施州巴东县信陵镇立志坪村	恩施
233	大峡谷	61024600	湖北省恩施州恩施市大峡谷风景区管理处	恩施
234	白马塘	61026500	湖北省恩施州恩施市柏杨乡柑树垭村	恩施
235	茅坝塘	61032100	湖北省恩施州宣恩县和平乡茅坝塘村	恩施
236	村荒	61037900	湖北省恩施州恩施市新塘镇村荒村	恩施
237	清湖	61423100	湖北省恩施州鹤峰县燕子镇清湖村	恩施
238	青堡	61026300	湖北省恩施州恩施市龙凤镇青堡村	恩施
239	猫子山	61026310	湖北省恩施州恩施市龙凤镇猫子山村	恩施
240	三岔	61037820	湖北省恩施州恩施市三岔乡	恩施
241	后港	61047100	湖北省荆门市沙洋县后港镇	荆门
242	太阳寺	62243860	湖北省荆门市京山市三阳镇太阳寺村	荆门
243	铁坪	60945300	湖北省荆门市东宝区马河镇铁坪村 5 组	荆门
244	马河	60945580	湖北省荆门市东宝区马河镇水利站	荆门
245	沙洋	61046080	湖北省荆门市沙洋县沙洋水务局	荆门
246	团林	61046200	湖北省荆门市掇刀区团林镇排灌试验站	荆门
247	双喜	61045950	湖北省荆门市漳河新区双喜村	荆门
248	曾集	61046205	湖北省荆门市沙洋县曾集镇安洼水库	荆门
249	樊桥	61046550	湖北省荆门市掇刀区团林镇樊桥水库管理处	荆门
250	纪山	61046570	湖北省荆门市沙洋县纪山镇纪山社区	荆门
251	铜钱山	61919800	湖北省荆门市钟祥市铜钱山水库	荆门
252	龙峪	61956900	湖北省荆门市钟祥市胡集镇龙峪村	荆门
253	九里岗	61957230	湖北省荆门市东宝区石桥驿镇九里岗村	荆门
254	象河	61957240	湖北省荆门市东宝区象河水库	荆门
255	峡卡河	61957900	湖北省荆门市钟祥市胡集镇峡卡河水库	荆门
256	磷矿	61958100	湖北省荆门市钟祥市磷矿镇刘冲村	荆门
257	赵泉河	61958510	湖北省荆门市钟祥市客店镇赵泉河村	荆门
258	陈家湾	61958850	湖北省荆门市钟祥市张集镇陈家湾村	荆门
259	双庙畈	61958860	湖北省荆门市钟祥市张集镇双庙畈	荆门
260	军营	61959050	湖北省荆门市钟祥市洋梓镇军营村	荆门
261	杨畈	61959060	湖北省荆门市钟祥市长寿镇杨家畈	荆门
262	革集	62101100	湖北省荆门市掇刀区革集原种场	荆门
263	柴湖	62123100	湖北省荆门市钟祥市柴湖镇	荆门
264	石牌	62123200	湖北省荆门市钟祥市石牌镇曹咀村	荆门

续表

序号	站名	测站编码	站址	行政区
265	田家冲	62123900	湖北省荆门市东宝区田家冲水库	荆门
266	麻城	62124200	湖北省荆门市掇刀区麻城镇计生服务站	荆门
267	绿水堰	62232760	湖北省荆门市京山市钱场镇桥河村	荆门
268	杨家畈	62232770	湖北省荆门市京山市孙桥镇杨畈村	荆门
269	大观桥	62232780	湖北省荆门市京山市雁门口镇大观桥水库	荆门
270	五三	62239670	湖北省荆门市屈家岭管理区农水局	荆门
271	汀河	62242510	湖北省荆门市京山市永兴镇汀河村	荆门
272	绿林	62243850	湖北省荆门市京山市绿林镇镇政府	荆门
273	王家山	62245300	湖北省荆门市京山市宋河镇王家山村	荆门
274	王家湾	50220445	湖北省随州市随县淮河镇王家湾	随州
275	小林	50221475	湖北省随州市随县小林镇小林店	随州
276	上棚	62055300	湖北省随州市随县万和镇上棚	随州
277	钟家	62221200	湖北省随州市随县澴潭镇钟家	随州
278	新街	62222900	湖北省随州市随县新街镇新街	随州
279	尚市	62225500	湖北省随州市随县尚市镇尚市店	随州
280	陈巷镇	62226300	湖北省随州市广水市陈巷镇陈巷	随州
281	郭家湾	62227500	湖北省随州市广水市吴店镇郭家湾	随州
282	杨家店	62228300	湖北省随州市何店镇杨家店	随州
283	东杨家	62231100	湖北省随州市府河镇东杨家	随州
284	新独屋	62235100	湖北省随州市广水市武胜关镇新独屋	随州
285	李店	62235150	湖北省随州市广水市太平乡李店	随州
286	渔薪	62241350	湖北省天门市渔薪镇潘家渡	天门
287	石河	62241550	湖北省天门市石河镇清水垱水库	天门
288	石堰口	62242700	湖北省天门市胡市镇绿水堰管理处	天门
289	汪场	62247550	湖北省天门市汪场镇水管站	天门
290	横林	62247750	湖北省天门市横林镇水利服务站	天门
291	马湾	62248250	湖北省天门市马湾镇廖湾村	天门
292	张家大湖	62241900	湖北省天门市九真镇张家大湖	天门
293	王场	61050150	湖北省潜江市王场镇王场村	潜江
294	运粮湖	61051200	湖北省潜江市运粮湖农场下中河村	潜江
295	熊口	61052800	湖北省潜江市熊口镇沿河路	潜江
296	园林	62250050	湖北省潜江市园林办事处临渠南路	潜江
297	竹根滩	62250500	湖北省潜江市竹根滩镇文卫路	潜江
298	新河	62250560	湖北省仙桃市西流河镇新河村	仙桃
299	通海口	62250800	湖北省仙桃市通海口镇永相社区	仙桃
300	沔城	62250850	湖北省仙桃市沔城镇周岭村	仙桃
301	夏市	62250950	湖北省仙桃市三伏潭镇夏市村	仙桃

续表

序号	站名	测站编码	站址	行政区
302	袁市	62251100	湖北省仙桃市干河街道办袁市社区	仙桃
303	五湖渔场	62251250	湖北省仙桃市五湖渔场东耳湖分场	仙桃
304	黄越	62251480	湖北省仙桃市长埫口镇黄越村	仙桃
305	温水	61926080	湖北省神农架林区红坪镇温水村	神农架
306	红坪	61942198	湖北省神农架林区红坪镇红河村	神农架
307	官门山	60539325	湖北省神农架林区木鱼镇木鱼村	神农架

附录 2　特征值和技术参数

附录表 2-1　湖北省国家基本水文站实测历年特征值表

附录表 2-1　湖北省国家基本水文站实测历年特征值表

序号	站名(断面)	实测最大值				实测最小值			行政区
		水面宽(m)	流速(m/s)	水深(m)	涨落率(m/h)	水面宽(m)	断面平均流速(m/s)	平均水深(m)	
1	长轩岭(二)	224	3.60	11.4	1.02	100	0.009	0.80	武汉
2	柳子港	360	3.14	12.0	0.99	0			武汉
3	金口	漫堤				0			武汉
4	龙港(二)	110	2.92	7.3	6.76	60.0	0	1.30	黄石
5	马良坪	121	7.09	5.2	1.63	11.1	0.058	0.10	襄阳
6	打鼓台				10.80				襄阳
7	苍坪	157	3.48	6.6	4.30	18.6	0.044	0.11	襄阳
8	开峰峪	169	6.67	18.4	8.28	27.0	0	0.95	襄阳
9	挽鱼沟	74.3	4.99	7.1	3.78	9.9	0.30	0.27	襄阳
10	习家口	57.9	1.96	5.5		8.4	0.055	0.44	荆州
11	福田寺	61.4	1.80	7.3		61.4	0.21	3.50	荆州
12	新滩口	130	1.23	9.3		67.4		1.25	荆州
13	新堤(大闸)	128	1.21	6.7		76.2		0.20	荆州
14	沙溪坪	362	6.80	9.3	1.24	0			荆州
15	南阳	57.5	5.00	6.9	0.60	15.8	0.17	0.26	宜昌
16	古夫	65.5	3.58	6.2	0.38	3.80	0.15	0.21	宜昌
17	杨林桥(二)	54.1	5.38	2.75	0.82				宜昌
18	雾渡河	80.6	5.60	3.86	2.97	1.60	0.013	0.08	宜昌
19	远安	490	4.48	5.9	0.42	4.90	0.073	0.19	宜昌
20	河溶	447	2.98	12.3	0.72	61.0	0.17	1.19	宜昌
21	水布垭	178	5.01	20.6	1.55	18.0	0.12	0.94	宜昌
22	高家堰(二)	90.1	5.35	6.9	2.08	46.1	0.19	0.82	宜昌
23	渔洋关	62.2	5.20	6.5	0.57	17.6	0.38	0.40	宜昌
24	聂家河	83.9	4.32	6.1	0.92	0	0	0	宜昌

续表

序号	站名(断面)	实测最大值				实测最小值			行政区
		水面宽(m)	流速(m/s)	水深(m)	涨落率(m/h)	水面宽(m)	断面平均流速(m/s)	平均水深(m)	
25	贾家坊	105	6.25	7.6	0.525	2.00	0.088	0.10	十堰
26	竹山	428	4.38	14.1		13.8	0.18	0.20	十堰
27	延坝	78.3	4.09	9.2		5.6	0.054	0.06	十堰
28	县河	89.3	4.61	3.99		7.5	0.18	0.11	十堰
29	孤山	65.8	7.06	11.4		0.80	0.11	0.08	十堰
30	松柏(二)	24.2	6.31	2.40		2.10	0.11	0.10	神农架
31	房县	116	3.60	4.24		1.43	0.1	0.08	十堰
32	隔蒲潭	564	2.78	12.6	0.65	65.8	0.068	1.78	孝感
33	草店	122	3.57	9.0	0.86	18.5	0.015	0.35	孝感
34	花园	508	2.45	9.4	0.94	65.4	0.026	0.58	孝感
35	应城(三)	131	3.02	12.8	0.45	34.7	0.021	1.67	孝感
36	红安(二)	142	3.60	8.8	0.88	0	0	0	黄冈
37	麻城	329	4.30	6.0	0.33	0	0	0	黄冈
38	马家潭(二)	370	4.36	8.8	0.85	148	0.39	0.41	黄冈
39	罗田(二)	154	2.58	5.1	2.53	0	0	0	黄冈
40	英山	190	2.96	6.3	0.28	8.0	0.44	0.58	黄冈
41	白莲河(坝下)	75.0		3.56	0.45	0	0	0	黄冈
42	落令河(二)	124	3.82	5.7	0.67	30.0	0.5	0.27	黄冈
43	西河驿	367	2.56	8.4	0.40	0	0	0	黄冈
44	官桥(老港二)	83.4	0.86	5.8	0.02	63.5	0.14	0.81	黄冈
45	石板坪	57.7	8.13	6.6	4.80	11.9	0.081	0.39	恩施
46	大河边	107	3.31	19.3	2.47	11.0	0.04	0.21	恩施
47	利川(二)	163	2.22	9.7		7.2	0.051	0.07	恩施
48	恩施	213	4.67	13.3		24.3	0.089	0.30	恩施
49	宣恩(二)	85.4	6.15	9.5		4.60	0.11	0.47	恩施
50	建始城关	53.0	6.21	5.4		6.3	0.1	0.16	恩施
51	来凤	160	4.67	13.1		51.5	0.04	0.20	恩施
52	鹤峰	62.2	7.88	7.7	2.69	13.0	0.12	0.29	恩施
53	烟墩集(闸下)	42.0	1.50	5.2		24			荆门
54	澴潭	92.0	3.45	6.5	1.45	0	0	0	随州
55	随州(二)	1591	2.78	9.0		0	0	0	随州
56	均川	101	3.91	6.3	2.22	0	0	0	随州
57	先觉庙(东干)	5.9	0.87	3.05		0	0	0	随州
58	万店	154	3.72	6.2	1.53	1.00	0.28	0.04	随州
59	徐家河(渠道)	18.0	2.03	4.04		0	0	0	随州

续表

序号	站名(断面)	实测最大值				实测最小值			行政区
		水面宽(m)	流速(m/s)	水深(m)	涨落率(m/h)	水面宽(m)	断面平均流速(m/s)	平均水深(m)	
60	天门	183	0.74	9.5	0.15	77.0	0.051	0.38	天门
61	何山闸	47.0	1.16	4.30		0			天门
62	东风闸	35.0	1.23	4.00		0			天门
63	田关	117	0.81	6.5		0			潜江

附录表 2-2　湖北省国家基本水文站(河道站)流量整编方法统计表

附录表 2-2　湖北省国家基本水文站(河道站)流量整编方法统计表

序号	站名	水位流量关系类型					流量推算方法					行政区
		稳定型	受洪水涨落影响	受冲淤影响	受水草影响	受变动回水影响	综合线	单一线或临时曲线法	连时序法	连实测法	其他	
1	长轩岭(二)		1					1	1			武汉
2	柳子港		1			1			1			武汉
3	金口(闸上)					1				1		武汉
4	沣源口(船闸)					1				1		黄石
5	富水(渠道)	1						1				黄石
6	龙港	1						1				黄石
7	马良坪			1				1				襄阳
8	打鼓台(坝下)	1					1					襄阳
9	打鼓台(渠道)					1				1		襄阳
10	苍坪			1				1				襄阳
11	开峰峪			1		1		1	1			襄阳
12	挽鱼沟			1				1				襄阳
13	董坡(二)					1			1	1		襄阳
14	万城		1			1			1			荆州
15	沙溪坪	1				1		1	1			荆州
16	南阳	1		1				1				宜昌
17	古夫	1		1				1				宜昌
18	杨林桥(二)(河道)	1					1	1				宜昌
19	杨林桥(二)(电站)	1					1					宜昌
20	雾渡河(河道)	1						1				宜昌
21	雾渡河(渠道)	1						1		1		宜昌
22	远安	1				1		1				宜昌
23	河溶		1			1		1	1			宜昌
24	水布垭	1				1		1				宜昌
25	高家堰	1		1				1				宜昌

续表

序号	站名	水位流量关系类型					流量推算方法					行政区
		稳定型	受洪水涨落影响	受冲淤影响	受水草影响	受变动回水影响	综合线	单一线或临时曲线法	连时序法	连实测法	其他	
26	渔洋关	1		1				1				宜昌
27	聂家河(金桥)	1					1					宜昌
28	贾家坊	1		1	1			1				十堰
29	竹山	1		1		1		1				十堰
30	延坝			1				1				十堰
31	县河	1	1	1		1		1				十堰
32	孤山			1				1				十堰
33	松柏(二)	1		1				1				神农架
34	房县	1	1		1			1				十堰
35	隔蒲潭		1	1		1			1			孝感
36	草店		1	1				1			1	孝感
37	花园		1	1					1	1	1	孝感
38	应城(三)		1	1		1			1	1		孝感
39	红安(二)		1	1		1		1	1	1		黄冈
40	麻城		1	1		1		1	1	1		黄冈
41	马家潭(二)		1	1		1		1	1			黄冈
42	罗田(二)		1	1		1		1		1		黄冈
43	英山		1	1		1		1	1	1		黄冈
44	白莲河(坝下)										1	黄冈
45	白莲河(东干渠)	1						1				黄冈
46	白莲河(西干渠)	1						1		1		黄冈
47	落令河(二)		1	1				1				黄冈
48	西河驿		1	1		1		1	1			黄冈
49	官桥(老港二)					1			1			黄冈
50	官桥(西泵二)					1			1			黄冈
51	明水		1			1		1	1			咸宁
52	大屋场	1						1				咸宁
53	通城(二)			1		1		1		1		咸宁
54	温泉					1				1		咸宁
55	十好桥		1		1	1		1	1	1		咸宁
56	石板坪		1	1				1		1		恩施
57	大河边		1			1		1		1		恩施
58	利川(二)	1						1				恩施
59	恩施	1						1				恩施
60	宣恩(二)	1						1		1		恩施

续表

序号	站名	水位流量关系类型					流量推算方法					行政区
		稳定型	受洪水涨落影响	受冲淤影响	受水草影响	受变动回水影响	综合线	单一线或临时曲线法	连时序法	连实测法	其他	
61	建始城关	1						1				恩施
62	来凤		1				1	1		1		恩施
63	鹤峰(河道)					1		1				恩施
64	溳潭				1	1		1				随州
65	均川			1	1			1				随州
66	先觉庙(东干渠)	1					1					随州
67	先觉庙(西干渠)	1						1				随州
68	万店			1	1	1		1				随州
69	天门		1			1		1	1			天门
70	皂市		1			1			1	1		天门
71	合计	29	24	29	6	33	6	52	21	20	3	

附录表 2-3　湖北省国家基本水文站(堰闸水库站)流量整编方法统计表

附录表 2-3　湖北省国家基本水文站(堰闸水库站)流量整编方法统计表

序号	站名	流量推算方法				行政区
		综合线	率定线	经验公式	其他	
1	金口(泵站)	1				武汉
2	沣源口(大闸下)		1			黄石
3	沣源口(抽水)		1			黄石
4	富水(水电)		1			黄石
5	富水(小水电)		1			黄石
6	富水(溢洪道)		1			黄石
7	马桥(电站)	1				襄阳
8	马桥(溢洪道)			1		襄阳
9	寺坪(电站)				1	襄阳
10	寺坪(溢洪道)			1		襄阳
11	三道河(电管)	1				襄阳
12	三道河(小电站)	1				襄阳
13	三道河(导流洞)	1				襄阳
14	三道河(北渠)				1	襄阳
15	三道河(溢洪道)	1				襄阳
16	三道河(补充闸)	1				襄阳
17	三道河(溢流堰)	1				襄阳
18	刁家口(闸下)	1				荆州
19	福田寺(闸上)	1				荆州

续表

序号	站名	流量推算方法				行政区
		综合线	率定线	经验公式	其他	
20	新滩口(闸上)	1				荆州
21	新滩口(泵站)	1				荆州
22	新堤(大闸上)	1	1			荆州
23	聂家河(电站)	1				宜昌
24	鄂坪(电站)			1		十堰
25	鄂坪(溢洪道)			1		十堰
26	安陆(二)(坝下)	1				孝感
27	安陆(二)(电站)	1				孝感
28	东山头(闸上)	1				孝感
29	新沟(闸上)	1				孝感
30	万福闸(闸上)	1				孝感
31	万福闸(泵站)	1				孝感
32	汉川泵站(船闸)	1				孝感
33	汉川泵站(排水闸无栏)	1				孝感
34	汉川泵站(船闸进水)	1				孝感
35	汉川泵站(排水闸有栏)	1				孝感
36	汉川泵站(低闸)			1		孝感
37	汉川泵站(高闸)			1		孝感
38	汉川泵站(一泵)	1				孝感
39	汉川闸(闸上)	1				孝感
40	民乐闸(闸下)	1				孝感
41	白莲河(溢洪道)			1		黄冈
42	余码头(闸上)				1	咸宁
43	余码头(抽水)			1		咸宁
44	余码头(渠道)				1	咸宁
45	老渡口(电站)				1	恩施
46	老渡口(溢洪道)				1	恩施
47	鹤峰(渠道)				1	恩施
48	烟墩集(闸下)	1				荆门
49	随州(二)(闸下)	1				随州
50	随州(二)(电站)	1				随州
51	随州(二)(溢流堰)			1		随州
52	先觉庙(溢洪道)			1		随州
53	先觉庙(供水涵管)				1	随州
54	徐家河(溢洪道)	1				随州

续表

序号	站名	流量推算方法				行政区
		综合线	率定线	经验公式	其他	
55	徐家河(渠道)		1			随州
56	樊口(大闸下)		1			鄂州
57	樊口(抽水)站			1		鄂州
58	罗汉寺(闸下)	1				天门
59	何山闸(闸下)	1				天门
60	东风闸(闸下)	1				天门
61	天门船闸(闸下)	1		1		天门
62	浩口(老闸上)		1			潜江
63	浩口(新闸上)		1			潜江
64	田关(闸上)		1			潜江
65	田关(泵站)		1			潜江
66	合计	35	12	12	8	

附录表 2-4　湖北省国家基本水文站河道站测站控制条件统计表

附录表 2-4　湖北省国家基本水文站河道站测站控制条件统计表

序号	断面	断面冲淤变化规律	断面稳定性	高、低水控制情况	行政区
1	长轩岭(二)	不经常性局部冲淤,无周期性	不稳定	2010—2012 年高、中、低水水位面积变化大,其他年份比较稳定	武汉
2	柳子港	不经常性冲淤,无周期性	不稳定	低水水位面积变化较大,中、高水水位面积变化稳定	武汉
3	龙港	无冲淤	稳定	控制较好	黄石
4	马良坪	局部冲淤,冲淤周期为 5～6 年	稳定	低水受河槽控制,中、高水受下游 1 km 处弯道控制	襄阳
5	苍坪	不经常性局部冲淤,冲淤周期为 3～4 年	稳定	低水受河槽控制,中、高水受下游 300 m 处峡口弯道控制	襄阳
6	开峰峪	不经常性冲淤,冲淤周期为 5～6 年,较大洪水后会出现淤积现象	较稳定	低水受下游 120 m 处不稳定浅滩控制,中、高水受下游 300 m 处弯道峡口控制	襄阳
7	挽鱼沟	不经常性冲淤,冲淤周期约为 3 年,较大洪水后会出现淤积现象	较稳定	低水受下游小滩口控制,中、高水受下游弯道控制	襄阳
8	沙溪坪	中、高水断面基本稳定,断面河槽底部为不经常性冲淤	较稳定	低水属断面控制,中、高水属河槽控制	荆州
9	南阳	稳定	稳定	断面控制	宜昌
10	古夫	稳定	稳定	断面控制	宜昌
11	杨林桥(二)	稳定	稳定	断面控制	宜昌
12	雾渡河	稳定	稳定	断面控制	宜昌
13	远安	稳定	稳定	低水断面控制、高水河槽控制	宜昌
14	河溶	稳定	稳定	低水断面控制、高水河槽控制	宜昌
15	水布垭	稳定	稳定	低水断面控制、高水河槽控制	宜昌

续表

序号	断面	断面冲淤变化规律	断面稳定性	高、低水控制情况	行政区
16	高家堰(二)	稳定	稳定	断面控制	宜昌
17	渔洋关	稳定	稳定	断面控制	宜昌
18	聂家河	稳定	稳定	断面控制	宜昌
19	贾家坊	低水断面冲淤变化显著,断面控制受到影响,断面属于经常性局部冲淤	稳定	低水属断面控制,中、高水属河槽控制	十堰
20	竹山	断面变化冲淤较小,两岸河床稳定,断面属于不经常性局部冲淤	稳定	低水属断面控制,中、高水属河槽控制	十堰
21	延坝	断面年际变化不大,中、高水测站控制良好,断面属于不经常性局部冲淤	稳定	低水属断面控制,中、高水属河槽控制	十堰
22	县河	河道断面因受人类活动影响,断面冲淤不定,中、高水断面基本稳定	较稳定	低水属断面控制,中、高水属河槽控制	十堰
23	孤山	低水断面冲淤变化显著,断面控制受到影响,属于经常性局部冲淤	较稳定	低水属断面控制,中、高水属河槽控制	十堰
24	松柏(二)	高水位测站控制良好,断面属于不经常性的普遍冲淤	较稳定	低水属断面控制,中、高水属河槽控制	神农架
25	房县	河道断面年际变化不大,断面属于不经常性局部冲淤	稳定	低水属断面控制,中、高水属河槽控制	十堰
26	隔蒲潭		较稳定	高水受河槽控制	孝感
27	草店	局部不经常性冲淤	不稳定	低水受断面控制,高水受河槽控制	孝感
28	花园	局部不经常性冲淤	不稳定	低水受下游拦河坝影响,高水受河槽控制	孝感
29	应城(三)		较稳定	高水受河槽控制	孝感
30	红安(二)	年内、年际变化不大,局部有冲有淤,无规律性	相对稳定	全年水位受下游拦河坝控制	黄冈
31	麻城	年内、年际变化不大,有冲有淤,但整体呈下降趋势	相对稳定	中、低水受下游橡胶坝影响,高水受河槽控制	黄冈
32	马家潭(二)	河道断面主要变化在起点距 110～420 m 之间,且年际间变化较大,总体趋势是冲大于淤	不稳定	低水受断面控制,中、高水受河槽控制	黄冈
33	罗田(二)	年内、年际变化不大,局部有冲有淤,无规律性	稳定	中、低水受下游拦河坝影响,高水受河槽控制	黄冈
34	英山	年内、年际变化不大,局部有冲有淤,无规律性	相对稳定	中、低水受下游拦河坝影响,高水受河槽控制	黄冈
35	落令河(二)	年内、年际变化较大,总体趋势是冲大于淤,河床逐年下降	不稳定	低水受断面控制,中、高水受河槽控制	黄冈
36	西河驿	年内、年际变化不大,局部有冲有淤,无规律性	相对稳定	低水受断面控制,中、高水受河槽控制	黄冈
37	官桥	年内、年际变化较小	稳定	全年水位受下游闸门影响	黄冈
38	明水	不经常性局部冲淤	较稳定	低水受断面控制,中、高水受河槽控制。涨洪时下游支流来水对本站有顶托影响,当富水水库蓄水水位较高时,对本站水流也有顶托影响	咸宁
39	大屋场	无冲淤	稳定	低水受断面控制,中、高水受河槽控制	咸宁

续表

序号	断面	断面冲淤变化规律	断面稳定性	高、低水控制情况	行政区
40	通城(二)	不经常性局部冲淤	不稳定	低水受断面控制,中、高水受河槽控制。下游桥坝工程蓄水发电时对中、低水水位流量关系造成影响	咸宁
41	十好桥	不经常性局部冲淤	较稳定	低水受断面控制,中、高水受河槽控制。中、低水受下游橡胶坝不定期蓄水影响,水位较高时受斧头湖回水顶托影响	咸宁
42	石板坪	断面属于经常性冲淤,且冲大于淤。建站以来,河床下切深度达 1.4 m 左右	不稳定	低水受断面控制,中、高水受河槽控制	恩施
43	大河边	年际变化不大,低水受不经常性冲淤影响,变化较大,冲淤交替进行	稳定	低水受断面控制,中、高水受河槽控制	恩施
44	利川(二)	年际变化很小	稳定	低水受断面控制,中、高水受河槽控制	恩施
45	恩施	年际变化不大,低水断面冲淤变化较明显,断面控制受到影响,2011 年以后断面相对稳定,冲淤变化能相互补偿	稳定	低水受断面控制,中、高水受河槽控制	恩施
46	宣恩(二)	年际变化不大,水位在 493.5 m 以下时断面有冲淤变化	稳定	中、低水受下游翻板坝影响,高水受河槽控制	恩施
47	来凤	年际变化不大,低水断面冲淤变化交替,且能相互补偿	稳定	低水受浅滩控制,中、高水受下游弯道控制,高、中、低水受变动回水影响	恩施
48	鹤峰	年际变化不大,低水断面冲淤变化显著,断面控制受到影响,2011 年以后断面相对稳定,冲淤变化能相互抵偿	稳定	中、低水受下游翻板坝影响,高水受河槽控制	恩施
49	澴潭	不经常性局部冲淤,冲淤周期为 3～4 年	稳定	低水受断面控制,中、高水受河槽控制	随州
50	均川	不经常性局部冲淤,冲淤周期为 3～4 年	较稳定	低水受断面控制,中、高水受河槽控制	随州
51	万店	不经常性局部冲淤,冲淤周期为 3～4 年	不稳定	低水受断面控制,中、高水受河槽控制	随州
52	天门	断面受洪水冲淤影响不大	稳定	中、高水影响程度不大,低、枯水受影响程度相对较小	天门

附录表 2-5　湖北省国家基本水文站糙率分析统计表

附录表 2-5　湖北省国家基本水文站糙率分析统计表

序号	站名(断面)	河床组成	水位(其他水力因素)与糙率关系	糙率取值范围	行政区
1	马良坪	由砂卵石组成	中、高水时糙率基本呈带状分布,变幅为 0.023～0.033	中、高水实测糙率 0.027 左右	襄阳
2	打鼓台(坝下)	由砂卵石组成	下游原断面糙率由 0.026 逐渐变小至 0.023,水位超过 47.00 m 后,糙率值可取 0.023	0.023～0.026	襄阳
3	苍坪	由砂卵石组成,两岸为沙黏土稻田	点据较集中,呈明显带状,糙率随水位的升高而变小,水位超过 131.00 m 后,实测糙率基本维持在 0.027 左右	0.027～0.031	襄阳
4	挽鱼沟	由砂卵石组成	糙率随水位的升高而变小,水位超过 174.55 m 后,实测糙率基本维持在 0.027 左右	0.027～0.049	襄阳
5	远安	主槽位于左岸,由砂卵石组成。滩地位于右岸,由砂壤土组成	主槽、滩地均是水位越高、糙率越大	主槽 0.022～0.030;滩地 0.038～0.054	宜昌
6	高家堰(二)	河床由沙砾石组成,左岸为公路石坎,两岸高山坡上有植物和农田	水位越高、糙率越小	0.028～0.033	宜昌

续表

序号	站名(断面)	河床组成	水位(其他水力因素)与糙率关系	糙率取值范围	行政区
7	渔洋关	河床由卵石组成	水面比降与糙率关系点,其点群分布为带状,水面比降越大,糙率越大	0.024～0.040	宜昌
8	聂家河	河床由石板及卵石组成,左岸为石砌陡岸,右岸为土沙坡	以 83 m 为界,水位越高,糙率越小	0.028～0.034	宜昌
9	贾家坊	河床由砂卵石组成	水位越高,糙率越小	0.024～0.044	十堰
10	竹山	由砂卵石组成	水位越高,糙率越小	0.020～0.040	十堰
11	延坝	河床由砂砾石组成,左岸为土坡,右岸为石岸	水位越高,糙率越小	0.030～0.058	十堰
12	孤山	河床由块石及砂卵石组成	低、高水位大,中间小	0.028～0.055	十堰
13	松柏(二)	由壤土、砂砾石、人工块石组成	水位越高,糙率越小	0.034～0.049	神农架
14	房县	河床由砂卵石组成	糙率与水位的关系混乱	实测资料系列太少,未拟定关系线	十堰
15	草店	由细沙组成	水位增高,糙率减小	0.037～0.064	孝感
16	花园	由细沙组成	水位增高,糙率减小	0.018～0.033	孝感
17	应城(三)	由砂壤土组成	水位增高,糙率减小	0.022～0.035	孝感
18	红安(二)	主槽细沙、两岸浆砌块石护坡,陡岸	中、高水关系稳定	中、高水 0.040～0.041	黄冈
19	麻城	主槽细沙、两岸砂质河堤浆砌块石护坡	中、高水关系稳定	中、高水 0.029～0.044	黄冈
20	罗田(二)	主槽细沙、两岸浆砌块石护坡,陡岸	中、高水关系稳定	中、高水 0.027～0.048	黄冈
21	英山	主槽细沙、两岸浆砌块石护坡,陡岸	中、高水关系单一,水位升高,糙率趋小	中、高水 0.026～0.038	黄冈
22	西河驿	由细沙组成,两岸砂质河堤	中、高水关系稳定	中、高水 0.024～0.036	黄冈
23	石板坪	主河槽由粗砂卵石组成	糙率与水位的关系混乱,无明显线性关系	实测值 0.025～0.059	恩施
24	利川(二)	由岩石组成	糙率与水位的关系混乱,无明显线性关系	建议采用值为 0.030	恩施
25	恩施	由粗砂、卵石组成,两岸浆砌块石护岸	中、高水关系单一,水位升高,糙率趋小	中、高水 0.021～0.032	恩施
26	宣恩(二)	由粗砂、卵石组成	大致走势呈 J 形	中、高水 0.025～0.029	恩施
27	来凤	主河床由红砂岩、砂砾石组成,右岸为壤土,右岸河堤高程在 446.00 m 以下为浆砌块石护岸,左岸为黏土	中、高水水位糙率关系曲线点子散乱,大致走势呈 S 形	实测值 0.012～0.039	恩施
28	鹤峰	由粗砂、卵石组成,两岸浆砌块石护岸	水位糙率关系呈反 L 形光滑曲线	中、高水 0.030	恩施
29	澴潭	由细小卵石、石英砂组成,右岸为堤防,左岸为高地	中、高水实测糙率基本维持在 0.031 左右	0.016～0.031	随州

附录表 2-6　湖北省国家基本水文站(河道站)水位流量关系分析方法统计表

附录表 2-6　湖北省国家基本水文站(河道站)水位流量关系分析方法统计表

序号	站名	单一(综合)线法	落差指数法	本站水位后移法	导向标准断面法	改正水位法	切割水位法	临时曲线法	滑动定线法	行政区
1	长轩岭(二)							√		武汉
2	柳子港			√						武汉

续表

序号	站名	单一（综合）线法	落差指数法	本站水位后移法	导向标准断面法	改正水位法	切割水位法	临时曲线法	滑动定线法	行政区
3	龙港（二）	√								黄石
4	马良坪							√		襄阳
5	打鼓台	√								襄阳
6	苍坪							√		襄阳
7	开峰峪	√						√		襄阳
8	挽鱼沟							√	√	襄阳
9	沙溪坪	√								荆州
10	南阳							√		宜昌
11	古夫							√		宜昌
12	杨林桥（二）	√						√		宜昌
13	雾渡河							√		宜昌
14	远安							√		宜昌
15	河溶		√					√		宜昌
16	水布垭							√		宜昌
17	高家堰（二）							√		宜昌
18	渔洋关					√		√		宜昌
19	聂家河	√								宜昌
20	贾家坊	√								十堰
21	竹山	√								十堰
22	延坝				√					十堰
23	县河				√					十堰
24	孤山	√								十堰
25	松柏（二）	√								神农架
26	房县	√								十堰
27	隔蒲潭		√							孝感
28	草店			√				√		孝感
29	花园							√		孝感
30	应城（三）		√							孝感
31	红安（二）	√								黄冈
32	麻城							√		黄冈
33	马家潭（二）				√					黄冈
34	罗田（二）	√								黄冈
35	英山	√								黄冈
36	落令河（二）					√				黄冈
37	西河驿							√		黄冈
38	官桥									黄冈

续表

序号	站名	单一（综合）线法	落差指数法	本站水位后移法	导向标准断面法	改正水位法	切割水位法	临时曲线法	滑动定线法	行政区
39	明水		√							咸宁
40	大屋场	√								咸宁
41	通城（二）							√		咸宁
42	十好桥			√						咸宁
43	石板坪	√						√		恩施
44	大河边	√								恩施
45	利川（二）	√								恩施
46	恩施	√								恩施
47	宣恩（二）	√								恩施
48	来凤							√		恩施
49	鹤峰	√								恩施
50	澴潭	√						√		随州
51	均川	√						√		随州
52	万店	√						√		随州
53	天门		√							天门

附录表 2-7　湖北省国家基本水文站(河道站)流量测验方式方法分析成果表

附录表 2-7　湖北省国家基本水文站(河道站)流量测验方式方法分析成果表

序号	站名	分析方式	分析方法	流量资料年限(年)	分析使用资料年限(年)	分析精度说明		现流量测验方式	拟定流量测验方式	行政区
						实际分析误差	允许误差			
1	长轩岭(二)	新分析	间测分析	15	5	超标	年总量≤3% 汛期总量≤3.5% 一次洪水总量≤6.0%	驻测	驻测	武汉
2	柳子港	新分析	间测分析	71	7	精简 90 次后年总量、汛期总量、场次洪水、洪峰流量 92.5%合格	年总量≤3% 汛期总量≤3.5% 一次洪水总量≤6.0% 洪峰流量≤5%	驻测	驻测	武汉
3	龙港(二)	新分析	间测分析	26	26	系统误差 随机不确定度	系统误差≤±2.0% 随机不确定度≤12%~14%	间测	巡测	黄石
4	马良坪	新分析	间测分析	54	10	最大偏离值为−3.51%	低水≤12%,中水≤8.0%	巡测	巡测	襄阳
5	打鼓台(坝下)	原方案复核	关系率定	32	5	系统误差 0.9% 随机不确定度 9.1%	系统误差≤±1% 随机不确定度≤±10%	间测	巡测	襄阳
	打鼓台(渠道)	原方案复核	精简分析	41	10	年总水量 1.60%	年总水量≤±3%	巡测	巡测	襄阳
6	苍坪	原方案复核	关系率定	45	17	系统误差 0 相对误差 6.86%	系统误差≤±1% 相对误差≤±8%	间测	巡测	襄阳
7	开峰峪	新分析	精简分析	57	11	系统误差 0~0.1% 随机不确定度 3.7%~10%	系统误差≤±1% 随机不确定度≤±10%	驻测	巡测	襄阳
8	挽鱼沟	新分析	精简分析	52	10	系统误差 0.10% 随机不确定度 9.7%~10.8%	系统误差≤±2% 随机不确定度≤±12%	巡测	巡测	襄阳
9	沙溪坪	新分析	间测分析	7	7	系统误差−0.1% 随机不确定度 13.9%	系统误差≤±2% 随机不确定度≤±14%	巡测	巡测	荆州
10	南阳	新分析	精简分析	5	5	超标	系统误差≤±1% 随机不确定度≤±10%	巡测	巡测	宜昌
11	古夫	新分析	精简分析	5	5	系统误差−0.2% 随机不确定度 6.2%	系统误差≤±1% 随机不确定度≤±10%	巡测	巡测	宜昌
12	杨林桥(二)	原方案复核	间测分析	19	18	系统误差−0.6% 随机不确定度 10.6%	系统误差≤±1% 随机不确定度≤±11%	间测	巡测	宜昌

续表

序号	站名	分析方式	分析方法	流量资料年限(年)	分析使用资料年限(年)	分析精度说明		现流量测验方式	拟定流量测验方式	行政区
						实际分析误差	允许误差			
13	雾渡河	新分析	精简分析	45	45	年总量误差 2.0% 汛期总量误差 2.3% 次洪水总量误差 0.8%	年总量≤2.5% 汛期总量≤3.0% 一次洪水总量≤3.0% 洪峰流量≤5% 系统误差≤±1%	巡测	巡测	宜昌
14	远安	新分析	精简分析	31	30	系统误差−0.9%~0.6% 年总量 2.4% 汛期总量 2.8% 场次洪水 3.0% 洪峰流量 4.2%	系统误差≤±1% 年总量≤2.5% 汛期总量≤3.0% 一次洪水总量≤3.0% 洪峰流量≤5%	驻测	巡测	宜昌
15	河溶	新分析	关系率定	65	51	系统误差 0 随机不确定度 8.4%	系统误差≤±1% 随机不确定度≤±10%	驻巡结合	巡测	宜昌
16	水布垭	原方案复核	精简分析	13	13	系统误差 0~0.4% 随机不确定度 2.0%~5.2%	系统误差≤±1% 随机不确定度≤±10%	巡测	巡测	宜昌
17	高家堰(二)	原方案复核	间测分析	54	54	系统误差−1.0% 随机不确定度 9.8%	系统误差≤±1% 随机不确定度≤±10%	间测	巡测	宜昌
18	渔洋关	新分析	精简分析	56	56	相对误差	相对误差≤±10%	驻测	巡测	宜昌
19	聂家河	原方案复核	间测分析	62	58	系统误差 0.2% 随机不确定度 4.8%	系统误差≤±1% 随机不确定度≤±10%	间测	巡测	宜昌
20	贾家坊	新分析	校测检测分析	57	10	系统误差−0.25% 随机不确定度 11.6%	中水≤14.0% 系统误差≤±2%	驻巡结合	驻测	十堰
21	竹山	新分析	校测检测分析	57	10	高水 4.8% 中水 7.9%	高水≤10.0% 中水≤12.0%	驻巡结合	驻测	十堰
22	延坝	新分析	校测检测分析	28	10	标准差小于 6.0% 系统误差小于 0.20%	中水≤14.0% 系统误差≤±2%	巡测	巡测	十堰
23	县河	新分析	校测检测分析	3	3	年总量 0.1%~1.1% 汛期总量 0.2%~1.4% 一次洪水总量−1.1%~1.3% 洪峰流量−0.7%~3.2%	年总量≤3% 汛期总量≤3.5% 一次洪水总量≤6.0% 洪峰流量≤5%	巡测	巡测	十堰
24	孤山	新分析	校测检测分析	43	11	中水不超过±8% 低水不超过±11%	中水≤14.0% 系统误差≤±2%	巡测	巡测	十堰

续表

序号	站名	分析方式	分析方法	流量资料年限(年)	分析使用资料年限(年)	分析精度说明		现流量测验方式	拟定流量测验方式	行政区
						实际分析误差	允许误差			
25	松柏	原方案复核	校测检测分析	38	10	中水不超过±8% 低水不超过±11%	中水≤14.0% 系统误差≤±2%	驻巡结合	巡测	十堰
26	房县	新分析	校测检测分析	7	7	随机不确定度 14.0% 系统误差 0.1%	中水≤14.0% 系统误差≤±2%	驻巡结合	巡测	十堰
27	隔蒲潭	新分析	关系率定	55	3	标准差 2.7%	标准差≤±6%	驻测	巡测	孝感
28	草店	新分析、原方案复核	关系率定	59	13	标准差 3.6%～5.7%	标准差≤±7%	驻测	巡测	孝感
29	花园	新分析	关系率定	61	8	标准差 1.2%～5.7%	标准差≤±6%	驻测	巡测	孝感
30	应城(三)	新分析	关系率定	51	7	标准差 4.2%	标准差≤±7%	驻测	巡测	孝感
31	红安(二)	新分析	间测分析 (水工建筑物法)	55	1	系统误差−0.6% 标准差 5.2% 随机不确定度 10.4%	系统误差≤±3% 标准差≤±9% 随机不确定度≤±18%	驻测	巡测	黄冈
32	麻城	新分析	精简分析 (高水分析)	57	10	系统误差 0% 标准差 7.2% 随机不确定度 14.4%	系统误差≤±3% 标准差≤±8% 随机不确定度≤±16%	驻测	驻测	黄冈
33	马家潭(二)	新分析	精简分析 (导向标准断面法)	60	7	年总量 1.6% 汛期总量−0.8% 一次洪水总量−0.9% 洪峰流量 5%	年总量≤±3% 汛期总量≤±3.5% 一次洪水总量≤±6% 洪峰流量≤±5%	驻测	驻测	黄冈
34	罗田(二)	新分析	精简分析 (中、高水分析)	56	10	中水相对误差−7.5%	中水相对误差≤±8%	驻测	巡测	黄冈
35	英山		因资料年限只有 3 年， 达不到分析要求	58	3			驻测	巡测	黄冈
36	落令河(二)	原方案复核	精简分析	55	1			巡测	巡测	黄冈
37	西河驿	新分析	精简分析	58	10			驻测	驻测	黄冈
38	官桥	新分析	水位流量关系受 影响因素较多， 不具备分析条件	40				驻测	驻测	黄冈
39	明水	新分析	精简分析	13	13	超标	系统误差≤±1% 随机不确定度≤±10%	驻测	驻测	咸宁

续表

序号	站名	分析方式	分析方法	流量资料年限(年)	分析使用资料年限(年)	分析精度说明		现流量测验方式	拟定流量测验方式	行政区
						实际分析误差	允许误差			
40	大屋场	原方案复核	校测检测	17	11		系统误差≤±1% 随机不确定度≤±10%	间测	巡测	咸宁
41	通城(二)	新分析	精简分析	57	10	超标	系统误差≤±1% 随机不确定度≤±10%	驻测	驻测	咸宁
42	十好桥	新分析	精简分析	46	11	超标	系统误差≤±1% 随机不确定度≤±10%	驻测	驻测	咸宁
43	石板坪	新分析	间测分析	27	10	系统误差−0.1% 随机不确定度9.0%	系统误差≤±1% 随机不确定度≤±10%	巡测	巡测	恩施
44	大河边	新分析	间测分析	21	14	系统误差0.4% 随机不确定度9.2%	系统误差≤±1% 随机不确定度≤±10%	驻测	巡测	恩施
45	利川(二)	新分析	间测分析	58	9	系统误差−0.3% 随机不确定度9.4%	系统误差≤±1% 随机不确定度≤±10%	驻测	巡测	恩施
46	恩施	新分析	间测分析	76	10	系统误差−0.1% 随机不确定度5%	系统误差≤±1% 随机不确定度≤±10%	驻测	巡测	恩施
47	宣恩(二)	新分析	间测分析	27	12	系统误差−0.6% 随机不确定度11.2%	系统误差≤±2% 随机不确定度≤±12%	驻测	巡测	恩施
48	来凤	原方案复核	校测检测分析	50	10	系统误差−0.3% 随机不确定度9.4%	系统误差≤±1% 随机不确定度≤±10%	驻测	巡测	恩施
49	鹤峰	新分析	间测分析	56	9	系统误差0.1% 随机不确定度7.4%	系统误差≤±1% 随机不确定度≤±10%	驻测	巡测	恩施
50	溵潭	新分析	间测分析	61	6			巡测	巡测	随州
51	均川	新分析	间测分析	8	8	超标		巡测	巡测	随州
52	万店	新分析	间测分析	9	9	超标		驻测	巡测	随州
53	天门	新分析	间测分析	2	2	系统误差0.19% 随机不确定度12.8%	系统误差≤±2% 随机不确定度≤±14%	驻测	巡测	天门

附录表2-8　湖北省国家基本水文站(堰闸水库站)流量测验方式方法分析成果表

附录表2-8　湖北省国家基本水文站(堰闸水库站)流量测验方式方法分析成果表

序号	站名(断面)	分析方式	分析方法	堰闸流态	相关因素			分析精度指标				分析结论	拟采用流量测验方式	行政区
								随机不确定度		系统误差				
					代号	最高比值	最低比值	数值(%)	规范允许(%)	数值(%)	规范允许(%)			
1	金口(闸上)	原方案复核	精简分析									6天测一次	驻测	武汉
	金口(电排)	原方案复核	关系率定		h	5.4	0.2	4.8	14	0.2	±2	间测		
2	沣源口(大闸)	原方案复核	关系率定	由堰	hu	4	0	13.2	18	1.3	±2	间测	巡测	黄石
	沣源口(大闸)	原方案复核	关系率定	淹堰	ΔZ/hu	0.2	0	14	18	0.6	±2	间测		
	沣源口(大闸)	新分析	关系率定	由孔	e/hu	0.8	0	14	18	−1.1	±2	间测		
	沣源口(大闸)	原方案复核	关系率定	淹孔	ΔZ/hu	0.4	0	13.2	18	0.2	±2	间测		
	沣源口(抽水)	原方案复核	关系率定		hu	6	0	8.4	14	−0.6	±2	间测		
3	富水(水电)	原方案复核	关系率定		hu	39.1	26.[illegible]	6.8	14	0.2	1	间测	巡测	黄石
	富水(溢洪道)	原方案复核	关系率定		hu	9.74	0.02	9.6	14	0.1	1	间测		
	富水(渠道)	原方案复核	间测分析		hu	47.94	46.24	18	18	−0.6	1	间测		
4	马桥(电站)	原方案复核	关系率定					18	18	1.2	±2	间测	巡测	襄阳
5	三道河(电管)	新分析	关系率定					6.4	14	−0.4	±2	间测	巡测	襄阳
	三道河(小电站)	原方案复核	间测分析					4.9	14	0.5	±2	间测		
	三道河(导流洞)	原方案复核	间测分析									间测		
	三道河(溢洪道)	原方案复核	关系率定		e/H	0.031	0.2	2.9	14	−0.2	±2	间测		
6	习家口(闸下)	原方案复核	关系率定	淹孔	ΔZ/hu	0.550	0.050	9.8	14	−1.1	±2	间测	巡测	荆州
7	福田寺(闸下)	原方案复核	关系率定	淹孔	ΔZ/hu	0.500	0.000	6.6	14	0.5	±2	间测	巡测	荆州
8	新滩口(闸上)	原方案复核	关系率定	淹孔	ΔZ/hu	0.530	0.000	12	14	1	±2	间测	巡测	荆州
	新滩口(闸上)	原方案复核	关系率定	由孔	e/hu	0.660	0.070	7.8	14	0.5	±2	间测		
	新滩口(闸上)	新分析	关系率定	由堰	hu	5.00	1.00	6.3	14	1	±2	间测		
	新滩口(闸上)	新分析	关系率定	淹堰	ΔZ/hu	0.200	0.001	8.9	14	0.1	±2	间测		
	新滩口(泵站)	新分析	关系率定		h	5.00	0.01	8.6	14	−1.1	±2	间测		
9	新堤(大闸上)	原方案复核	关系率定	由孔	e/hu	0.650	0.100	3.6	14	0.1	±2	间测	巡测	荆州
	新堤(大闸上)	原方案复核	关系率定	淹孔	ΔZ/hu	0.650	0.000	13.6	14	−0.6	±2	间测		

续表

序号	站名(断面)	分析方式	分析方法	堰闸流态	相关因素			分析精度指标				分析结论	拟采用流量测验方式	行政区
								随机不确定度		系统误差				
					代号	最高比值	最低比值	数值(%)	规范允许(%)	数值(%)	规范允许(%)			
10	安陆(二)	原方案复核	关系率定	由孔	e/hu	0.8	0.04	−9.5	10			间测	巡测	孝感
	安陆(二)	原方案复核	关系率定	电站	N	920	100	−9.1	10			间测		
11	东山头	原方案复核	关系率定	由堰	hu	5	1					间测	巡测	孝感
	东山头	原方案复核	关系率定	淹堰	$\Delta Z/hu$	0.22	0	−8.8	10			间测		
	东山头	原方案复核	关系率定	由孔	e/hu	0.999	0.05					间测		
	东山头	原方案复核	关系率定	淹孔	$e/\Delta Z$	6 000	0.01	−9.7	10			间测		
12	新沟	原方案复核	关系率定	由堰	hu	2.5	0.5					间测	巡测	孝感
	新沟	原方案复核	关系率定	淹堰	$\Delta Z/hu$	0.21	0.000 1	−12	10			间测		
	新沟	原方案复核	关系率定	由孔	e/hu	0.999	0.04					间测		
	新沟	原方案复核	关系率定	淹孔	$e/\Delta Z$	8 610	0	1.9	10			间测		
13	万福闸	原方案复核	关系率定	由堰	hu	6	0.2	0	12			间测	巡测	孝感
	万福闸	原方案复核	关系率定	淹堰	$\Delta Z/hu$	0.2	0	10.2	12			间测		
	万福闸	原方案复核	关系率定	淹孔	$e/\Delta Z$	7 900	0	−7.1	12			间测		
	万福闸(泵站)	原方案复核	关系率定	泵站	h	7	0.1	10.4	12			间测		
14	汉川泵站(船闸)	原方案复核	关系率定	出水由堰	hu	9.9	3.5					间测	巡测	孝感
	汉川泵站(船闸)	原方案复核	关系率定	出水淹堰	$\Delta Z/hu$	0.22	0.000 1	−11.3	12			间测		
	汉川泵站(船闸)	原方案复核	关系率定	出水淹孔	$e/\Delta Z$	1 000	0.01	0.3	12			间测		
	汉川泵站(船闸)	原方案复核	关系率定	进水淹堰	$\Delta Z/hu$	0.04	0	0	12			间测		
	汉川泵站(排水闸)	原方案复核	关系率定	排水闸无栏淹堰	$\Delta Z/hu$	0.22	0	12	12			间测		
	汉川泵站(排水闸)	原方案复核	关系率定	排水闸无栏淹孔	$e/\Delta Z$	1 000	0	0	12			间测		
	汉川泵站(排水闸)	原方案复核	关系率定	排水闸有栏淹堰	$\Delta Z/hu$	0.22	0	12	12			间测		
	汉川泵站(高闸)	原方案复核	关系率定	高闸								间测		
	汉川泵站(低闸)	原方案复核	关系率定	低闸								间测		
	汉川泵站(泵站)	原方案复核	关系率定	泵站	h	7	0.01	−8.2	12			间测		

续表

序号	站名(断面)	分析方式	分析方法	堰闸流态	相关因素			分析精度指标				分析结论	拟采用流量测验方式	行政区
								随机不确定度		系统误差				
					代号	最高比值	最低比值	数值(%)	规范允许(%)	数值(%)	规范允许(%)			
15	汉川闸	原方案复核	关系率定	由堰	hu	5.6	0.2	−0.7	12			间测	巡测	孝感
	汉川闸	原方案复核	关系率定	淹堰	ΔZ/hu	0.2	0	11.9	12			间测		
	汉川闸	原方案复核	关系率定	由孔	e/hu	0.98	0.14	7	12			间测		
	汉川闸	原方案复核	关系率定	淹孔	$e/\Delta Z$	6 000	0.16	−1.9	12			间测		
16	民乐闸	原方案复核	关系率定	由堰	hu	5.7	5	0	12			间测	巡测	孝感
	民乐闸	原方案复核	关系率定	淹堰	ΔZ/hu	0.21	0.000 1	−11.1	12			间测		
	民乐闸	原方案复核	关系率定	淹孔	$e/\Delta Z$	7 500	0.2	4.3	12			间测		
17	白莲河(坝下)	原方案复核	间测分析									间测	巡测	黄冈
18	余码头(闸上)	原方案复核	关系率定	淹堰	σC1 采用分析常数 0.32							间测	巡测	咸宁
	余码头(抽水)	新分析	关系率定		h	8	1.4	12.6	18	−0.6	±2	间测		
	余码头(渠道)	原方案复核	间测分析					11.3	14			间测		
19	烟墩集(闸下)	原方案复核	关系率定	淹孔(B=6 m)	ΔZ/hu	0.62	0.513	6.1	18	−0.15	±2	间测	巡测	荆门
	烟墩集(闸下)	原方案复核	关系率定	淹孔(B=14 m)	ΔZ/hu	0.62	0.23	4	18	−0.06	±2	间测		
	烟墩集(闸下)	原方案复核	关系率定	淹孔(B=8 m)	ΔZ/hu	0.62	0.3	11.8	18	−0.26	±2	间测		
	烟墩集(闸下)	原方案复核	关系率定	由孔(B=6 m)	e/hu	0.131	0.009	10	18	0.23	±2	间测		
	烟墩集(闸下)	原方案复核	关系率定	由孔(B=14 m)	e/hu	0.071	0.006	15.9	18	−1.63	±2	间测		
	烟墩集(闸下)	原方案复核	关系率定	由孔(B=4 m、8 m)	e/hu	0.096	0.009	9.2	14	−0.6	±2	间测		
20	随州(二)(闸下)	新分析	关系率定	由堰	hu	2.81	0.25	13.2	14	−1	±2	间测	巡测	随州
	随州(二)(闸下)	新分析	关系率定	由孔	ΔZ/hu	0.714	0.01	11.8	14	−0.4	±2	间测		
	随州(二)(电站)	新分析	关系率定	发电	N	103	10	14	14	0.3	±2	间测		
21	先觉庙(东干渠)	新分析	间测分析					7.8	14			间测	巡测	随州
22	徐家河(渠道)	新分析	关系率定	发电	N	630	280	13.6	14	−1.2	±2	间测	巡测	随州
	徐家河(溢洪道)	原方案复核	关系率定	由堰	hu	1.45	0.04	11.7	14	0.5	±2	间测		

续表

序号	站名(断面)	分析方式	分析方法	堰闸流态	相关因素			分析精度指标				分析结论	拟采用流量测验方式	行政区
								随机不确定度		系统误差				
					代号	最高比值	最低比值	数值(%)	规范允许(%)	数值(%)	规范允许(%)			
23	樊口(大闸下)	原方案复核	关系率定	淹堰	$\Delta Z/hu$	1.41	0.09	13.2	18	0.1	±2	间测	巡测	鄂州
	樊口(大闸下)	原方案复核	关系率定	由孔	e/hu	4.13	1.75		18		±2	间测		
	樊口(大闸下)	原方案复核	关系率定	淹孔	$\Delta Z/hu$	2.43	0.07	13.6	18	−0.8	±2	间测		
	樊口(大闸下)	原方案复核	关系率定	由堰	hu	1.5	1.5					流态出现较少,采用经验值1.5		
24	罗汉寺	原方案复核	关系率定	淹孔	$\Delta Z/hu$	0.652	0.09	9.2	15	0.7	±2	间测	巡测	天门
	罗汉寺	原方案复核	关系率定	淹堰	$\Delta Z/hu$	0.128	0.025	12.6	15	0.6	±2	间测		
25	何山闸	原方案复核	关系率定	淹孔(单孔)	$\Delta Z/hu$	0.615	0.01	13.8	14	0.7	±2	间测	巡测	天门
	何山闸	原方案复核	关系率定	淹孔(多孔)	$\Delta Z/hu$	0.609	0.003	13.4	14	0.5	±2	间测		
	何山闸	原方案复核	关系率定	淹堰(多孔)	ΔZ	0.57	0.004	13.8	14	−0.8	±2	间测		
26	东风闸	原方案复核	关系率定	淹孔(单孔)	$\Delta Z/hu$	0.497	0.011	8.6	14	0	±2	间测	巡测	天门
	东风闸	原方案复核	关系率定	淹孔(多孔)	$\Delta Z/hu$	0.472	0.019	10.8	14	0.2	±2	间测		
27	天门船闸	原方案复核	关系率定	进水由堰	hu	3.81	1.3	8.2	15	−0.6	±2	间测	巡测	天门
	天门船闸	原方案复核	关系率定	进水淹堰	ΔZ	0.73	0.017	14.6	15	0.4	±2	间测		
	天门船闸	原方案复核	关系率定	出水淹堰	ΔZ	0.82	0.006	13.4	15	−0.1	±2	间测		
28	浩口(老闸)	原方案复核	关系率定	淹堰	$\Delta Z/hu$	0.2	0.002	11	18	−0.42	±2	间测	巡测	潜江
	浩口(老闸)	原方案复核	关系率定	由堰	hu	2.8	0.5	7	18	−0.09	±3	间测		
	浩口(老闸)	原方案复核	关系率定	淹孔	$\Delta Z/hu$	0.39	0.02	17	18	0.61	±3	间测		
	浩口(老闸)	原方案复核	关系率定	由孔	e/hu	0.65	0.16	10.2	18	0.21	±3	间测		
	浩口(新闸)	原方案复核	关系率定	淹堰	$\Delta Z/hu$	0.2	0.002	0.6	18	0.7	±3	间测		
	浩口(新闸)	新分析	关系率定	淹孔($e\geqslant 0.98$ m)	$\Delta Z/hu$	0.234	0.002	0.06	18	1.7	±3	间测		
	浩口(新闸)	新分析	关系率定	淹孔($e<0.98$ m)	$\Delta Z/hu$	0.422	0.013	13.4	18	0.3	±3	间测		

续表

序号	站名(断面)	分析方式	分析方法	堰闸流态	相关因素			分析精度指标				分析结论	拟采用流量测验方式	行政区
								随机不确定度		系统误差				
					代号	最高比值	最低比值	数值(%)	规范允许(%)	数值(%)	规范允许(%)			
29	田关(闸上)	原方案复核	关系率定	淹堰	$\Delta Z/hu$	0.25	0.000 5	12	14	−0.45	±2	间测	巡测	潜江
	田关(闸上)	原方案复核	关系率定	由堰	hu	4	0.7	7.4	14	−8	±2	间测		
	田关(泵站)	原方案复核	关系率定		h	6.5	0.05	12.2	14	−0.9	±2	间测		
	田关(闸上)	原方案复核	关系率定	淹孔	$\Delta Z/hu$	0.518	0.002	8.86	14	−0.68	±2	间测		

附录3 水文政策法规文件

1.《中华人民共和国水文条例》

中华人民共和国水文条例

（2007年4月25日中华人民共和国国务院令第496号公布，2013年7月18日第一次修订，2016年2月6日第二次修订，2017年3月1日第三次修订）

第一章 总则

第一条 为了加强水文管理，规范水文工作，为开发、利用、节约、保护水资源和防灾减灾服务，促进经济社会的可持续发展，根据《中华人民共和国水法》和《中华人民共和国防洪法》，制定本条例。

第二条 在中华人民共和国领域内从事水文站网规划与建设，水文监测与预报，水资源调查评价，水文监测资料汇交、保管与使用，水文设施与水文监测环境的保护等活动，应当遵守本条例。

第三条 水文事业是国民经济和社会发展的基础性公益事业。县级以上人民政府应当将水文事业纳入本级国民经济和社会发展规划，所需经费纳入本级财政预算，保障水文监测工作的正常开展，充分发挥水文工作在政府决策、经济社会发展和社会公众服务中的作用。

县级以上人民政府应当关心和支持少数民族地区、边远贫困地区和艰苦地区水文基础设施的建设和运行。

第四条 国务院水行政主管部门主管全国的水文工作，其直属的水文机构具体负责组织实施管理工作。

国务院水行政主管部门在国家确定的重要江河、湖泊设立的流域管理机构（以下简称流域管理机构），在所管辖范围内按照法律、本条例规定和国务院水行政主管部门规定的权限，组织实施管理有关水文工作。

省、自治区、直辖市人民政府水行政主管部门主管本行政区域内的水文工作，其直属的水文机构接受上级业务主管部门的指导，并在当地人民政府的领导下具体负责组织实施管理工作。

第五条 国家鼓励和支持水文科学技术的研究、推广和应用，保护水文科技成果，培养水文科技人才，加强水文国际合作与交流。

第六条 县级以上人民政府对在水文工作中做出突出贡献的单位和个人，按照国家有关规定给予表彰和奖励。

第七条 外国组织或者个人在中华人民共和国领域内从事水文活动的，应当经国务院水行政主管部门会同有关部门批准，并遵守中华人民共和国的法律、法规；在中华人民共和国与邻国交界的跨界河流上从事水文活动的，应当遵守中华人民共和国与相关国家缔结的有关条约、协定。

第二章　规划与建设

第八条　国务院水行政主管部门负责编制全国水文事业发展规划，在征求国务院有关部门意见后，报国务院或者其授权的部门批准实施。

流域管理机构根据全国水文事业发展规划编制流域水文事业发展规划，报国务院水行政主管部门批准实施。

省、自治区、直辖市人民政府水行政主管部门根据全国水文事业发展规划和流域水文事业发展规划编制本行政区域的水文事业发展规划，报本级人民政府批准实施，并报国务院水行政主管部门备案。

第九条　水文事业发展规划是开展水文工作的依据。修改水文事业发展规划，应当按照规划编制程序经原批准机关批准。

第十条　水文事业发展规划主要包括水文事业发展目标、水文站网建设、水文监测和情报预报设施建设、水文信息网络和业务系统建设以及保障措施等内容。

第十一条　国家对水文站网建设实行统一规划。水文站网建设应当坚持流域与区域相结合、区域服从流域，布局合理、防止重复，兼顾当前和长远需要的原则。

第十二条　水文站网的建设应当依据水文事业发展规划，按照国家固定资产投资项目建设程序组织实施。

为国家水利、水电等基础工程设施提供服务的水文站网的建设和运行管理经费，应当分别纳入工程建设概算和运行管理经费。

本条例所称水文站网，是指在流域或者区域内，由适当数量的各类水文测站构成的水文监测资料收集系统。

第十三条　国家对水文测站实行分类分级管理。

水文测站分为国家基本水文测站和专用水文测站。国家基本水文测站分为国家重要水文测站和一般水文测站。

第十四条　国家重要水文测站和流域管理机构管理的一般水文测站的设立和调整，由省、自治区、直辖市人民政府水行政主管部门或者流域管理机构报国务院水行政主管部门直属水文机构批准。其他一般水文测站的设立和调整，由省、自治区、直辖市人民政府水行政主管部门批准，报国务院水行政主管部门直属水文机构备案。

第十五条　设立专用水文测站，不得与国家基本水文测站重复；在国家基本水文测站覆盖的区域，确需设立专用水文测站的，应当按照管理权限报流域管理机构或者省、自治区、直辖市人民政府水行政主管部门直属水文机构批准。其中，因交通、航运、环境保护等需要设立专用水文测站的，有关主管部门批准前，应当征求流域管理机构或者省、自治区、直辖市人民政府水行政主管部门直属水文机构的意见。

撤销专用水文测站，应当报原批准机关批准。

第十六条　专用水文测站和从事水文活动的其他单位，应当接受水行政主管部门直属水文机构的行业管理。

第十七条　省、自治区、直辖市人民政府水行政主管部门管理的水文测站，对流域水资源管理和防灾减灾有重大作用的，业务上应当同时接受流域管理机构的指导和监督。

第三章　监测与预报

第十八条　从事水文监测活动应当遵守国家水文技术标准、规范和规程，保证监测质量。未经批准，不得中止水文监测。

国家水文技术标准、规范和规程，由国务院水行政主管部门会同国务院标准化行政主管部门制定。

第十九条　水文监测所使用的专用技术装备应当符合国务院水行政主管部门规定的技术要求。

水文监测所使用的计量器具应当依法经检定合格。水文监测所使用的计量器具的检定规程，由国务院水行政主管部门制定，报国务院计量行政主管部门备案。

第二十条 水文机构应当加强水资源的动态监测工作，发现被监测水体的水量、水质等情况发生变化可能危及用水安全的，应当加强跟踪监测和调查，及时将监测、调查情况和处理建议报所在地人民政府及其水行政主管部门；发现水质变化，可能发生突发性水体污染事件的，应当及时将监测、调查情况报所在地人民政府水行政主管部门和环境保护行政主管部门。

有关单位和个人对水资源动态监测工作应当予以配合。

第二十一条 承担水文情报预报任务的水文测站，应当及时、准确地向县级以上人民政府防汛抗旱指挥机构和水行政主管部门报告有关水文情报预报。

第二十二条 水文情报预报由县级以上人民政府防汛抗旱指挥机构、水行政主管部门或者水文机构按照规定权限向社会统一发布。禁止任何其他单位和个人向社会发布水文情报预报。

广播、电视、报纸和网络等新闻媒体，应当按照国家有关规定和防汛抗旱要求，及时播发、刊登水文情报预报，并标明发布机构和发布时间。

第二十三条 信息产业部门应当根据水文工作的需要，按照国家有关规定提供通信保障。

第二十四条 县级以上人民政府水行政主管部门应当根据经济社会的发展要求，会同有关部门组织相关单位开展水资源调查评价工作。

从事水文、水资源调查评价的单位，应当具备下列条件：

（一）具有法人资格和固定的工作场所；

（二）具有与所从事水文活动相适应的专业技术人员；

（三）具有与所从事水文活动相适应的专业技术装备；

（四）具有健全的管理制度；

（五）符合国务院水行政主管部门规定的其他条件。

第四章　资料的汇交保管与使用

第二十五条 国家对水文监测资料实行统一汇交制度。从事地表水和地下水资源、水量、水质监测的单位以及其他从事水文监测的单位，应当按照资料管理权限向有关水文机构汇交监测资料。

重要地下水源地、超采区的地下水资源监测资料和重要引（退）水口、在江河和湖泊设置的排污口、重要断面的监测资料，由从事水文监测的单位向流域管理机构或者省、自治区、直辖市人民政府水行政主管部门直属水文机构汇交。

取用水工程的取（退）水、蓄（泄）水资料，由取用水工程管理单位向工程所在地水文机构汇交。

第二十六条 国家建立水文监测资料共享制度。水文机构应当妥善存储和保管水文监测资料，根据国民经济建设和社会发展需要对水文监测资料进行加工整理形成水文监测成果，予以刊印。国务院水行政主管部门直属的水文机构应当建立国家水文数据库。

基本水文监测资料应当依法公开，水文监测资料属于国家秘密的，对其密级的确定、变更、解密以及对资料的使用、管理，依照国家有关规定执行。

第二十七条 编制重要规划、进行重点项目建设和水资源管理等使用的水文监测资料应当完整、可靠、一致。

第二十八条 国家机关决策和防灾减灾、国防建设、公共安全、环境保护等公益事业需要使用水文监测资料和成果的，应当无偿提供。

除前款规定的情形外，需要使用水文监测资料和成果的，按照国家有关规定收取费用，并实行收支两条线管理。

因经营性活动需要提供水文专项咨询服务的，当事人双方应当签订有偿服务合同，明确双方的权利和义务。

第五章　设施与监测环境保护

第二十九条　国家依法保护水文监测设施。任何单位和个人不得侵占、毁坏、擅自移动或者擅自使用水文监测设施，不得干扰水文监测。

国家基本水文测站因不可抗力遭受破坏的，所在地人民政府和有关水行政主管部门应当采取措施，组织力量修复，确保其正常运行。

第三十条　未经批准，任何单位和个人不得迁移国家基本水文测站；因重大工程建设确需迁移的，建设单位应当在建设项目立项前，报请对该站有管理权限的水行政主管部门批准，所需费用由建设单位承担。

第三十一条　国家依法保护水文监测环境。县级人民政府应当按照国务院水行政主管部门确定的标准划定水文监测环境保护范围，并在保护范围边界设立地面标志。

任何单位和个人都有保护水文监测环境的义务。

第三十二条　禁止在水文监测环境保护范围内从事下列活动：

（一）种植高秆作物、堆放物料、修建建筑物、停靠船只；

（二）取土、挖砂、采石、淘金、爆破和倾倒废弃物；

（三）在监测断面取水、排污或者在过河设备、气象观测场、监测断面的上空架设线路；

（四）其他对水文监测有影响的活动。

第三十三条　在国家基本水文测站上下游建设影响水文监测的工程，建设单位应当采取相应措施，在征得对该站有管理权限的水行政主管部门同意后方可建设。因工程建设致使水文测站改建的，所需费用由建设单位承担。

第三十四条　在通航河道中或者桥上进行水文监测作业时，应当依法设置警示标志。

第三十五条　水文机构依法取得的无线电频率使用权和通信线路使用权受国家保护。任何单位和个人不得挤占、干扰水文机构使用的无线电频率，不得破坏水文机构使用的通信线路。

第六章　法律责任

第三十六条　违反本条例规定，有下列行为之一的，对直接负责的主管人员和其他直接责任人员依法给予处分；构成犯罪的，依法追究刑事责任：

（一）错报水文监测信息造成严重经济损失的；

（二）汛期漏报、迟报水文监测信息的；

（三）擅自发布水文情报预报的；

（四）丢失、毁坏、伪造水文监测资料的；

（五）擅自转让、转借水文监测资料的；

（六）不依法履行职责的其他行为。

第三十七条　未经批准擅自设立水文测站或者未经同意擅自在国家基本水文测站上下游建设影响水文监测的工程的，责令停止违法行为，限期采取补救措施，补办有关手续；无法采取补救措施、逾期不补办或者补办未被批准的，责令限期拆除违法建筑物；逾期不拆除的，强行拆除，所需费用由违法单位或者个人承担。

第三十八条　不符合本条例第二十四条规定的条件从事水文活动的，责令停止违法行为，没收违法所得，并处 5 万元以上 10 万元以下罚款。

第三十九条　违反本条例规定，使用不符合规定的水文专用技术装备和水文计量器具的，责令限期改正。

第四十条　违反本条例规定，有下列行为之一的，责令停止违法行为，处 1 万元以上 5 万元以下罚款：

（一）拒不汇交水文监测资料的；

（二）非法向社会传播水文情报预报，造成严重经济损失和不良影响的。

第四十一条 违反本条例规定，侵占、毁坏水文监测设施或者未经批准擅自移动、擅自使用水文监测设施的，责令停止违法行为，限期恢复原状或者采取其他补救措施，可以处5万元以下罚款；构成违反治安管理行为的，依法给予治安管理处罚；构成犯罪的，依法追究刑事责任。

第四十二条 违反本条例规定，从事本条例第三十二条所列活动的，责令停止违法行为，限期恢复原状或者采取其他补救措施，可以处1万元以下罚款；构成违反治安管理行为的，依法给予治安管理处罚；构成犯罪的，依法追究刑事责任。

第四十三条 本条例规定的行政处罚，由县级以上人民政府水行政主管部门或者流域管理机构依据职权决定。

第七章 附 则

第四十四条 本条例中下列用语的含义是：

水文监测，是指通过水文站网对江河、湖泊、渠道、水库的水位、流量、水质、水温、泥沙、冰情、水下地形和地下水资源，以及降水量、蒸发量、墒情、风暴潮等实施监测，并进行分析和计算的活动。

水文测站，是指为收集水文监测资料在江河、湖泊、渠道、水库和流域内设立的各种水文观测场所的总称。

国家基本水文测站，是指为公益目的统一规划设立的对江河、湖泊、渠道、水库和流域基本水文要素进行长期连续观测的水文测站。

国家重要水文测站，是指对防灾减灾或者对流域和区域水资源管理等有重要作用的基本水文测站。

专用水文测站，是指为特定目的设立的水文测站。

基本水文监测资料，是指由国家基本水文测站监测并经过整编后的资料。

水文情报预报，是指对江河、湖泊、渠道、水库和其他水体的水文要素实时情况的报告和未来情况的预告。

水文监测设施，是指水文站房、水文缆道、测船、测船码头、监测场地、监测井、监测标志、专用道路、仪器设备、水文通信设施以及附属设施等。

水文监测环境，是指为确保监测到准确水文信息所必需的区域构成的立体空间。

第四十五条 中国人民解放军的水文工作，按照中央军事委员会的规定执行。

第四十六条 本条例自2007年6月1日起施行。

2.《水文站网管理办法》

水文站网管理办法

（2011年12月2日水利部令第44号发布）

第一条 为加强水文站网管理，充分发挥水文站网功能和作用，根据《中华人民共和国水法》、《中华人民共和国水文条例》等法律法规，制定本办法。

第二条 在中华人民共和国领域内从事水文站网规划、建设和管理等活动，适用本办法。

本办法所称水文站网，是指在流域或者区域内，由适当数量各类水文测站构成的水文监测资料收集系统。

第三条 国务院水行政主管部门负责全国水文站网规划、建设和管理工作，其直属的水文机构具体负责组织实施。

国务院水行政主管部门在国家确定的重要江河、湖泊设立的流域管理机构（以下简称流域管理机构），负责所属水文站网规划、建设与管理工作，并在所管辖范围内按照法律、行政法规规定和本办法规定的权限对水文站网规划、建设与管理工作进行指导和监督。

省、自治区、直辖市人民政府水行政主管部门负责本行政区域内水文站网规划、建设与管理工作，其直属的水文机构（以下简称省级水文机构）具体负责组织实施。

第四条 水文测站分为国家基本水文测站和专用水文测站。

国家基本水文测站按其重要性分为国家重要水文测站和一般水文测站。省、自治区、直辖市人民政府水行政主管部门可以根据实际情况，确定本行政区域内的省级重要水文测站。

根据水文实验研究或者其他科学研究的需要，可以设立水文实验站。

第五条 国家重要水文测站由省、自治区、直辖市人民政府水行政主管部门或者流域管理机构提出，报国务院水行政主管部门直属水文机构审查后，由国务院水行政主管部门确定并公布。

第六条 符合下列条件之一的国家基本水文测站应当确定为国家重要水文测站：

（一）向国家防汛抗旱总指挥部报汛且集水面积3 000平方公里以上的水文测站。

（二）集水面积10 000平方公里以上且年径流量3亿立方米以上，或者集水面积5 000平方公里以上且年径流量5亿立方米以上，或者年径流量25亿立方米以上的水文测站；集水面积大于1 000平方公里的独流入海河流的控制站。

（三）常年水面面积500平方公里以上且常年蓄水量10亿立方米以上的湖泊代表站。

（四）库容5亿立方米以上，或者库容1亿立方米以上且下游有大中型城市、重要铁路公路干线、大型骨干企业，或者库容不足1亿立方米但国务院水行政主管部门直属水文机构认为对流域防灾减灾有重要影响的水库站；供水人口50万人以上的水库站。

（五）在国家确定的重要江河、湖泊上设置的水量调度控制站；集水面积大于1 000平方公里的省际河流边界控制站，或者对省际水事纠纷调处工作有重要作用的水文测站。

（六）国家重点综合型的水文实验站，位于重点产沙区的代表站。

（七）向其他国家、有关国际组织通报汛情或者长期从事中华人民共和国与邻国交界的跨界河流（以下简称跨界河流）水文资料交换活动的水文测站；集水面积1 000平方公里以上的出入境河流控制站；距国界（境）300公里范围内、对水资源管理和防灾减灾等有重要影响的水文测站。

（八）国家重点地下水站、水质站、墒情站、生态站。

第七条 国家对水文站网建设实行统一规划，水文站网规划是水文站网建设、管理的依据。水文站网规划应当依据水文事业发展规划编制，并与有关专项规划相衔接。

水文站网规划应当坚持流域与区域相结合、区域服从流域，布局合理、防止重复，兼顾当前和长远需要的原则。

第八条 水文站网规划主要包括站网现状与分析、规划原则与目标、站网功能、站网布局、站网组成、监测项目、测验方式、管理方式、保障措施和效益评价等内容。

第九条 国务院水行政主管部门直属水文机构负责组织编制全国水文站网规划，报国务院水行政主管部门批准。

流域管理机构负责组织编制流域水文站网规划，报国务院水行政主管部门直属水文机构批准。

省级水文机构负责组织编制本行政区域水文站网规划，经流域管理机构审核，报省、自治区、直辖市人民政府水行政主管部门批准，并报国务院水行政主管部门直属水文机构备案。

第十条 水文站网规划应当根据江河湖库的变化情况和经济社会发展的需求适时修改。修改水文站网规划，应当按照规划编制程序经原批准机关批准。

第十一条 设立专用水文测站，不得与国家基本水文测站重复。有关专业规划中涉及设立专用水文测站的，应当与水文站网规划衔接。有关主管部门批准该专业规划前，应当就专用水文测站的设置征求省级水文机构或者流域管理机构的意见。

第十二条 国家基本水文测站的设立，应当依据水文站网规划，按照国家固定资产投资项目建设程序实施。

第十三条 国家重要水文测站和流域管理机构管理的一般水文测站的设立和调整，由省、自治区、直辖市人民政府水行政主管部门或者流域管理机构报国务院水行政主管部门直属水文机构批准。

其他一般水文测站的设立和调整，由省、自治区、直辖市人民政府水行政主管部门批准，报国务院水行政主管部门直属水文机构备案。其中，在省、自治区、直辖市界河，以及跨省、自治区、直辖市河流交界河段设立和调整水文测站的，有关省、自治区、直辖市水行政主管部门应当就设站方案或者调整方案协商一致；不能协商一致的，由流域管理机构商有关省、自治区、直辖市水行政主管部门提出设站方案或者调整方案，报国务院水行政主管部门直属水文机构确定。

第十四条 国家基本水文测站的设立和调整，建设单位应当进行技术论证，技术论证应当包括以下内容：

（一）设立和调整的原因、目的、作用和任务；

（二）测验河段站址选择依据、观测项目、测验设施布置；

（三）测验、通信方案，人员配备，运行管理方案等；

（四）基础设施建设及技术装备是否符合有关技术标准；

（五）因重大工程建设影响导致水文测站迁移的，还应当提出相应投资概算及增加运行管理成本的预算。

第十五条 有下列情况之一的，应当按照相关规程规范的要求设立专用水文测站：

（一）大中型水库、水电站和具有重要防汛任务的小型水库、水电站；

（二）大中型城镇供水工程；

（三）大中型灌区；

（四）重要的引、调水工程；

（五）其他应当设立专用水文测站的重大建设工程。

第十六条 在国家基本水文测站覆盖的区域，确需设立专用水文测站的，应当就设站的必要性作出说明，按照管理权限报流域管理机构或者省级水文机构批准后，方可设立。该测站应当具备以下条件：

（一）具有开展水文监测工作必要的场地和基础设施；

（二）具有必需的水文监测专用技术装备和计量器具；

（三）具有相应专业的技术人员。

流域管理机构或者省级水文机构应当自收到设立专用水文测站申请之日起20个工作日内作出审查决定，但进行技术审查和现场查勘所需时间除外。

撤销专用水文测站，应当报原批准机关批准。

第十七条 因交通、航运、环境保护等需要而设立专用水文测站的，或者在国家基本水文测站未覆盖的区域设立专用水文测站的，有关主管部门在批准前，应当征求相关流域管理机构或者省级水文机构的意见。

第十八条 专用水文测站和从事水文活动的其他单位，应当接受国务院水行政主管部门直属水文机构、流域管理机构和省级水文机构的行业管理。

县、市管理的水文测站，应当接受省级水文机构的行业管理。

专用水文测站达到国务院水行政主管部门规定的国家基本水文测站标准的，在有关省级水文机构或者流域管理机构与该专用水文测站管理单位协商一致，并按照本办法第十三条规定的程序报请批准后，可以将其作为国家基本水文测站管理，其资料纳入省级水文机构或者流域管理机构水文资料整汇编。

第十九条 水文实验站的设立和调整，由水文实验站建设单位报经有关流域管理机构或者省、自治区、直辖市人民政府水行政主管部门提出审查意见后，报国务院水行政主管部门直属水文机构批准。

第二十条 国家水文站网应当保持稳定。未经批准，任何单位和个人不得裁撤、改级和迁移国家基本水文测站；因重大工程建设确需迁移的，建设单位应当在建设项目立项前，报请对该站有管理权限的水行政主管部门批准，所需费用由建设单位承担。

在国家基本水文测站上下游各20公里(平原河网区上下游各10公里)河道管理范围内新建、改建、扩建有关工程影响水文监测、致使国家基本水文测站改建的，按照《中华人民共和国水文条例》和《水文监测环境和设施保护办法》(水利部令第43号)的有关规定执行。

第二十一条 省级水文机构管理的跨界河流水文测站和对流域水资源管理、防灾减灾有重大作用的水文测站，应当接受流域管理机构的业务指导和监督。经流域管理机构与管理该水文测站的省级水文机构协商一致，可由流域管理机构与省级水文机构共同建设，共同管理。

第二十二条 省级水文机构管理的水文测站，根据所在地经济社会发展的需求，经省级水文机构和所在地设区的市级或者县级人民政府协商一致，可同时接受所在地设区的市级或者县级人民政府的管理。

第二十三条 对水文测站设立和调整具有审批权限的有关行政机关、流域管理机构、水文机构，不依法履行审批、监督职责，情节严重的，对直接负责的主管人员和其他直接责任人员给予行政处分；构成犯罪的，依法追究刑事责任。

第二十四条 未经批准擅自设立水文测站的，依照《中华人民共和国水文条例》第三十七条的规定给予处罚。

第二十五条 本办法自2012年2月1日起施行。

3.《水文监测环境和设施保护办法》

水文监测环境和设施保护办法

（2011 年 2 月 18 日水利部令第 43 号发布 根据 2015 年 12 月 16 日《水利部关于废止和修改部分规章的决定》修正）

第一条 为了加强水文监测环境和设施保护，保障水文监测工作正常进行，根据《中华人民共和国水法》和《中华人民共和国水文条例》，制定本办法。

第二条 本办法适用于国家基本水文测站（以下简称水文测站）水文监测环境和设施的保护。

本办法所称水文监测环境，是指为确保准确监测水文信息所必需的区域构成的立体空间。

本办法所称水文监测设施，是指水文站房、水文缆道、测船、测船码头、监测场地、监测井（台）、水尺（桩）、监测标志、专用道路、仪器设备、水文通信设施以及附属设施等。

第三条 国务院水行政主管部门负责全国水文监测环境和设施保护的监督管理工作，其直属的水文机构具体负责组织实施。

国务院水行政主管部门在国家确定的重要江河、湖泊设立的流域管理机构（以下简称流域管理机构），在所管辖范围内按照法律、行政法规和本办法规定的权限，组织实施有关水文监测环境和设施保护的监督管理工作。

省、自治区、直辖市人民政府水行政主管部门负责本行政区域内的水文监测环境和设施保护的监督管理工作，其直属的水文机构接受上级业务主管部门的指导，并在当地人民政府的领导下具体负责组织实施。

第四条 水文监测环境保护范围应当因地制宜，符合有关技术标准，一般按照以下标准划定：

（一）水文监测河段周围环境保护范围：沿河纵向以水文基本监测断面上下游各一定距离为边界，不小于五百米，不大于一千米；沿河横向以水文监测过河索道两岸固定建筑物外二十米为边界，或者根据河道管理范围确定。

（二）水文监测设施周围环境保护范围：以监测场地周围三十米、其他监测设施周围二十米为边界。

第五条 有关流域管理机构或者水行政主管部门应当根据管理权限并按照本办法第四条规定的标准拟定水文监测环境保护范围，报水文监测环境保护范围所在地县级人民政府划定，并在划定的保护范围边界设立地面标志。

第六条 禁止在水文监测环境保护范围内从事下列活动：

（一）种植树木、高秆作物，堆放物料，修建建筑物，停靠船只；

（二）取土、挖砂、采石、淘金、爆破、倾倒废弃物；

（三）在监测断面取水、排污，在过河设备、气象观测场、监测断面的上空架设线路；

（四）埋设管线，设置障碍物，设置渔具、锚锭、锚链，在水尺（桩）上拴系牲畜；

（五）网箱养殖，水生植物种植，烧荒、烧窑、熏肥；

（六）其他危害水文监测设施安全、干扰水文监测设施运行、影响水文监测结果的活动。

第七条 国家依法保护水文监测设施。任何单位和个人不得侵占、毁坏、擅自移动或者擅自使用水文监测设施，不得使用水文通信设施进行与水文监测无关的活动。

第八条 未经批准，任何单位和个人不得迁移水文测站。因重大工程建设确需迁移的，建设单位应当在建设项目立项前，报请对该水文测站有管理权限的流域管理机构或者水行政主管部门批准，所需费用由建设单位承担。

第九条 在水文测站上下游各二十公里（平原河网区上下游各十公里）河道管理范围内，新建、改建、扩建下列工程影响水文监测的，建设单位应当采取相应措施，在征得对该水文测站有管理权限的流域管理机构或者水行政主管部门同意后方可建设：

（一）水工程；

（二）桥梁、码头和其他拦河、跨河、临河建筑物、构筑物，或者铺设跨河管道、电缆；

（三）取水、排污等其他可能影响水文监测的工程。

因工程建设致使水文测站改建的，所需费用由建设单位承担，水文测站改建后应不低于原标准。

第十条 建设本办法第九条规定的工程，建设单位应当向有关流域管理机构或者水行政主管部门提出申请，并提交下列材料：

（一）在水文测站上下游建设影响水文监测工程申请书；

（二）自行或者委托有关单位编制的建设工程对水文监测影响程度的分析评价报告；

（三）补救措施和费用估算；

（四）工程施工计划；

（五）审批机关要求的其他材料。

第十一条 有关流域管理机构或者水行政主管部门对受理的在水文测站上下游建设影响水文监测工程的申请，应当依据有关法律、法规以及技术标准进行审查，自受理申请之日起二十日内作出行政许可决定。对符合下列条件的，作出同意的决定，向建设单位颁发审查同意文件：

（一）对水文监测影响程度的分析评价真实、准确；

（二）建设单位采取的措施切实可行；

（三）工程对水文监测的影响较小或者可以通过建设单位采取的措施补救。

第十二条 水文测站因不可抗力遭受破坏的，所在地人民政府和有关水行政主管部门、流域管理机构应当采取措施，组织力量修复，确保其正常运行。

第十三条 在通航河道中或者桥上进行水文监测作业时，应当依法设置警示标志，过往船只、排筏、车辆应当减速、避让。航行的船只，不得损坏水文测船、浮艇、潮位计、水位监测井（台）、水尺、过河缆道、水下电缆等水文监测设施和设备。

水文监测专用车辆、船只应当设置统一的标志。

第十四条 水文机构依法取得的无线电频率使用权和通信线路使用权受国家保护。任何单位和个人不得挤占、干扰水文机构使用的无线电频率，不得破坏水文机构使用的通信线路。

第十五条 水文监测环境和设施遭受人为破坏影响水文监测的，水文机构应当及时告知有关地方人民政府水行政主管部门。被告知的水行政主管部门应当采取措施确保水文监测正常进行；必要时，应当向本级人民政府汇报，提出处置建议。该水行政主管部门应当及时将处置情况书面告知水文机构。

第十六条 新建、改建、扩建水文测站所需用地，由对该水文测站有管理权限的流域管理机构或者水行政主管部门报请水文测站所在地县级以上人民政府土地行政主管部门，依据水文测站用地标准合理确定，依法办理用地审批手续。已有水文测站用地应当按照有关法律、法规的规定进行确权划界，办理土地使用证书。

第十七条 国家工作人员违反本办法规定，在水文监测环境和设施保护工作中玩忽职守、滥用职权的，按照法律、法规的有关规定予以处理。

第十八条 违反本办法第六条、第七条、第九条规定的，分别依照《中华人民共和国水文条例》第四十三条、第四十二条和第三十七条的规定给予处罚。

第十九条 专用水文测站的水文监测环境和设施保护可以参照本办法执行。

第二十条 本办法自2011年4月1日起施行。

4.《水文监测监督检查办法(试行)》

水文监测监督检查办法(试行)

(水利部水文〔2020〕222号)

第一章 总 则

第一条 为加强水文监测监督管理,规范监督检查行为,依据《中华人民共和国水法》《中华人民共和国水文条例》《水利监督规定(试行)》等法律法规和规章制度,制定本办法。

第二条 本办法适用于水文监测的监督检查、问题认定、问题整改和责任追究。

第三条 本办法所称水文监测是指通过水文站网对江河、湖泊、渠道、水库的水位、流量、水质、水温、泥沙、冰情、水下地形和地下水资源,以及降水量、蒸发量、墒情、风暴潮等实施监测,并进行信息报送、预测预报、分析评价等活动。

第四条 水利部负责组织指导、统筹协调水文监测监督检查工作。水利部水文司会同有关司局负责组织实施水文监测监督检查,督促问题整改。

流域管理机构负责所属单位水文监测工作的组织领导和日常监管,承担水利部委托的水文监测监督检查任务。

省级水行政主管部门负责本行政区域内水文监测工作的组织领导和日常监管,做好监督检查配合和问题整改等工作。

第五条 水文监测监督检查对象包括流域管理机构、地方水行政主管部门及其所属各级水文机构、水文测站,以及其他有从事水文监测工作的相关单位及其所属水文测站。

第六条 水文监测监督检查坚持依法依规、客观公正、问题导向、突出重点的原则。

第二章 监督检查内容

第七条 水文监测监督检查主要内容包括:组织与保障、站网管理、监测管理、信息采集、情报预报、分析评价、资料管理和安全生产。

第八条 组织与保障监督检查主要内容:组织领导、经费保障、人员保障和设施与监测环境保护。

第九条 站网管理监督检查主要内容:测站设立、测站调整和审批管理。

第十条 监测管理监督检查主要内容:汛前准备、预案方案制定、设施设备管理、新技术装备应用、自动测报设施设备运行维护、质量管理和任务完成情况。

第十一条 信息采集监督检查主要内容:测站工作制度及操作规程、测站任务书、测验场地环境、监测作业、实验室工作制度、实验室人员管理、水质采样、水质水生态检测分析、实验室质量控制和实验室资质认定。

第十二条 情报预报监督检查主要内容:信息报送、预报方案制定和预报制作发布。

第十三条 分析评价监督检查主要内容:资料加工和成果服务。

第十四条 资料管理监督检查主要内容:资料汇交、资料整汇编、资料保管和资料提供。

第十五条 安全生产监督检查主要内容:日常管理、测站管理、实验室管理和工作成效。

第三章 程序及方式

第十六条 水文监测监督检查通过“查、认、改、罚”等环节开展工作,主要工作程序如下:

(一)按照水文监测年度工作重点制定监督检查工作方案,明确检查目标、方式、任务内容与具体要求等;

（二）成立监督检查组，采取现场查看、查阅资料等形式开展监督检查；

（三）进行问题认定并提出问题整改建议；

（四）印发整改通知，督促问题整改及实施整改核查；

（五）实施责任追究。

检查发现违反相关法律法规及有关制度的，按照其规定执行。

第十七条 水文监测监督检查通过飞检、检查、调查等方式开展工作。

（一）飞检，是针对水文监测工作开展的专项或全面检查，主要采用“四不两直”方式，即不发通知、不向被检查单位告知行动路线、不要求被检查单位陪同、不要求被检查单位汇报；直赴现场、直接接触一线工作人员；

（二）检查，是针对水文监测工作开展的专项或全面检查。一般在检查前印发通知，通知中明确检查时间、内容、参加人员，以及需要配合的工作要求等；

（三）调查，是针对个别或突出问题开展的专项检查。水文监测调查应明确专项调查工作要求，一般可结合年度飞检或检查任务实施；也可针对突发问题线索、问题特性等随时部署开展调查。

水文监测监督检查要充分利用水文监测业务系统进行实时监控和数据分析，提高监督检查效能。

第十八条 水文监测监督检查实行组长负责制，监督检查组组长应具有5年及以上水文监测及相关工作经历。水文监测监督检查人员应熟悉了解水文监测管理与业务要求，或熟悉水利监督检查有关工作要求。

水文监测监督检查人员实施监督检查行为应遵守《水利督查队伍管理办法（试行）》等有关规定。

第十九条 被检查单位及有关人员应积极配合监督检查组开展工作，对有关事项的询问如实反映情况，依法依规提供相关材料和信息，并根据监督检查要求配合开展现场作业工作。

第四章 问题认定

第二十条 监督检查组依据本办法和相关法律法规、政策规定、技术规范、工作部署，对检查中发现的问题进行认定。问题按照严重程度分为一般问题、较重问题和严重问题三个等级。

水文监测监督检查问题分类见《水文监测监督检查问题分类》（附件1）。

第二十一条 监督检查组应对检查发现的问题做好拍照、录像等取证工作，必要时可要求有关单位或人员提供相关说明。

第二十二条 监督检查工作结束前，监督检查组应与被检查单位交换意见，对发现的问题予以确认（确认单样式见附件2）。

第二十三条 被检查单位对监督检查发现的问题有异议的，可在5个工作日内提供相关材料进行陈述和申辩，监督检查组应进行复核并提出复核意见。

第五章 问题整改

第二十四条 监督检查工作完成后，监督检查组应及时提交检查情况报告，提出问题清单和整改建议。

第二十五条 水利部按照“一单位一单”方式，向流域管理机构和省级水行政主管部门印发整改通知，提出整改要求，对重点问题跟踪督促整改进展情况，适时组织开展整改核查。

第二十六条 被检查单位应对照整改通知要求组织整改，建立问题整改台账，制定整改措施，明确整改时限、整改责任单位（部门）和责任人等，按要求逐项整改落实并将整改情况在规定期限内反馈水利部。

第六章 责任追究

第二十七条 水利部可直接实施责任追究或责成流域管理机构、省级水行政主管部门实施责任追究。

第二十八条 责任追究包括对单位责任追究和对个人责任追究。个人责任追究包括对直接责任人的责任追究和领导责任人的责任追究。

责任追究标准见附件3。

第二十九条 对责任单位的责任追究方式分为：

(一) 责令整改；

(二) 约谈；

(三) 通报批评；

(四) 其他相关纪律和法律法规等规定的责任追究。

第三十条 对责任人的责任追究方式分为：

(一) 书面检查；

(二) 约谈；

(三) 通报批评；

(四) 建议调离岗位；

(五) 建议降级降职；

(六) 其他相关纪律和法律法规等规定的责任追究。

第三十一条 责任单位或责任人有下列情况之一，从重责任追究：

(一) 拒不执行工作任务，造成重大影响或重大损失的；

(二) 成果造假、隐瞒问题等恶劣行为；

(三) 未按期整改或拒不整改的；

(四) 其他依法依规应予以从重责任追究的情形。

第七章 附 则

第三十二条 省级水行政主管部门可参照本办法，结合工作实际制定相关制度。

第三十三条 本办法自印发之日起施行。

附件 1

水文监测监督检查问题分类

序号	检查项目	问题描述	问题等级			判定依据
			一般	较重	严重	
一、组织与保障(水文监测上级管理单位)						
1	组织领导	在较长时间(一年内)未结合防汛抗旱、水资源管理、水生态修复、水环境保护、供水安全保障等工作需求研究和安排部署水文监测工作	√			
2	经费保障	水文事业未纳入本级国民经济和社会发展规划,所需经费未纳入本级财政预算			√	《水文条例》第三条　县级以上人民政府应当将水文事业纳入本级国民经济和社会发展规划,所需经费纳入本级财政预算,保障水文监测工作的正常开展
3		中央安排水文基础设施建设项目地方配套资金未落实或落实不足,导致无法完成批复内容,影响水文监测工作正常开展	√			
4		上一年度水毁水文测报设施未落实经费,不能及时修复,造成水文监测工作不能正常开展		√		
5		业务经费未落实或存在较大缺口,不能保障水文设施设备运行或影响水文监测工作正常开展		√		
6	人员保障	人员配备严重不足,影响水文监测工作正常丌展	√			
7	设施与监测环境保护	存在侵占、毁坏水文监测设施的情况,严重影响水文监测工作正常开展			√	《水文条例》第二十九条　国家依法保护水文监测设施。任何单位和个人不得侵占、毁坏、擅自移动或者擅自使用水文监测设施,不得干扰水文监测
8		存在较严重的水文监测环境遭受破坏、影响的情况,导致水文监测工作无法正常开展		√		《水文条例》第三十二条　禁止在水文监测环境保护范围内从事影响水文监测的相关活动。第三十三条　在国家基本水文测站上下游建设影响水文监测的工程,建设单位应当采取相应措施
9		未划定水文监测环境保护范围,或未在划定的保护范围边界设立地面标志	√			《水文条例》第三十一条　县级人民政府应当按照国务院水行政主管部门确定的标准划定水文监测环境保护范围,并在保护范围边界设立地面标志
二、站网管理						
10	测站设立	大中型水库、水电站和具有重要防汛任务的小型水库、水电站未设立水文测站		√		《水文站网管理办法》第十五条　有下列情况之一的,应当按照相关规程规范的要求设立专用水文测站。 《水利部关于做好河湖生态流量确定和保障工作的指导意见》第十一条　流域管理机构及地方各级水行政主管部门应根据河湖生态流量管理需要,按照管理权限,建设生态流量控制断面的监测设施,对河湖生态流量保障情况进行动态监测
11		大中型城镇供水工程,大中型灌区,重要的引、调水工程,水量分配和生态流量管控重要控制断面,其他应当设立专用水文测站的重大建设工程未设立水文测站		√		
12		未经批准擅自设立水文测站		√		《水文条例》第三十七条　未经批准擅自设立水文测站,责令停止违法行为,限期采取补救措施,补办有关手续

续表

序号	检查项目	问题描述	问题等级			判定依据
			一般	较重	严重	
13	测站调整	未经批准，擅自裁撤、改级和迁移水文测站			√	《水文条例》第十四条　国家重要水文测站和流域管理机构管理的一般水文测站的设立和调整，由省级人民政府水行政主管部门或者流域管理机构报国务院水行政主管部门直属水文机构批准。第十五条　撤销专用水文测站，应当报原批准机关批准
14	审批管理	对水文测站设立、调整和工程建设影响水文监测的具有审批权限的有关行政机关、流域管理机构、水文机构，未依法履行审批、报备和监督职责	√			《水文条例》第十四条　其他一般水文测站的设立和调整，由省、自治区、直辖市人民政府水行政主管部门批准，报国务院水行政主管部门直属水文机构备案。第三十三条　在国家基本水文测站上下游建设影响水文监测的工程，建设单位应当采取相应措施，在征得对该站有管理权限的水行政主管部门同意后方可建设。 《水文站网管理办法》第二十三条　对水文测站设立和调整具有审批权限的有关行政机关、流域管理机构、水文机构，不依法履行审批、监督职责，情节严重的，对直接负责的主管人员和其他直接责任人员给予行政处分；构成犯罪的，依法追究刑事责任
三、监测管理						
15	汛前准备	未及时开展汛前准备工作		√		年度汛前准备工作有关要求
16	汛前准备	汛前准备中发现影响水文监测相关工作的问题未及时采取处理措施		√		年度汛前准备工作有关要求
17	预案方案制定	未制定水文应急监测预案或已制定的水文监测应急预案存在明显缺陷		√		《水文应急监测技术导则》(SL/T 784—2019)4.1　水文应急监测应有预案
18	预案方案制定	未按照水量调度管理、水资源管理等要求制定省界断面水文监测方案		√		《省界断面水文监测管理办法(试行)》第九条　流域管理机构会同省级水行政主管部门应按照水量调度管理、水资源管理等要求，制定各流域省界断面水量、水质监测方案，报水利部核备
19	设施设备管理	未建立设施设备管理制度或已制定的设施设备管理制度存在明显缺陷	√			《水文基础设施及技术装备管理规范》(SL/T 415—2019)3.3　流域、省级水文基础设施及技术装备管理机构负责建立辖区内水文基础设施及技术装备管理体系。3.4　地市水文基础及技术装备管理机构负责贯彻执行上级主管部门制定的水文基础设施及技术装备管理规定，制定本单位的管理目标、制度和岗位责任制
20	设施设备管理	未按规定开展维修养护工作，维修养护记录不清晰、不完整	√			《水文基础设施及技术装备管理规范》(SL/T 415—2019)4.1.2　水文基础设施实行定期维护、报废和更新制度，每年汛前应进行全面检查维护。4.1.4　流域、省级水文基础设施及技术装备管理机构应根据需要编制检查、维护登记簿，相关部门及水文测站应按要求填写检查、维护情况

续表

序号	检查项目	问题描述	问题等级			判定依据
			一般	较重	严重	
21	设施设备管理	未按要求开展仪器比测校测工作	√			《水文基础设施及技术装备管理规范》(SL/T 415—2019)5.1.1 需要进行比测率定或校准检定的水文技术装备，比测率定应符合有关规范要求。《水环境监测规范》(SL 219—2013)11.2.3 实验室仪器设备的使用、维护与检定
22	设施设备管理	设施设备运行异常或损坏，未及时修复或无替代措施	√			《水文基础设施及技术装备管理规范》(SL/T 415—2019)4.1.3 当发生水文基础设施损毁时，水文基础设施产权单位应及时上报上级部门，采取紧急处置措施，恢复其功能，及时修复损毁设施
23	设施设备管理	承担报汛任务的国家基本水文(位)站没有不同通信方式的备份措施	√			《水文基础设施建设及技术装备标准》(SL 276—2002)6.8.2 报汛站数据通信应有较高保证率，除有线传输的电话信道外，尚应设有无线传输信道(该标准现已作废，新标准为SL/T 276—2022)
24	新技术装备应用	未及时开展新技术装备使用操作培训，影响正常应用	√			
25	新技术装备应用	配备的新技术装备一年以上不能正常运行	√			
26	新技术装备应用	存在新技术装备“配而不用”现象		√		
27	自动测报设施设备运行维护	设备运行维护记录和监测数据资料不齐全	√			《水文自动测报系统技术规范》(SL 61—2015)7.2.2 定期校核水位、雨量等数据准确度。野外站一旦出现故障，应由中心站或维护分中心派人排除。中心站或维护分中心应存储必要的备件和配置专用车船，尽快更换部件、排除故障。《水文自动测报系统技术规范》(SL 61—2015)5.3.2.5 系统数据收集的月平均畅通率应达到95%。《水环境监测规范》(SL 219—2013)10.2 自动监测
28	自动测报设施设备运行维护	监测数据出现异常值未及时采取相应措施	√			
29	自动测报设施设备运行维护	监测数据月平均畅通率低于95%		√		
30	质量管理	未制定水文监测质量管理办法	√			
31	质量管理	仪器未经检定或检定不合格仍然投入使用		√		《水文条例》第十九条 水文监测所使用的计量器具应当依法经检定合格
32	质量管理	对委托或购买服务的第三方机构监测质量未进行有效管理	√			
33	任务完成情况	未按规定或要求完成防洪抗旱减灾、水资源管理和保护、供水安全保障等水文监测任务		√		
四、信息采集						
34	测站工作制度及操作规程	未制定工作岗位责任制度、测验质量管理制度、安全生产制度并上墙明示	√			
35	测站工作制度及操作规程	未根据测站测报作业实际，编制主要设施设备操作规程手册	√			
36	测站任务书	未根据测验任务和新技术应用变化及时修订测站任务书	√			
37	测站任务书	未按测站任务书进行测报作业		√		

续表

序号	检查项目	问题描述	问题等级			判定依据
			一般	较重	严重	
38	测验场地环境	降水蒸发观测场地和仪器安装等不符合规范要求	√			《降水量观测规范》(SL 21—2015)5.2 场地环境与设置;6.3 仪器安装。《水面蒸发观测规范》(SL 630)2 蒸发站布设与观测场地;3 蒸发仪器与安装
39		测验断面附近有遮挡	√			《河流流量测验规范》(GB 50179—2015)2.1 测验河段选择与勘察
40		断面桩杆点不齐全醒目	√			《河流流量测验规范》(GB 50179—2015)2.2.9 基线桩、断面桩、断面标志桩等测量标志应按下列规定设置
41	监测作业	作业操作未严格执行相关规范、标准和技术规定	√			《水文条例》第十八条 从事水文监测活动应当遵守国家水文技术标准、规范和规程,保证监测质量
42		随意篡改或伪造观测记录			√	
43		未按要求执行随测、随算、随整理、随分析工作	√			
44		未经批准,擅自中止水文监测			√	《水文条例》第十八条 未经批准,不得中止水文监测
45		未完成水文资料即时整编、日清月结工作				
46	实验室工作制度	未建立水质监测管理制度,或建立的管理制度存在明显缺陷	√			《水环境监测规范》(SL 219—2013)11.1 一般规定
47	实验室人员管理	监测人员未按照要求进行岗位技术考核	√			《水环境监测规范》(SL 219—2013)11.1 一般规定
48	水质采样	水质监测断面布设不符合要求	√			《水环境监测规范》(SL 219—2013)3.1、4.1、5.1、6.1、7.1 监测断面(站、井)布设
49						
50		水质采样频次和时间不符合要求	√			《水环境监测规范》(SL 219—2013)3.2、4.2、5.2、6.2、7.2 采样
		水质样品采集、保存与运输不符合要求	√			
51	水质水生态检测分析	分析用水、化学试剂、标准溶液使用、管理不规范		√		《水环境监测规范》(SL 219—2013)11.2 实验室质量控制基础
52		仪器设备使用不符合操作规程	√			《水环境监测规范》(SL 219—2013)11.2 实验室质量控制基础
53		检测方法的选择、验证和确认不规范,方法变更未及时验证或确认	√			
54		检测(原始)记录不规范,信息不完整、不准确、不可溯源		√		《水环境监测规范》(SL 219—2013)12.1 数据记录;12.2 数据处理与审核
55		随意篡改或伪造检测记录			√	
56		检测报告编写不规范,内容不完整、不准确	√			
57	实验室质量控制	实验室空白样质控、平行样质控不符合要求	√			《水环境监测规范》(SL 219—2013)11.2 实验室质量控制基础;11.3 实验室内质量控制
58		实验室加标回收试验质控、标准物质质控不符合要求	√			《水环境监测规范》(SL 219—2013)11.2 实验室质量控制基础;11.3 实验室内质量控制
59		未按要求参加实验室能力验证	√			《水环境监测规范》(SL 219—2013)11.4 实验室间质量控制
60		未按要求报送质量管理报告	√			《水环境监测规范》(SL 219—2013)11.1 一般规定
61		现场盲样考核不合格		√		

续表

序号	检查项目	问题描述	问题等级			判定依据
			一般	较重	严重	
62	实验室资质认定	实验室被责令限期整改，且整改期间不得向社会出具具有证明作用的检验检测数据、结果		√		《检验检测机构资质认定管理办法》第四十三条　检验检测机构有下列情形之一的，由县级以上质量技术监督部门责令整改
63		实验室因严重违反相关规定，被撤销资质认定证书			√	《检验检测机构资质认定管理办法》第四十五条　检验检测机构有下列情形之一的，资质认定部门应当撤销其资质认定证书
五、情报预报						
64	信息报送	未按要求制定并及时下达报汛报旱站任务书		√		《水文条例》第二十一条　承担水文情报预报任务的水文测站，应当及时、准确地向县级以上人民政府防汛抗旱指挥机构和水行政主管部门报告有关水文情报预报
65		有从事水文监测的单位未按要求及时向有关单位报送水文监测信息		√		
66		未按要求接收并及时转发中小水库和山洪灾害等监测信息		√		
67		存在迟报、漏报、错报等现象，未达到信息报送质量管理规定要求		√		
68	预报方案制定	未按要求编制或修订水文预报方案		√		
69	预报制作发布	当预计或发生洪水期间，未每日制作预报一次；当预计或已发生二级以上水情时，未依据要求加密制作频次；当雨水情、工情发生变化时，未及时进行滚动预报		√		《全国洪水作业预报工作管理办法》第十七条　当预计或发生洪水期间，每日应至少制作预报一次。当预计或已发生二级以上水情时，应依据防汛工作需要加密制作频次；当雨水情、工情发生变化时应及时进行滚动预报
70		洪水预报成果发布前未严格履行审核、签发程序		√		《全国洪水作业预报工作管理办法》第二十三条　洪水预报成果发布前须严格履行审核、签发程序
71		未按规定及时发布江河洪水预报预警成果			√	《水文条例》第二十一条　承担水文情报预报任务的水文测站，应当及时、准确地向县级以上人民政府防汛抗旱指挥机构和水行政主管部门报告有关水文情报预报
72		未按要求开展中小型水库水雨情预报预警			√	
73		当达到预设的预警指标时，未能及时发布山洪预警信息			√	
六、分析评价						
74	资料加工	未结合水资源管理、水生态修复、水环境保护、供水安全保障等需求，开展水文监测资料加工整理和分析评价		√		《水文条例》第二十六条　水文机构应当根据国民经济建设和社会发展需要对水文监测资料进行加工整理形成水文监测成果。 《省界断面水文监测管理办法（试行）》第十七条　流域管理机构应加强省界断面水文监测资料综合分析，形成评价报告
75		未按上级主管部门要求，编制提交水文水资源分析评价报告		√		
76	成果服务	未按要求及时将水文分析评价成果报地方人民政府及相关主管部门		√		

续表

序号	检查项目	问题描述	问题等级			判定依据
			一般	较重	严重	
七、资料管理						
77	资料汇交	未按要求汇交水文监测资料	√			《水文条例》第二十五条　国家对水文监测资料实行统一汇交制度。从事地表水和地下水资源、水量、水质监测的单位以及其他从事水文监测的单位，应当按照资料管理权限向有关水文机构汇交监测资料
78	资料整汇编	水文资料整汇编成果质量不符合规范要求		√		《水文资料整编规范》(SL 247—1999)5.3　审查方法与要求；《水文年鉴汇编刊印规范》(SL 460—2009)3.6　成果质量
79	资料整汇编	伪造水文监测资料			√	《水文条例》第三十六条　丢失、毁坏、伪造水文监测资料的，对直接负责的主管人员和其他直接责任人员依法给予处分；构成犯罪的，依法追究刑事责任
80	资料保管	监测资料保管不完整、未分类存放	√			《水文条例》第二十六条　水文机构应当妥善存储和保管水文监测资料
81	资料保管	丢失、毁坏水文监测资料导致无法复原，影响水文资料系列完整性、连续性			√	《水文条例》第三十六条　丢失、毁坏、伪造水文监测资料的，对直接负责的主管人员和其他直接责任人员依法给予处分；构成犯罪的，依法追究刑事责任
82	资料提供	无正当理由，不公开提供基本水文监测资料		√		《水文条例》第二十六条　基本水文监测资料应当依法公开
八、安全生产						
83	日常管理	未建立安全组织管理体系和规章制度	√			《水利安全生产标准化通用规范》(SL/T 789—2019)10.2　制度化管理；《水环境监测实验室安全技术导则》(SL/Z 390—2007)2　安全组织和管理
84	日常管理	未明确安全生产责任人和落实安全生产岗位责任制		√		《水利安全生产标准化通用规范》(SL/T 789—2019)10.1　目标职责；《水环境监测实验室安全技术导则》(SL/Z 390—2007)2　安全组织和管理
85	日常管理	未建立安全事故应急预案或建立的安全事故应急预案存在明显缺陷		√		《水利安全生产标准化通用规范》(SL/T 789—2019)10.6　应急管理；《水环境监测实验室安全技术导则》(SL/Z 390—2007)2　安全组织和管理
86	日常管理	隐患排查未整改，整改时限、责任人、具体措施未落实		√		《水利安全生产标准化通用规范》(SL/T 789—2019)10.5.2　隐患排查治理
87	测站管理	测船、码头、缆道危险区域等重点场所未设立安全警示标志；测验河段、观测场等未设立保护标志	√			《水利安全生产标准化通用规范》(SL/T 789—2019)10.4.2　作业安全
88	测站管理	观测场地、观测设备、码头等场所，未设置必要的防护措施	√			《水利安全生产标准化通用规范》(SL/T 789—2019)6.2.7　观测场地、观测设备、码头及实验室等场所，应设置必要的防护措施
89	测站管理	消防器材、救生衣、安全带等安全防护设备未配备齐全完好	√			《水利安全生产标准化通用规范》(SL/T 789—2019)10.4.2　作业安全；《水环境监测实验室安全技术导则》(SL/Z 390—2007)7　消防安全

续表

序号	检查项目	问题描述	问题等级			判定依据
			一般	较重	严重	
90	测站管理	涉水作业、高空作业等防护措施不到位		√		《水文基础设施及技术装备管理规范》(SL/T 415—2019)6.3 运行安全管理;《水环境监测实验室安全技术导则》(SL/Z 390—2007)8 野外采样及测量安全
91	实验室管理	实验室布局不合理,存在产生干扰或交叉污染隐患	√			《水环境监测规范》(SL 219—2013)11.2 实验室质量控制基础
92		实验室用水、用电以及压缩气体存储使用存在安全隐患		√		《水环境监测实验室安全技术导则》(SL/Z 390—2007)3 实验室安全;6 用电安全
93		实验室化学品、危险品以及剧毒药品管理不规范		√		《水环境监测实验室安全技术导则》(SL/Z 390—2007)4 化学品安全
94		实验室"三废"存储与处置不规范		√		《水环境监测实验室安全技术导则》(SL/Z 390—2007)4 化学品安全
95		实验室安全防护设施与个人防护措施配置与使用维护不到位	√			《水环境监测实验室安全技术导则》(SL/Z 390—2007)5 安全防护设施
96	工作成效	发生安全生产责任事故			√	

备注:1. 表中检查项目,若对检查对象无相关要求,则不视为问题。
2. 表中《中华人民共和国水文条例》简称《水文条例》。

附件 2

水文监测监督检查问题确认单(样式)

检查时间: 检查人员:

序号	问题描述	问题等级	附件编号及页码	整改建议	现场整改情况	备注
1						
2						
3						
4						
5						
……						

备注:责任单位如对以上问题有异议,可另附说明及佐证资料。

责任单位(盖章): 责任单位负责人(签字): 确认时间:

附件 3

水文监测监督检查问题责任追究标准
——责任单位责任追究分类

综合积分(P)	责任追究		
	责令整改	约谈	通报批评
$1\leqslant P\leqslant 50$	√		
$50<P\leqslant 70$	○	√	
$P>70$	○	○	√

备注:1. 综合积分(P)是指本次检查中发现的问题数换算成相应分值进行累计。
2. 单条一般问题的分值为 1,单条较重问题的分值为 2,单条严重问题的分值为 5。
3. "√"为正常情况下应采取的责任追究方式,"○"为根据问题严重程度可供选择的追究方式。下表同。

附件 4

水文监测监督检查问题责任追究标准
——责任人责任追究分类

单位责任追究方式	直接责任人					领导责任人				
	书面检查	约谈	通报批评	建议调离岗位	建议降级降职	书面检查	约谈	通报批评	建议调离岗位	建议降级降职
责令整改	√	○				○				
约谈		√	○				○			
通报批评			√	○	○		√	○	○	○

备注:1. 直接责任人包括被责任追究单位造成确认问题的具体人员。
2. 对责任人的责任追究,除上述措施外,责任单位可根据实际情况依法依规进行其他方式的责任追究。

5.《水文监测资料汇交管理办法》

水文监测资料汇交管理办法

（2020年9月8日水利部部务会议审议通过，自2020年12月1日起施行）

第一条 为了加强和规范水文监测资料汇交工作，促进资料利用，充分发挥水文服务国民经济和社会发展的作用，根据《中华人民共和国水法》和《中华人民共和国水文条例》，制定本办法。

第二条 国家对水文监测资料实行统一汇交制度。在中华人民共和国领域内从事地表水和地下水资源、水量、水质监测的单位以及其他从事水文监测的单位，应当汇交水文监测资料。

水文监测资料是指通过水文站网对江河、湖泊、渠道、水库的水位、流量、水质、水温、泥沙、冰情、水下地形和地下水资源，以及降水量、蒸发量、墒情、风暴潮等实施监测和水文调查所得资料及其整理分析的成果。

第三条 国务院水行政主管部门负责全国水文监测资料汇交的监督管理。

国务院水行政主管部门在国家确定的重要江河、湖泊设立的流域管理机构（以下简称流域管理机构），负责管理范围内水文监测资料汇交的监督管理，其所属的流域水文机构具体负责组织实施。

省、自治区、直辖市人民政府水行政主管部门负责本行政区域内水文监测资料汇交的监督管理，其所属的省级水文机构具体负责组织实施。

第四条 下列水文监测资料应当进行汇交：

（一）国家基本水文测站和专用水文测站的水文监测资料；

（二）地表水水源地，行政区界断面、生态流量控制断面、干支流控制断面等重要断面的水文监测资料；

（三）重要地下水源地、超采区、海水入侵区等区域的水文监测资料，以及其他区域有关地下水的水文监测资料；

（四）水库、引调水工程、水电站、灌区以及其他取用水工程的取（退）水、蓄（泄）水资料；

（五）城市防洪排涝、中小河流、山洪灾害易发区及土壤墒情的水文监测资料；

（六）河道和湖泊水下地形资料，水文调查、水资源评价资料，水文应急监测资料。

第五条 水文监测资料按照资料管理权限向有关水文机构汇交：

（一）流域管理机构所属水文测站的水文监测资料，向所在地流域水文机构汇交，地方人民政府水行政主管部门所属水文测站的水文监测资料，向所在地地方水文机构汇交；

（二）其他部门所属测站（断面）的水文监测资料，向所在地地方水文机构汇交，其中位于流域管理机构管理范围的，向所在地流域水文机构汇交。

省级水文机构应当将本行政区域内汇交的水文监测资料向有关流域水文机构汇交。流域水文机构接收的水文监测资料纳入国家水文数据库。

国务院水行政主管部门与国务院有关部门对水文监测资料汇交有协议的，按照协议纳入国家水文数据库。

第六条 流域管理机构和省级人民政府水行政主管部门应当会同有关行业管理部门，建立管理范围内汇交水文监测资料的单位（以下简称汇交单位）名录，并告知汇交单位汇交水文监测资料的范围、内容、期限以及接收汇交资料的水文机构。

第七条 国务院水行政主管部门建立国家水文数据库，建设国家水文监测资料汇交管理平台，统一制定汇交资料格式等相关技术标准。

汇交单位应当通过国家水文监测资料汇交管理平台进行汇交。不能通过汇交管理平台进行汇交的，通过电子介质资料、纸介质资料等方式进行汇交。

第八条 流域水文机构和省级水文机构应当对汇交单位的水文监测资料汇交工作进行业务指导。

第九条 汇交单位应当依照水文监测规程规范和资料使用要求，按月份或者按年度汇交水文监测资料。按月份进行汇交的，应当在次月 10 日前完成。按年度进行汇交的，国家基本水文测站的水文监测资料应当在次年 1 月底前完成，其他测站（断面）的水文监测资料应当在次年 3 月底前完成。

因水旱灾害防御、水资源管理等需要，对水文监测资料报送有时效要求的，汇交单位应当按照有关规定报送。

第十条 汇交水文监测资料应当符合水文监测技术规范的要求，并同时提交以下资料：

（一）水文监测资料清单；

（二）水文监测资料说明；

（三）首次汇交的，还应当提供水文监测站点基础信息以及沿革情况，基础信息有变化的，提供变化情况。

第十一条 接收汇交资料的水文机构应当自收到汇交资料之日起 10 个工作日内完成汇交资料内容和格式核验，将核验结果告知汇交单位，并向通过核验的汇交单位出具汇交凭证。

第十二条 接收汇交资料的水文机构应当按照国家有关规定和技术规范要求，妥善存储和保管汇交资料。电子介质资料应当进行备份，并对备份介质进行安全管理。纸介质资料的存储环境应当符合国家有关规定。

第十三条 水文机构应当根据国民经济和社会发展需要对水文监测资料进行加工整理形成水文监测成果。

流域水文机构应当将接收的水文监测资料统一编号，整理形成汇交资料目录，报国务院水行政主管部门按年度予以公布。

国家基本水文测站的水文监测资料应当依法公开。

汇交单位有权使用有关水文监测资料。其他单位和个人使用水文监测资料的，按照有关资料使用管理的规定执行。水文监测资料使用时应当注明资料来源。

第十四条 县级以上人民政府水行政主管部门和流域管理机构应当加强对水文监测资料汇交情况的监督检查，对违反水文监测资料汇交有关规定的行为依法实施行政处罚。

第十五条 丢失、毁坏、伪造水文监测资料，或者擅自转让、转借水文监测资料的，依照《中华人民共和国水文条例》第三十六条的规定追究法律责任。

第十六条 汇交单位应当按照规定的时间汇交水文监测资料。未按照规定时间汇交，或者汇交的水文监测资料未通过核验的，应当限期补交；逾期不补交的，视为不汇交水文监测资料。

拒不汇交水文监测资料的，依照《中华人民共和国水文条例》第四十条的规定追究法律责任。

第十七条 水文监测资料属于国家秘密的，对其密级的确定、变更、解密，以及对资料的汇交、传递、存储、使用和管理，依照国家保密法律法规的规定执行。

第十八条 流域管理机构和省级人民政府水行政主管部门可以根据本办法制定具体规定。

本办法实施前尚未汇交的水文监测资料，参照本办法规定进行汇交。

第十九条 本办法自 2020 年 12 月 1 日起施行。

6.《湖北省水文管理办法》

湖北省水文管理办法

（2010年4月26日省人民政府常委会议审议通过，自2010年7月1日起施行）

第一条 为加强水文管理，规范水文工作，促进水文事业发展，根据《中华人民共和国水法》、《中华人民共和国水文条例》等法律法规，结合本省实际，制定本办法。

第二条 在本省行政区域内从事水文规划与建设，水文监测与预报，水资源调查与评价，水文监测资料汇交、保管与使用，水文设施与水文监测环境保护和水文监督管理等活动，应当遵守本办法。

国家流域管理机构所属的水文机构在本省行政区域内的水文活动按国家有关规定执行。

第三条 水文事业是国民经济和社会发展的基础性公益事业。水文事业应当纳入本省国民经济和社会发展规划，所需经费列入省级财政预算。

市（州）、县（市、区）人民政府适当安排直接为当地经济社会发展服务的水文事业经费，保障水文事业与经济社会协调发展。

第四条 省水行政主管部门主管全省水文工作，履行下列主要职责：

（一）贯彻实施国家和本省有关水文管理的法律、法规、规章和技术标准，拟定和实施本省水文事业发展规划；

（二）负责本省水文勘测和水文情报预报，江河湖库和地下水及省界水体的水量水质、山洪、水生态、旱情的监测，并按规定权限向社会发布有关信息和成果；

（三）负责本省水文勘测、水文情报预报、水文分析计算、水资源调查评价、水环境监测等水文资料和有关成果的收集、汇总、审查、鉴定、储存、提供等；

（四）指导、协调和监督检查全省水文工作；

（五）负责本省水文工程建设和水文信息化建设；

（六）开展水文专业技术咨询服务，为水事活动提供水文技术鉴定；

（七）法律法规和省人民政府规定的其他有关职责。

省水文机构具体负责全省的水文工作。

市（州）、县（市、区）水文机构，在上级水文机构和当地人民政府的领导下，具体负责其管辖区域内的水文工作。

第五条 省水行政主管部门根据全国及流域水文事业发展规划，结合本省国民经济和社会发展需要，编制本省水文事业发展规划，报省人民政府或者其授权的主管部门批准实施，并报国务院水行政主管部门备案。

水文事业发展规划的修改，应当按照规划编制程序经原批准机关批准。

第六条 经批准的水文事业发展规划是水文事业发展的依据。水文事业发展规划主要包括水文事业发展目标、水文站网建设、水文监测和情报预报设施建设、水文信息网络建设、水文科技发展、队伍建设以及保障措施等内容。

水文事业发展规划应当推广应用国内外先进技术，提高水文现代化水平。

第七条 水文站网的建设应当依据水文事业发展规划，按照固定资产项目建设管理规定和程序组织实施。

水文站网建设应遵循合理布局、有效利用、兼顾当前与长远需要的原则，防止重复建设。

第八条 水文（含水位、雨量站，下同）站网实行分级分类管理。

水文测站分为国家基本水文测站和专用水文测站。国家基本水文测站分为国家重要水文测站和一般水文测站。

第九条 国家重要水文测站的设立和调整，由省水行政主管部门报国务院水行政主管部门直属水文机构批准。一般水文测站的设立和调整，由省水行政主管部门批准，报国务院水行政主管部门直属水文机构备案。

第十条 设立专用水文测站，不得与国家基本水文测站重复。

在国家基本水文测站覆盖的区域，确需设立专用水文测站的，在按照管理权限报省水文机构批准前应当征求相关部门的意见。

因交通、航运、环境保护等需要设立专用水文测站的，有关主管部门批准前，应当征求省水文机构和有关部门的意见。

第十一条 专用水文测站和从事水文活动的其他单位，应当接受省水文机构的行业管理。

第十二条 水文机构应当按照国家水文技术标准、规范和规程，组织实施水文监测，并保证监测工作的质量。未经批准，不得中止水文监测。

第十三条 大中型水库、水电站、涵闸、泵站等水工程和重要湖泊，应当兴建水文测验、报汛设施或者设立专用水文测站，经水行政主管部门或水文机构验收合格后投入使用。

第十四条 水文资料实行统一汇交、审定管理制度。

在本省范围内开展水文要素观测的单位，应当将所监测的水文资料无偿、按时报省水文机构统一汇总、审定，并纳入国家水文数据库。

省水文机构应当建立全省水文数据库，妥善存储和保管水文监测资料，并对水文监测资料进行加工整理，形成水文监测成果，予以刊印。

第十五条 基本水文资料应当按照国家有关规定予以公开，并建立健全信息共享平台，为社会公众获取水文信息提供便利。

水文资料、水文情报预报信息、水资源调查评价与水文分析计算成果属于国家秘密的，对其密级的确定、变更、解密以及对资料的使用，依照国家保密法的规定执行。

第十六条 国家机关决策和防灾减灾、国防建设、公共安全、环境保护等公益事业需要使用水文监测资料和成果的，应当无偿提供。

除前款规定的情形外，需要使用水文监测资料和成果的，按照国家有关规定收取费用，并实行收支两条线管理。

因经营性活动需要提供水文专项咨询服务的，当事人双方应当签订有偿服务合同，明确双方的权利和义务。

除国家另有规定外，水文机构提供的水文资料，任何单位和个人不得擅自转让、转借、出版或者用于其他营利性活动。

第十七条 下列活动所使用的水文监测资料，应当经省水文机构审查确认：

（一）编制重要规划所使用的水文监测资料；

（二）重点建设项目所使用的水文监测资料；

（三）水资源管理所使用的水文监测资料；

（四）需要鉴定的水行政案件裁决和水事纠纷处理所使用的水文监测资料；

（五）法律法规规定的其他有关活动所使用的水文监测资料。

第十八条 水文情报预报由县级以上人民政府防汛抗旱指挥机构、水行政主管部门或者水文机构按照规定权限向社会统一发布。禁止任何其他单位和个人擅自向社会发布水文情报预报。

广播、电视、报纸和网络等新闻媒体，应当按照国家有关规定和防汛抗旱要求，及时播发、刊登水文情报预报，并标明发布机构和发布时间。

第十九条 水文机构、水文测站和有水文观测业务的单位，必须根据当地人民政府防汛抗旱指挥机构、水行政主管部门的要求，及时准确地收集、传递、报送水文信息与预报。

第二十条 水文机构和通信部门应当密切配合，确保水文通信网络畅通，准确及时地传送水文信息与预报。无线电管理机构应当对水文通信发射设备的正常运行秩序予以保护。

任何单位和个人不得挤占、干扰或者破坏水文无线频道、信道和有线通信线路。

第二十一条 水文机构应当加强水资源的动态监测工作，发现被监测水体的水量、水质等情况发生变化可能危及用水安全的，应当加强跟踪监测和调查，及时将监测、调查情况和处理建议报所在地人民政府及其水行政主管部门；发现水质变化，可能发生突发性水体污染事件的，应当及时将监测、调查情况报所在地人民政府及其水行政主管部门和环境保护行政主管部门。

第二十二条 对从事水文、水资源调查评价的单位实行资质认证。未取得国家规定的水文、水资源调查评价资质的单位，不得从事水文、水资源调查评价工作。

全省和区域性的水资源调查评价与水文分析计算由省水文机构或市(州)水文机构组织实施。

第二十三条 水文监测设施是水文工作的基础。任何单位和个人都有保护水文监测设施和测验河段的义务。

禁止破坏、侵占、毁损及擅自使用、移动水文站房、设施设备、监测标志、观测场地、道路、测船码头和地下水观测井及其配套设施等水文监测设施。

国家基本水文测站的水文监测设施因不可抗力遭受破坏的，所在地人民政府和有关水行政主管部门应当采取紧急措施，组织抢修，确保水文监测设施正常运行。

第二十四条 县级以上人民政府应当根据国家有关标准划定水文监测环境保护范围，设立地面标志。保护范围包括：

(一) 测验河段上浮标断面或上比降断面的上游20米至下浮标断面或下比降断面下游50米的河段，以及该河段历史最高洪水位以下的土地和水域；

(二) 水文观测场周围30米，测验操作室、自记水位计台、过河缆道的支柱(架)锚锭等周围20米。

第二十五条 禁止在水文监测环境保护范围内进行下列活动：

(一) 种植高秆作物、堆放物料、修建建筑物、构筑物或其他阻水设施；

(二) 取土、淘金、爆破、挖砂、采石、停靠船舶、倾倒废弃物；

(三) 在监测断面取水、排污或者在水文监测过河设备、监测断面、水文观测场上方架设线路；

(四) 在水文专用报汛通信线路上搭挂电线；

(五) 其他对水文监测有影响的活动。

第二十六条 因重大工程建设需要，在国家基本水文测站上下游修建工程影响水文监测的，应事先征得有关水行政主管部门同意后，再按基本建设审批程序报批。因迁移重建、恢复监测和管理设施产生的全部费用由工程建设单位承担。

第二十七条 在通航河道中或者桥上进行水文监测作业时，应当依法设置警示标志。其他车、船应按照交通主管部门的规定限速通过或者绕道行驶。

第二十八条 违反本办法的行为，法律、法规已有处罚规定的，从其规定。

第二十九条 国家工作人员违反本办法规定，玩忽职守、滥用职权、徇私舞弊的，由其所在单位或者上级主管部门依法处理。

第三十条 本办法自2010年7月1日起施行。1998年12月16日省人民政府发布的《湖北省水文测报设施保护办法》(省政府令第161号)同时废止。

7.《湖北省人民政府关于进一步加强水文工作的意见》

湖北省人民政府关于进一步加强水文工作的意见

（鄂政发〔2012〕52号，2012年6月18日印发）

各市、州、县人民政府，省政府各部门：

水文工作是国民经济和社会发展的先行性、基础性、公益性事业。为贯彻落实《中共中央国务院关于加快水利改革发展的决定》（中发〔2011〕1号）和《湖北省委省政府关于加快水利改革发展的决定》（鄂发〔2011〕1号），进一步加快水文事业发展，强化水文对经济社会发展的支撑保障作用，现提出如下意见。

一、提高认识，充分发挥水文基础支撑作用

（一）准确把握新时期水文工作的基本定位。随着经济社会发展，水文工作已从过去主要为防汛抗旱和水利工程建设服务，发展到为水资源开发利用、节约保护等各项水利工作提供全面服务；从主要为水利工作服务，拓展到为农业、工业、交通、环保、国土、民政、国防、外交等多个领域及社会公众提供多方位服务。水文已从传统的行业水文，逐步发展成为立足水利、面向社会提供全面服务的水文行业。这是对新时期水文工作的基本定位，也是"大水文"发展观的基本理念。各级人民政府和有关部门要充分认识和准确把握水文工作的这一基本定位，切实转变观念，把思想统一到"大水文"发展理念上来。

（二）强化水文在水利中的基础支撑作用。各级人民政府和水行政主管部门要站在落实科学发展观和构建社会主义和谐社会的高度，充分认识水文工作的重要地位和基础支撑作用，充分发挥水文在防汛抗旱减灾、水资源管理、水环境保护、水生态修复、水土保持和水工程建设等方面的职能作用，利用好现有的水文站网、水文技术、水文资料和水文队伍，充分发挥水文的监测资源与专业技术优势，避免重复建设和资源浪费。

（三）强化水文的社会服务功能。各级水文部门要结合经济社会发展需求，将水文工作融入到当地经济社会发展之中，在做好防汛抗旱水文服务和水质监测服务的基础上，要围绕城市建设、城市供水、城市防洪、城市治污、节水型社会建设、地下水保护、生态城市建设、山洪灾害防治、农村饮水安全、水土保持、河流生态保护、湿地生态调水、水权转让、企业节水、灌区节水、应急事件处置、水事纠纷处理和司法鉴定、水景观旅游服务等关系民生的内容，直接面向社会和公众服务，不断拓宽水文服务领域，充分发挥水文的基础支撑作用。

二、强化职能，切实加强水文行业管理

（四）切实贯彻落实水文法规。各级人民政府要认真贯彻落实《中华人民共和国水文条例》和《湖北省水文管理办法》，严格实施水文规划、水文测站设立和调整审批、水文情报预报统一发布、水文从业单位资质认证、水文监测资料汇交共享、水文监测资料使用审查、水文设施与监测环境保护等制度，进一步规范水文工作，强化水文行业管理。

（五）加强水文资料使用管理。建立水文资料汇交制度和涉水工程使用水文资料审查制度，建立水文信息发布平台，实时发布各种水文信息，为政府部门、社会公众和各类用户提供及时准确的水文信息服务。

（六）加强水文站网管理。为强化专用水文测站管理，避免重复设站，设立专用水文测站，不得与国家基本水文测站重复；在国家基本水文测站覆盖的区域，确需设立专用水文测站的，应当按照管理权限报流域管理机构或者省级水文机构批准。确因工作需要设立专用水文测报站点，应服从全省水文站网规划，并接受省级水文机构的行业管理。

（七）加强水文监测管理。各水利工程管理单位及其他单位自建的水文监测站点及水文自动测报系统，应纳入水文行业管理，承担水文测报任务。

三、理顺体制，健全水文发展管理机制

（八）理顺水文管理体制。按照《中华人民共和国水文条例》和《湖北省水文管理办法》的规定，进一步理顺省、市、县水文管理体制，使之与承担的任务和发挥的作用相适应。加快推进市（州）级、县（市、区）级水文工作的双重管理，明确行业管理和建立市、县财政投入水文工作机制。进一步建立完善市（州）、县（市、区）水文管理体系，以满足中小河流管理和以行政区为单元的最严格水资源管理的需求。

四、增加投入，建立和完善水文投入机制

（九）发挥公共财政在水文建设中的主渠道作用。逐步建立省、市、县三级财政分级投入机制，统筹安排和使用各级水利建设资金，多渠道增加水文基础设施建设资金投入。对以往由省级水行政主管部门承担的防汛抗旱和水利工程建设服务等全省性水文工作，继续按照现行管理体制和经费来源，落实水文基础设施建设资金和行业管理经费。对于水资源管理、水环境保护、水生态修复以及当地经济建设所需的水文建设等职能，按照相关事权划分和分级负担原则，分别纳入同级政府水利基建计划和财政预算，落实基础设施建设投资和事务管理经费。

（十）安排水资源费统筹用于水文工作。各级人民政府在征收的水资源费中，按不低于5%的比例，与财政拨款经费一并统筹安排用于本行政区域内的水资源监测调查及分析计算等常规水文工作。

（十一）加强水利工程的水文设施建设。改建、扩建或加固水文工程，应比照新建工程的办法，在编制工程概算时，必须有相关的水文基础设施和生活设施经费概算。

五、统筹规划，着力加强水文能力建设

（十二）加强水文规划工作。要高度重视水文规划编制工作，从水利和经济社会发展大局出发，按照适度超前发展的原则，统筹谋划好水文工作，完善水文发展布局，明确水文发展重点，按照《中华人民共和国水文条例》和《湖北省水文管理办法》的规定，将水文事业纳入各级国民经济和社会发展总体规划和相关专项规划。

（十三）加强水文能力建设。进一步调整和优化水文站网布局，完善监测站网体系，扩大覆盖范围，提升各类水文站网的整体功能，满足防汛抗旱应急管理和经济社会发展需求；推进水文测验方式改革，加快水文巡测基地建设，大力提升水文应急机动监测能力；以科技进步为手段，不断提高水文信息采集、传输和处理自动化水平，逐步建成集存贮、查询、发布、分析、应用于一体的水文水资源信息共享平台，强化其智能化、可视化建设，全面提升水文的服务能力和水平；加强水文基础理论、应用技术研究及水文科技成果转化和推广应用，推动水文领域的国际交流与合作，不断提高我省水文的整体科技水平和现代化水平。

（十四）妥善解决水文基础设施建设用地问题。水文测报设施、站房、作业场所、专用道路和委托雨量站等已经使用的土地，按规定完善用地手续后，县级以上政府应当给予办理确权发证。对经批准需占用水文测站土地的工程建设项目，工程建设单位应按照水文站建设有关技术规定，负责解决新建水文测站的用地问题。水文建设项目新增用地，当地政府及有关部门要按公益性事业建设用地给予优先安排。

六、强化措施，关心支持水文事业发展

（十五）切实加强对水文工作的指导。各级人民政府要按照“大水文”的发展理念，统一思想认识，切实加强对水文工作的指导，建立各级人民政府联系、帮助基层水文的正常机制，并明确一名领导同志联系水文工作，经常听取水文工作汇报，切实帮助水文部门解决发展中的困难和矛盾。

（十六）深入研究水文重大问题。要采取有效措施和办法，支持水文事业的发展，在制定政策、安排资金、部署工作等方面充分体现对水文的重视和支持，当前要着力在水文管理体制、投入机制、能力建设等重点领域和关键环节取得新的突破。

（十七）建立健全各项规章制度。要根据形势发展需要和水文实际，修订完善各项规章制度，建立起较为完善的管理制度体系，使水文工作规范化、制度化管理有章可循、有规可依，为水文稳定可持续发展提供制度保障。

（十八）切实关心基层水文职工生活。我省水文站点多面广，布点分散，交通不便，工作条件比较艰苦，各级人民政府要切实关心基层水文职工的工作和生活，解决水文职工的生活困难，让他们安心工作，为当地经济社会发展提供优质服务。对在加快水文改革发展中取得显著成绩的单位和个人，各级人民政府要按照国家有关规定给予表彰奖励。

（十九）切实加强水文宣传工作。要充分发挥电视、报刊、广播、互联网等新闻媒体的作用，创新宣传内容和方式，加大对水文工作的宣传力度，不断扩大水文工作的社会影响，努力为水文事业发展营造良好的社会氛围。